● 高等学校水利类专业教学指导委员会
● 中国水利教育协会　　共同组织编审
● 中国水利水电出版社

全国优秀教材二等奖

高等学校水利学科专业规范核心课程教材・水利水电工程
“十二五”普通高等教育本科国家级规划教材
普通高等教育“十一五”国家级规划教材
全国水利行业规划教材

水利工程施工（第6版）

主编　武汉大学　袁光裕　胡志根
主审　天津大学　钟登华

中国水利水电出版社
www.waterpub.com.cn

内 容 提 要

本书是在第5版基础上修订的。除绪论外，共分八章，包括：施工水流控制、爆破技术、基础处理技术、土石坝施工、混凝土坝施工、地下建筑施工、施工总组织、施工管理。

全书系统地阐述了水利水电工程施工技术与组织管理的基本理论和方法，融合国内外水利水电工程数字化智能化施工技术、最新研究成果和实践经验，充实典型、标志性工程的新方法、新技术和新工艺及其施工案例，并给出相关施工规程规范的运用、经典文献阅读和知识拓展，内容新颖，体系完整。

本书除作为高等院校水利学科本科专业教材外，亦可作为水利水电工程技术人员的学习参考书。

图书在版编目（CIP）数据

水利工程施工 / 袁光裕，胡志根主编. -- 6版. -- 北京 : 中国水利水电出版社，2016.2(2024.1重印)

高等学校水利学科专业规范核心课程教材　水利水电工程“十二五”普通高等教育本科国家级规划教材　普通高等教育“十一五”国家级规划教材　全国水利行业规划教材

ISBN 978-7-5170-4127-6

Ⅰ. ①水… Ⅱ. ①袁… ②胡… Ⅲ. ①水利工程－工程施工－高等学校－教材 Ⅳ. ①TV5

中国版本图书馆CIP数据核字(2016)第042498号

书　　名	高等学校水利学科专业规范核心课程教材·水利水电工程 “十二五”普遍高等教育本科国家级规划教材 普通高等教育“十一五”国家级规划教材　全国水利行业规划教材 **水利工程施工**（第6版）
作　　者	主编　武汉大学　袁光裕　胡志根　主审　天津大学　钟登华
出版发行	中国水利水电出版社 （北京市海淀区玉渊潭南路1号D座　100038） 网址：www.waterpub.com.cn E-mail：sales@mwr.gov.cn 电话：（010）68545888（营销中心）
经　　售	北京科水图书销售有限公司 电话：（010）68545874、63202643 全国各地新华书店和相关出版物销售网点
排　　版	中国水利水电出版社微机排版中心
印　　刷	天津嘉恒印务有限公司
规　　格	184mm×260mm　16开本　21.25印张　504千字
版　　次	1980年6月第1版　1980年6月第1次印刷 2016年2月第6版　2024年1月第8次印刷
印　　数	65001—73000册
定　　价	**55.00**元

第 6 版前言

水利工程建设贯穿着人类的发展，无论是人民群众生活、现代工农业生产，还是洪涝灾害的治理、生态环境保护，都离不开水利工程的支撑。而我们水利工程的科学工作者和建设者，要有“国之大者”的胸怀，以“科学技术是世界性的、时代性的，发展科学技术必须具有全球视野”为指引，以国家战略需求为导向，以老一辈水利科学家和工程师的攻坚克难、忘我的奉献精神为楷模，集聚力量进行科技攻关，为水利工程施工的数字化、信息化、智能化建设提供解决方案，引领世界水利工程建设。《水利工程施工》教材依托武汉大学，在兄弟院校和水利科技工作者的大力支持下，经过 4 代教师 40 多年的建设，遴选为普通高等教育“十一五”国家规划教材和“十二五”普通高等教育本科国家规划教材、高等学校水利学科专业规范核心课程教材，并荣获首届全国优秀教材（高等教育类）二等奖。“水利工程施工”课程 2005 年获评国家级精品课程、2016 年国家级精品资源共享课课程、2020 年“水利水电工程施工”课程遴选为教育部国家级一流本科课程，形成具有示范和引领作用的教学资源。

在《水利工程施工》（第 5 版）的基础上，紧密结合国内外水利水电工程建设的全面数字化、信息化和智能化，实现智能规划设计、智能建设、智慧运位等全方位、全过程的智能建设，对教材的部分章节进行了调整、改写和充实，融入水利水电工程施工技术与组织管理的新理论、新方法、新设备和新工艺，增加和更新了相关施工规程规范的运用、经典文献的阅读，以拓展学生的学术视野、提升分析问题和解决问题的能力。如在施工水流控制，增补介绍北方河流施工导流特性、海滩围垦平堵截流方法、考虑生态基流和取水、封堵蓄水要求及其工程案例，草土及袋装土围堰、胶凝砂砾石（Cemented Sand & Gravel，CSG）围堰的特点和应用条件等；爆破技术章节增补电子雷管起爆及其网路、电磁雷管起爆及其网路的特点与应用等；基础处理技术章节增补灌浆强度值法（Grouting Intensity Number，GIN）灌浆技术、帷幕灌浆质量检查的方法及其工程应用等；土石坝施工章节增补了混凝土面板堆石坝垫层挤压边墙施工、土石坝施工质量实时监控及其工程案例等；混凝土坝施工章节增补了智能混凝土温控系统及其监控技术、碾压混凝土施工质量实时监控及其工程应用案例；地下工程施工章节增补了地下工程围岩施工初期支护、施工期围岩稳定与衬砌施工、典型工程施工案例等；施工组织增补了施工质量控制、施工安全管理、环境保护、水土保持与职业健康的管理方法，总结了锦屏一级在混凝土骨料生产系统布置特点等。

参加本教材编写的人员有：袁光裕教授、胡志根教授、贺昌海教授、卢文波教授、舒大强教授、周宜红教授（湖北工业大学）、杨磊副教授、陈明教授、刘全副教授、严鹏教授和孙开畅教授（三峡大学）。具体分工是：

绪论　胡志根

第一章　施工水流控制　贺昌海　杨磊

第二章　爆破技术　卢文波　陈明

第三章　基础处理技术　舒大强

第四章　土石坝施工　周宜红　刘全

第五章　混凝土坝施工　胡志根　刘全

第六章　地下建筑施工　卢文波　严鹏

第七章　施工总组织　胡志根　孙开畅

第八章　施工管理　胡志根　孙开畅

全书由袁光裕教授、胡志根教授主编，天津大学钟登华教授主审，胡志根教授统稿、定稿。

《水利工程施工》的编写得到了武汉大学教材中心、武汉大学水利水电学院和施工课程组的支持与指导，同时天津大学、清华大学、四川大学、大连理工大学、河海大学、三峡大学以及国内相关院校教授同行提出很多建议和帮助，不断探索、更新、完善教材体系和内容，在此向他们表示诚挚的感谢。“水利工程施工”课程国家精品资源共享课程和慕课的教学资源，可登录中国大学 MOOC 网上查询和学习。中国水利水电出版社朱双林副编审对教材的编写工作与质量提升给予了悉心指导与帮助，武汉大学研究生卞小草、刘潋、程毅等参加了部分校对和资料整理工作，在此谨向他们表示衷心的感谢。

由于编者水平有限，书中难免有不妥之处，敬请读者斧正。

编者

2023 年 11 月

第1版前言

本教材是根据1978—1981年高等学校水利电力类教材编审出版规划组织编写的。

全书除绪论外共七章，包括施工过程中的水流控制、爆破工程、基础工程、土石坝工程、混凝土坝工程、地下建筑工程及施工总组织等。本教材主要按单位建筑物施工为体系进行编写，着重阐述水利水电工程中有代表性的建筑物的施工方法、施工技术和施工组织等问题，并适当列入了主要工种施工工艺方面的问题，对于施工机械和设备，仅结合建筑物施工作简要叙述。本教材的编写分工是：

绪论　武汉水利电力大学　吴国栋

第一章　施工过程中的水流控制　武汉水利电力学院　夏明耀

第二章　爆破工程　成都科学技术大学　熊达成

第三章　基础工程　武汉水利电力学院　袁光裕

第四章　土石坝工程　成都科学技术大学　王民寿

第五章　混凝土坝工程　成都科学技术大学　刘浩吾

第六章　地下建筑工程　武汉水利电力学院　颜其照

第七章　施工总组织　武汉水利电力学院　袁光裕

1979年4月，在成都召开了审稿会议。审稿单位有天津大学、华东水利学院、西北农学院和北京水利规划设计院以及其他兄弟院校和工程单位，由天津大学主审。审稿会议议定，由主审单位天津大学吕元平、主编单位武汉水利电力学院袁光裕和成都科学技术大学熊达成三同志会同对全书进行修改、补充和统稿。编审过程中，许多兄弟院校和工程单位的同志，对原稿提出了很多宝贵意见；另外还有许多同志为教材抄写与绘图进行了辛勤的劳动，在此表示衷心的感谢。

由于我们水平的限制，书中难免存在缺点和错误，在使用本教材过程中，希望给以指正。

编者

1979年7月

第2版前言

本教材是根据1982年11月高等学校水利水电类专业教材编审委员会审订的水利水电工程建筑专业《水利工程施工》教学大纲及1983—1987年高等学校水利电力类专业教材编审出版规划进行修订的。

修订以后的《水利工程施工》，与1980年第一版比较，全书总的体系没有显著变动，只是更加突出了施工技术、施工组织和管理的内容。此次修订，按照教学大纲的要求，对全书原有的内容进行了精简、调整、改写和增补。属于精简内容、局部修改的有施工过程中的水流控制和基础工程两章；属于调整节次、精简改写的有爆破工程、土石坝工程、混凝土坝工程、地下建筑工程、施工总组织等五章；属于调整增补的内容有施工管理和经济一章。进行以上修订，主要是为了使教材更加符合少而精的精神，和加强施工管理、施工经济的要求，使教材内容与教学时数相协调。

参加修订工作的同志有武汉水利电力学院袁光裕副教授、夏明耀副教授，成都科学技术大学王民寿副教授。具体执笔分工是：

绪论　袁光裕

第一章　施工过程中的水流控制　夏明耀

第二章　爆破工程　王民寿

第三章　基础工程　袁光裕

第四章　土石坝工程　王民寿

第五章　混凝土坝工程　王民寿

第六章　地下建筑工程　袁光裕

第七章　施工总组织　袁光裕

第八章　施工管理和经济　袁光裕

主编是武汉水利电力学院袁光裕，主审是天津大学吕元平教授。

水利工程施工是实践性、综合性很强的一门学科，施工课的教学需要随着施工实践的发展不断地更新。参加本教材修订的同志虽在这方面作了一些努力，但限于水平，难免存在有错误和疏漏，热切希望批评指正。

编者

1984年9月

第3版前言

本教材自第一版问世以来，已有十几个春秋了。在教学第一线从事水利工程施工教学工作的广大教师，对本教材给予了极大的关心和爱护。他们或直言相告，或书面指点，既有鼓励，也有批评，为本教材提供了许多切身的经验和体会，指出了存在的问题和不足，为教材的改进提方案出主意，使我们得到巨大的鞭策和力量。

我们几个具体执笔的同志，在学习和消化上述意见的基础上拟定了编写要求和编写大纲，根据编写学时（70 学时）的限制，对教材内容进行了调整和增补。

从总体来看，本教材仍以水利水电枢纽工程及其有代表性的建筑物为主要对象，着重介绍它们的施工技术、施工组织、施工管理的基本原理和基本方法，这和前两版并无显著差异。但是，近几年来，由于基本建设管理体制的改革，新工艺、新技术、新设备的应用，新经验、新方法的推行，有必要对有关章节的内容进行适当的调整和增补。

这次修订增加的内容主要有：第一章，明槽导流；第二章，拆除爆破技术；第三章，岩基锚固技术、软基振冲技术；第四章，面板堆石坝施工；第五章，碾压混凝土施工；第八章，经营管理等。与此同时，在不影响教材科学性、系统性的原则下，对原有的一些内容作了一定的删节和调整，以期保持合理的篇幅。

参加这次修订工作的同志及其分工是：

绪论　袁光裕

第一章　施工导流　夏明耀

第二章　爆破工程　王民寿

第三章　基础工程　袁光裕

第四章　土石坝工程　王民寿

第五章　混凝土坝工程　王民寿

第六章　地下建筑工程　夏明耀

第七章　施工总组织　袁光裕

第八章　经营管理　袁光裕

第九章　施工管理　袁光裕

主编是袁光裕教授，主审是吕元平教授。

再次恳请从事施工教学的教师以及广大读者继续给我们以支持和批评。

编者

1995年9月

第 4 版前言

为了使高等教育更好地适应国家经济建设、科技进步和社会发展的需要，2002 年 1 月，高等学校水利学科教学指导委员会对第五轮教材进行了审议和规划，确定《水利工程施工》为高等学校水利学科第五轮教材。根据会议精神和要求，我们在第三版的基础上，拟定了编写要求和编写大纲，以水利水电工程及其有代表性的建筑物为对象，依其施工技术和组织管理特征，建立了相应的学科体系，系统整合了《水利工程施工》第三版的内容，吸收了当今水利水电工程施工技术与组织管理的新理论、新方法、新设备、新工艺，对有关章节进行了改写、调整、删减和补充。

参加本教材修订编写的人员有武汉大学袁光裕教授、胡志根教授、卢文波教授、周宜红教授、舒大强教授、贺昌海副教授。具体分工是：

绪论　胡志根

第一章　施工水流控制　贺昌海

第二章　爆破工程　卢文波

第三章　基础处理工程　舒大强

第四章　土石坝工程　周宜红

第五章　混凝土坝工程　周宜红

第六章　地下建筑工程　卢文波　舒大强

第七章　施工总组织　胡志根

第八章　施工管理　胡志根

主编是袁光裕教授，副主编是胡志根教授，主审是天津大学孙锡衡教授。全书由袁光裕教授统稿、定稿。

近 20 年来，我国水利水电工程建设发展很快，一批 100m 以上高坝和 100 万 kW 级水利水电枢纽工程，特别是三峡和西电东送等项目的建设，使我国在水利水电工程施工科学技术领域取得了重大的成就和进步，产生了许多新理论、新技术和新工艺。本教材系统介绍了水利水电工程施工技术、施工组织与管理的基本原理和基本方法，吸收了国内外最新研究成果和实践经验。参加本教材编写的同志在这些方面作了很好的努力和有益的尝试。在编写过程中，得到了武汉大学水利水电学院的支持，武汉大学研究生舒华英、肖群香等参加了部分核对、绘图工作，中国水利水电出版社副编审徐青对本教材的出版给予了支持和帮助，在此一并谨向他们表示衷心的感谢。由于编者水平有限，书中难免有不妥之处，敬请读者斧正。

编者

2004 年 3 月

第 5 版前言

近 30 年来，我国建设完成一批 100m 以上高坝和 100 万 kW 级水利水电枢纽工程，特别是长江三峡工程、黄河小浪底工程、红水河龙滩工程、清江水布垭工程和雅砻江二滩工程等标志性工程的建设，在水利水电工程施工科学技术领域取得了重大的成就和进步，产生了许多新理论、新技术和新工艺。

根据教育部国家十一五规划教材和高等学校水利学科核心教材的安排，《水利工程施工》教材编写在第四版的基础上，以水利水电工程及其有代表性的建筑物为对象，依其施工技术和组织管理特征，拟定编写要求和编写大纲。在编写过程中，吸收了水利水电工程施工技术与组织管理的新理论、新方法、新设备和新工艺，参阅水利水电工程施工的相关规范，基于已建和在建的标志性典型水利水电工程施工编写了教学案例，对有关章节进行了调整、改写和充实。

参加本教材修订编写的人员有：袁光裕教授、胡志根教授、贺昌海副教授、卢文波教授、舒大强教授、周宜红教授和刘全博士。具体分工是：

绪论　胡志根

第一章　施工水流控制　贺昌海

第二章　爆破工程　卢文波

第三章　基础处理工程　舒大强

第四章　土石坝工程　周宜红　刘全

第五章　混凝土坝工程　周宜红　胡志根

第六章　地下建筑工程　舒大强

第七章　施工总组织　胡志根

第八章　施工管理　胡志根

主编是袁光裕教授、胡志根教授。主审是天津大学钟登华教授。全书由胡志根教授统稿、定稿。

《水利工程施工》教材经历武汉大学水利水电学院和相关兄弟院校 4 代教师的建设，不断探索、更新、完善教材的体系及其内容，2005 年“水利工程施工”课程评为国家精品课程。在编写过程中，得到了武汉大学水利水电学院、高等学校水利学科教学指导委员会的支持，中国水利水电出版社总编审王国仪对本教材的出版给予了指导与帮助，武汉大学研究生张超、刘自辉、孟德乾等参加了部分核对、绘图工作，在此谨向他们表示衷心的感谢。

由于编者水平有限，书中难免有不妥之处，敬请读者斧正。

编者

2008年8月

目 录

绪　论

"水利工程施工"是一门理论与实践紧密结合的专业课，其主要特征是理论性、实践性和综合性，是在总结国内外水利工程建设理论与经验的基础上，从数字技术、信息技术、智能技术、施工机械、施工技术、施工组织与管理等方面，研究安全可靠、环境友好、多快好省地进行水利工程建设基本规律的一门学科。

水利工程施工，通过工程施工实践实现规划设计方案，使工程完建并投入运用，这就要求理论结合实际，因时因地分析工程问题和解决问题。在施工过程中，根据国家法律法规、行业的规程规范和施工条件，按照工程招标投标文件的技术要求，运用水利水电建设技术和组织管理科学，使工程得以安全、优质、高效地建成和投产，实现工程的规划设计。当前我国水利水电工程建设正处于全面数字化、部分智能化的阶段，向全面智能化发展，开展智能规划设计、智能建设、智慧运行运维等全方位、全过程的智能建设技术研究，建立行业统一的信息化体系和技术标准。

一、水利工程施工的任务和特点

水利工程施工的主要任务可归纳如下：

（1）依据设计、合同任务、法律法规和有关部门的要求，根据工程所在地区的自然条件，当地社会经济状况和环境约束，资金、设备、材料和人力等资源的供应情况以及工程特点，编制切实可行的施工组织设计。

（2）按照施工组织设计，做好施工准备，加强施工管理，有计划地组织施工，保证施工质量，合理使用建设资金，多快好省地全面完成施工任务。

（3）在工程建设前期工作和施工过程中开展观测、试验和计算等研究工作，解决工程建设技术与组织管理的关键问题，促进水利工程建设科学技术的发展。

根据国内外水利工程建设的实践，水利工程施工的特点突出反映在水流控制上。工程建设常在河流上进行，受水文、气象、地形、地质等因素影响很大，不可避免地要控制水流，进行施工导流，以保证工程施工的顺利进行。在冬季、夏季或冰冻、降雪、雨天施工时，必须采取相应的措施，避免气候影响，保证施工质量和施工进度。

河流上修建的挡水建筑物，关系着下游人民生命财产的安全。工程的施工质量，不但会影响建筑物的寿命和效益，而且会影响建设和维修的费用；更严重的是一旦失事，对国民经济及人民生命财产会带来不可弥补的损失。因此，水利工程施工必须保证工程安全与工程质量。

在河流上修建水利工程，涉及社会公共利益和部门利益，如防洪、发电、航运、灌溉、工业与城市用水、环境保护等，必须全面规划、统筹兼顾，因而增加了施工的复杂性。

水利工程往往位于交通不便的山区，施工准备工作量大，不仅要修建场内外交通道路，布置施工服务的辅助企业，而且要修建办公和生活用房。因此，必须十分重视施工准备工作的组织，使之既满足施工要求又减少工程投资。

水利枢纽常由许多单项工程组成，布置比较集中，工程量大，工种多，施工强度高，再加上地形条件方面的限制，容易发生施工干扰。因此，需要统筹规划，重视现场施工的组织和管理，运用系统工程学的原理，因时因地优化比选施工方案。

在工程施工过程中，爆破作业、地下作业、水上水下作业和高空作业等，常常平行交叉进行，对施工安全非常不利。因此，必须十分注意安全施工，采取有效措施，防止事故发生。

二、我国水利工程施工的成就与展望

在我国历史上，水利建设成就卓著。几千年来，勤劳勇敢的中国人民修建了许多兴利除害的水利工程，积累了丰富的施工经验。公元前256年修建的四川都江堰水利工程，被誉为“世界水利文化的鼻祖”，是全世界上迄今为止年代最久、唯一留存、以无坝引水为特征的宏大水利工程。工程按“深掏滩，低做堰”“乘势利导，因时制宜”“遇弯截角，逢正抽心”等原则施工，至今仍发挥着防洪和灌溉的巨大效益。该工程在结构布局、施工措施、维修管理制度等方面为我们留下了丰富的技术财富。在经历2008年5月12日汶川强震之后，都江堰工程除分水坝——“鱼嘴”出现表面裂缝外，整个工程系统坚实如初，运作正常，创造了水利工程史上的又一个奇迹。

改革开放30多年来，我国水利工程建设取得了巨大的成就，一大批100m以上各种类型的高坝和100万kW级水电站相继建成，在水利工程施工科学技术领域取得了重大的成就。1949—1980年，中国水电装机总容量由16.3万kW增长到2032万kW，到1990年水电装机容量达到3605万kW，2000年水电装机容量达到7935万kW，2013年末水电装机容量2.8亿kW，占全国总装机容量的22.45%。2014年底，我国水电装机容量突破3亿kW，占全球水电总装机的27%。根据2023年10月国家能源局的发布信息，全国可再生能源发电装机规模突破14亿kW，达到14.04亿kW，其中水电4.2亿kW（常规水电3.7亿kW、抽水蓄能5004万kW），约占全国发电总装机的49.9%。

改革开放以前，我国的水利建设事业发展相对缓慢，但取得了很大的进步，自行设计、制造、施工的第一座大型水电站——新安江水电站和第一座超过百万千瓦的水电站——刘家峡水电站就是在此期间建设完成的。改革开放后，水利建设事业迅速发展，继葛洲坝、龙羊峡水电站之后，岩滩、漫湾、隔河岩、白山、广州抽水蓄能、水口、五强溪、李家峡、天荒坪抽水蓄能、天生桥一级、天生桥二级、二滩、万家寨、小浪底等100万kW级大型骨干水电站均已建成。进入21世纪以来，我国的水利建设事业取得了世人瞩目的成就，以举世瞩目的长江三峡工程和南水北调工程建设为标志，澜沧江小湾、糯扎渡、黄登水电站、红水河龙滩水电站、清江水布垭水电站、雅砻江锦屏水电站、金沙江向家坝、溪洛渡和乌东德白鹤滩等巨型水电站相继建成投产发电。这些巨型工程和超高坝的建设，在工程安全、环境保护和建设技术等方面不断刷新世界纪录，为我国积累了丰富的高坝建筑、高水头大流量泄洪消能、大型地下洞室群开挖与支护、高边坡综合治理以及大容量机组制造安装等经验和技术，中国水利水电建设进入了自主创新、引领发展的新阶段。

在“十四五”期间，我国水利水电工程建设和管理要在能源安全、应对气候变化和节能减排等方面发挥重要作用，为我国全面构建绿色低碳、安全高效的现代能源体系提供技术支撑，实现“碳达峰、碳中和”发展目标。当前，我国水利水电工程建设主要集中在西部地区，尤其是青藏高原及其周边，工程建设面临一系列的挑战，对水利水电工程行业的高质量发展和技术创新提出了新的更高要求，必须认真总结过去的经验和教训，发扬自力更生、艰苦奋斗的精神，走出一条适合我国国情的水利工程施工科学技术发展的道路，引领世界水利水电工程建设技术。

水利工程施工科学的发展，主要表现在以下几个方面。

（1）施工水流控制。我国江河众多，尤其是近30年来的工程实践，在大江大河采用立堵或平立堵截流，各种大流量挡水泄水建筑物包括围堰、明渠、隧洞、底孔等的修建、拆除与封堵，各种坝体拦洪或过水度汛，施工期通航以及围堰挡水提前发电受益等各个方面都积累了十分丰富的经验，并发展了各种类型的挡水或过水围堰及相应的地基处理技术。二滩、小浪底等工程巨大过流断面导流隧洞的修建和运行，当今世界规模最大的长江三峡导流明渠工程的顺利通航，深水大流量截流、高挡水标准、巨大填筑量、高混凝土防渗墙、低渗漏量的三峡工程二期上下游深水围堰工程的按期建成，都是最有说服力的例证。

（2）土石方工程。水利工程施工中的土石方工程包括挖方工程和填方工程，其中挖方工程量是体现工程规模的重要指标之一。20世纪50年代后期至90年代，据统计，我国先后建成和在建的50余座大型水电站（不小于25万kW），各种土石方开挖共4.45亿m^3，其中开挖量在500万m^3以上的有23座、1000万m^3以上的有6座，年开挖强度超过1000万m^3的工程有葛洲坝和小浪底工程。进入21世纪以来，随着我国一大批世界级巨型水利枢纽的建设，土石方开挖强度和开挖量明显提升：小湾水电站主要建筑物土石明开挖1918万m^3，石方洞开挖450万m^3；锦屏一级土石方总开挖量1100万m^3；举世瞩目的三峡工程土石方总挖填量高达1.25亿m^3。

挖方工程和填方工程中，为实现快速经济施工，需对土石方平衡作设计与规划。随着工程规模的日益增大，料物数量越来越多，土石方平衡问题在工程建设中所起的作用日趋重要。清江水布垭工程，土石方开挖量2886万m^3，总填筑量1816万m^3，通过建立运输问题数学模型，电算求解，在满足大坝填筑料要求的前提下，科学地进行建筑物开挖料的利用规划，带来了巨大的经济收益。

然而，土石方开挖也带来了很多复杂高边坡问题，会导致岩石失稳、泥石流、坍岸等地质灾害，直接影响工程修建的可行性，因此发展高边坡治理与加固技术是极其必要的。许多大型工程均采用了有效的高边坡处理技术，例如，在三峡工程五级永久船闸建设中，采用边坡锚固技术及新型无黏结锚索结构，保证了船闸高边坡的整体稳定性；在拉西瓦水电站边坡防护工程中，采用以高强钢丝网为主要构件的一种较新的柔性防护网，取得了良好的效果，保证了工程的安全施工；在南水北调中线古运河枢纽工程中，对边坡实施“倒梯形”的注浆土钉布置与钢筋网锚喷混凝土支护，保证了明暗挖段分界施工的正常进行。

（3）地下洞室施工。我国超过70%的水电资源都集中在水能富集的西部高山峡谷地区，这些地区山高坡陡，河谷狭窄，地下空间的利用可以很好地解决枢纽布置的空间问题。20世纪80年代开始，鲁布革、大瑶山、二滩水电站等长（大）隧洞和高压输水管道成功建设，大大提高了地下洞室的施工水平，先后建设了龙滩、小湾、拉西瓦、瀑布沟等多个大型地下洞室群。随着西部水电开发的逐步深入，地下洞室群的数量、规模、地质条件和技术难度将不断加大，地下洞室群正朝着单机大容量、洞室大跨度、施工大规模和安全高要求的方向发展。

在地下洞室施工技术方面，爆破技术由松动爆破、定向爆破向预裂爆破、光面爆破、微差爆破发展；对于长距离、围岩条件好的地质环境，采用 TBM（隧道掘进机）开挖施工；在洞室支护方面，随着新奥法理论应用与发展，钢模台车等用于洞室开挖支护，极大提高了洞室开挖支护效率。例如，2012 年年底投产发电的锦屏二级水电站，采用钻爆法和 TBM 相结合的施工方案，4 条引水隧洞单洞长约 16.7km，开挖直径为 12.4～12.6m，最大埋深 2525m，是目前世界上规模最大、综合技术难度最大的水工隧洞群，在解决超埋深、高地应力等方面积累了经验。

（4）基础处理工程。地基处理技术的主要功能是改善或增强地基整体性及其物理和力学性能，提高防渗能力，从而满足工程需要。其具体处理技术通常包括灌浆防渗墙、锚固、预应力管桩等，大坝、水闸、堤防、隧洞等建筑物和构筑物的地基，一般都需要用这些技术进行加固和处理。20 世纪 50 年代末至 70 年代，我国相继在深厚覆盖层中建造混凝土防渗墙取得成功，促进了砂砾石地基土石坝或混凝土闸坝的发展。80 年代以后，高压喷射灌浆成墙技术广泛地用于围堰和坝基覆盖层的防渗，促进了该项技术的发展。80 年代至 90 年代革新了造墙机具和墙体材料，提高了施工效率和墙体质量，最大造墙深度达到 82m（小浪底水利枢纽工程），并完成了深达 101m 的造墙试验（冶勒工程），使我国地下墙的造墙技术达到一个新的更高的水平。90 年代初，地基振冲加密技术得到广泛运用，不断改进优化，设备机械化自动化程度大幅度提高，并成功应用于三峡围堰堰体地基处理。进入 21 世纪，GIN 控制性灌浆技术、化学灌浆技术、高压旋喷连续防渗墙以及新材料湿磨细水泥-化学复合灌浆技术等得到广泛应用。黄河小浪底水利枢纽由于复杂的地质条件和工程结构被誉为世纪水利工程史上最具挑战性的项目之一，其基础处理采用高强缓凝型混凝土防渗墙、GIN 控制性灌浆等技术，取得了满意的地基改善效果。

（5）土石坝工程。土石坝是以土、石等当地材料填筑的坝。按坝体采用的材料不同，土石坝大体可以分为：土坝、堆石坝、土石混合坝。土石坝是世界大坝工程建设中应用最为广泛和发展最快的一种坝型，其优点是可以就地取材，对坝基的地质条件等要求不高，易于施工。我国土石坝的发展经过了几个阶段。20 世纪 50 年代至 70 年代，我国的施工机械化程度相对较低，以人力为主修建了一批均质土坝、黏土心墙和斜墙砂砾石坝，并将定向爆破筑坝技术成功地应用于一批中小型工程，这一段时间代表性土石坝工程有松涛均质土坝（坝高 80.1m），定向爆破堆石坝南水工程（坝高 80.2m）；70 年代以后，通过引进吸收国际上的先进筑坝技术和经验，并开发了多种大型土石方施工机械，使以碾压堆石为主的混凝土面板堆石坝（关门山坝）和土质心墙堆石坝（鲁布革风化料心墙坝）在我国得到迅速发展。进入 21 世纪以来，随着坝体施工技术的提高、土石方调配动态平衡系统的开发和应用、施工全过程质量实时监控技术和混凝土面板滑模施工技术的推广，一批高土石坝、超高土石坝相继建成和动工修建，以糯扎渡砾石土心墙坝（最大坝高 261.5m）和水布垭混凝土面板堆石坝（最大坝高 233.0m）为代表，体现了这一时期的施工水平。

由于沥青混凝土具有防渗性能好、适应变形能力强、工作量较少等特点，近年来以沥青混凝土作为防渗体的堆石坝在我国也得到长足发展，四川南桠河冶勒水电站大坝（坝高125.5m）是亚洲最高的碾压沥青混凝土心墙堆石坝，很好地解决了高寒多雨的环境下进行心墙施工关键技术问题。

（6）混凝土坝工程。在坝型方面，20世纪60年代，丹江口水电站采用空腹重力坝，降低了坝基扬压力，节省了混凝土，而且空腹内还可以布置厂房；70年代，葛洲坝水利枢纽采用混凝土重力坝，为解决在长江上建坝带来的导截流、通航、泥沙淤积等问题积累了宝贵经验；80年代，清江隔河岩水电站采用混凝土重力双曲拱坝的设计，成功解决了坝址区河谷不对称情况下的坝型设计问题；90年代以后，雅砻江二滩水电站（高240m）的投产运行，拉开了我国建设特高拱坝的序幕；世纪之交的三峡工程建设，标志着我国高混凝土坝施工建设又迈上了一个新台阶；跨入21世纪之后，一批300m级混凝土高拱坝的相继开工或建成投产，如世界最高拱坝锦屏一级（305m）、小湾（292m）、溪洛渡（278m）、白鹤滩（289m）等，使我国的水利水电工程建设与管理达到世界领先水平。

在筑坝技术上，混凝土坝施工综合机械化程度不断提高，由塔带机、胎带机，配合皮带机供料线，构成的连续混凝土浇筑系统，创造了新的浇筑记录。已经投入运行的三峡工程，混凝土总浇筑量2800万m^3，高峰年曾连续三年浇筑混凝土超过400万m^3。向家坝水电站，混凝土浇筑总量约1400万m^3，仅用三峡工程建设时期一半的施工设备，年浇筑混凝土超过400万m^3。在混凝土制备方面，通过引入水冷、风冷以及加冰拌和等预冷工艺，构建一体化、自动化、大容量的混凝土拌和楼，为保障混凝土连续浇筑，降低大体积混凝土水化热方面，做出了积极的贡献。此外，悬臂翻转模板的广泛应用、通水冷却技术、仓面振捣方式以及缝面处理措施的改进，都为混凝土坝的安全、优质、快速施工提供了保证。

在筑坝材料上，要保证并提高混凝土质量，首先需要优化混凝土的配合比设计。20世纪60年代以前，我国水电工程建设以使用天然砂石料为主，随着水电建设逐步向西部地区和各流域上游转移，当地天然砂石料资源渐趋短缺；20世纪70年代，乌江渡工程建成了以灰岩为料源的大型人工砂石料系统，开始向解决当地天然砂石料短缺问题迈出了重要的一步；90年代，二滩水电站建成了以正长岩为料源的人工砂石料系统，产品性能和质量优越；世纪之交的长江三峡工程以花岗石为料源，并大量利用开挖料，建成了当今世界上规模最大的人工砂石料系统；进入21世纪，锦屏一级水电站组织科研攻关，成功解决了当地大理岩骨料石粉含量偏高的问题，节省了建设成本。

模板是影响混凝土质量、施工进度及费用的重要因素之一。在模板工程方面，20世纪60年代以前，我国水电工程建设主要采用木制模板，以黄河三门峡水利工程，葛洲坝一期工程为代表；70年代，混凝土坝施工开始采用大型钢木混合模板和混凝土（预制）模板，随后发展了滑动模板并促进了混凝土浇筑工艺的革新；80年代末至90年代，组合钢模板（小钢模）技术应用于水电工程大体积混凝土施工中，发挥出明显优势。进入21世纪，我国模板工程施工逐步向系列化、标准化方向发展，如引水工程中渡槽槽身、支墩采用定型钢模板；双曲拱坝采用定型翻转模板，施工缝之间设多能球形键槽模板；大面积混凝土外露面采用多卡模板，各种系列化模板在水利工程施工中得到迅速推广。

(7) 碾压混凝土坝工程。与传统的常态混凝土坝工程相比，碾压混凝土坝具有施工速度快、水泥用量少、水化热低、施工设备通用性强等优势。自1986年中国第一座碾压混凝土坝（福建坑口水电站大坝）开始，到世界上最高的碾压混凝土坝（龙滩大坝216.5m）以及光照大坝（200.5m）的建设，标志着我国碾压混凝土筑坝技术已经跨进200m级水平。在施工技术方面，结合自卸汽车直接入仓、胶带机入仓和负压溜槽转料等入仓手段，我国逐渐形成了高掺粉煤灰、低稠度、短间歇、薄层全断面碾压、快速连续上升等碾压混凝土施工特点。实践证明，我国碾压混凝土大坝坝型、数量，以及成套施工技术水居国际领先地位。

(8) 工程施工管理。我国的水利工程经过60多年的发展，施工管理技术与水平得到了很大的提高，特别是20世纪80年代，云南鲁布革水电站的开工建设，作为中国第一个引入世行贷款并实行国际招标的水电建设工程，积极推动了我国工程建设领域的项目法人责任制、招标投标制、建设监理制与合同管理制创建，引进消化吸收先进的工程管理理论与方法，实行施工计划、质量和经济核算的综合管理；进入90年代以后，在水利工程建设管理中进一步推行项目经理负责制，并注重新技术的研究应用，例如三峡集团公司用于工程进度、质量和投资管理的TGPMS系统；糯扎渡水电站融GPS、GIS和GPRS技术一体的施工全过程质量实时监控系统；溪洛渡水电站混凝土浇筑仓位分布式光纤温度监测系统等，从技术手段上提升了施工管理的效率，推动了水利水电工程施工技术进步。

随着物联网、数据挖掘、人工智能、大数据、区块链、计算机视觉及云计算等先进的科学技术与施工管理水平的发展，以及物联网技术的广泛应用，钟登华、马洪琪开创性地提出了数字大坝理论，将数字大坝理论成功应用于糯扎渡、大岗山、溪洛渡、长河坝、乌东德、白鹤滩等大型水电工程大坝建设的实践中，标志着我国大坝建设进入数字大坝阶段。通过对工程施工过程中产生的信息进行实时自动采集与精细化监控，实现了大坝工程建设质量、施工进度、安全监测、工程地质等信息的数字化管理，为实现大坝建设精细化控制与管理提供了科学方法与技术支撑。

三、水利工程施工组织与管理的基本原则

水利工程施工与管理要以国家战略需求为导向，集聚力量进行原创性、引领性科技攻关，推进物联网、大数据、智能建造等技术的集成应用，加快信息技术和水利水电建设与管理的深度融合发展，坚定不移走高水平科技自立自强的创新发展之路。在建设过程中，要根据工程地形、地质条件及枢纽布置和建筑物结构的特点，为实现工程优质、安全、快速、经济的目标，系统研究施工条件、建筑材料、施工技术、施工机械、施工管理以及环境保护、水土保持、劳动安全与工业卫生等因素，确定和协同施工洪水标准、施工方法、技术措施、资源配置等的关系，提出工程施工的整体优化方案，构建数字化和信息化的管理平台，合理组织工程施工，保证工程质量与安全，满足移民安置，环境保护和水土保持要求，合理利用土地资源，缩短建设周期，降低工程造价、推动生态文明建设。在施工组织与管理方面，必须遵循以下主要原则。

(1) 执行国家有关法律、法规和政策，全面贯彻生态优先、安全环保、多快好省的施工原则。在工程建设中应该根据需要和可能，尽快地完成优质、高产、低消耗的工程，任何片面强调某一方面而忽视其他方面的做法都是错误的，都会造成不良后果。

（2）结合实际，因地制宜，力求工程与自然环境和谐，按基本建设程序办事。水利工程施工应该遵照基本建设的程序，做好勘测、规划、设计等前期工作，按照公正、公平、公开的原则，开展设备、材料及其工程相关的采购招标、设计招标和施工招标，实行工程建设监理制，强化工程安全与质量监督机制等。

（3）统筹安排，综合平衡，妥善协调各分部、分项工程，按系统工程原理合理组织工程施工。从系统工程的观点看，任何一项水利工程的施工，可以看做是一个大系统，它包括若干子系统。在这个系统中，主体工程的施工和附属、配套工程的施工，建筑工程和安装工程，前方现场施工和后方辅助生产、物资供应，勘测设计、科学研究和施工的配合，以及各工种的协调问题等，构成了一个有机整体，围绕着统一的目标开展活动。按系统工程原理合理组织工程施工，在工程总体上优化各项施工活动，使这些活动在时间上互相协调，在空间上互不干扰、密切配合，做好人力物力的综合平衡，均衡、连续、有节奏地施工。

（4）遵从施工的科学规律，实行科学管理。水利工程施工应和其他基本建设一样，实行科学管理，建立强有力的现代生产指挥系统，按市场经济规律开展工程项目管理，建立和健全项目的管理制度和控制机制，充分调动各方面的积极因素。同时，水利工程的一切施工活动，必须根据当时当地的实际情况，按照施工的科学规律，采取相应的措施。脱离具体的施工条件、违反施工的科学规律，会导致工程失败甚至产生严重的后果。

（5）合理推广新技术、新材料、新工艺和新设备。近40年来，我国一大批大、中型水利工程相继开工建设，施工中不断采用新技术、新材料、新工艺和新设备，施工技术和施工管理水平得到了很大提高。在水利工程建设中，要不断总结工程施工的经验，研发新技术、新材料、新工艺，提高工程建设的水平和质量，实现工程建设的目标。

四、本课程的主要内容和特点

本课程是一门理论性、实践性、综合性很强的专业课。根据这一特点，本书通过介绍国内外典型的水利工程，特别是我国的典型优秀水利工程、工程建设科学技术创新及其在国家经济发展中的重要性，阐明了典型优秀水利工程及其有代表性的水工建筑物的施工程序、施工方案、施工方法和施工组织管理等方面的基本原理。

在本书中，施工水流控制、施工总组织是以整个枢纽工程为对象，介绍枢纽工程的施工程序、施工组织的基本内容和方法；爆破工程和基础处理工程两章，由于和水利工程各单项工程的施工都有关联，故单独列章，集中阐明其原理和方法，其应用与具体的施工对象联系起来进行考虑；枢纽工程中有代表性的建筑物，选择了土石坝、混凝土坝和地下建筑工程三类水工建筑物，土石坝以碾压式土石坝为主，混凝土坝以大体积混凝土重力坝为主，地下建筑工程以平洞为主，通过对这些建筑物施工的介绍，借以说明各类单项工程施工的特点、原理和方法；施工管理方面，主要着眼于整个枢纽工程的施工管理活动，阐述现代施工管理的原理和方法。

本书以阐述施工技术、施工组织管理的基本原理和基本方法为主。对于施工机械，由于学时和篇幅的限制，仅结合施工技术、施工方案的论述作适当介绍。

根据教材的内容和特点，学习时应着眼于掌握基本概念、基本原理、基本方法，并配合教材提供的经典文献阅读和知识拓展、案例分析、课程设计、生产实习等教学环节来运用所学的知识，这样才能有效地掌握本课程的内容，提升分析问题和解决问题的能力。

第一章　施工水流控制

在江河上修建水工建筑物，施工期间往往与通航、筏运、过鱼、供水、灌溉或水电站运行等水资源综合利用的要求发生矛盾。水利水电工程整个施工过程中的水流控制（简称施工水流控制，又称施工导流）广义上可以概括为：采取“导、截、拦、蓄、泄”等工程措施，解决施工过程中水流蓄泄之间的矛盾，控制水流对水工建筑物施工的不利影响，把水流全部或部分导向下游或拦蓄起来，以保证水工建筑物的干地施工，在施工期内不影响或尽可能少影响水资源的综合利用。

施工导流设计的主要任务是：周密地分析研究水文、地形、地质、水文地质、枢纽布置及施工条件等基本资料，在满足上述要求的前提下，选定导流标准，划分导流时段，确定导流设计流量；选择导流方案及导流建筑物的型式；确定导流建筑物的布置、构造及尺寸；拟定导流建筑物修建、拆除、堵塞的施工方法以及截断河床水流、拦洪度汛和基坑排水等措施。正确合理的施工导流方案可以加快施工进度、降低工程造价，否则会使工程施工遇到意外的障碍，拖延工期，增加投资，甚至会引起工程失事。

第一节　施工导流方式与泄水建筑物

在江河上修建水利水电工程时，为了使水工建筑物能在干地上进行施工，用围堰维护基坑，并将水流引向预定的泄水通道往下游宣泄，称为施工导流。

施工导流的方式大体上可分为两类，即分段围堰法导流、全段围堰法导流。与之配合的导流方式主要包括淹没基坑法导流、隧洞导流、明渠导流、涵管导流以及施工过程中的坝体底孔导流、缺口导流和不同泄水建筑物的组合导流等。

一、分段围堰法导流

分段围堰法亦称为分期围堰法，即用围堰将水工建筑物分段、分期维护起来进行施工的方法。图 1-1 所示为两期导流的例子。首先在右岸进行第一期工程的施工，水流由左岸的束窄河床宣泄。一般情况下，在修建第一期工程时，为使水电站、船闸早日投入运行，满足初期发电和通航的要求，应优先考虑建造水电站、船闸，并在建筑物内预留底孔或缺口。到第二期工程施工时，水流就通过船闸、预留底孔或缺口等下泄。

所谓分段，就是在空间上用围堰将永久建筑物分为若干段进行施工。所谓分期，就是在时间上将导流分为若干时段。图 1-2 所示为导流分期和围堰分段的几种情况，从图中可以看出，导流的分期数和围堰的分段数可以不同。因为在同一导流分期中，建筑物可以在一段围堰内施工，也可以同时在两段围堰中施工。必须指出，段数分得愈多，围堰工程量愈大，施工也愈复杂；同样，期数分得愈多，工期有可能拖得愈长。因此，在工程实践中，二段二期导流用得最多。只有在比较宽阔的通航河道上施工、不允许断航或其他特殊

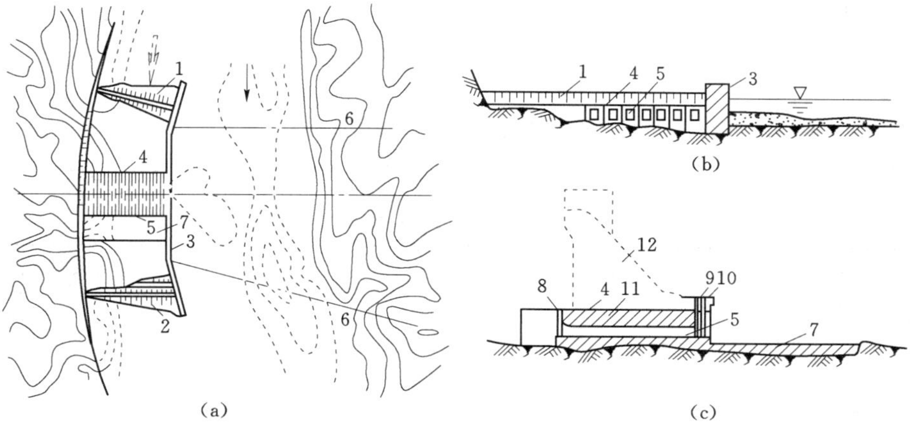

图 1-1　分段围堰法导流
(a) 平面图；(b) 下游立视图；(c) 导流底孔纵断面图
1—一期上游横向围堰；2—一期下游横向围堰；3—一、二期纵向围堰；4—预留缺口；
5—导流底孔；6—二期上下游围堰轴线；7—护坦；8—封堵闸门槽；9—工作闸门槽；
10—事故闸门槽；11—已浇筑的混凝土坝体；12—未浇筑的混凝土坝体

情况下，才采用多段多期的导流方法。

分段围堰法导流，当河水较深或河床覆盖层较厚时，纵向围堰的修筑常常十分困难。若河床一侧的河滩基岩较高且岸坡稳定又不太高陡时，采用束窄河床导流是较为合适的。采用分段围堰法导流时，纵向围堰位置的确定，也就是河床束窄程度的选择是关键问题之一。在确定纵向围堰的位置时，应重视下列问题：充分利用河心洲、小岛等有利地形条件；纵向围堰尽可能与导墙、隔墙等永久建筑物相结合；需要考虑施工通航、筏运、围堰和河床防冲等要求时，不能超过允许流速；各段主体工程的工程量、施工强度要比较均衡；便于布置后期导流泄水建筑物，不致使后期围堰过高或截流落差过大。

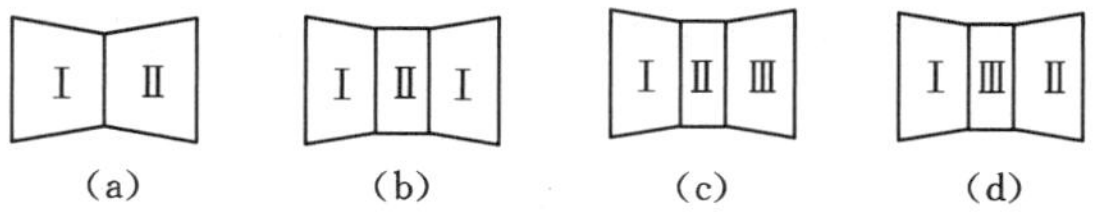

图 1-2　导流分期与围堰分段示意图
(a) 两段两期；(b) 三段两期；(c) 三段三期；(d) 三段三期

分段围堰法导流一般适用于河床宽、流量大、工期较长的工程，尤其适用于通航河流和冰凌严重的河流。这种导流方法的导流费用较低，一些大、中型水利水电工程采用较广。例如，湖北葛洲坝和三峡、江西万安、辽宁恒仁、浙江富春江、广西大化等水利枢纽工程都采用这种导流方法。

分段围堰法导流，前期通常利用被束窄的原河道导流，后期要通过事先修建的泄水道导流。

束窄河床导流一般取决于束窄河床段的允许流速，即围堰及河床的抗冲允许流速。如允许河床被适当刷深，或预先将河床挖深、扩宽，采取防冲措施，也可以采用束窄河床导流。在通航河流上，束窄河段的流速、水面比降、水深及河宽等还应与当地航运部门共同协商确定。

河床束窄程度可用面积束窄度（K）表示：

$$K=\frac{A_2}{A_1}\times 100\% \tag{1-1}$$

式中：A_2 为围堰和基坑所占的过水面积，m^2；A_1 为原河床的过水面积，m^2。

国内外一些工程河床的束窄度 K 的取值范围约在 40%～70%之间，见表 1-1。

表 1-1　部分典型水利水电工程河床束窄程度值

工程名称	河床束窄程度/%	工程名称	河床束窄程度/%
丹江口（中国湖北）	58	古比雪夫（苏联）	60
向家坝（中国四川）	45	布拉茨克（苏联）	65
大化（中国广西）	40	克拉斯诺雅尔斯克（苏联）	50
五强溪（中国湖南）	66	萨扬舒申斯克（苏联）	58
红石（中国吉林）	70	盐锅峡（中国甘肃）	67

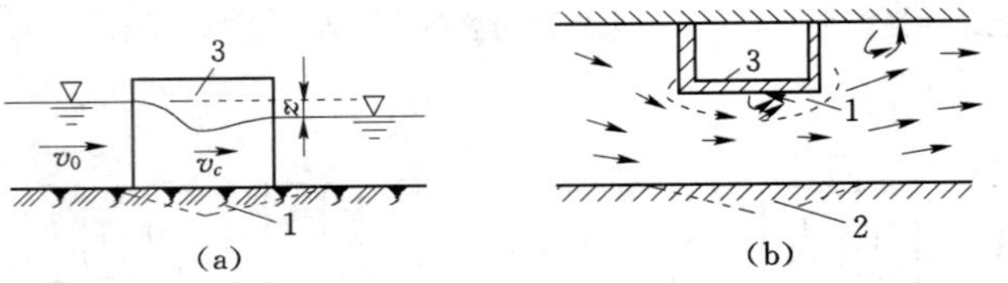

图 1-3　分段围堰束窄段水力计算图
(a) 剖面图；(b) 平面图
1、2—冲刷地段；3—围堰

束窄段河床的平均流速，可粗略按下式确定：

$$v_c=\frac{Q}{\varepsilon(A_1-A_2)} \tag{1-2}$$

式中：v_c 为束窄段河床的平均流速，m/s；Q 为导流设计流量，m^3/s；ε 为侧收缩系数，单侧收缩时采用 0.95，两侧收缩时采用 0.90。

由于围堰将河床束窄，改变了河床内原来的水流状态，在束窄段前产生水位壅高（图 1-3），其壅高值可由下式估算：

$$z=\frac{v_c^{\ 2}}{2g\varphi^2}-\frac{v_0^{\ 2}}{2g} \tag{1-3}$$

式中：z 为壅高，m；φ 为流速系数，随围堰的平面布置形式而定，当平面布置为矩形时 $\varphi=0.75\sim0.85$，为梯形时 $\varphi=0.80\sim0.85$，有导流墙时 $\varphi=0.85\sim0.90$；v_0 为行近流速，m/s；g 为重力加速度。

二、全段围堰法导流

全段围堰法导流，就是在河床主体工程的上下游各建一道断流围堰，使水流经河床以外的临时或永久泄水道下泄。主体工程建成或接近建成时，再将临时泄水道封堵。

采用这种导流方式，当在大湖泊出口处修建闸坝时，有可能只筑上游围堰，将施工期间的全部来水拦蓄于湖泊中。另外，在坡降很陡的山区河道上，若泄水道出口的水位低于基坑处河床高程时，也无需修建下游围堰。

三、辅助导流的主要方式

在运用上述两类导流方式时，往往要选用合适的辅助施工导流方式配合水流控制。其主要的导流方式有：

1. 淹没基坑法导流

这种导流方法在全段围堰法和分段围堰法中均可使用。山区河流的特点是洪水期流量大、历时短，而枯水期流量则很小，水位暴涨暴落、变幅很大。例如江西上犹江水电站，坝型为混凝土重力坝，坝身允许过水，其所在河道正常水位时水面宽仅40m，水深约6～8m，当洪水来临时，河宽增加不大，水深却增加到18m。若按一般导流标准要求来设计导流建筑物，不是挡水围堰修得很高，就是泄水建筑物的尺寸很大，而使用期又不长，这显然是不经济的。在这种情况下，可以考虑采用允许基坑淹没的导流方法，即洪水来临时围堰过水，基坑被淹没，河床部分停工，待洪水退落，围堰挡水时再继续施工。由于基坑淹没所引起的停工天数不长，施工进度能保证，在河道泥沙含量不大的情况下，这种方法一般合理可行。

2. 明渠导流

通常，在河床一侧的河滩基岩较高且岸坡稳定又不太高陡时，通过束窄河床修建导流明渠；有时可将河床适当扩宽，形成导流明渠（图1-4）。在第一期围堰维护下先修建导流明渠，河水由束窄河床下泄，导流明渠河床侧的边墙常用作第二期的纵向围堰；第二期工程施工时，水流经由导流明渠下泄。

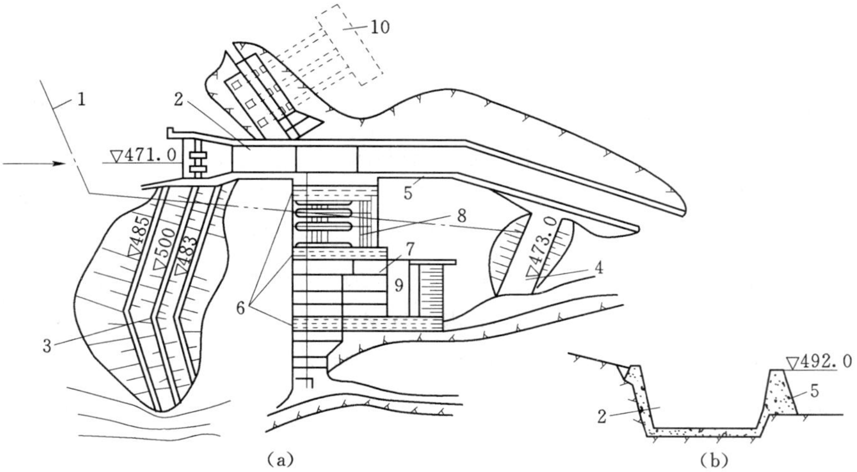

图1-4　四川龚嘴水电站明渠导流

(a) 平面图；(b) 剖面图

1—一期围堰轴线；2—导流明渠；3—二期上游横向围堰；4—二期下游横向围堰；5—二期纵向围堰；6—导流底孔；7—非溢流坝段；8—溢流坝段；9—坝后式厂房；10—地下厂房

明渠导流，一般适用于岸坡平缓的平原河道。在规划时，应尽量利用有利条件，以取得经济合理的效果。如利用当地老河道，或利用裁弯取直开挖明渠，或与永久建筑物相结合，埃及的阿斯旺坝就是利用了水电站的引水渠和尾水渠进行施工导流（图1-5）。

明渠导流（图1-6）是在河岸边坡开挖渠道，在基坑上下游修筑围堰，水流经渠道下泄。

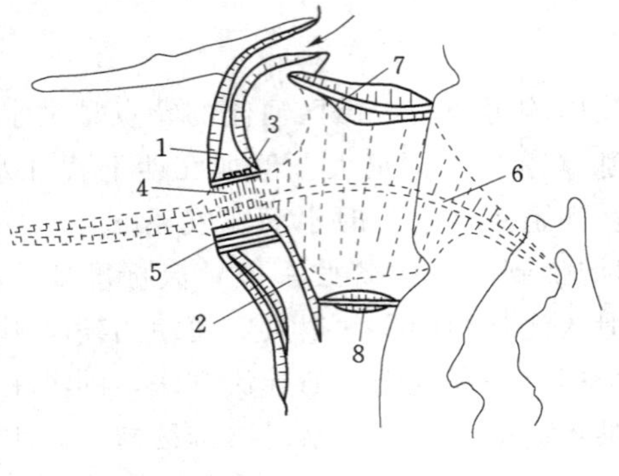

图 1-5　埃及阿斯旺坝利用水电站引水渠和尾水渠导流

1—电站引水渠；2—电站尾水渠；3—电站进水口；4—电站引水隧洞；5—电站厂房；6—坝体；7—上游围堰；8—下游围堰

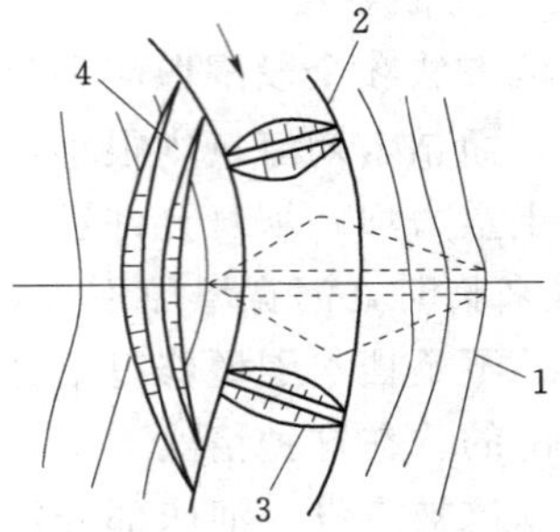

图 1-6　明渠导流

1—坝体；2—上游围堰；3—下游围堰；4—导流明渠

例如，我国广西的岩滩、陕西的安康、四川的映秀湾、宁夏的大柳树及福建的水口等。目前导流流量最大的明渠为中国三峡工程导流明渠，其轴线长 3410.3m，断面为高低渠相结合的复式断面，最小底宽 350m，设计导流流量为 $79000m^3/s$，通航流量为 20000～$35000m^3/s$。

导流明渠的布置，一定要保证水流顺畅，泄水安全，施工方便，缩短轴线，减少工程量。明渠进出口应与上下游水流平顺衔接，进口轴线与主流交角以不大于 30°为宜；为保证水流畅通，明渠轴线转弯半径以不小于 3 倍明渠宽度为宜；采用一次断流围堰导流时，应注意防止围堰冲刷，上游横向围堰轴线与导流明渠进口轴线交角宜为 45°～60°，且围堰上游坡脚距导流明渠进口距离不小于 30m，下游围堰同导流明渠交角大于 60°，堰脚至出口距离不宜小于 30m。此外，为减少渠中水流向基坑内入渗，明渠水面到基坑水面之间的最短距离宜大于 (2.5～3.0)H(明渠水面与基坑水面的高差，以 m 计)。

设计导流明渠时，必须重视下述问题。

(1) 明渠的糙率。它不但关系到渠身尺寸的大小、导流费用的高低，而且关系到整个工程导流能否顺利进行，需要认真对待。特别是在岩层中开挖不加衬砌的明渠，往往对糙率 n 值估计偏低。例如柘溪水电站的导流明渠，设计导流流量是 $2700m^3/s$，但实际只能宣泄 $2100m^3/s$。因为设计糙率 n 为 0.03，而实测 n 值达 0.037～0.042。为确保导流计划的实施，应进行模型试验验证，并严格控制施工质量。

(2) 明渠的出口消能。明渠的泄流量较大，而渠宽相对较窄。例如，四川铜街子水电站的导流明渠，净宽仅 60m，泄量为 $9200m^3/s$，单宽泄量达 $153m^3/(s \cdot m)$，渠底纵坡又为 10‰的陡坡，水流对明渠出口附近河床覆盖层的冲刷威胁很大，为此在明渠的末端设置了消力墩及消力坎等消能设施。

(3) 明渠与永久建筑物的结合。这已被很多实际工程所采用，例如，贵州与广西交界处南盘江上的天生桥二级水电站，布置在右岸的导流明渠，与永久建筑物中的引水明渠、取水口及引水隧洞明管段相结合，使导流工程的费用大为降低。整个导流明渠由三段组成：前段，从导流明渠进口（拦沙坎）至坝轴线，直接利用永久引水明渠，长 212m，平均底宽 65m。为了形成导流明渠进口，拦砂坎只浇闸墩，底板以上的溢流堰安排在后期浇筑；中段，由引水隧洞取水口和明管段组成，长 124m，底宽 50m，为了形成明渠，明管段仅浇筑左边墙和右岸护坡，明管段本身混凝土留至后期施工；后段为导流需要而设置的明渠，长 174m，底宽 40～50m。三段总长 510m，其布置如图 1-7 所示。

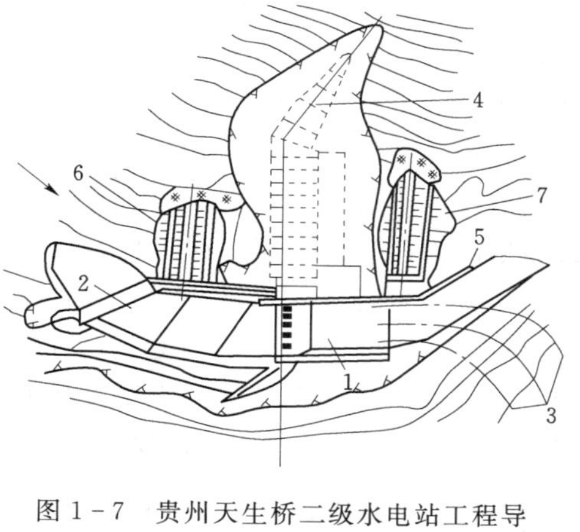

图 1-7　贵州天生桥二级水电站工程导流明渠布置图

1—导流明渠；2—拦沙坎；3—1 号、2 号、3 号引水隧洞轴线；4—坝轴线；5—纵向围堰（导流明渠左边墙）；6—二期上游围堰；7—二期下游围堰

3. 隧洞导流

隧洞导流（图 1-8）是在河岸山体中开挖隧洞，在基坑上下游修筑围堰，水流经由隧洞下泄。

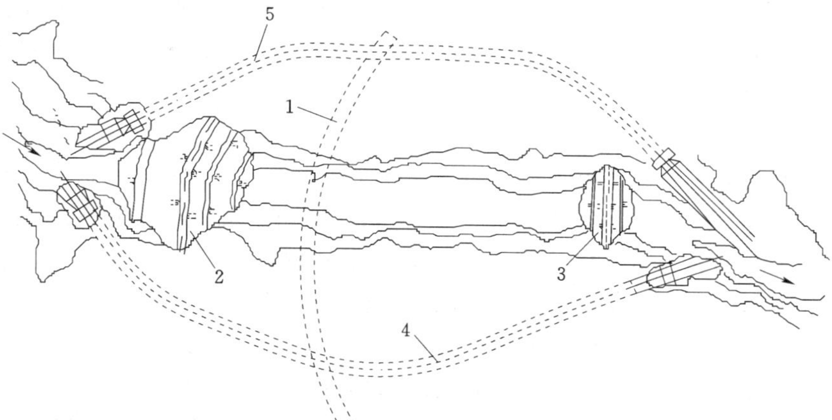

图 1-8　雅砻江二滩水电站隧洞导流

1—混凝土拱坝；2—上游围堰；3—下游围堰；4—右导流隧洞；5—左导流隧洞

导流隧洞的布置，取决于地形、地质、枢纽布置以及水流条件等因素。具体要求与水工隧洞类似。但必须指出，为了提高隧洞单位面积的泄流能力，减小洞径，应注意改善隧洞的过流条件。隧洞进出口应与上下游水流平顺衔接，出口段洞轴线与河道主流方向的交角一般不小于 30°为宜，进口段交角视具体情况可适当放宽，以防止出口水流冲刷及进出口水流对上、下游围堰的影响；有条件时，隧洞最好布置成直线，若有弯道，其弯曲半径应大于 5 倍洞径，转角宜小于 60°，曲线两端以不小于 5 倍洞宽的直线相连，否则，因离心力作用会产生横波，或因流线折断而产生局部真空，影响隧洞泄流，严重时还会危及隧洞安全。隧洞进出口与上下游围堰之间要有适当距离，一般宜大于 50m，以防隧洞进出口

水流冲刷围堰的迎水面。如河北官厅水库洞口离截流戗堤太近，戗堤防渗层受进洞主流冲刷，致使两次截流闭气失败。一般导流临时隧洞，若地质条件良好，可不作专门衬砌。为降低糙率，应进行光面爆破，以提高泄量，降低隧洞造价。一般来说，糙率 n 值减少 7%～15%，可使隧洞造价降低 2%～6%。

一般山区河流，河谷狭窄，两岸地形陡峻，山岩坚实，采用隧洞导流较为普遍。如亚洲最大横断面的二滩导流隧洞工程（宽×高为 17.5m×23m，两条洞长度分别为 1.03km 和 1.1km，设计流量 13500m^3/s）；金沙江溪洛渡导流隧洞工程（6 条隧洞总长度达 9.39km，标准断面达 18m×20m，设计流量 27000m^3/s）是我国目前最大规模的导流隧洞工程。对于高坝大库工程的多条导流隧洞，进口宜分层布置。隧洞是造价昂贵和施工复杂的地下建筑物，通常导流隧洞与泄洪洞、引水洞、尾水洞、放空洞等永久隧洞相结合。但是，由于永久隧洞的进口高程通常较高，而导流隧洞的进口高程通常较低，可开挖一段低高程的导流隧洞与永久隧洞低高程部分相连，导流任务完成后将导流隧洞进口堵塞，不影响永久隧洞运行。这种布置方式俗称“龙抬头”，例如云南毛家村水库的导流隧洞就与永久泄洪隧洞结合起来进行布置（图 1-9）。只有当条件不允许时，才专为导流开挖隧洞，导流任务完成后还需将它堵塞。

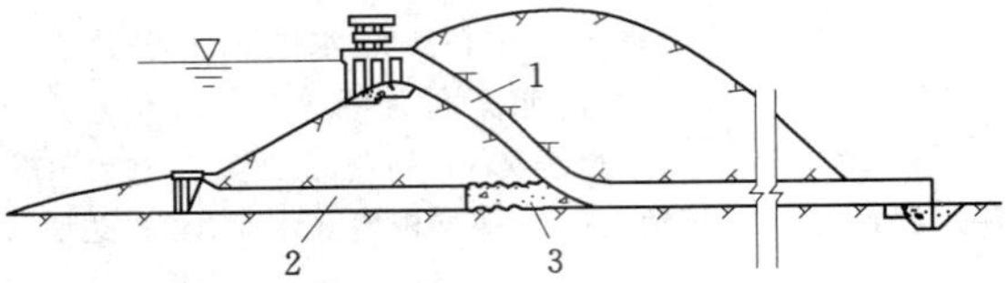

图 1-9　云南毛家村水库导流隧洞与永久隧洞结合布置
1—永久隧洞；2—导流隧洞；3—混凝土堵头

4. 底孔导流

底孔导流时，应事先在混凝土坝体内修建临时或永久底孔（图 1-1），导流时让全部或部分导流流量通过底孔宣泄到下游，保证工程继续施工。如为临时底孔，则在工程接近完工或需要蓄水时加以封堵。这种导流方法在分段分期修建混凝土坝时用得比较普遍。

采用临时底孔时，底孔的尺寸、数目和布置应通过相应的力学计算分析决定。其中底孔的尺寸在很大程度上取决于其承担的任务（导流、过木、过船、过鱼），以及水工建筑物的结构特点和封堵闸门设备的类型。底孔的布置应满足截流、围堰工程及其封堵等要求。如底坎高程布置较高，则截流落差较大，围堰较高，但封堵时的水头较低，封堵相对容易些。一般底孔的底坎高程应布置在枯水位之下，以保证枯水期泄流。当底孔数目较多时，可以布置在不同高程，封堵时从高程最低的底孔开始，这样可以减少封堵时闸门所承受的水压力。

临时底孔的断面多采用矩形，为了改善孔周的应力状况，也可采用有圆角的矩形。按水工结构要求，孔口尺寸应尽量小，但若导流流量较大或有其他要求时，则应采用尺寸较大的底孔，见表 1-2。

表 1-2　　部分典型水利水电工程导流底孔尺寸

工程名称	底孔尺寸（宽×高）/(m×m)	工程名称	底孔尺寸（宽×高）/(m×m)
新安江（中国浙江）	10×13	凤滩（中国湖南）	6×10
柘溪（中国湖南）	8×10	伊泰普（巴西）	6.7×22
三峡（中国湖北）	6×8.5	二滩（中国四川）	4×8

底孔导流的优点是：挡水建筑物上部的施工可以不受水流干扰，有利于均衡连续施工，这对修建高坝特别有利。若坝体内有永久底孔可以利用时，则更为理想。底孔导流的缺点是：由于坝体内设置了临时底孔，使钢材用量增加；如果封堵质量不好，会削弱坝的整体性，还可能漏水；泄流能力往往不大；在导流过程中，底孔有被漂浮物堵塞的危险；封堵时，由于水头较高，安放闸门及止水等工作均较困难。

5. 坝体缺口导流

在混凝土坝施工过程中，当汛期河水暴涨暴落，其他导流建筑物又不足以宣泄全部流量时，为了不影响施工进度，使大坝在涨水时仍能继续施工，可以在未建成的坝体上预留缺口（图 1-1），以配合其他导流建筑物宣泄洪峰流量；待洪峰过后，上游水位回落，再继续修筑缺口。预留缺口的宽度和高度取决于导流设计流量、其他泄水建筑物的泄水能力、建筑物的结构特点和施工条件等。采用底坎高程不同的缺口时，高低缺口单宽流量相差过大可能引起高缺口向低缺口的侧向泄流。为避免这种压力分布不均匀的斜向卷流，需要适当控制高低缺口间的高差。根据柘溪工程的经验，其高差以不超过 4～6m 为宜。

在修建混凝土坝（特别是大体积混凝土坝）时，由于这种导流方法比较简单，常被采用。

6. 涵管导流

涵管导流主要适用于流量不大情况下的土石坝、堆石坝工程，目前已很少采用。

涵管通常布置在河岸岩滩上，其位置常在枯水位以上，这样可在枯水期不修围堰或只修小围堰而先将涵管筑好，然后再修上、下游全段围堰，将水流导入涵管下泄，如图 1-10 所示。

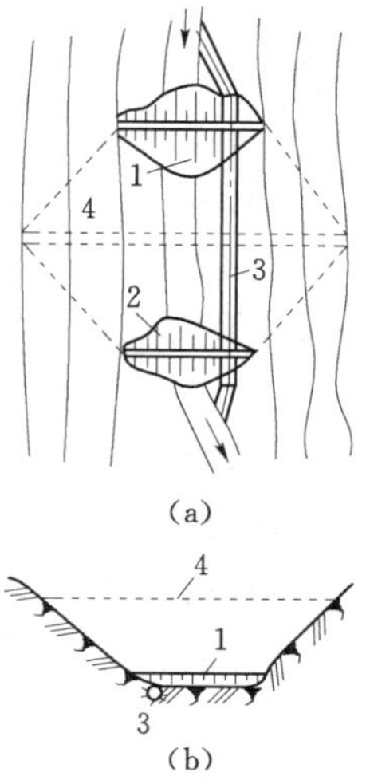

图 1-10　涵管导流
(a) 平面图；(b) 上游立视图
1—上游围堰；2—下游围堰；3—涵管；4—坝体

涵管一般为钢筋混凝土结构。当有永久涵管可以利用时，采用涵管导流是合理的。在某些情况下，可在建筑物岩基中开挖沟槽，必要时加以衬砌，然后封上混凝土或钢筋混凝土顶盖，形成涵管。利用这种方法，往往可以获得经济可靠的效果。由于涵管的泄水能力较低，所以一般仅用于导流流量较小的河流上，或只用来承担枯水期的导流任务。

必须指出，为了防止涵管外壁与坝身防渗体之间的接触渗流，可在涵管外壁每隔一定距离设置截流环，以延长渗径，降低渗透坡降，减少渗流的破坏作用。此外，必须严格控制涵管外壁防渗体填料的压实质量。涵管管身的温度缝或沉陷缝中的止水也必须认真对待。

在实际工作中，由于枢纽布置、建筑物型式以及施工条件的不同，必须进行恰当的组合，灵活应用，才能合理解决一个工程在整个施工期间的导流问题。

底孔和坝体缺口泄流，并不只适用于分段围堰法导流，在全段围堰法后期导流时，也常有采用；同样，隧洞和明渠泄流，也并不只适用全段围堰法导流，在分段围堰法后期导流时，也常有应用。因此，选择一个工程的导流方式，必须因地制宜，绝不能机械套用。

另外，实际工程中所采用的导流方式和泄水建筑物型式，除了上面提到的以外还有其他多种型式。例如在平原河道河床式水电站枢纽中，利用电站厂房导流；在有船闸的枢纽中，利用船闸导流；在小型工程中，如果导流设计流量较小，可以采用穿过基坑架设渡槽的导流方法等。

第二节 围 堰 工 程

围堰是导流工程中的临时挡水建筑物，用来围护基坑，保证水工建筑物能在干地施工。在导流任务完成以后，如果围堰对永久建筑物的运行有妨碍，或没有考虑作为永久建筑物的一部分时，应予以拆除。

水利水电工程施工中经常采用的围堰，按其所使用的材料可以分为土石围堰、草土围堰、袋装土围堰、胶凝砂砾石（CSG）围堰、钢板桩格型围堰、混凝土围堰等。

按围堰与水流方向的相对位置可以分为横向围堰和纵向围堰。

按导流期间基坑淹没条件可以分为过水围堰和不过水围堰。过水围堰除需要满足一般围堰的基本要求外，还要满足堰顶过水的专门要求。

选择围堰型式时，必须根据当时当地具体条件，在满足下述基本要求的原则下，通过技术经济比较加以选定。

（1）具有足够的稳定性、防渗性、抗冲性和强度。

（2）就地取材，造价便宜，构造简单，修建、拆除方便。

（3）围堰的布置，应力求使水流平顺，不发生严重的局部冲刷。

（4）围堰接头、与岸坡联结处要可靠，避免因集中渗漏等破坏作用而引起围堰失事。

（5）必要时应设置抵抗冰凌、船筏冲击破坏的设施。

一、围堰的基本型式及构造

1. 不过水土石围堰

土石围堰能充分利用当地材料，对地基适应性强、施工工艺简单，应优先选用。不过水土石围堰是水利水电工程中应用最广泛的一种围堰型式，如图 1-11 和图 1-12 所示。它能充分利用当地材料或废弃的土石方，构造简单，施工方便，可以在动水中、深水中、岩基上或有覆盖层的河床上修建。但其工程量大，堰身沉陷变形较大，如柘溪水电站的土石围堰一年中累计沉陷量最大达 40.1cm，为堰高的 1.75%，一般为 0.8%～1.5%。此外，除非采取特殊措施，土石围堰一般不允许堰顶过水，所以汛期应有防护措施。

若当地有足够数量的渗透系数小于 10^{-4}cm/s 的防渗料（如砂壤土）时，土石围堰可以采用图 1-11（a）、（b）两种型式。其中图 1-11（a）适用于基岩河床；图 1-11（b）适用于覆盖层厚度不大的场合。斜墙和水平铺盖在大多数情况下均需水下抛填，一般坡度很缓，这与水深和抛填土料性质有关。例如湖北丹江口水利工程，在水深 3～9m 的条件下抛填壤土，水下稳定坡度达 1∶6～1∶7。黏土的水下稳定坡度更缓，一般不宜采用。在吉林白山水电站，用风化砂作斜墙和铺盖，水下稳定坡度为 1∶1.7～1∶2.0，抛填 3 天后，渗透系数达到 10^{-5}cm/s，取得了良好的防渗效果。

若当地没有足够数量的防渗料或覆盖层较厚时，土石围堰可以采用图 1-11（c）、

(d) 两种型式，用混凝土防渗墙、高喷墙、自凝灰浆墙或帷幕灌浆来解决基础和堰身的防渗问题。这也是最近几年主流的不过水围堰型式，若围堰较高，则可采用图 1－12 所示围堰型式，用土工膜代替图 1－11 (d) 中的黏土心墙。

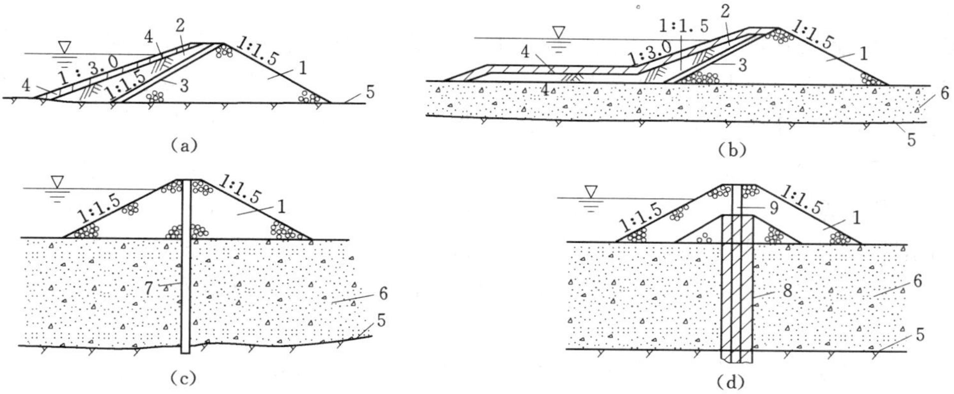

图 1－11　不过水土石围堰

(a) 斜墙式；(b) 斜墙带水平铺盖式；(c) 垂直防渗墙式；(d) 帷幕灌浆式

1—堆石体；2—黏土斜墙、铺盖；3—反滤层；4—护面；5—基岩；6—覆盖层；7—垂直防渗墙；8—帷幕灌浆；9—黏土心墙

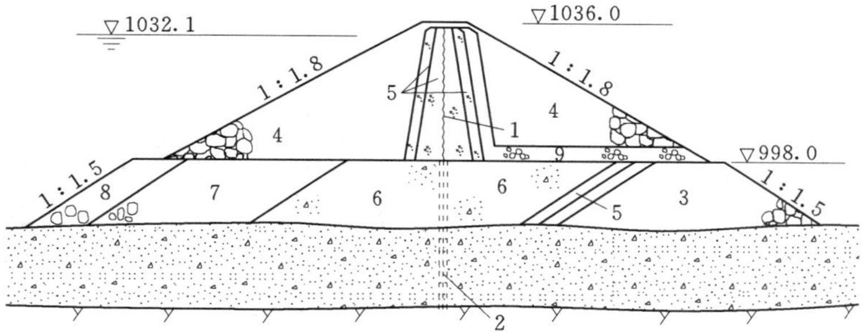

图 1－12　小湾水电站上游围堰断面图（单位：m）

1—土工膜心墙；2—高压旋喷灌浆防渗墙（三排）；3—截流戗堤；4—堆石；5—过渡料；6—水中抛填砂砾石；7—水中抛填石渣；8—水中抛填堆石；9—排水棱体

2. 过水土石围堰

当采用允许基坑淹没的导流方式时，围堰堰体必须允许过水。如前所述，土石围堰是散粒体结构，不允许堰体溢流。因为土石围堰过水时，一般受到两种破坏作用：①水流沿下游坡面下泄，动能不断增加，冲刷堰体表面；②由于过水时水流渗入堆石体所产生的渗透压力，引起下游坡面连同堰顶一起深层滑动，最后导致溃堰的严重后果。因此，过水土石围堰的下游坡面及堰脚应采取可靠的加固保护措施。目前采用的有大块石护面、钢筋石笼护面、加筋护面及混凝土板护面等。应用较普遍的是混凝土板护面。

(1) 混凝土板护面过水土石围堰。常用的混凝土护面板，按施工方式可分为现浇混凝土护面板和预制混凝土护面板；按面板截面型式可分为矩形板和楔形板；按面板连接方式可分为重叠搭接式和平顺连接式；按面板上有无排水设施可分为带排水孔面板和不带排水孔面板。面板与围堰下游坡之间一般需设置垫层，以削减板下水流压强，有利于面板的平整与稳定。对于面板型式、厚度、围堰下游坡度、垫层、（堰脚）保护型式和范围以及围堰整体的稳定性能，除了参考工程经验和进行有关的计算以外，一般应通过水工模型试验确定。

混凝土护面板的安装或浇筑应错缝、跳仓，施工顺序应从下游面坡脚向堰顶进行。

图 1-13 所示为天生桥一级水电站（20 世纪 90 年代）采用的混凝土板护面上游过水土石围堰。围堰由维持堰体稳定的堆石体及土石混合料堆体、防止渗透的高喷板墙（高 33m、厚 0.5m）、满足过水要求的混凝土护面板（堰顶和高程 645m 挑流平台均采用厚 1.0m 的钢筋混凝土护面板，堰顶至高程 645m 平台的斜坡段采用平均厚度 0.9 m 的混凝土楔型面板），以及上游压重体等部分所构成。设计最大过堰流速 10.19m/s，单宽流量 12～18m^3/(s·m)。经过 1995 年 12 次、1996 年 7 次过水，过堰水流平稳，围堰完好无损。

自 20 世纪 50 年代以来，混凝土护面板有逐渐变薄的趋势，例如，江西上犹江水电站（20 世纪 50 年代）过水土石围堰，设计最大过堰流速 15m/s，面板厚 3.0m，单宽流量 40m^3/(s·m)；湖北堵河黄龙滩水电站（20 世纪 70 年代）上游过水土石围堰，实际最大过堰流速 17m/s，面板厚 2m，单宽流量 21m^3/(s·m)；湖北清江水布垭水电站（2002 年）上游土石过水围堰，模型试验最大过堰流速 18m/s，面板厚 1.5～1.0m，单宽流量 50m^3/(s·m)。

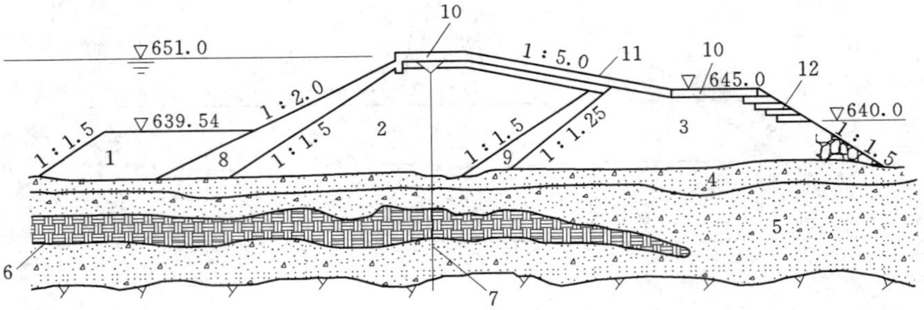

图 1-13 天生桥一级水电站混凝土板护面上游过水土石围堰（单位：m）

1—压重；2—土石混合料；3—截流戗堤；4—淤积层；5—砂砾石；6—淤泥质黏土；7—高喷板墙；8—过滤料；9—反滤料；10—钢筋混凝土面板；11—混凝土楔型板；12—铅丝笼

有混凝土挡墙过水土石围堰的修建，一般需按设计断面分期施工。例如，江西上犹江水电站过水土石围堰，第一期修建所谓“安全断面”，即在围堰截流、闭气后，加高培厚戗堤，先完成临时断面，然后抽水排干基坑［图 1-14（a）］；第二期在安全断面挡水条件下修建混凝土挡墙［图 1-14（b）］，并继续加高培厚，修筑堰顶及下游坡护面等，直至完成设计断面［图 1-14（c）］。

（2）加筋过水土石围堰。20 世纪 50 年代以来，国内外已成功地修建了 20 多座加筋过水土石围堰。例如，广西大化水电站的加筋过水土石围堰，下游坡面最长 38m，经受住了 9130 m^3/s［单宽流量超过 40 m^3/（s·m）］洪水的考验。加筋过水土石围堰（图 1-15）是在围堰的下游坡面上铺设钢筋网，防止坡面块石被冲走，并在下游部位的堰体内埋

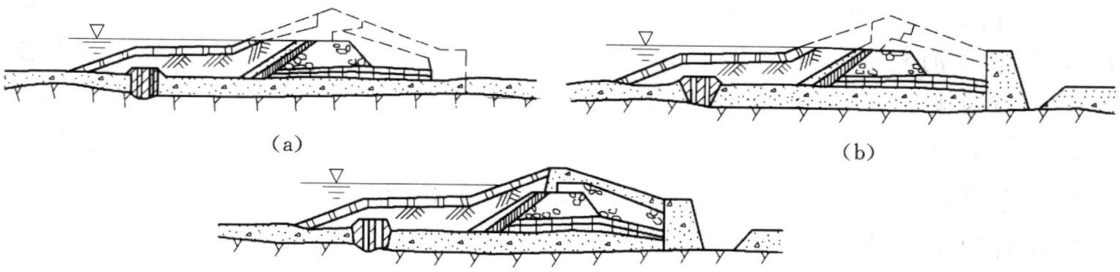

图 1-14　带混凝土挡墙过水土石围堰施工程序图

（a）一期断面；（b）二期断面；（c）设计断面

设水平向主锚筋，以防下游坡连同堰顶一起滑动。下游坡采用钢筋网护面，可使护面块石的尺寸减小，下游坡角加大，其造价低于混凝土板护面过水土石围堰。

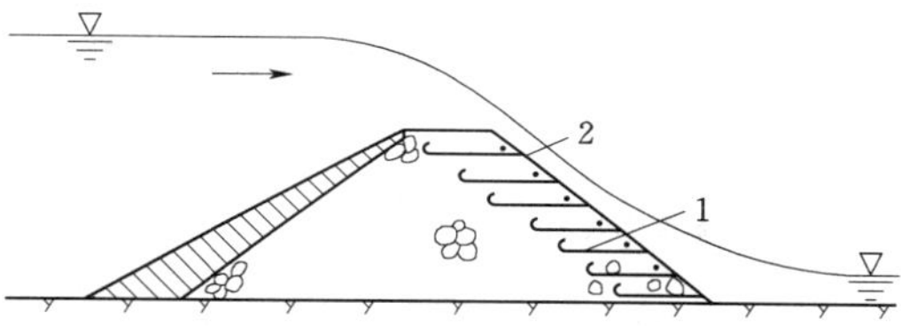

图 1-15　加筋过水土石围堰

1—水平向主锚筋；2—钢筋网

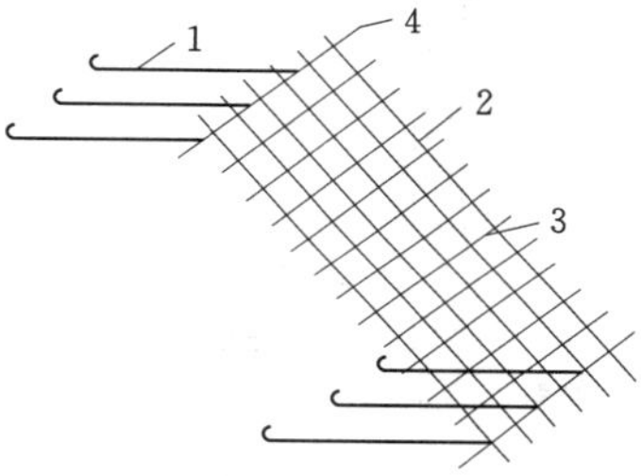

图 1-16　钢筋网及水平向主锚筋构造图

1—水平向主锚筋；2—纵向主筋；3—横向构造筋；4—横向加筋

钢筋网及水平向主锚筋的构造见图 1-16。钢筋网由纵向主筋、横向构造筋及横向加筋等组成。一般纵向主筋 $\phi 5 \sim 29$，间距 10～45cm；横向构造筋 $\phi 7 \sim 25.4$，间距 15～22.5cm；横向加筋 $\phi 19 \sim 29$，间距 1.5～3.0m。纵向主筋与横向构造筋所形成的网格尺寸，应能框住坡面块石，以免过水时被冲走。为防止钢筋网的隆起，设横向加筋加压，横向加筋应放置在纵向加筋的下面，以防止被水流所挟带的杂物冲断。水平向主锚筋一般采用 19～38mm，其垂直间距 1.5～3.0m、水平间距 0.23～1.5m。钢筋网及水平向主锚筋可预制后在现场进行装配。钢筋构件的连接可用电焊，也可用 $\phi 15.9$ 的 U 形螺栓，以便拆装。

必须指出的是：①加筋过水土石围堰的钢筋网应保证质量，否则水流挟带的块石会切断钢筋网，使土石料被水流淘刷成坑，造成塌陷，导致溃口等严重事故；②过水时堰身与两岸接头处的水流比较集中，钢筋网与两岸的连接应十分牢固，一般需回填混凝土直至堰脚处，以利钢筋网的连接生根；③过水以后要进行检修和加固。

3. 混凝土围堰

混凝土围堰的抗冲与防渗能力强，挡水水头高，底宽小，易于与永久建筑物相连接，必要时还可以过水，因此应用比较广泛。近年来，由于碾压混凝土（RCC）施工具有施工速度快，造价低，过水时安全性高等优势而广泛应用。如广西岩滩上下游 RCC 围堰（高 52.3m），湖北隔河岩上游过水 RCC 拱围堰（高 40m），云南大朝山上游 RCC 过水拱围堰（高 41m），福建水口 RCC 纵向导墙，广西龙滩 RCC 重力围堰（高 87.6m，见图 1-17），三峡三期上游 RCC 重力围堰（高 121m，见图 1-18）等。其中，三峡三期 RCC 围堰的施工周期仅 4 个月，具有世界先进水平。因此，在有条件时应优先选用 RCC 围堰；当堰址的河谷狭窄且地质条件良好时，可采用 RCC 拱围堰。

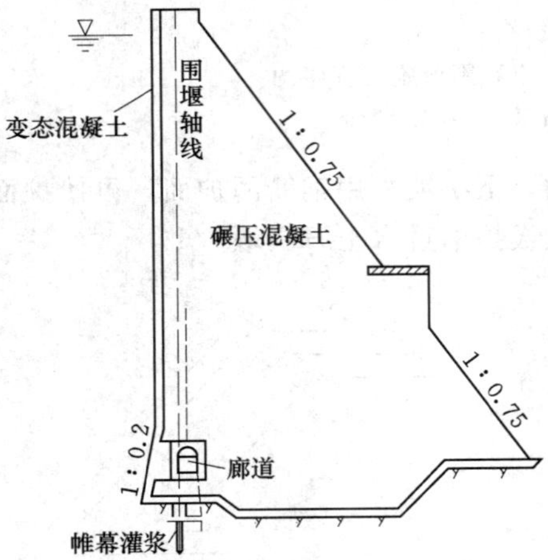

图 1-17　龙滩上游 RCC 围堰剖面图

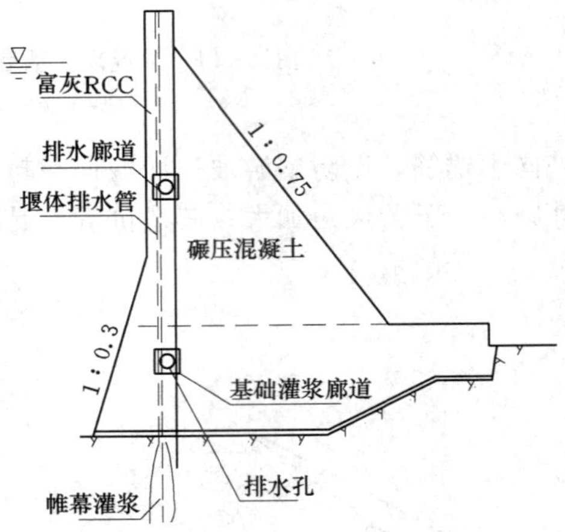

图 1-18　三峡三期 RCC 围堰

（1）拱形混凝土围堰（图 1-19）。一般适用于岸坡陡峻、岩石坚实的山区河流。此时常采用隧洞及允许基坑淹没的导流方案。通常，围堰的拱座设在枯水位以上。对围堰的基础处理，当河床的覆盖层较薄时，常进行水下清基；若覆盖层较厚，则可灌注水泥浆防渗加固。堰身的部分混凝土要进行水下施工，因此难度较高。

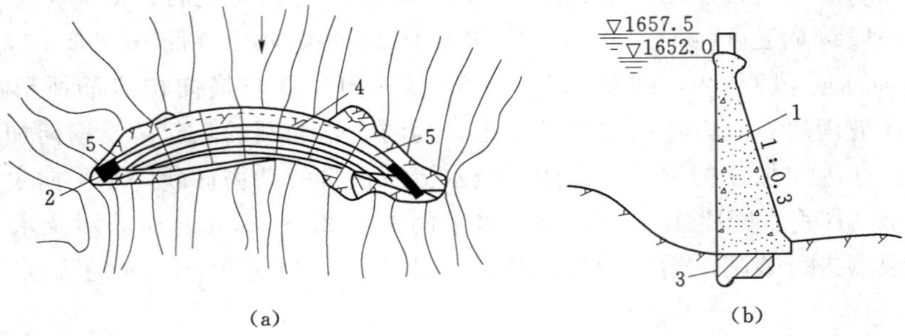

图 1-19　甘肃刘家峡水电站上游混凝土拱形围堰（高程：m）

（a）平面图；（b）横断面图

1—拱身；2—拱座；3—灌浆加固；4—溢流段；5—非溢流段

拱形混凝土围堰，由于利用了混凝土抗压强度较高的特点，与重力式围堰相比，断面较小，可节省混凝土工程量。

有的工程，在堆石体上修建重力式拱形围堰，其布置如图 1-20 所示。围堰的修筑，通常从岸边沿围堰轴线向水中抛填砂砾石或石渣进占，出水后进行灌浆，使抛填的砂砾石体或石渣体固结，并使灌浆帷幕穿透覆盖层直至基岩；然后在砂砾石体或石渣体上浇筑重力式拱形混凝土围堰。

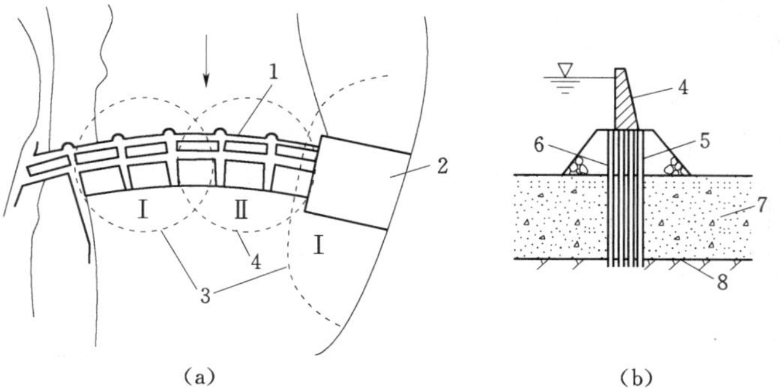

图 1-20　西班牙维勒工程的重力式拱形围堰

(a) 平面图；(b) 横断面图

Ⅰ—一期基坑；Ⅱ—二期基坑

1—主体建筑物；2—水电站；3—一期围堰；4—二期围堰；5—堆石体；6—灌浆帷幕；7—覆盖层；8—基岩

(2) 重力式混凝土围堰。采用分段围堰法导流时，重力式混凝土围堰往往可兼做第一期和第二期纵向围堰，两侧均能挡水，还能作为永久建筑物的一部分，如隔墙、导墙等。

重力式混凝土围堰一般需修建在基岩上，断面可做成实体式，与非溢流重力坝类似，也可做成空心式（图 1-21）。为了保证混凝土的施工质量，通常需在土石低水围堰围护下进行干地施工。

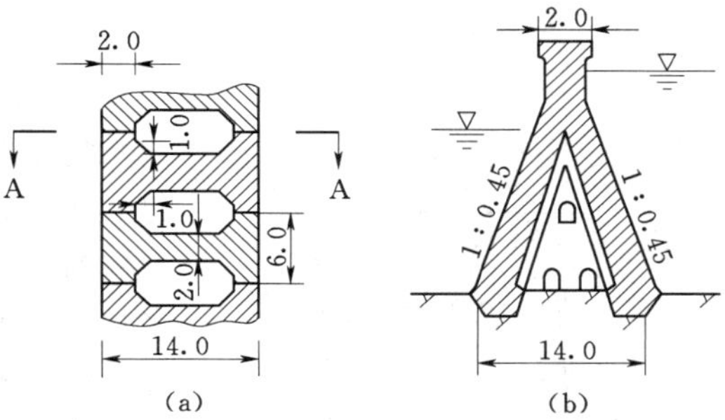

图 1-21　河南三门峡工程重力式混凝土纵向围堰（单位：m）

(a) 平面图；(b) A—A 剖面

4. 钢板桩格型围堰

钢板桩格型围堰按挡水高度不同，其平面型式有圆筒形格体、扇形格体及花瓣形格体（图 1-22）等，应用较多的是圆筒形格体。钢板桩格型围堰在国外一些大、中型水利水电工程中应用得比较广泛。如在美国田纳西河流域梯级开发工程中，有 14 个工程采用过钢板桩格型围堰。我国长江葛洲坝工程也成功地应用圆筒形格体钢板桩围堰作为纵向围堰的一部分。钢板桩格型围堰得以广泛应用是由于：修建和拆除可以高度机械化；钢板桩的回收率高，可达 70%以上；边坡垂直、断面小、占地少、安全可靠等。

钢板桩格型围堰适用于在岩石地基或混凝土基座上建造，其最大挡水水头不宜大于 30m；对于细砂砾石层地基，可用打入式钢板桩围堰，其最大水头不宜大于 20m。

圆筒形格体钢板桩围堰是由"一字形"钢板桩拼装而成，由一系列主格体和联弧段所构成。格体内填充透水性较强的填料，如砂、砂卵石或石渣等（图 1-23）。

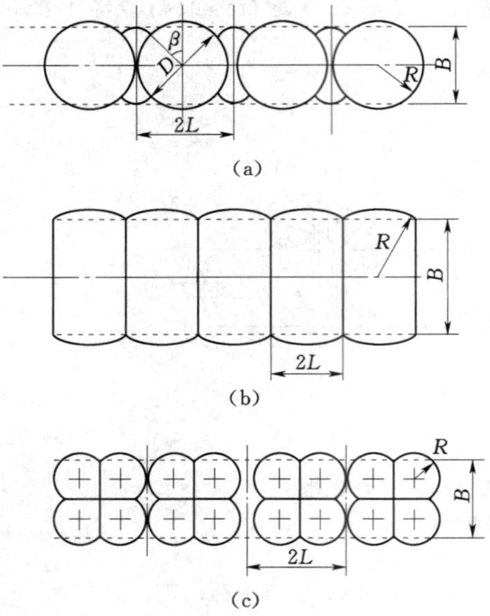

图 1-22　钢板桩格型围堰平面型式

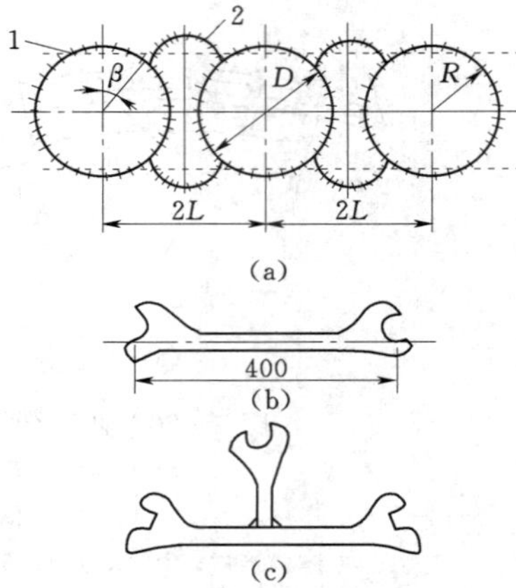

图 1-23　圆筒形格体钢板桩围堰（单位：mm）

（a）平面图；（b）"一字形"钢板桩；（c）钢板桩异形接头

1—主格体；2—联弧段

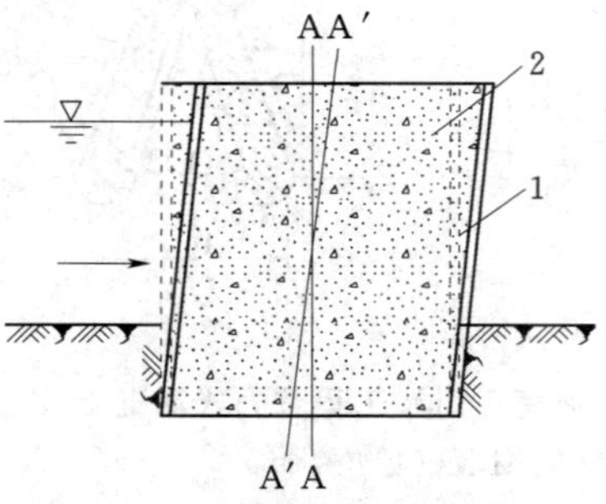

图 1-24　格体挡水时变位示意图

1—钢板桩；2—填料

圆筒形格体的直径 D，根据经验一般取挡水高度 H 的 0.9～1.4 倍，平均宽度 B 为 $0.85D$。圆筒形格体钢板桩围堰不是一个刚性体，而是一个柔性结构，格体挡水时会产生变位（图 1-24），此时填料沿格体轴线的垂直平面（图 1-24 中 A—A 平面）发生错动。提高填料本身的抗剪强度以及填料与钢板桩之间的抗滑力，有助于提高格体的抗剪稳定性。此外，钢板桩的锁口由于受到填料的侧压力而引起拉力。因此，圆筒形格体钢板桩围堰的设计，除了应按水工建筑物一般要求，核算抗滑、抗倾覆稳定及地基强度外，尚需核算格体轴线垂直平面上的抗剪稳定性和钢板桩锁口的抗拉强度等。

圆筒形格体钢板桩围堰的修建，由定位、打设模架支柱、模架就位、安插钢板桩、填充料渣、取出模架及其支柱和填充料渣到设计高度等工序组成（图 1-25）。圆筒形格体钢板桩围堰一般需在流水中修筑，受水位变化和水面波动的影响较大，施工难度较高。1965 年罗马尼亚·南斯拉夫的铁门水电站，采用自升平台船来修筑圆筒形格体钢板桩围堰，使工效、质量均得到提高。一个直径为 18m、高为 16m 的格体仅用 18 天时间建成。

应当注意，向格体内倾注填料时，必须保持各格体的填料表面大致均衡上升，高差太大会影响格体变形。

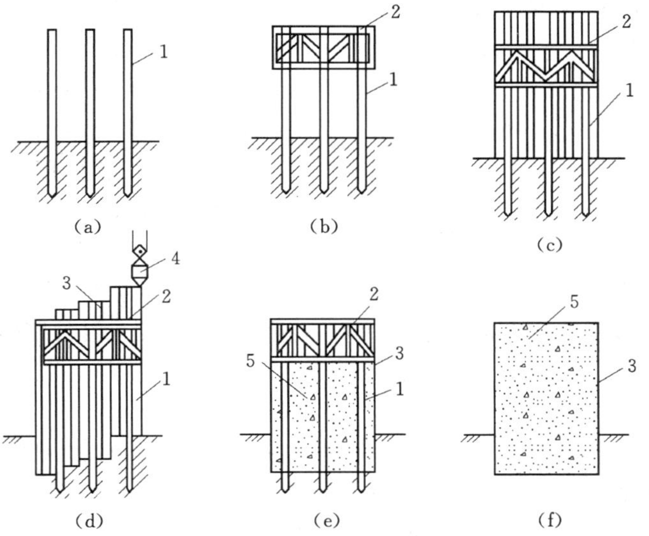

图 1-25 圆筒形格体钢板桩围堰施工程序图

(a) 定位、打设模架支柱；(b) 模架就位；(c) 安插钢板桩；
(d) 打设钢板桩；(e) 填充料渣；(f) 取出模架及支柱，填充料渣至设计高程
1—支柱；2—模架；3—钢板桩；4—打桩机；5—填料

5. 草土围堰及袋装土围堰

草土围堰是一种草土混合结构，多用捆草法修建。这是我国劳动人民长期与水作斗争的智慧结晶之一。远在两千多年前，草土围堰就已广泛应用于宁夏引黄灌渠的取水工程上。甘肃盐锅峡、八盘峡、刘家峡，宁夏青铜峡及陕西石泉水电站等都先后应用过草土围堰。

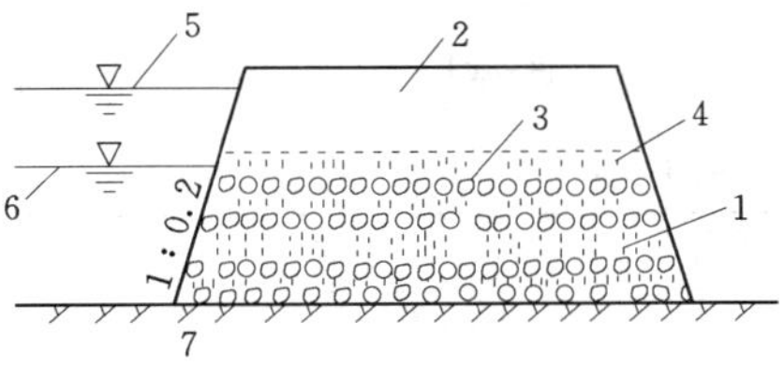

图 1-26 草土围堰

1—水下堰体；2—水上加高部分；3—草捆；
4—散草铺土层；5—设计挡水位；
6—施工水位；7—河床

草土围堰的断面一般为矩形或边坡很陡的梯形，坡比为 1：0.2～1：0.3，是在施工中自然形成的边坡（图 1-26）。断面尺寸除应满足抗滑、抗倾覆、防渗等要求外，还须考虑施工过程中的运草、运土等要求。根据实际经验，草土围堰的宽高比，在岩基河床上为 2～3；在软基河床上为 4～5。堰顶超高通常采用 1.5～2.0m。

草土围堰可就地取材，结构简单，施工方便，造价低，防渗性能好，适应能力强，便于拆除，施工速度快。在青铜峡水电站施工中，只用 40 天时间，就在最大水深 7.8m、流量 1900m^3/s、流速大于 3m/s 的条件下，建成长 580m、工程量达 7 万 m^3 的草土围堰。但草土围堰不能承受较大的水头，宜用于水深不大于 6～8m，流速不超过 3～5m/s 的场合。

袋装土围堰的基本断面为梯形，袋装土是一种以聚丙烯编织布缝成具有一定规格的袋子作软体模板，用泥浆泵充填砂性土，后经泌水密实成型的土方工程。它具有整体性好，机械化施工速度快，能抵抗一定的风浪的优点，可以快速成型并具有较好的地基适应性。

它在河堤的抢险、围海工程以及一些工期较短的临时工程中多有应用。例如，某隧洞充水试验进口围堰（图1-27），进口围堰临水面采用两层复合土工膜防渗，并分别向两侧闸墙、闸底板各延伸1m。延伸的1m土工膜采用胶水接触的混凝土面粘贴。围堰顶宽3m，临水面边坡坡度为1∶0.75，外坡坡度为1∶1.75。在土工膜下方的编织袋砌体表面采用黏性土整平夯实，土袋堆砌体压实度不小于93%；土工膜上方1m层采用砂袋压盖，且临水面砂袋坡脚堆砂袋（3m高，3m宽）防止砂袋遇水浸泡后下滑。

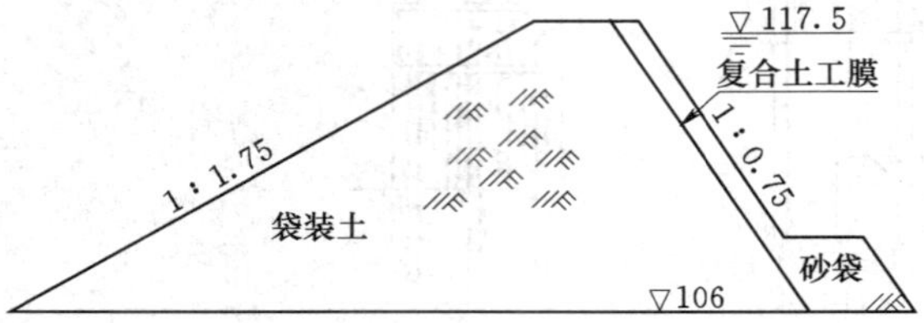

图1-27　进口围堰剖面图

6. CSG 围堰

CSG（Cemented Sand & Gravel 胶凝砂砾石）技术是一项新型筑坝技术，这种技术的核心是将胶凝材料和水添加到河床砂砾石或开挖废弃料等在坝址附近容易找到的岩石基材中，然后采用简单的拌和装置拌和而得到的一种新型廉价的筑坝材料。胶凝砂砾石（CSG）技术性能介于堆石坝材料和碾压混凝土之间，具有比堆石坝材料更好的抗冲刷能力，允许表面过流，具有一定强度和刚体性质，可以减小坝体的体积，同时又具有良好的地基适应能力，减少了地基处理的工程量。

目前，CSG筑坝技术主要在日本、希腊、土耳其、法国等国家开展一些研究并在小型工程应用，主要用于围堰、拦沙坝和中低高度的大坝建设；在国内刚刚起步，应用较少，主要用于围堰填筑方面，例如，福建霍童溪洪口水电站上游过水围堰，福建尤溪江街面水电站下游围堰，贵州道塘水库上游围堰等。

国内外典型胶凝砂砾石围堰见表1-3。

表1-3　国内外典型CSG围堰

序号	围堰名	所在国家	堰高/m	建成年份
1	Nagashima 坝上游围堰	日本	14.9	1991
2	道塘水库上游围堰	中国	7.0	2004
3	街面水电站下游围堰	中国	16.3	2005
4	洪口水电站上游围堰	中国	35.5	2006
5	功果桥水电站上游围堰	中国	50.0	2009

CSG围堰的基本剖面为对称梯形，堰体的拉应力较小，运行期堰体应力变化较小，堰体内部应力分布均匀，堰体在强烈地震荷载作用下其拉应力也较小，具有较好的抗震性能。

CSG围堰的体型比土石围堰小，可以减少投资和缩短工期；即便和混凝土围堰相比，其依然具有较大的优势。洪口水电站工程上游主围堰采用CSG围堰方案，2006年6月5—8日“6.6”洪水期间，流量约5400m^3/s（接近50年一遇洪水标准），围堰多次过水，过水时间长达40多个小时，期间堰前最高水位为高程83.45m，最大过水水头7.95m，比设计过水标准超高1.45m。洪水后检查，围堰损坏较轻，围堰主体完好，围堰上未发现裂缝，围堰漏水量与过水前无明显变化。同时，与原定 RCC 围堰方案相比工程造价降低了 28%，工期缩短了 25%。

CSG 围堰的施工工艺和碾压混凝土类似。采用装载机拌和，自卸汽车上坝，反铲式挖掘机摊铺，振动碾碾压的施工工艺。正式施工前还应进行现场工艺试验，以确定胶凝砂砾石材料的具体配合比以及装载机拌和遍数和振动碾碾压遍数。

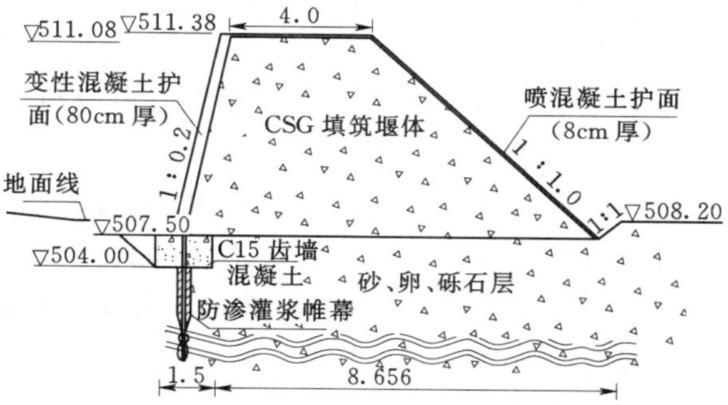

图 1-28 道塘水库上游 CSG 围堰剖面图（单位：m）

二、围堰的平面布置与堰顶高程

1. 围堰的平面布置

围堰的平面布置是一个很重要的问题。如果平面布置不当，围护基坑的面积过大，会增加排水设备容量；过小则会妨碍主体工程施工，影响工期；更有甚者，会造成水流宣泄不畅顺，冲刷围堰及其基础，影响主体工程安全施工。

围堰的平面布置一般应按导流方案、主体工程轮廓对围堰提出的要求而定。

当采用全段围堰法导流时，基坑是由上、下游横向围堰和两岸围成的。当采用分段围堰法导流时，围护基坑的还有纵向围堰。在上述两种情况下，上、下游横向围堰的布置都取决于主体工程的轮廓。通常，围堰背水坡坡脚距永久建筑物开挖外轮廓线不宜小于 10m，以便布置排水设施、交通运输道路及堆放材料和模板等（图 1-29）。至于基坑开挖边坡的大小，则与地质条件有关。

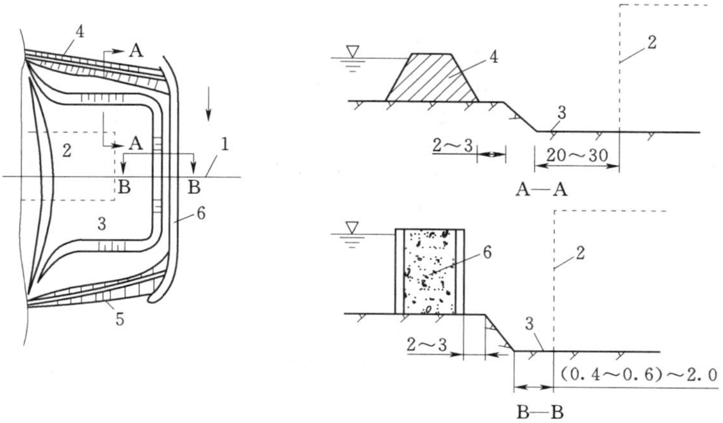

图 1-29 围堰布置图（单位：m）

1—主体工程轴线；2—主体工程轮廓；3—基坑；4—上游横向围堰；5—下游横向围堰；6—纵向围堰

用分段围堰法导流时，上、下游横向围堰一般不与河床中心线垂直，如图 1-29 所示，其平面布置常呈梯形，以保证水流顺畅，同时也便于运输道路的布置和衔接。采用全段围堰法导流时，为了减少工程量，围堰多与主河道垂直。

当纵向围堰不作为永久建筑物的一部分时，基坑纵向坡趾离主体工程轮廓的距离，一般不大于2.0m，以供布置排水系统和堆放模板。如果无此要求，只需留0.4～0.6m，如图1-29所示。

此外，布置围堰时，应尽量利用有利地形，减小围堰的高度与长度，从而减少围堰的工程量。同时，如前所述，还应结合泄水建筑物来考虑围堰的布置，以保证围堰的安全。对于重要的、大中型水利水电工程的围堰平面布置，要结合导流方案的选择，通过水工模型试验确定。

2. 堰顶高程

堰顶高程取决于导流设计流量及围堰的工作条件。

下游围堰的堰顶高程由下式决定：

$$H_d = h_d + h_a + \delta \tag{1-4}$$

式中：H_d 为下游围堰堰顶高程；h_d 为下游水位高程，可直接从河流水位流量关系查出；h_a 为波浪爬高；δ 为围堰的安全超高，对于不过水围堰可按表1-4确定，对于过水围堰可不予考虑。

表1-4　不过水围堰堰顶安全超高下限值　　单位：m

围堰型式	围堰级别	
	Ⅲ	Ⅳ～Ⅴ
土石围堰	0.7	0.5
混凝土围堰、浆砌石围堰	0.4	0.3

上游围堰的堰顶高程由下式决定：

$$H_u = h_d + z + h_a + \delta \tag{1-5}$$

式中：H_u 为上游围堰堰顶高程，m；z 为上下游水位差，m；其余符号意义同式（1-4）。

必须指出，当围堰要拦蓄一部分水流时，则堰顶高程应通过调洪计算确定。

纵向围堰的堰顶高程，要与束窄河段导流设计流量时的水面曲线相适应。因此，纵向围堰的顶面往往作成阶梯形或倾斜状，其上游和下游分别与上游围堰和下游围堰顶同高。

三、围堰的防渗、接头和防冲

围堰的防渗、接头和防冲是保证围堰正常工作的关键问题，对土石围堰来说尤为突出。一般土石围堰在流速超过3.0m/s时，会发生冲刷现象，尤其在采用分段围堰法导流时，若围堰布置不当，在束窄河段的进出口和纵向围堰会出现严重的涡流，淘刷围堰及其基础，导致围堰失事。

1. 围堰的防渗

围堰防渗的基本要求，和一般挡水建筑物无大的差异。下面仅就其较为特殊的问题作一些说明。前面已提到，土石围堰的防渗一般采用斜墙、斜墙接水平铺盖、垂直防渗墙或灌浆帷幕等措施。围堰一般需在水中修筑，因此，如何保证斜墙和水平铺盖的水下施工质量就很关键。

湖南柘溪水电站土石围堰的斜墙和铺盖是在10～20m深水中，用人工抛填方法施工。施工时注意了滑坡、颗粒分离及坡面平整等的控制。抛填3个月后经取样试验，填土密实度均匀，防渗性能良好，干密度均在1.45t/m³以上，无显著分层沉积现象，土坡稳定。上部坡高8～9m范围内，坡度约为1∶2.5～1∶3.0；下部坡度较缓，一般均在1∶4.0以上。

由此可见，尽管斜墙和水平铺盖的水下施工难度较高，但只要施工方法选择得当，是能够保证质量的。

2. 围堰的接头处理

围堰的接头是指围堰与围堰、围堰与其他建筑物及围堰与岸坡等的连接而言。围堰的接头处理与其他水工建筑物接头处理的要求并无多大区别，所不同的仅在于围堰是临时建筑物，使用期不长，因此接头处理措施可适当简化。如混凝土纵向围堰与土石横向围堰的接头，一般采用刺墙型式（图1-30），以增加绕流渗径，防止引起有害的集中渗漏。为降低造价，施工和拆除方便，在基础部位可用混凝土刺墙，上接双层2.5cm厚木板，中夹两层沥青油膏及一层油毛毡的木板刺墙。木板刺墙与混凝土纵向围堰的连接处设厚2mm的白铁片止水。木板刺墙与混凝土刺墙的接触处则用一层油毛毡和二层沥青麻布防渗。

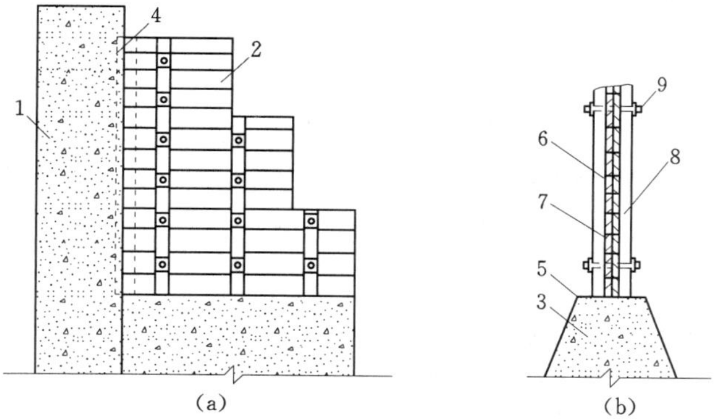

图1-30　刺墙构造简图

(a) 正视图；(b) 横断面图

1—混凝土纵向围堰；2—木板刺墙；3—混凝土刺墙；4—白铁片止水；5—一层油毛毡和二层沥青麻布；6—木板；7—两层沥青油膏及一层油毛毡；8—木围囹；9—螺栓

随着土工膜作为防渗体在工程的大量应用，利用土工膜进行横向围堰和纵向围堰防渗搭接的形式变得十分普遍。如图1-31所示，某工程上游土石围堰与纵向混凝土围堰间的搭接采用的就是土工膜搭接的方式，土工膜铺设于黏土心墙料的前端，在围堰交接处折向混凝土刺墙一侧，采用膨胀螺栓在围堰轴线处将其固定在混凝土刺墙上，螺栓前预留一段长度以适应围堰的变形。

3. 围堰的防冲

围堰遭受冲刷在很大程度上与其平面布置有关，尤其在采用分段围堰法导流时，水流进入围堰区受到束窄，流出围堰区又突然扩大（图1-32），这样就不可避免地在河底引

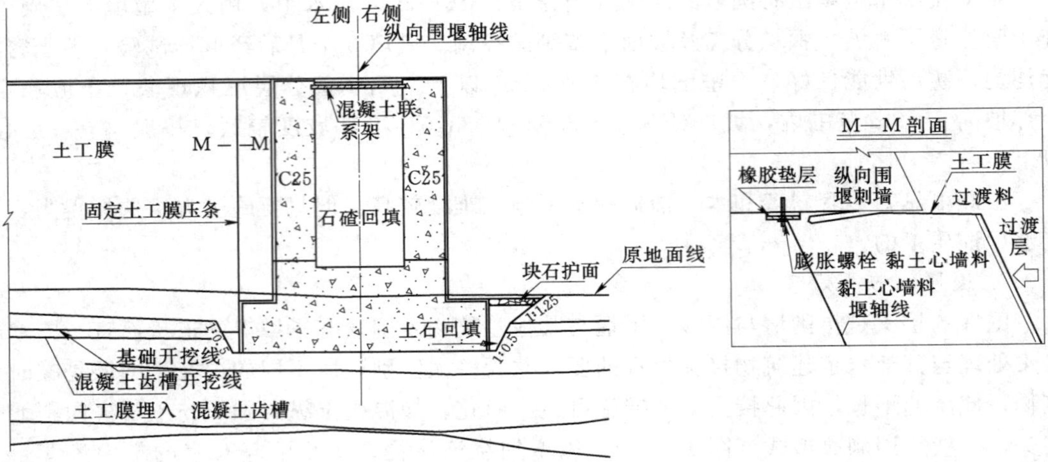

图 1-31　上游围堰和纵向围堰搭接

起动水压力的重新分布，流态发生急剧改变。此时在围堰的上下游转角处产生局部压力差，局部流速显著增高，形成螺旋状的底层涡流，流速方向自上而下，从而淘刷堰脚及基础。为避免由局部淘刷而导致溃堰的严重后果，必须采取保护措施。

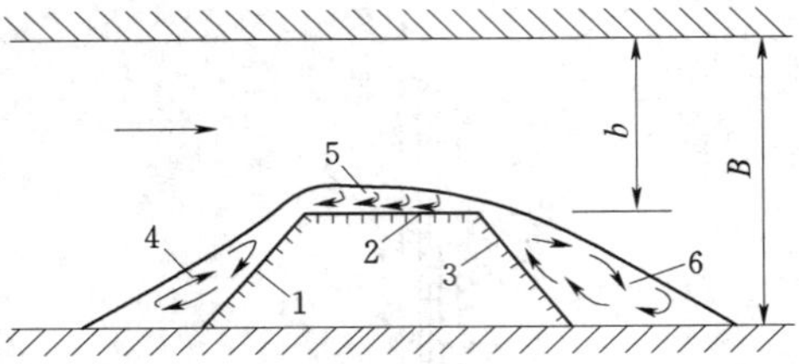

图 1-32　分段围堰法导流时的流态图

1—上游围堰；2—纵向围堰；3—下游围堰；4—上游涡流区；5—纵向涡流区；6—下游涡流区

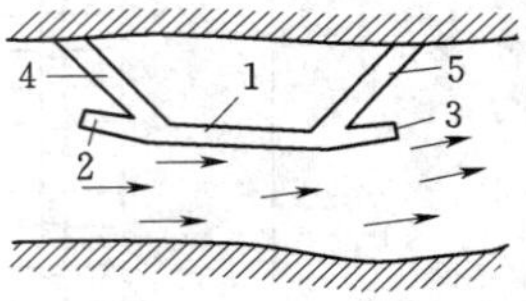

图 1-33　导流墙和围堰布置图

1—纵向围堰；2—上游导流墙；3—下游导流墙；4—上游横向围堰；5—下游横向围堰

一般多采用抛石护底、铅丝笼护底、柴排护底等措施来保护堰脚及其基础的局部冲刷。对于围堰区护底范围、护底材料类型、尺寸等问题，应通过水工模型试验解决。

解决围堰及其基础的冲刷问题，除了护底以外，还应对围堰的布置给予足够的重视，力求使水流平顺地进、出束窄河段。通常在围堰的上下游转角处设置导流墙（图 1-33），以改善束窄河段进出口的水流条件。在大中型水利水电工程中，如果考虑纵向围堰作为永久建筑物的隔墩或导墙的一部分，则一般采用混凝土结构，导墙实质上是混凝土纵向围堰分别向上、下游的延伸。尽管设置导墙后，河底最大局部流速有所增加，但混凝土的抗冲能力较强，不至于发生冲刷破坏的危险；如果采用土石纵向围堰，则应对围堰水面以下的堰体及其基础进行有效的保护。

四、围堰的拆除

围堰是临时建筑物，导流任务完成以后，应按设计要求进行拆除，以免影响永久建筑物的施工及运行。例如，在采用分段围堰法导流时，第一期横向围堰的拆除如果不合要求，势必会增加上、下游水位差，增加截流料物的重量及数量，从而增加截流难度。这类经验教训在国内外是不少的，如苏联的伏尔谢水电站截流时，上下游总水位差是 1.88m，其中由于引渠和围堰没有拆除干净，造成的水位差就有 1.73m。如果下游横向围堰拆除不干净，会抬高尾水位，影响水轮机的利用水头，浙江富春江水电站曾受此影响，降低了水轮机出力，造成了不应有的损失。

土石围堰断面较大，因此有可能在施工期最后一个汛期之后，上游水位下降时，从围堰的背水坡开始分层拆除（图 1-34）。但必须保证依次拆除后所残留的断面能继续挡水和维持稳定，以免发生安全事故，使基坑过早淹没，影响施工。土石围堰一般可用挖土机械或爆破等方法拆除。

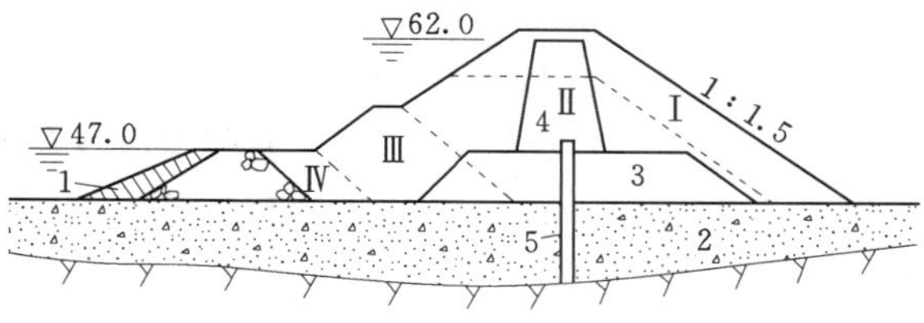

图 1-34　长江葛洲坝工程一期土石围堰的拆除（单位：m）
1—黏土斜墙；2—覆盖层；3—堆渣；4—心墙；5—防渗墙
Ⅰ～Ⅳ—拆除顺序

草土围堰的拆除比较容易，一般水上部分用人工拆除，水下部分可在堰体开挖缺口，让其过水冲毁或用爆破法折除。钢板桩格型围堰的拆除，首先要用抓斗或吸石器将填料清除，然后用拔桩机拔出钢板桩。混凝土围堰的拆除，一般只能用爆破法拆除，但应注意，必须使主体建筑物或其他设施不受爆破危害，这在爆破工程一章中，有进一步介绍。

第三节　导 流 设 计 流 量

导流设计流量是选择导流方案、设计导流建筑物的主要依据。施工前，若能预报整个施工期的水情变化，据此拟定导流设计流量，符合经济与安全施工的原则。但这种长期预报，目前还不准确，难以作为确定导流设计流量的依据。因此，导流设计流量一般需结合导流标准和导流时段的分析来决定。

一、导流标准

广义地说，导流标准是选择导流设计流量进行施工导流设计的标准，它包括初期导流标准、坝体拦洪度汛标准、孔洞封堵标准等。

施工初期导流标准，按水利水电工程施工组织设计规范的规定，首先需根据导流建筑物的下列指标，将导流建筑物分为Ⅲ～Ⅴ级。

（1）保护对象。指导流建筑物所保护的永久建筑物的级别。

（2）失事后果。为导流建筑物失事后对重要城镇、工矿企业、交通干线或工程总工期及第一台（批）机组发电时间的影响程度。

（3）使用年限。系导流建筑物服务的工作年限。

（4）工程规模。包括堰高和库容两个定量指标。

再根据导流建筑物的级别和类型，在水利水电工程施工组织设计规范规定的幅度内选定相应的洪水重现期作为初期导流标准。

实际上，导流标准受众多随机因素的影响。如果标准太低，不能保证施工安全；反之，则使导流工程设计规模过大，不仅增加导流费用，而且可能因其规模太大以致无法按期完成，造成工程施工的被动局面。因此，大型工程导流标准的确定，应结合风险度分析，使所选标准更加经济合理。

导流标准风险度分析，首先应计算导流系统动态综合风险率，然后综合考虑风险（损失）、投资（或费用）与工期三者之间的关系，进行多目标决策分析。根据水电工程的建设经验，建筑物级别为Ⅲ级的土石围堰和混凝土围堰，其最大风险度应分别不超过15%和20%，Ⅳ级围堰风险度可相对略作加大。

导流系统动态综合风险率可用上游围堰堰前水位来刻画。影响堰前水位的随机因素有施工洪水入库过程、导流建筑物泄洪过程、库容与水位的关系、起调水位等。风险率 R 可表示为

$$R=f(Z_u>H_u) \tag{1-6}$$

式中：Z_u 为上游围堰堰前水位，m；H_u 为上游围堰堰顶高程，m。

如果考虑时间因素，则在围堰的使用年限 n 内，导流系统遭遇超标洪水的动态综合风险率 $R(n)$ 为：

$$R(n)=1-(1-R)^n \tag{1-7}$$

需要指出的是，对失事后果严重的工程，要考虑超标准洪水的应急措施。如青海龙羊峡工程的上游横向围堰为不过水的土石围堰（挡水库容约10亿m^3），按汛期20年一遇洪水设计、50年一遇洪水校核，相应流量为4200m^3/s和4700m^3/s，导流隧洞也按20年一遇洪水设计。1981年9月出现了流量为5570m^3/s的洪水，相当于近200年一遇，超过了设计标准。由于事先考虑了在导流期间可能会有超标准洪水发生，相应地提高了围堰的设计挡水标准，在围堰上增设了非常溢洪道，在洪水超标准情况下分流540m^3/s，从而避免了围堰堰顶过水的危险。

二、导流时段

在工程施工过程中，不同阶段可以采用不同的施工导流方法和挡水、泄水建筑物。不同导流方法组合的顺序，通常称为导流程序。导流时段就是按导流程序所划分的各施工阶段的延续时间，具有实际意义的导流时段，主要是围堰挡水而保证基坑干地施工的时间，所以也称挡水时段。

导流时段的划分与河流的水文特征、水工建筑物的布置和型式、导流方案、施工进度等因素有关。

图1-35　全年流量变化过程线

河流的全年流量变化过程如图1-35所示。按河流的水文特征可分为枯水期、中水期和洪水期。在不影响主体工程施工的条件下，若导流建筑物只承担枯水期的挡水、泄水任务，显然可大大减少导流建筑物的工程量，改善导流建筑物的工作条件，具有明显的技术经济效果。因此，合理划分导流时段，明确不同时段导流建筑物的工作条件，是既安全又经济地完成导流任务的基本

要求。

土坝、堆石坝和支墩坝在不允许坝体过水、施工期较长条件下，而洪水来临前又不能将坝体抢至拦洪高程时，就要考虑以全年作为导流时段。如安排的施工进度能够保证在洪水来临前使坝身起拦洪作用，则导流时段应为洪水来临前的施工时段。当采用分段围堰法导流，中后期用临时底孔泄流来修建混凝土坝时，一般宜划分为三个导流时段：第一时段，河水由束窄河床通过，进行第一期基坑内的工程施工；第二时段，河水由导流底孔、坝身缺口或两者结合下泄，进行第二期基坑内的工程施工；第三时段，坝体全面升高，可先由导流底孔下泄，底孔封堵以后，河水由永久泄水建筑物下泄，也可部分或完全拦蓄在水库中，直到工程完建。在各时段中，围堰和坝体的挡水高程和泄水建筑物的泄水能力，均应按相应时段内相应洪水重现期的最大流量作为导流设计流量进行设计。

三、导流设计流量

1. 不过水围堰

应根据导流时段来确定。如果围堰挡全年洪水，其导流设计流量就是选定导流标准的年最大流量，导流挡水与泄水建筑物的设计流量相同；如果围堰只挡某一枯水时段，则按该挡水时段内同频率洪水作为围堰和该时段泄水建筑物的设计流量，但确定泄水建筑物总规模的设计流量，应按坝体施工期临时度汛洪水标准决定。参见本章第六节。

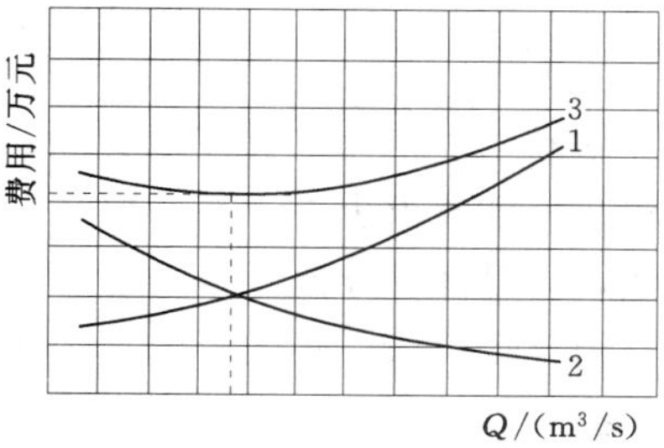

图 1-36　导流建筑物费用、基坑淹没损失费用与导流设计流量的关系

1—导流建筑物费用曲线；2—基坑淹没损失费用曲线；3—导流总费用曲线

2. 过水围堰

允许基坑淹没的导流方案，从围堰工作情况看，有过水期和挡水期之分，显然它们的导流标准应有所不同。

过水期的导流标准应与不过水围堰挡全年洪水时的标准相同。其相应的导流设计流量主要用于围堰过水工况下，加固保护措施的结构设计和稳定分析，也用于校核导流泄水道的过水能力。各级流量下的流态、水力要素以及最不利溢流工况，应通过水力计算及水工模型试验论证。

挡水期的导流标准应结合水文特点、施工工期及挡水时段，经技术经济比较后选定。当水文系列较长，大于或等于30年时，也可根据实测流量资料分析选用。其相应的导流设计流量主要用于确定堰顶高程、导流泄水建筑物的规模及堰体的稳定分析等。

允许基坑淹没导流方案的技术经济比较，可以在研究工程所在河流水文特征及历年逐月实测最大流量的基础上，通过下述程序实现。

(1) 根据河流的水文特征，假定一系列流量值，分别求出泄水建筑物上、下游的水位。

(2) 根据这些水位，决定导流建筑物的主要尺寸和工程量，估算导流建筑物的费用。

(3) 估算由于基坑淹没一次所引起的直接和间接损失费用。属于直接损失的有基坑排水费、基坑清淤费、围堰及其他建筑物损坏的修理费、施工机械撤离和返回基坑的费用及受到淹没影响的修理费、道路和线路的修理费、劳动力和机械的窝工损失费等；属于间接损失的有由于有效施工时间缩短而增加的劳动力、机械设备、生产企业规模和临时房屋等费用。

(4) 根据历年实测水文资料，统计超过上述假定流量的总次数，除以统计年数得年平均超过次数，亦即年平均淹没次数。根据主体工程施工的跨汛年数，即可算得整个施工期内基坑淹没的总次数及淹没损失总费用。

(5) 绘制流量与导流建筑物费用、基坑淹没损失费用的关系曲线，如图 1－36 的曲线 1 和曲线 2 所示，并将它们叠加，求得流量与导流总费用的关系曲线 3。显然，曲线 3 上的最低点，即为围堰挡水期导流总费用最低时的初选导流设计流量。

(6) 计算施工有效时间，试拟控制性进度计划，以验证初选的导流设计流量是否现实可行，以便最终确定一个既经济又可行的挡水期和导流设计流量。

第四节 导流方案

水利水电枢纽工程在整个施工过程中，由于枢纽建筑物的形象面貌是动态变化的，其度汛条件和要求也是动态变化的。因此，工程从开工建设到完建往往不是采用单一的导流方法，而是几种导流方式组合起来配合运用（表 1－5），以取得最佳的技术经济效果。这种不同导流时段、不同导流方式的组合，通常称为导流方案。

表 1－5　水利水电枢纽工程导流方案示例

工程名称	坝型	开工年份	基本导流方式	导流时段及导流方法				
				Ⅰ	Ⅱ	Ⅲ	Ⅳ	Ⅴ
观音阁（辽宁）	碾压混凝土重力坝	1989	分段围堰法	第一期围左岸，束窄河床泄流	第二期围右岸，底孔导流	底孔完建		
漫湾（云南）	混凝土重力坝	1985	全段围堰法	原河床泄流	左岸隧洞导流	左岸隧洞完建		
水口（福建）	混凝土重力坝	1987	分段围堰法	第一期围右岸，束窄河床泄流	第二期围左岸，右岸明槽导流	坝体预留缺口和底孔泄流	底孔和溢流坝面泄流	底孔完建
天生桥二级（广西—贵州）	混凝土重力坝	1984	分段围堰法	第一期围右岸，束窄河床泄流	第二期围左岸，右岸明槽和左岸基坑泄流	冲砂闸和溢流坝泄流	冲砂闸完建	
龙羊峡（青海）	混凝土重力拱坝	1977	全段围堰法	原河床泄流	右岸非常溢洪道配合隧洞泄流	右岸导流隧洞完建		
紧水滩（浙江）	混凝土双曲拱坝	1981	全段围堰法	原河床泄流	右岸隧洞导流	右岸导流隧洞完建		
东江（湖南）	混凝土双曲拱坝	1978	全段围堰法	原河床泄流	右岸隧洞和基坑泄流	右岸导流隧洞和放空洞泄流	右岸导流隧洞完建	
天生桥一级（广西—贵州）	混凝土面板堆石坝	1991	全段围堰法	原河床泄流	左岸隧洞和基坑泄流	左岸导流隧洞完建		
鲁布革（云南）	土石坝	1982	全段围堰法	原河床泄流	左岸隧洞导流	左岸导流隧洞完建		

续表

工程名称	坝型	开工年份	基本导流方式	导流时段及导流方法				
				Ⅰ	Ⅱ	Ⅲ	Ⅳ	Ⅴ
三峡（湖北）	混凝土重力坝	1994	分段围堰法	第一期围右岸，束窄河床泄流	第二期围左岸，导流明渠泄流	第三期封堵导流明渠，导流底孔和泄洪坝段深孔泄流		
二滩（四川）	混凝土双曲拱坝	1991	全段围堰法	原河床泄流	左右岸导流隧洞泄流	导流底孔泄流	底孔封堵	
江垭（湖南）	碾压混凝土重力坝	1995	全段围堰法	枯水期导流隧洞单独泄流	第一、二个汛期围堰和左岸导流隧洞联合泄流	第三个汛期导流洞和大坝缺口联合泄流	第四个汛期导流洞和中孔联合泄流	底孔封堵中孔泄流

导流方案选择受多种因素的影响。一个合理的导流方案，必须在周密研究各种影响因素的基础上，拟定几个可能的方案，进行技术经济比较，从中选择技术经济指标优越的方案。

选择导流方案时应考虑的主要因素如下。

（1）水文条件。河流的流量大小、水位变化的幅度、全年流量的变化情况、枯水期的长短、汛期洪水的延续时间、冬季的流冰及冰冻情况等，均直接影响导流方案的选择。一般来说，对于河床宽、流量大的河流，宜采用分段围堰法导流。对于水位变化幅度大的山区河流，可采用允许基坑淹没的导流方法，在一定时期内通过过水围堰和基坑来宣泄洪峰流量。对于枯水期不长的河流，如果不利用洪水期进行施工，就会拖延工期。对于有流冰的河流，应充分注意流冰的宣泄问题，以免流冰壅塞，影响泄流，造成导流建筑物失事。

我国北方冬季气温较低，河流普遍结冰，冰凌和春季开河会对水利水电工程的导流施工带来不利的影响，使得北方河流的导流呈现出一些与南方河流不同的特点。根据模型试验以及国内外大量工程度凌的实践，当过冰宽度小于天然河宽的20%时，在激烈流冰时，不可避免会发生一定程度的拥堵。导流建筑物产生拥堵，其直接后果是减小其过流能力，导致上游水位抬高，严重时，冰水混合物翻过围堰，给工程造成损失，影响工程的施工进度。另外，导流工程下游一定距离内河道的冰凌流凌不畅，也会通过上下游水力联系影响导流建筑物的下泄能力。

北方河流截流时应避开流凌期，以免防渗体内夹杂冰块，影响防渗。此外，春季开江期，冰雪融化，融雪、降水径流补给河流，使河流流量增大，水位上涨，同时由于开江期流冰不畅，容易产生冰坝，也会使水位上涨，因此在开江期，加高上下游围堰，使之达到防凌的设计高程，这是安全度凌的最重要的措施。

春季开河前视工程的实际情况可采取撒砂格破冰和爆破法破冰等破冰措施。

（2）地形条件。坝区附近的地形条件，对导流方案的选择影响很大。对于河床宽阔的河流，尤其在施工期间有通航、过筏要求的河流，宜采用分段围堰法导流。当河床中有天然石岛或沙洲时，采用分段围堰法导流，更有利于导流围堰的布置，特别是纵向围堰的布置。例如，长江葛洲坝水利枢纽工程施工初期，就曾利用江心洲葛洲坝作为天然的纵向围堰，取得了良好的技术经济效果。在河床狭窄、岸坡陡峻、山岩坚实的地区，宜采用隧洞导流。至于平原河道，河流的两岸或一岸比较平坦，或有河湾、老河道可资利用，则宜采用明渠导流。

（3）地质及水文地质条件。河道两岸及河床的地质条件对导流方案的选择与导流建筑物的布置有直接影响。若河流两岸或一岸岩石坚硬，风化层薄，且抗压强度足够时，则选用隧洞导流方案较有利。如果岩石的风化层厚且破碎，或有较厚的沉积滩地，则适合于采用明渠导流。当采用分段围堰法导流时，由于河床的束窄，减少了过水断面的面积，使水流流速增大。这时为了河床不受过大的冲刷，避免把围堰基础淘空，应根据河床地质条件来决定河床可能束窄的程度。对于岩石河床，抗冲刷能力较强，河床允许束窄程度较大，甚至有的达到88%，流速增加到7.5m/s；但对覆盖层较厚的河床，抗冲刷能力较差，其束窄程度多不到30%，流速一般仅允许达到3.0m/s。此外，选择围堰型式、基坑是否允许淹没、能否利用当地材料修筑围堰等，也都与地质条件有关。水文地质条件则对基坑排水工作、围堰型式的选择、导流泄水建筑物的开挖等有很大关系。因此，为了更好地进行导流方案的选择，要对地质和水文地质勘测工作提出专门要求。

（4）水工建筑物的型式及其布置。水工建筑物的型式和布置与导流方案的选择相互影响，因此在决定水工建筑物型式和布置时，应该同时考虑并初拟导流方案，而在选定导流方案时，则应该充分利用建筑物型式和枢纽布置方面的特点。

如果枢纽组成中有隧洞、渠道、涵管、泄水孔等永久泄水建筑物，在选择导流方案时应该尽可能加以利用。在设计永久泄水建筑物的断面尺寸并拟定其布置方案时，应充分考虑施工导流的要求。

采用分段围堰法修建混凝土坝枢纽时，应充分利用水电站与混凝土坝之间或混凝土坝溢流段和非溢流段之间的隔墙，将其作为纵向围堰的一部分，以降低导流建筑物的造价。在这种情况下，对于前期工程所修建的混凝土坝，应核算它是否能够布置后期工程导流的底孔或预留缺口。例如，长江三峡水利枢纽工程三期导流底孔坝段宽度，主要考虑了三期导流条件。与此同时，为了防止河床冲刷过大，还应核算河床的束窄程度，保证有足够的过水断面宣泄施工流量。

就挡水建筑物的型式而言，土坝、土石混合坝和堆石坝的抗冲能力小，除采用特殊保护措施外，一般不允许从坝身过水，所以多利用坝身以外的泄水建筑物如隧洞、明渠等或坝身范围内的涵管来导流。这时，通常要求在一个枯水期内将坝身抢筑到拦洪高程以上，以免水流漫顶，发生事故。至于混凝土坝，特别是混凝土重力坝，由于抗冲能力较强，允许流速可达25m/s，故不但可以通过底孔泄流，而且还可以通过未完建的坝身过水，使导流方案选择的灵活性大大增加。

（5）施工期间河流的综合利用。施工期间，为了满足通航、筏运、供水、灌溉、生态保护或水电站运行等的要求，使导流问题的解决更加复杂。如前所述，在通航河道上，大都采用分段围堰法导流。要求河流在束窄以后，河宽仍能便于船只的通行，水深要与船只吃水深度相适应，束窄断面的最大流速一般不得超过2.0m/s，特殊情况需与当地航运部门协商研究确定。例如葛洲坝工程，经与航运部门共同协商研究后确定：由两个1000t甲板驳船和一个推轮所组成的船队通过束窄断面时，其最大流速不大于4.5m/s，比降不大于1‰或最大流速不大于4.0m/s，比降不大于3‰；船队通过时，最大流速不大于4.5m/s，比降不大于6‰或流速不大于3.5m/s，比降不大于7‰；采用2000～3000kW（约3000～

4000马力）推轮帮送时，最大流速不大于6.0m/s，比降不大于8‰或最大流速不大于5.5m/s，比降不大于10‰。这样就常常限制了河流的束窄宽度，使河流不能只分两期束窄，而要分成三期或四期，甚至有分成八期的，如莱茵河上的肯贝斯水电站。在这种情况下，通常是先围护船闸部分，以便船闸能及早施工，投入运行，保证河流不致断航。

对于浮运木筏或散材的河流，在施工导流期间，要避免木材壅塞泄水建筑物的进口，或者堵塞束窄河床。

在施工中后期，水库拦洪蓄水时要注意满足下游供水、灌溉用水和水电站运行的要求。有时为了生态保护的要求，还要修建临时过鱼设施，以便鱼群能正常回游。

（6）施工进度、施工方法及施工场地布置。水利水电工程的施工进度与导流方案密切相关。通常导流方案安排控制性进度计划决定工程建设的形象面貌和度汛要求。在水利水电枢纽施工导流过程中，对施工进度起控制作用的关键性时段主要有：导流建筑物的完工期限，截断河床水流的时间，坝体拦洪的期限，封堵临时泄水建筑物的时间，以及水库蓄水发电的时间等。各项工程的施工方法和施工进度直接影响到各时段中导流任务的合理性和可能性。例如，在混凝土坝枢纽中，采用分段围堰法施工时若导流底孔没有建成，就不能截断河床水流和全面修建第二期围堰；若坝体没有达到一定高程和没有完成基础及坝身纵缝的接缝灌浆，就不能封堵底孔，水库也不能蓄水。因此，施工方法、施工进度与导流方案是密切相关的。

此外，导流方案的选择与施工场地的布置亦相互影响。例如，在混凝土坝施工中，当混凝土生产系统布置在一岸时，宜采用全段围堰法导流。若采用分段围堰法导流，则应以混凝土生产系统所在的一岸作为第一期工程，因为这样两岸施工交通运输问题比较容易解决。

在选择导流方案时，除了综合考虑以上各方面因素外，还应使主体工程尽可能及早发挥效益，降低导流费用，使导流建筑物既简单易行，又适用可靠。如长江三峡工程三期明渠上游碾压混凝土围堰，既是三期导流的挡水建筑物，也是左岸电站初期发电挡水建筑物的一部分。

【例1-1】 四川白龙江宝珠寺水电站工程，是以发电为主，兼有灌溉、防洪等效益的综合利用大型水电工程。挡水建筑物为混凝土重力坝，坝顶长524.48m，最大坝高132m，水电站厂房为坝后式，属Ⅰ级建筑物。根据水文资料分析，河流为山区型，洪水涨落变化大，一次洪水过程一般为1～3d。汛期在7—8月，实测最大洪水流量为11300m^3/s，其10%频率的最大洪水流量为7800m^3/s，5%频率为9570m^3/s；1%频率为13000m^3/s。河流多年含沙量为2.04kg/m^3，汛期平均含沙量为2.72kg/m^3，实测最大含沙量为169kg/m^3（1966年7月25日）。

在施工组织设计中，拟定了5个导流比较方案：①全段围堰隧洞导流；②右岸隧洞、过水围堰、底孔导流；③坝体临时断面挡水、右岸小明渠导流；④右岸隧洞及左岸明渠导流；⑤右岸大明渠导流、高围堰挡水。经过分析比较，考虑到地质条件差、工程量大及投资大等因素，不宜开挖专用的导流隧洞。若汛期基坑过水，工期又难以保证，故最后决定采用右岸大明渠导流、高围堰挡水的方案（图1-37）。

明渠所处河段正位于河湾段，上游天然河道的主流位于右岸，至明渠进口处，转向左岸。根据水流情况，明渠宜布置在左岸。但由于地质条件限制，左岸明渠需高边坡开挖达

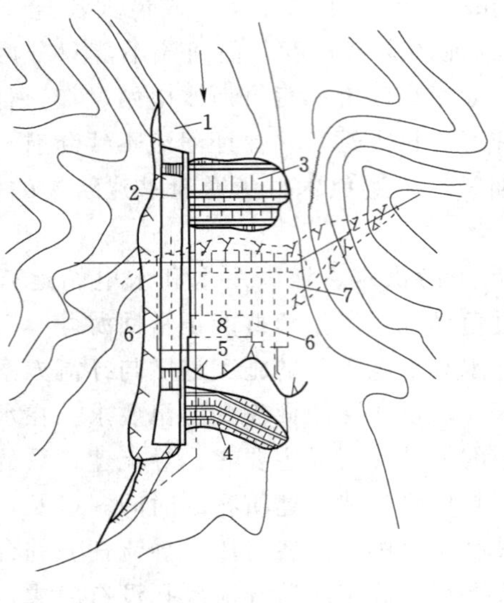

图 1-37　四川宝珠寺水电站分期导流布置图
1—第一期围堰轴线；2—导流明渠；3—第二期上游围堰；4—第二期下游围堰；5—纵向围堰；6—导流底孔；7—混凝土重力坝；8—厂房

140m，且岩层倾向与坡向接近一致，边坡稳定条件更差，相应的处理工程量较大；而右岸岩层倾向下游偏内，对边坡稳定有利，故选定明渠布置于右岸。

导流程序与控制性进度如下所述。

第一期工程：在第一期围堰围护下，修建右岸宽 35m 的导流明渠，河水由左岸束窄不多的河床下泄。工期自第 2 年 7 月起至第 4 年 11 月第二期上游围堰截流、右岸导流明渠过水为止。

第二期工程：左岸河床截流，并修筑拦挡 5%频率全年洪水的高围堰，河水全部经由导流明渠宣泄。左岸河床坝段混凝土浇筑超过第二期围堰高程后，拆除第二期围堰。工期自第 4 年 11 月左岸上游围堰合龙起至第 7 年 11 月右岸明渠截流、左岸坝体永久底孔开始泄水止。

后期工程：明渠坝段在第 8 年 5 月前加高至 518m 高程；汛期由明渠坝段 518m 高程的预留缺口及 485m 高程 2 个 5m×10m 临时底孔泄洪；汛后明渠坝段继续加高，由永久底孔泄流。工期自第 7 年 12 月起至第 8 年 11 月止。

完建期：此时坝体已浇筑至相当高程，第 8 年 11 月下旬至 12 月中旬，最后一个底孔闸门沉放，开始蓄水发电。

第五节　截　流　工　程

在施工导流中，只有截断原河床水流，才能把河水引向导流泄水建筑物下泄，在河床中全面开展主体建筑物的施工，这就是截流。截流戗堤一般与围堰相结合，因此截流实际上是在河床中修筑横向围堰工作的一部分（图 1-38）。在大江大河中截流是一项难度较大的工作。

一般说来，截流施工的过程为：先在河床的一侧或两侧向河床中填筑截流戗堤，这种向水中筑堤的工作叫做进占。戗堤将河床束窄到一定程度，就形成了流速较大的龙口。封堵龙口的工作称为合龙。在合龙开始以前，如果龙口河床或戗堤端部容易被冲毁，则须采取防冲措施加固龙口，如对龙口河床进行护底、对戗堤端部作裹头处理等。合龙以后，龙口部位的戗堤虽已高出水面，但其本身依然漏水，因此须在其迎水面设置防渗设施。在戗堤全线上设置防渗体的工作叫闭气。所以，整个截流过程包括戗堤的进占、龙口范围的加固、合龙和闭气等工作。截流以后，再对戗堤进行加高培厚，直至达到围堰设计要求。

截流在施工导流中占有重要的地位，如果截流不能按时完成，就会延误整个河床部分

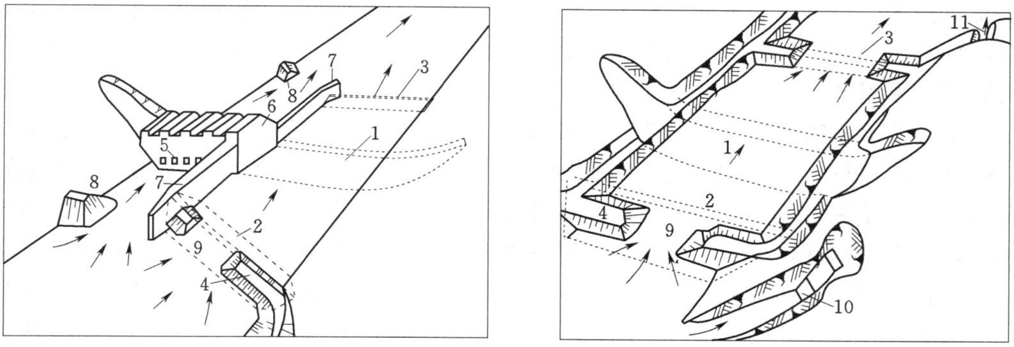

(a)　　　　　　　　　　(b)

图 1-38　截流布置示意图

(a) 采用分段围堰底孔导流时的布置；(b) 采用全段围堰隧洞导流时的布置

1—大坝基坑；2—上游围堰；3—下游围堰；4—戗堤；5—底孔；6—已浇混凝土坝体；7—二期纵向围堰；8—一期围堰的残留部分；9—龙口；10—导流隧洞进口；11—导流隧洞出口

建筑物的开工日期；如果截流失败，失去了以水文年计算的良好截流时机，则可能拖延工期达一年，在通航河流上甚至严重影响航运。所以在施工导流中，常把截流看作一个关键性问题，它是影响施工进度的一个控制项目。

截流之所以被重视，还因为截流本身无论在技术上和施工组织上都具有相当的艰巨性和复杂性。为了成功截流，首先，必须充分掌握河流的水文特性和河床的地形、地质条件，掌握在截流过程中水流的变化规律及其对截流的影响。同时，为了在非常狭小的工作面上以相当大的施工强度在较短的时间内进行截流的各项工作，必须严密组织施工。对于大型或重要的截流工程，事先必须进行周密的设计和水工模型试验，对截流工作作出充分的论证。此外，在截流开始之前，还应切实做好器材、设备、道路和组织上的充分准备。长江葛洲坝工程于 1981 年 1 月仅用 35.6h，在 4720m^3/s 流量下胜利截流，为在大江大河上进行截流积累了宝贵的经验。1997 年 11 月三峡工程大江截流和 2002 年 11 月三峡工程三期导流明渠截流的成功，标志着我国截流工程的实践已经处于世界先进水平。

一、截流的基本方法

河道截流有立堵法、平堵法、立平堵法、平立堵法、下闸截流以及定向爆破截流等多种方法，但基本方法为立堵法和平堵法两种。

1. 立堵法截流（图 1-39）

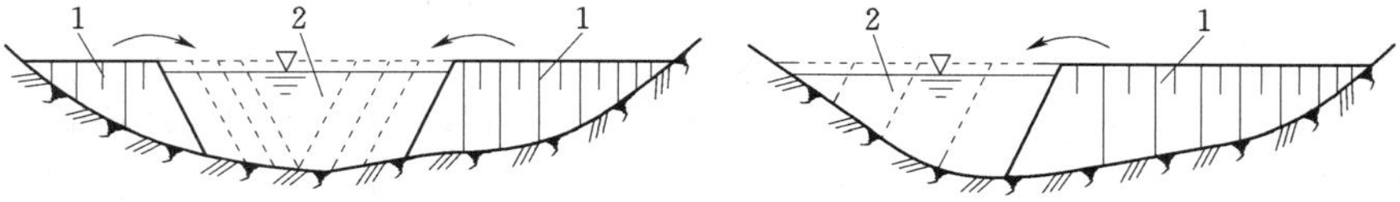

(a)　　　　　　　　　　(b)

图 1-39　立堵法截流

(a) 双向进占；(b) 单向进占

1—截流戗堤；2—龙口

立堵法截流是将截流材料，从龙口一端向另一端或从两端向中间抛投进占，逐渐束窄龙口，直至全部拦断。截流材料通常用自卸汽车在进占戗堤的端部直接卸料入水，或先在堤头卸料，再用推土机推入水中。

立堵法截流不需要在龙口架设浮桥或栈桥，准备工作比较简单，费用较低。但截流时龙口的单宽流量较大，出现的最大流速较高，而且流速分布很不均匀，需用单个重量较大的截流材料。截流时工作前线狭窄，抛投强度受到限制，施工进度受到影响。根据国内外截流工程的实践和理论研究，立堵法截流一般适用于大流量、岩基或覆盖层较薄的岩基河床。对于软基河床只要护底措施得当，采用立堵法截流也同样有效。如宁夏青铜峡工程截流时，河床覆盖层厚达8～12m，采用护底措施后，最大流速虽达5.52m/s，未遇特殊困难而取得立堵截流的成功。立堵法截流是我国的一种传统方法，在大、中型截流工程中，一般都采用立堵法截流，如著名的三峡工程大江截流和三峡工程三期导流明渠截流；美国自20世纪50年代以来的15个大、中型截流工程中有8个用立堵法截流；苏联自20世纪50年代以来的45个大、中型截流工程中有34个用立堵法截流。由此可见，立堵法截流在国内外得到了广泛的应用，成为截流的主要方法。

立堵法截流又可以进一步分为单戗截流（一般是指戗堤顶宽小于30m的窄戗堤）、双戗截流和宽戗截流。采用哪种截流方式，须根据工程的具体情况而定。

【例1-2】 三峡工程导流明渠截流，具有流量大、截流水力学指标高，工期紧、单戗堤抛投强度大，分流条件较差、抛投料流失量大，截流戗堤进占与通航协调等特点，采用了双戗立堵截流方式，上游双向进占，下游单向右岸进占，上下游戗堤各承担2/3和1/3落差，设计截流合龙时段2002年11月下半月，设计流量10300m^3/s，相应总落差4.11m，计算最大平均流速5～6m/s。上下游截流龙口宽分别为150m、125m，上下游截流戗堤填筑量分别为42.17万m^3、46.88万m^3。上下游龙口部位均设置垫底加糙拦石坎。2002年10月31日8：00，上下游戗堤分别从龙口宽144 m、100 m同时开始高强度、不间断进占施工，上下戗堤统一协调进占，至11月5日形成上游20 m、下游18 m的小龙口。采用特大块石、混凝土四面体等进行了堤头防护。11月6日9：10，上下游戗堤三个堤头及跟进堰体同时启动，上游戗堤在38 min内安全合龙，下游戗堤亦在随后7 min内合龙。龙口段进占过程中，大块石、混凝土四面体、钢筋石笼等特种抛投材料用于最困难段，形成上挑角，有效减少了堤头坍塌及抛投材料的流失。龙口段上戗堤堤头坍塌仅7次（左堤头6次，右堤头仅1次），下戗堤12次（大型坍塌7次），远低于大江截流中大型坍塌达40多次的情况。实测流量10300～8600m^3/s，龙口最大流速6.00m/s（上戗）、5.13m/s（下戗），最大落差1.73m（上戗）、1.12m（下戗），截流最终落差2.50m，单堤头最大小时抛投强度3000m^3/h，最大日抛投强度48000m^3/d，最大堤头卸车密度2.03车/min，三个堤头合计最大小时抛投强度6100m^3/h，最大日抛投强度94000m^3/d。上戗堤实际填筑量40.00万m^3，下戗堤45.60万m^3。

【例1-3】 金安桥工程截流（2005年12月16日14：45—18日11：38），具有落差大、流速高，场地交通条件和分流条件差等特点，采用了宽戗截流方式，实测流量829m^3/s，龙口最大流速7.15m/s，最大落差4.72m，平均单宽流量50.06m^3/(s·m)，平均单宽功率 180.92（t·m)/(s·m)，最大小时抛投强度 1785m^3/h，最大日抛投强度 37595m^3/d，共历时 45h。抛投材料总量 38952m^3（不含戗堤加宽、加高至设计宽度及高程的填筑量 20018m^3），其中小石 10711m^3（0.2～0.4m），约占 27.5%，中石 15413m^3（0.4～0.8m），约占 39.5%，大块石 12828m^3（0.8m 以上），约占 32.9%，钢筋石笼 779 个（每个 2m^3），四面体 155 个（20t）。

2. 平堵法截流（图 1-40）

平堵法截流事先要在龙口架设浮桥或栈桥，用自卸汽车沿龙口全线从浮桥或栈桥上均匀、逐层抛填截流材料，直至戗堤高出水面为止。因此，平堵法截流时，龙口的单宽流量较小，出现的最大流速较低，且流速分布比较均匀，截流材料单个重量也较小，截流时工作前线长，抛投强度较大，施工进度较快。平堵法截流通常适用在软基河床上。

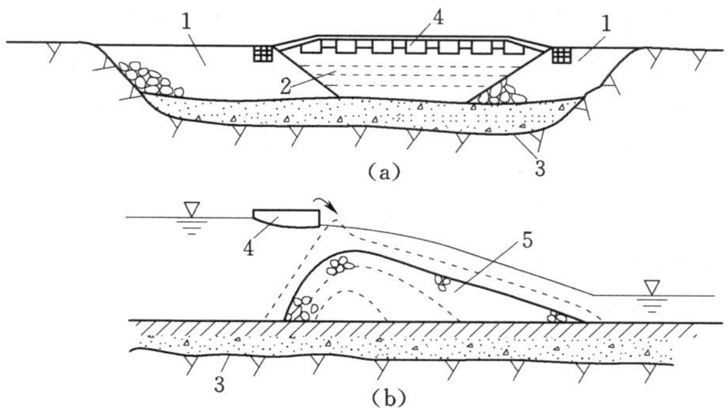

图 1-40　平堵法截流

(a) 立面图；(b) 横断面图

1—截流戗堤；2—龙口；3—覆盖层；4—浮桥；5—截流体

由于上述一些优点，在流量大的河流上，如苏联伏尔加河一些水利枢纽，都采用了浮桥平堵法；罗马尼亚—南斯拉夫的铁门水电站采用了钢桥平堵法；中国辽宁大伙房水库采用了木栈桥平堵法等。但一般说来，平堵法由于需架栈桥或浮桥，在通航河道上会碍航，而且技术复杂、费用较高。因此，我国大型工程中除大伙房、二滩等少数工程外，都采用立堵截流。

在海滩围垦的工程实践中，由于工作面长，基地条件差，石料匮乏，砂源充足等原因，冲填砂筑堤的方式类似于一般水利水电工程截流中的平抛，水力学指标优越，龙口合龙多采用土工布袋充砂平堵进行合龙。

【例 1-4】 某围滩吹填工程龙口合龙的施工方法。

某围滩吹填工程围堤为 3 级建筑物，相应临时建筑物为 5 级，龙口设计采用合龙期分月 10%频率潮水位过程线，安全超高 1.0m。

龙口采用土工布袋充砂平堵进行合龙，围堤合龙龙口底部宽度为 65m，龙口合龙时间选择在 3 月。龙口工程设计主要包括龙口裹头、龙口护底、袋装砂龙口合龙棱体三部分。

裹头保护范围为围堤堤头及堤头两侧沿围堤轴线 10m 长范围内的围堤坡面。围堤堤头坡面边坡采用 1∶3.0，以增加防冲抗老化编织布上压重的稳定性。

龙口部位为易冲刷土层，为减少龙口进占及合龙期间覆盖层冲刷，降低合龙过程中龙口处水深及合龙难度，外堤进占之前需在龙口处采取护底保护措施，护底顶部高程为 0.6m，护底顶部平面尺寸 120m×73.8m，即顺围堤轴线方向 120m，垂直围堤轴线方向 73.8m，围堤堤基处理完毕后，在保护范围内铺 0.5m 厚砂被，形成后期堤基渗透固结水平通道，然后利用袋装砂将龙口底部垫高至 0.6m 高程。为减少护底结构端部冲刷，护底施工后围堤前沿水下抛石固脚一并施工。

袋装砂合龙棱体迎、背水侧边坡分别为1∶2.5和1∶2.0，棱体顶高程按设计潮水过程线最高潮位加1.0m设计，确定袋装砂合龙棱体顶高程3.68m，顶部宽度12.30m。棱体及垫底袋装砂每层充填厚度按0.5 m考虑。

截流设计首先应根据施工条件，充分研究各种方法对截流工作的影响，通过试验研究和分析比较来选定。有的工程亦有先用立堵法进占，而后在小范围龙口内用平堵法截流（立平堵法）。严格说来平堵法都先以立堵法进占开始，而后平堵，类似立平堵法，不过立平堵法的龙口较窄。

二、截流日期及截流流量

截流年份应结合施工进度的安排来确定。

截流年份内截流时段的选择，既要把握截流时机，选择在枯水流量、风险较小的时段进行；又要为后续的基坑工作和主体建筑物施工留有余地，不致影响整个工程的施工进度。在确定截流时段时，应考虑以下要求。

(1) 截流以后，需要继续加高围堰，完成排水、清基、基础处理等大量基坑工作，并应把围堰或永久建筑物在汛期前抢修到一定高程以上。为了保证这些工作的完成，截流时段应尽量提前。

(2) 在通航的河流上进行截流，截流时段最好选择在对航运影响较小的时段内。因为截流过程中，航运必须停止，即使船闸已经修好，但因截流时水位变化较大，亦须停航。

(3) 在北方有冰凌的河流上，截流不应在流冰期进行。因为冰凌很容易堵塞河道或分流泄水建筑物，壅高上游水位，给截流带来极大困难。

(4) 综合考虑导流和截流的相互关系及其工程建设的经济性。

此外，在截流开始前，应修好导流泄水建筑物，并做好过水准备。如清除影响泄水建筑物运用的围堰或其他设施，开挖引水渠，完成截流所需的一切材料、设备、交通道路的准备等。

综上所述，截流时段一般多选在枯水期初，流量已有明显下降的时候，而不一定选在流量最小的时段。在截流设计时，根据历史水文资料确定的枯水期和截流流量与截流时的实际水文条件往往有一定出入。因此，在实际施工中，还须根据当时的水文气象预报及实际水情分析进行修正，最后确定截流日期。

龙口合龙所需的时间往往很短，一般从数小时到几天。为了估计在此时段内可能发生的水情，做好截流的准备，须选择合理的截流设计标准及其流量。一般可按工程的重要程度，设计时选用截流时期内重现期5～10年的旬或月平均流量。如三峡工程大江截流和明渠截流的设计标准是$P=5\%$。龙滩工程的截流标准是$P=20\%$，黄河小峡水电站的截流标准是$P=10\%$。对于上游有水库控制的情况，合龙设计流量可取上游电站的控泄流量与区间5～10年一遇的旬平均流量之和。经过几十年的开发建设，我国主要河流上的水电梯级开发格局已基本形成。在枯水期，原天然设计流量已基本失去意义。以黄河公伯峡水电站为例，由于上游有龙羊峡和李家峡水库调节，2003年3月中旬截流期间的流量按下列要求控制：初期进占流量取360m^3/s（李家峡一台机发电），合龙流量取10m^3/s（李家峡水电站关机，仅考虑少量的河槽渗流量）。戗堤闭气后的挡水流量取720m^3/s。在梯级河流上截流，应综合分析水文、施工、水库调度运行、发电、通航、防凌等因素后确定截流设计流量。

如水文资料不足，可用短期的水文观测资料或根据条件类似的工程来选择截流设计流量。无论用什么方法确定截流设计流量，都必须根据当时实际情况和水文气象预报加以修正，按修正后的流量进行各项截流的准备工作，作为指导截流施工的依据。

三、龙口位置和宽度

龙口位置的选择，与截流工作顺利与否有密切关系。选择龙口位置时要考虑下述技术要求。

(1) 一般说来，龙口应设置在河床主流部位，方向力求与主流顺直，使截流前河水能较顺畅地经由龙口下泄。但有时也可以将龙口设置在河滩上，此时，为了使截流时的水流平顺，应在龙口上、下游顺河流流势，按流量大小开挖引河。龙口设在河滩上时，一些准备工作就不必在深水中进行，这对确保施工进度和施工质量均较为有利。

(2) 龙口应选择在耐冲河床上，以免截流时因流速增大，而引起河床过分冲刷。如果条件不允许，也可设在覆盖层上，但应研究河床防冲护底的必要性。

(3) 龙口附近应有较宽阔的场地，以便布置截流运输道路和制作、堆放截流材料。

原则上龙口宽度应尽可能窄些，这样可以减少合龙工程量，缩短截流延续时间，但以不引起龙口及其下游河床的冲刷为限。为了提高龙口的抗冲能力，保证戗堤安全，必要时须对龙口加以保护。龙口的保护包括护底和裹头。护底一般采用抛石、沉排、竹笼、柴石枕等。裹头就是用石块、钢筋石笼、黏土麻袋或草包、竹笼、柴石枕等把戗堤的端部保护起来，以防被水流冲塌。裹头多用于平堵戗堤两端或立堵进占端对面的戗堤。龙口宽度及其防护措施，可根据相应的流量及龙口的抗冲流速来确定。在通航河道上，当截流准备期通航设施尚未投入运用时，船只仍需在截流前由龙口通过。这时龙口宽度便不能太窄，流速也不能太大，以免影响航运。如葛洲坝工程的龙口，由于考虑通航流速不能大于 3.0m/s，所以龙口宽度达 220m；三峡大江截流工程的龙口，为了满足川江航道船舶（队）自航和解队的通航水力条件（如长航船队自航水面流速要求小于 4.5m/s，相应水面比降小于 1‰，或水面流速要求小于 4.0m/s，相应水面比降小于 3‰），1997 年汛末，大江预留口门宽达 460.0m，下游口门宽 480.0m。

四、截流水力计算

截流水力计算的目的是确定龙口水力参数的变化规律，主要解决两个问题：①确定截流过程中龙口各水力参数，如单宽流量 q、落差 z 及流速 v 等的变化规律；②由此确定截流材料的类型、尺寸（或重量）及相应的数量等。这样，在截流前，就可以有计划、有目的地准备各种尺寸或重量的截流材料及其数量，规划截流现场的场地布置，选择起重、运输设备；在截流时，能预先估计不同龙口宽度的截流参数，何时何处应抛投何种尺寸或重量的截流材料及其工程量等。

在截流过程中，上游来流量，也就是截流设计流量，分别经由龙口、分流建筑物及戗堤的渗漏通道下泄，并有一部分拦蓄在水库中。截流过程中，一般库容不大，拦蓄在水库中的水量可以忽略不计。对于立堵法截流，当渗漏不严重时，也可忽略经由戗堤渗漏的流量。这样截流时的水量平衡方程为

$$Q_0 = Q_1 + Q_2 \tag{1-8}$$

式中：Q_0 为截流设计流量，m^3/s；Q_1 为分流建筑物的泄流量，m^3/s；Q_2 为龙口泄流量，可按宽顶堰计算，m^3/s。

随着截流戗堤的进占，龙口逐渐被束窄，因此经分流建筑物和龙口的泄流量是变化的，但二者之和恒等于截流设计流量。其变化规律是：截流开始时，大部分截流设计流量经由龙口下泄，随着截流戗堤的进占，龙口断面不断缩小，上游水位不断上升，经由龙口的泄流量越来越小，而经由分流建筑物的泄流量则越来越大。龙口合龙闭气后，截流设计流量全部经由分流建筑物下泄。

截流水力计算可采用图解法和电算法。

采用图解法时，先绘制上游水位 H_u 与分流建筑物泄流量的关系曲线和上游水位与不同龙口宽度 B 的泄流量曲线簇（图 1-41）。在绘制曲线时，下游水位视为常量，可根据截流设计流量在下游水位流量关系曲线上查得。这样，在同一上游水位情况下，当分流建筑物泄流量与某宽度龙口泄流量之和为 Q_0 时，即可分别得到 Q_1 和 Q_2。

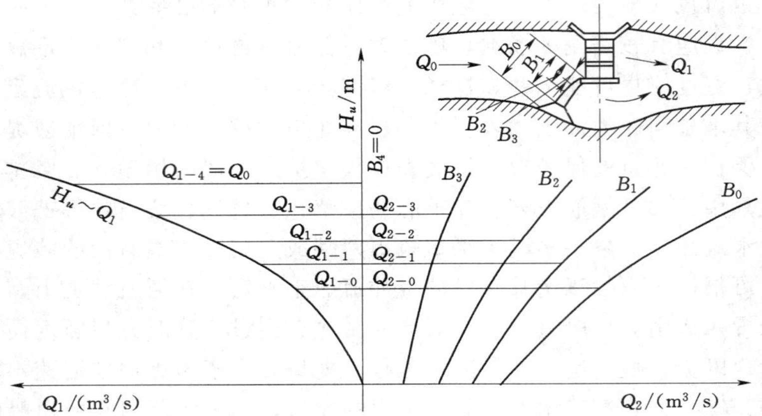

图 1-41　Q_1 与 Q_2 图解法

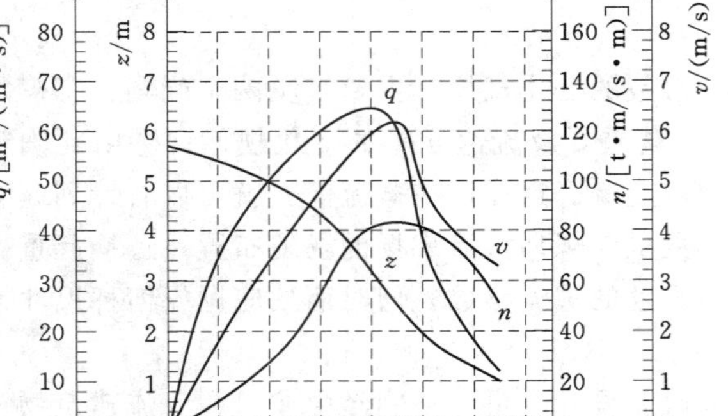

图 1-42　龙口水力参数变化特性

用电算法求解时，首先，计算上游水位与分流建筑物泄流量的关系和上游水位与不同龙口宽度 B 的泄流量关系；然后，假定一个上游水位，用插值算法分别求得 Q_1、Q_2，如果满足 $Q_0=Q_1+Q_2$，则满足假定的上游水位；否则应重新假定上游水位，直到满足条件为止。

根据以上方法，可同时求得不同龙口宽度下的上游水位 H_u 和 Q_1、Q_2 值，由此再通过水力学计算即可求得截流过程中龙口诸水力参数，其变化特性如图 1-42 所示，图中，横轴为龙口宽度；q 为龙口单宽流量，$m^3/(s \cdot m)$；B 为龙口宽度，m；z 为龙口上下游水位差，m；v 为龙口流速，m/s；n 为单宽功率，$t \cdot m/(s \cdot m)$。

五、截流材料和备料量

1. 截流材料尺寸

合理选择截流材料的尺寸或重量，对于截流的成败和截流费用的节省具有重大意义。截流材料的尺寸或重量主要取决于龙口的流速。立堵截流时截流材料抵抗水流冲动的流速，可按下式估算：

$$v=K\sqrt{2gD\frac{\gamma_1-\gamma}{\gamma}} \tag{1-9}$$

式中：v 为水流流速，m/s；K 为综合稳定系数；g 为重力加速度，m/s^2；γ_1 为石块的容重，kN/m^3；γ 为水的容重，kN/m^3；D 为石块折算成球体的化引直径，m。

由上式，根据图 1-41 和图 1-42 某一龙口宽度的 v 值，再根据材料类型查阅相关资料确定 K 值，就可得出抛投体的化引直径 D。

平堵截流水力计算的方法，与立堵法类似。

根据苏联依兹巴士对抛石平堵截流的研究，抛石平堵截流所形成的戗堤断面在开始阶段为等边三角形，此时使石块发生移动所需要的最小流速为

$$v_{min}=K_1\sqrt{2gD\frac{\gamma_1-\gamma}{\gamma}} \tag{1-10}$$

式中：K_1 为石块在石堆上的抗滑稳定系数，取 $K_1=0.9$。

龙口流速增加，石块发生移动之后，戗堤断面逐渐变成梯形，此时石块不致发生滚动的最大流速为

$$v_{max}=K_2\sqrt{2gD\frac{\gamma_1-\gamma}{\gamma}} \tag{1-11}$$

式中：K_2 为石块在石堆上的抗倾稳定系数，取 $K_2=1.2$。

应该指出，平堵、立堵截流的水力条件非常复杂，尤其是立堵截流，上述计算只能作为初步依据。对于大、中型及重要的水利水电工程，必须进行截流模型试验。但模型试验对抛投体的稳定也只能作出定性分析，还不能满足定量要求。故在试验的基础上，还必须考虑类似工程经验，作为修改截流设计的依据。

2. 截流材料类型

截流材料类型的选择，主要取决于截流时可能发生的流速及开挖、起重、运输设备的能力，一般应尽可能就地取材。在黄河上，长期以来用梢料、麻袋、草包、石料、土料等作为堤防溃口的截流堵口材料。在南方，如四川都江堰，则常用卵石竹笼、砾石和杩槎等作为截流堵河分流的主要材料。国内外大江大河截流的实践证明，块石是截流的最基本材料。此外，当截流水力条件较差时，还可使用人工块体，如钢筋笼（或铅丝笼）、混凝土六面体、四面体、四脚体、钢筋混凝土构架（图 1-43）以及合金网兜等。

3. 备料量

为确保截流既安全顺利，又经济合理，正确计算截流材料的备料量是十分必要的。备

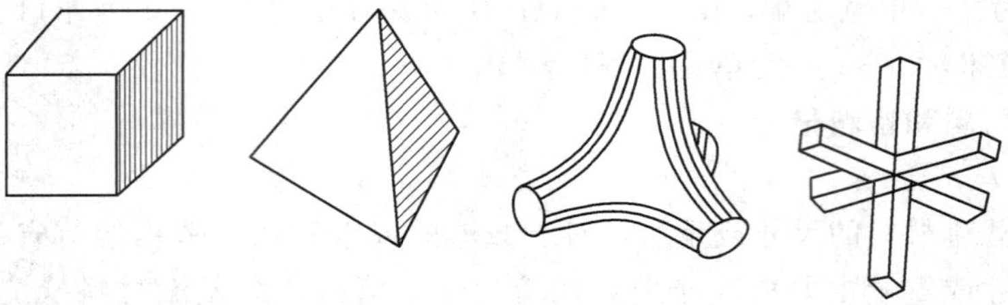

图1-43 截流材料
(a) 混凝土六面体；(b) 混凝土四面体；(c) 混凝土四脚体；(d) 钢筋混凝土构架

料量通常按设计的戗堤体积再增加一定裕度。主要是考虑到堆存、运输中的损失，水流冲失，戗堤沉陷以及可能发生比设计更坏的水力条件而预留的备用量等。但实践中，常因估计不准致使截流材料备料量均超过实际用量，少则多余50%，多则达400%，尤其是人工块体大量多余，造成浪费。

造成截流材料备料量过大的原因主要是：①截流模型试验的推荐值本身就包含了一定安全裕度，截流设计提出的备料量又有增加，而施工单位在备料时往往在此基础上又留有余地；②水下地形不太准确，在计算戗堤体积时，常从安全角度考虑取偏大值；③设计截流流量通常大于实际出现的流量等。如此层层加码，处处考虑安全富裕，所以即使像青铜峡工程的实际截流流量大于设计流量，仍然出现备料量比实际用量多78.6%的情况。因此，如何正确估计截流材料的备用量，是一个很重要的课题。当然，备料恰如其分，不大可能，需留有余地。但对剩余材料，应预作筹划，安排好用处，特别是四面体等人工材料，大量弃置，既浪费又影响环境，可考虑用于护岸或其他河道整治工程。

第六节 拦 洪 度 汛

水利水电枢纽施工过程中，中后期的施工导流，往往需要由坝体挡水或拦洪。坝体能否可靠拦洪与安全度汛，将涉及工程的进度与成败。例如龙羊峡水电站因拦洪成功而加快了施工步伐。所以坝体拦洪度汛是整个工程施工进度中的一个控制性环节，必须慎重对待。

一、坝体拦洪标准

在主体工程为混凝土坝的枢纽中，若采用两段两期围堰法导流，当第二期围堰失效以后，未完建的混凝土建筑物，不仅要承担宣泄导流设计流量的任务，而且还要起一定的挡水作用。在主体工程为土坝或堆石坝的枢纽中，若采用全段围堰隧洞或明渠导流，则在河床断流以后，常常要求在汛期到来以前，将坝体填筑到拦蓄相应洪水流量的高程，也就是拦洪高程，以保证坝身能安全度汛。此时，主体建筑物开始投入运用，已不需要围堰保护，水库亦拦蓄了一定水量。显然，其导流标准与初期应有所不同。坝体施工期临时度汛的导流标准，应视坝型和拦洪库容的大小，根据水利水电工程施工组织设计规范确定。

若导流泄水建筑物已经封堵，而永久泄水建筑物尚未具备设计泄洪能力，此时，坝体度汛的导流标准与上述标准又不相同，应视坝型及其级别，按水利水电工程施工组织设计规范的规定选用。显然，汛前坝体上升高度应满足拦洪要求，帷幕灌浆及接缝灌浆高程应能满足蓄水要求。

根据选定的洪水标准，通过调洪计算，可确定相应的坝体挡水或拦洪高程。

二、度汛措施

根据施工进度安排，如果汛期到来之前坝身能如期修到拦洪高程以上，则安全度汛基本得到保证；否则，若不能修筑到拦洪高程，则必须采取一定工程措施，确保安全度汛。尤其当主体建筑物为土坝或堆石坝且坝体填筑又相当高时，更应给予足够的重视，因为一旦坝身过水，就会造成严重的溃坝后果。

1. 混凝土坝的度汛措施

混凝土坝一般是允许过水的，若坝身在汛前不可能浇筑到拦洪高程，为了避免坝身过水时造成停工，可以在坝面上预留缺口度汛，待洪水过后，水位回落，再封堵缺口，全面上升坝体。另外，如果根据混凝土浇筑进度安排，虽然在汛前坝身可以浇筑到拦洪高程，但一些纵向施工缝尚未灌浆封闭时，可考虑用临时断面挡水。在这种情况下，必须提出充分论证，采取相应措施，以消除应力恶化的影响。如湖南柘溪工程的大头坝（图 1－44），底宽 102.5m，技术设计阶段曾按收缩应力均匀分配、混凝土量近于相等的原则，将乙、丙块坝体间的纵缝设于坝下 37.5m 处。经核算，在丙块坝体还没有完建、纵缝尚未灌浆时要提前挡水。这样，由于应力重分配的影响，后期上游坝踵将产生 10.6×10^5Pa 的拉应力。为了消除上述不利应力，采取了下述措施。

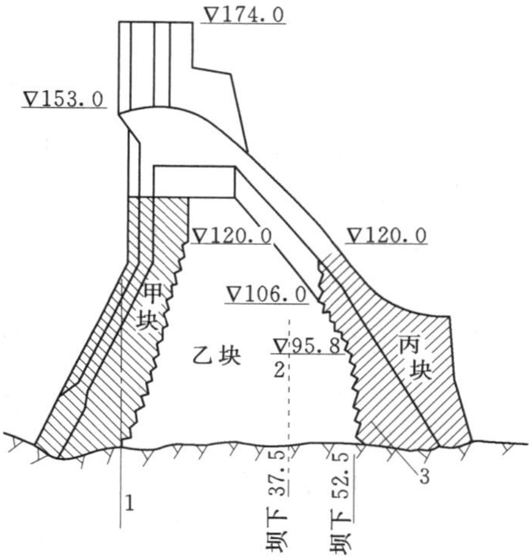

图 1－44　混凝土坝拦洪的临时断面（单位：m）
1—坝轴线；2—原设计纵缝；3—修改后的纵缝

（1）调整纵缝位置，将纵缝由坝下 37.5m 移至坝下 52.5m。纵缝下移，乙块坝体的浇筑块加长后，浇筑能力仍能满足要求。

（2）提高初期灌浆高程。根据施工进度安排的可能性，确定初期纵缝灌浆高程提高至 95.8m。

（3）改变纵缝形式。根据坝体断面特点，纵缝自高程 95.8m 起，按与第二主应力平行的方向延伸至 106m 高程，除设榫槽及插筋外不需灌浆，106m 高程以上为直缝，挡水时再进行灌浆。

采取以上措施，为施工期坝体拦洪度汛创造了条件。

2. 土坝、堆石坝的度汛措施

土坝、堆石坝一般不允许过水。若坝身在汛前不能填筑到拦洪高程，可以考虑降低溢洪道高程、设置临时溢洪道、用临时断面挡水，或经过论证采用临时坝面保护措施过水。

土石坝的临时断面型式，与坝型有关。图 1－45 是浙江青田工程心墙坝的两个临时断面度汛方案，其中图 1－45（a）是拦河坝施工度汛临时斜墙挡水方案；图 1－45（b）是修筑永久心墙度汛挡水方案。

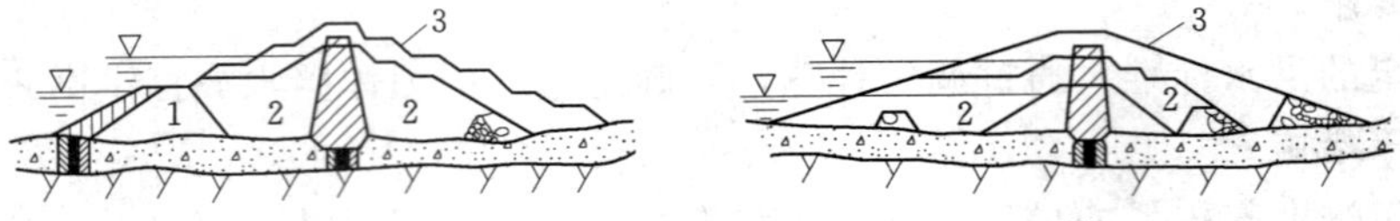

图 1-45　心墙式土坝临时度汛断面示意图
(a) 利用临时斜墙度汛；(b) 利用心墙度汛
1—施工度汛断面；2—初期发电临时挡水断面；3—完建坝体断面

两个临时度汛挡水方案中，前者增加了临时斜墙的施工，但不影响汛期坝体的加高。基于这一优点，云南毛家村水库、四川升钟水库、甘肃碧口水电站等土石坝均采用这种方案度汛。后者利用部分永久心墙挡水，虽然省掉了临时斜墙的工作量，但是汛期坝体，特别是心墙的加高，受到影响。

采用临时断面挡水时，应注意以下几点。

(1) 在拦洪高程以上，顶部应有足够的宽度，以便在紧急情况下，仍有余地抢筑子堰，确保安全。

(2) 临时断面的边坡应保证稳定，其安全系数一般应不低于正常设计标准。为防止施工期间由于暴雨冲刷和其他原因而塌坡，必要时应采取简单的防护措施和排水措施。

(3) 斜墙坝或心墙坝的防渗体一般不允许采用临时断面。

(4) 上游垫层和块石护坡应按设计要求修筑到拦洪高程。如果不能达到要求，则应考虑临时防护措施。

下游坝体部位，为满足临时断面的安全要求，在基础清理完毕后，应按全断面填筑几米高以后再收坡，必要时应结合设计的反滤排水设施统一安排考虑。

采用临时度汛断面的指导思想是“挡”，如万一“挡”不成功，亦应有后备方案。如采取临时防冲措施，让未完建的土石坝溢洪，或预留危害程度较轻的溢流口，过流以后，做好修复工作，确保坝身的质量，以免留下隐患。

实践证明，无论是土坝还是堆石坝，只要防冲措施得当，事后处理合宜，大多数工程过水后并未发生实质性破坏。

例如黑龙江龙凤山水库在坝身预留 70m 宽的临时溢洪道，其上铺砌 40cm 以上的大块石，通过 $140m^3/s$ 的春汛洪水，单宽流量为 $2.0m^3/(s \cdot m)$，最大流速为 5.0m/s，效果很好。

堆石坝采用未完建断面过水度汛，据不完全统计，在国外至今已有 35 座之多，大都在澳大利亚。其过水的保护措施是采用加筋。加筋的布置，可参阅围堰工程中的加筋过水土石围堰部分。

第七节　封　堵　蓄　水

在施工后期，当坝体已修筑到拦洪高程以上，能够发挥挡水作用时，其他工程项目，如混凝土坝已完成了基础灌浆和坝体纵缝灌浆，库区清理、水库塌岸和渗漏处理均已完成，建筑物质量和闸门设施等也都检查合格，这时，整个工程就进入了所谓完建期。根据发电、灌溉及航运等国民经济各部门所提出的综合要求，应确定竣工运用日期，有计划地进行导流临时泄水建筑物的封堵和水库的蓄水工作。

一、蓄水计划

水库的蓄水与导流临时泄水建筑物的封堵有密切关系，只有将导流临时泄水建筑物封堵后，才有可能进行水库蓄水。因此，必须制订一个积极可靠的蓄水计划，既能保证发电、灌溉及航运等方面的要求，如期发挥工程效益，又要力争在比较有利的条件下封堵导流临时泄水建筑物，使封堵工作得以顺利进行。按人与自然和谐相处的要求、环境保护因素对水库蓄水期向下游的供水有一个最小流量要求，该流量可结合工程实际，经比较后合理制定措施。

在进行施工期蓄水历时计算时，要综合考虑下游通航、灌溉、发电、下游用水和生态基流等要求，经计算分析确定。施工期蓄水历时的计算方法常用频率法和典型年法。同时，水库蓄水要解决的问题主要如下。

（1）确定蓄水历时计划，并据此确定水库开始蓄水的日期，即导流临时泄水建筑物封堵日期。水库蓄水可按保证率为75%～85%的月平均流量过程线来制订。可以从发电、灌溉及航运等方面所提出的运用期限和水位要求，反推出水库开始蓄水的日期。具体做法是根据各月的来水流量减去下游要求的供水流量，乘以所取时段，得出各时段留蓄在水库的水量，将这些水量依次累计，对照水库容积与水位关系曲线，就可绘制水库蓄水高程与历时关系曲线1（图1-46）。

（2）校核库水位上升过程中大坝施工的安全性，并据此拟定大坝浇筑的控制性进度计划和坝体纵缝灌浆的进程。大坝施工安全校核的洪水标准，通常可选用20年一遇月平均流量。核算时，以导流临时泄水建筑物封堵日期为起点，按选定洪水标准的月平均流量过程线，用顺推法绘制水库蓄水过程线2（图1-46）。

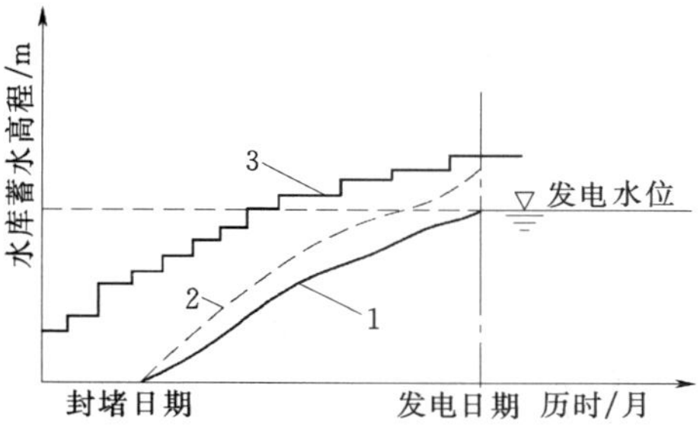

图1-46　水库蓄水高程与历时曲线

1—水库蓄水高程与历时关系曲线；2—导流泄水建筑物封堵后坝体度汛水库蓄水高程与历时关系曲线；3—坝体全线浇筑高程过程线

曲线3（图1-46）为大坝分月浇筑高程进度线。它应包络曲线2，否则，应采取措施加快混凝土浇筑进度，或利用坝身永久底孔、溢流坝段、岸坡溢洪道或泄洪隧洞（泄流），调节并限制库水位上升。

蓄水计划是施工后期进行施工导流、安排施工进度的主要依据。

【例1-5】 某水电站下闸蓄水计划。

该水电站下游用水主要是某市城市工业、生活用水和生态用水，根据该市工业和生活用水调查，在下闸蓄水期间向下游下泄400m^3/s流量能够满足下游用水要求。

水库初期蓄水设计来水频率采用75%，入库流量采用坝址不同频率3月下旬至6月中旬逐日平均流量。根据施工进度、水库移民搬迁进度及下闸的保证性，下闸封堵时间考虑在2013年3月25日或4月25日进行。封堵蓄水计划如下：

(1) 下闸前上游围堰拆开缺口过流，生态孔敞泄下游综合用水。生态放水孔断面尺寸6m×8.5m，底板高程1130.0m，长度156m。

(2) 下闸后，在蓄水至1167.00m之前，仍由生态孔敞泄下游综合用水；在蓄水至1167.00m之后，按规定顺序开启两底孔，同时关闭生态放水孔，根据导流洞临时堵头施工的需要，两底孔敞泄，以尽量使水库水位处于较低位置。水库蓄水至发电水位后，开始发电。生态放水孔计划在2013年汛后开始封堵，封堵时间安排在2013年12月上旬至2014年3月进行。

(3) 为保证2013年6月底发电，考虑给机组有水调试预留半个月的时间，根据不同频率的来水情况，择机对右底孔进行控泄蓄水，控泄流量为400m^3/s，在2013年6月15日蓄至极限死水位1212.00m。

(4) 受7月初至8月初预留防洪库容的限制，蓄水至1212.00m后，在1212.00m维持一段时间。8月初后，根据来水情况开始第二时段蓄水，直到蓄至正常蓄水位1223.00m。

二、导流泄水建筑物的封堵

下闸封堵导流临时泄水建筑物的设计流量，应根据河流水文特征及封堵条件，采用封堵时段5～10年重现期的月或旬平均流量。

封堵工程施工阶段的导流标准，可根据工程的重要性、失事后果等因素在该时段5～20年重现期范围内选定。

导流临时泄水建筑物，如隧洞、涵管及底孔等，若不与永久建筑物相结合，在蓄水时都要进行封堵。过去多采用金属闸门或钢筋混凝土叠梁。前者耗费钢材，后者比较笨重，大都需要大型起重运输设备，而且为了封堵，常需一定埋件，这对争取迅速完成封堵工作不利。有些工程采用一些简易可行的封堵方法，还是很可取的。例如湖北白莲河工程的导流涵管，采用定向爆破断流，用山坡土闭气。快速筑好进口围堰后，在静水条件下立即浇筑水下混凝土墙作为临时堵头，继而抽水，再做涵管的永久混凝土堵头（图1-47）。

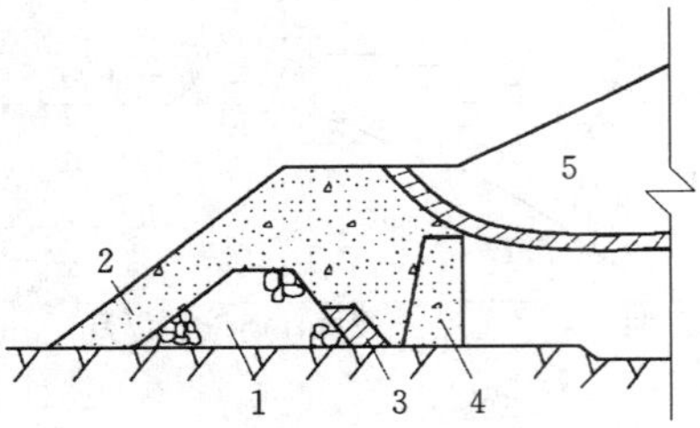

图1-47　湖北白莲河工程导流涵管的封堵

1—爆破石渣；2—山坡土前闭气段；3—草袋黏土后闭气段；4—临时封堵混凝土墙；5—土坝

此外，也有在泄水建筑物进口平台上，预制钢筋混凝土整体闸门。用多台绞车起吊下放封堵。这种方式断流快，水封好，只要起吊下放闸门时掌握平衡，下沉比较方便，不需重型运输起吊设备，特别在库水位上升较快的工程中，封孔时被广泛采用。如浙江新安江水电站导流底孔的封堵，在底孔的进水口设中门闸墩，采用5.9m×17.2m、重321t的钢筋混凝土闸门。闸门在孔顶上游进口平台上就地浇筑，用手摇绞车下放就位（图1-48）。

闸门安放以后，为了加强闸门的水封防渗效果，在闸门槽两侧填以细粒矿渣并灌注水泥砂浆，在底部填筑黏土麻包，并在底孔内把闸门与坝面之间的金属承压板互相焊接。

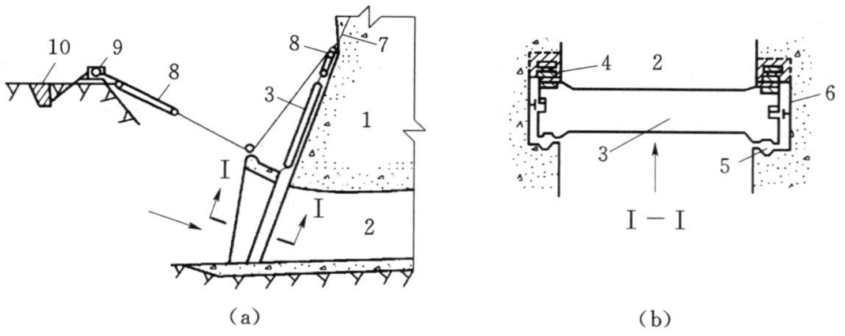

图 1-48 浙江新安江水电站导流底孔封堵示意图

(a) 底孔纵断面；(b) 闸门横断面

1—坝体；2—底孔；3—闸门；4—坝面承压板；5—止水槽；6—侧向导轮；7—预埋铁吊环；8—滑轮组；9—手摇绞车；10—锚碇

导流底孔一般为坝体的一部分，因此封堵时需全孔堵死；而导流隧洞或涵管并不需要全孔堵死，只浇筑一定长度的混凝土塞，就足以起到永久挡水的作用。

混凝土塞的最小长度可根据极限平衡条件由下式求出：

$$l=\frac{KP}{\omega\gamma g f+\lambda c} \tag{1-12}$$

式中：K 为安全系数，一般取 1.1～1.3；P 为作用水头之推力，N；ω 为导流隧洞或涵管的断面积，m^2；γ 为混凝土密度，kg/m^3；f 为混凝土与岩石（或混凝土）的摩阻系数，一般取 0.60～0.65；g 为重力加速度；λ 为导流隧洞或涵管的周长，m；c 为混凝土与岩石（或混凝土）的黏结力，一般取 $(5\sim20)\times10^4$ Pa。

当导流隧洞的断面积较大时，混凝土塞的浇筑必须考虑温控措施，不然产生的温度裂缝会影响其止水质量。例如美国新布拉茨河口大坝的导流隧洞封堵，在混凝土塞中央部位设有冷却和灌浆用坑道，底部埋有冷却水管，待混凝土塞平均温度降至 12.8℃时，进行接触灌浆，以保证混凝土塞与围岩的连接（图 1-49）。

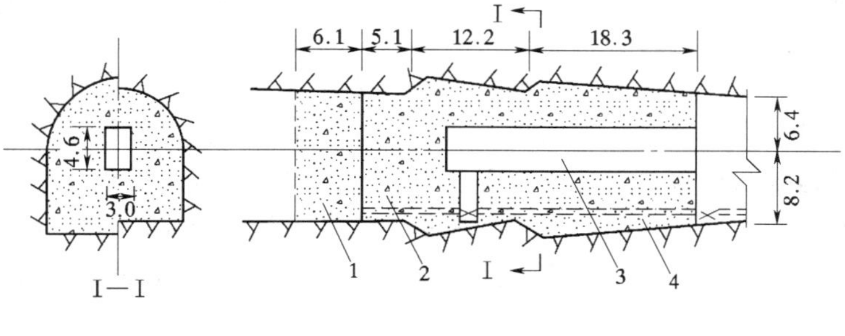

图 1-49 导流隧洞的堵头（单位：m）

1—混凝土墙；2—混凝土塞；3—冷却和灌浆用坑道；4—冷却水管

值得注意的是，堵塞导流底孔时深水堵漏问题应予以重视。不少工程在封堵的关键时刻漏水不止，造成紧张被动。湖南柘溪水电站导流底孔封堵时，闸门的右侧底部由于止水橡皮被撕坏，漏水量最大达 $1.0m^3/s$，此时上游水深已有 55m 左右。该工程深水堵漏的处理方法是：根据漏水部位，先吊放大麻绳球以堵塞大洞，随后放小麻绳球，最后吊放棒形松散麻丝，使漏水量大大减小。为了防止麻绳球被水流冲失，在闸门前再沉放用麻绳编织的厚为2～4cm的帘子。麻帘互相搭接，把整个闸门槽封包起来，再在闸门前用导管抛填黏土，以进一步止漏。通过这一系列措施，基本上达到了堵漏的目的，取得较好的工程经验。

第八节　基　坑　排　水

在截流戗堤合龙闭气以后，就要排除基坑的积水和渗水，以利开展基坑施工工作。当然，在用定向爆破修筑截流、拦淤堆石坝，或直接向水中倒土形成建筑物时，不需要组织基坑排水工作。

基坑排水工作按排水时间及性质，一般可分为：①基坑开挖前的初期排水，包括基坑积水、基坑积水排除过程中围堰及基坑的渗水和降水的排除；②基坑开挖及建筑物施工过程中的经常性排水，包括围堰和基坑的渗水、降水、基岩冲洗及混凝土养护用废水的排除等。

一、初期排水

戗堤合龙闭气后，基坑内的积水应有计划地组织排除。排除积水时，基坑内外产生水位差，将同时引起通过围堰和基坑的渗水。初期排水流量一般可根据地质情况、工程等级、工期长短及施工条件等因素，参考实际工程经验，按式（1-13）确定：

$$Q=\frac{(2\sim3)V}{T} \tag{1-13}$$

式中：Q为初期排水流量，m^3/s；V为基坑的积水体积，m^3；T为初期排水时间，s。

排水时间T主要受基坑水位下降速度的限制。基坑水位允许下降速度视围堰型式、地基特性及基坑内水深而定。水位下降太快，则围堰或基坑边坡的动水压力变化过大，容易引起塌坡；下降太慢，则影响基坑开挖时间。一般下降速度限制在0.5～1.5m/d以内，对于土围堰取下限值，混凝土围堰取上限值。初期排水时间对大型基坑可采用5～7d，中型基坑不超过3～5d。

根据初期排水流量即可确定所需的排水设备容量。排水设备一般用离心式水泵。为方便运行，宜选择容量不同的离心式水泵，以便组合运用。

实际工作中，有时也常用试抽法确定排水设备容量。试抽时，如果水位下降很快，显然是排水设备容量过大，这时，可关闭一部分排水设备，以控制水位下降速度；若水位基本不变，则可能是排水设备容量过小或有较大的渗漏通道存在，这时，应增加排水设备容量或找出渗漏通道予以堵塞，然后再进行抽水。还有一种情况是水位降至一定深度后就不再下降，这说明此时排水流量与渗透流量相等，只有增大排水设备容量或堵塞渗漏通道，才能将积水排除。

确定排水设备容量后，要妥善布置水泵站。如果水泵站布置不当，则会降低排水效果，影响其他工作，甚至水泵运转时间不长，又被迫转移，造成人力、物力及时间上的浪费。一般初期排水可以采用固定的或浮动的水泵站。当水泵的吸水高度（一般水泵吸水高度为4.0～6.0m）足够时，水泵站可布置在围堰上，见图1-50（a）。水泵的出水管口最好设在水面以下，这样可依靠虹吸作用减轻水泵的工作负担。在水泵排水管上应设置止回阀，以防水泵停止工作时，倒灌基坑。

当基坑较深，超过水泵吸水高度时，须随基坑水位下降将水泵逐次下放，这时可以将水泵逐层安放在基坑内较低的固定平台上，如图 1－50（b）所示；也可以将水泵放在滑道移动的平台上，如图 1－50（c）所示，用绞车操纵逐步下放；还可以将水泵放在浮船上，如图 1－50（d）所示。

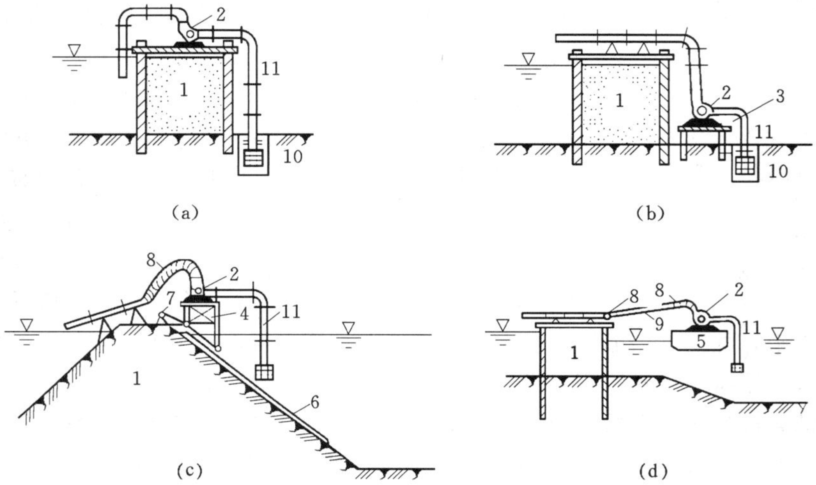

图 1－50 水泵站的布置

（a）设在围堰上；（b）设在固定平台上；（c）设在移动平台上；（d）设在浮船上

1—围堰；2—水泵；3—固定平台；4—移动平台；5—浮船；6—滑道；7—绞车；8—橡皮接头；9—铰接桥；10—集水井；11—吸水管

二、经常性排水

基坑内积水排干后，围堰内外的水位差增大，此时渗透流量相应增大，围堰内坡、基坑边坡和底部的动水压力加大，容易引起管涌或流土，造成塌坡和基坑底隆起的严重后果。因此，在经常性排水期间，应周密地进行排水系统的布置、渗透流量的计算和排水设备的选择，并注意观察围堰的内坡、基坑边坡和基坑底面的变化，保证基坑工作顺利进行。

1. 排水系统的布置

通常应考虑两种不同的情况：一种是基坑开挖过程中的排水系统布置；另一种是基坑开挖完成后修建建筑物时的排水系统布置。在进行布置时，最好能两者结合起来考虑，并使排水系统尽可能不影响施工。

基坑开挖过程中的排水系统，应以不妨碍开挖和运输工作为原则。一般常将排水干沟布置在基坑中部，以利两侧出土。随着基坑开挖和运输工作的进展，逐渐加深排水干沟和支沟，通常保持干沟深度为 1.0～1.5m，支沟深度为 0.3～0.5m。集水井布置在建筑物轮廓线的外侧，集水井底应低于干沟的沟底。

修建建筑物时的排水系统，通常都布置在基坑的四周，如图 1－51 所示。排水沟应布置在建筑物轮廓线的外侧，距基坑边坡坡脚不小于 0.3～0.5m。排水沟的断面和底坡，取

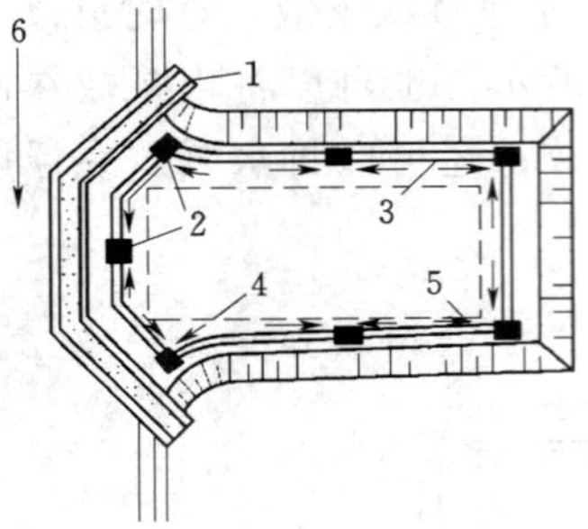

图 1-51 修建建筑物时基坑排水系统的布置

1—围堰；2—集水井；3—排水沟；4—建筑物轮廓线；5—水流方向；6—河流

决于排水量的大小。一般排水沟底宽不小于 0.3m，沟深不大于 1.0m，底坡不小于 2‰。在密实土层中，排水沟可以不用支撑，但在松土层中，则需用木板或麻袋装石加固。

有时由于基坑开挖深度不一，基坑底部不在同一高程，这时应根据基坑开挖的具体情况来布置排水系统。有的工程采用层层截流、分级抽水的办法，即在不同高程上布置截水沟、集水井和水泵站，进行分级排水。

水经排水沟流入集水井，在井边设置水泵站，将水从集水井中抽出。集水井布置在建筑物轮廓线以外较低地方，它与建筑物外缘的距离必须大于井的深度。井的容积至少要保证水泵停工 10～15min，由排水沟流入井中的水量不致漫溢。集水井可为长方形，边长 1.5～2.0m，井的深度应低于排水沟底 1.0～2.0m。在土中挖井，其底面应铺填反滤料以防冲刷。在密实土中，井壁可用框架支撑；在松软土中，宜用板桩加固，如板桩接缝漏水，则需在井壁外设置反滤层。集水井不仅是用来集聚水，而且还有澄清水的作用，因为水泵的使用年限与水中的含沙量多少有关。为了保护水泵，安设的集水井宜稍大、稍深一些。

为防止下雨时因地面径流进入基坑而增加抽水量甚至淹没基坑，往往在基坑外缘挖排水沟或截水沟，以拦截地面水。排水沟或截水沟的断面及底坡应根据流量及土质而定，一般沟宽和沟深不小于 0.5m，底坡不小于 2‰。基坑外地面排水系统最好与道路排水系统相结合，以便自流排水。

2. 排水量的估算

经常性排水的排水量包括围堰和基坑的渗水、降水、地层含水、基岩冲洗及混凝土养护弃水等。关于围堰和基坑渗透流量的计算，在水力学、水文地质学等课程中均有介绍，不再赘述。降水量可按抽水时段内最大日降雨量在当天抽干计算。基岩冲洗及混凝土养护弃水，由于基岩冲洗用水不多，可以忽略不计，混凝土养护弃水，可近似地按每立方米混凝土每次用水 5L、每天养护 8 次计算。但降水和施工弃水不应叠加。

三、人工降低地下水位

在经常性排水过程中，为了保持基坑开挖工作始终在干地进行，常常要多次降低排水沟和集水井的高程，变换水泵站的位置，这会影响开挖工作的正常运行。此外，在开挖细砂土、砂壤土一类地基时，随着基坑底面的下降，坑底与地下水位的高差愈来愈大，在地下水渗透压力作用下，容易产生边坡脱滑、坑底隆起等事故，对开挖工作带来不利影响。

而采用人工降低地下水位，就可减轻或避免上述问题。人工降低地下水位的基本做法是：在基坑周围钻设一些井管，地下水渗入井管后，随即被抽走，使地下水位线降至开挖基坑底面以下。

人工降低地下水位的方法，按排水工作原理来分有管井法和井点法两种。管井法是纯重力作用排水，井点法还附有真空或电渗排水的作用。现分别介绍如下。

1. 管井法降低地下水位

管井法降低地下水位时，在基坑周围布置一系列管井，管井中放入水泵的吸水管，地下水在重力作用下流入井中，被水泵抽走。

用管井法降低地下水位，须先设置管井，管井通常由下沉钢井管而成，在缺乏钢管时也可用预制混凝土管代替。

井管的下部安装滤水管节（滤头），有时在井管外还需设置反滤层。地下水从滤水管进入井管内，水中的泥沙则沉淀在沉淀管中。

滤水管是井管的重要组成部分，其构造对井的出水量和可靠性影响很大，要求过水能力大，进入的泥沙少，有足够的强度和耐久性。图 1-53 所示是滤水管节的构造图。

井管通常用射水法下沉，当土层中夹有硬黏土、岩石时，需配合钻机钻孔。射水下沉时，先用高压水冲土，下沉套管，较深时可配合振动或锤击，然后在套管中插入井管，最后在套管与井管的间隙中间填反滤层和拔套管。反滤层每填高一次，便拔一次套管，逐层上拔，直至完成。

管井中抽水可应用各种抽水设备，但主要是用离心式水泵、深井水泵或潜水泵等。

用普通离心式水泵抽水，由于吸水高度的限制，当要求降低地下水位较深时，要分层设置井管，分层进行排水，如图 1-52 所示。

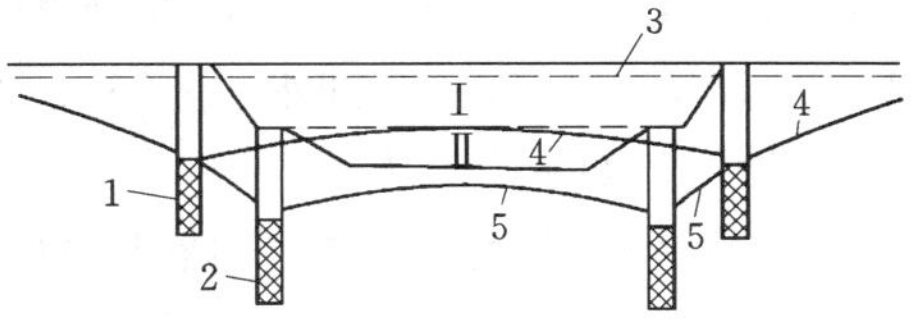

图 1-52　分层降低地下水位

Ⅰ—第一层；Ⅱ—第二层；

1—第一层管井；2—第二层管井；3—天然地下水位；

4—第一层水面降落曲线；5—第二层水面降落曲线

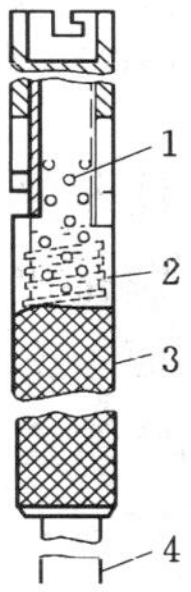

图 1-53　滤水管节构造简图

1—多孔管，钻孔面积占总面积的 20%～25%；

2—绕成螺旋状的铁丝，ϕ3～4mm；

3—铅丝网，1～2 层；4—沉淀管

在要求大幅度降低地下水位的深井中抽水时，最好采用专用的离心式深井水泵（图 1-54)。每个深井水泵都可独立工作，井的间距也可以加大。深井水泵一般适用深度大于 20m，排水效果好，需要井数少。

管井法降低地下水位，一般适用于渗透系数为 10～150m/d 的粗、中砂土。

2. 井点法降低地下水位

井点法和管井法不同，它把井管和水泵的吸水管合二为一，简化了井的构造，便于施工。

井点法降低地下水位的设备，根据其降深能力分轻型井点（浅井点）和深井点等。

轻型井点是由井管、集水总管、普通离心式水泵、真空泵和集水箱等设备所组成的一个排水系统（图 1-55)。

轻型井点系统的井管直径为 38～50mm，间距为 0.6～1.8m，最大可到 3.0m。地下

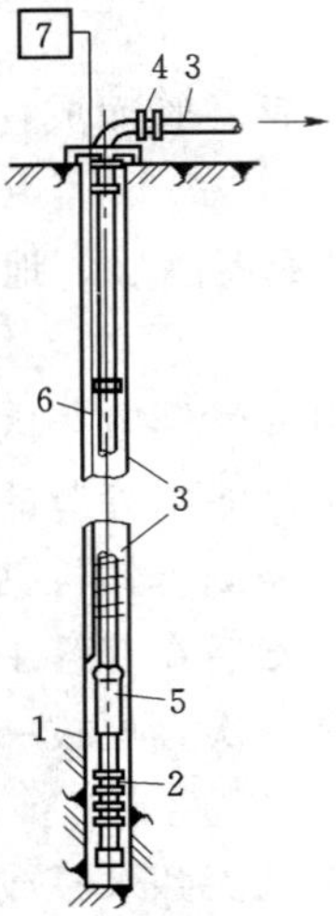

图 1-54　深井水泵管井装置
1—管井；2—水泵；3—压力管；4—阀门；5—电动机；6—电缆；7—配电盘

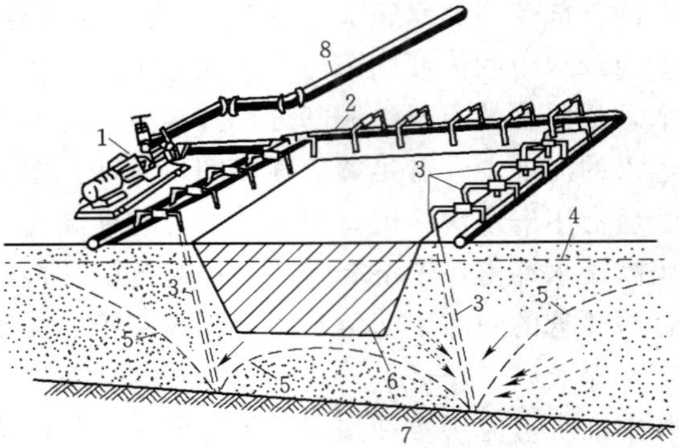

图 1-55　轻型井点系统
1—带真空泵和集水箱的离心式水泵；2—集水总管；3—井管；4—原地下水位；5—排水后水面降落曲线；6—基坑；7—不透水层；8—排水管

水从井管下端的滤水管借真空泵和水泵的抽吸作用流入管内，沿井管上升汇入集水总管，经集水箱，由水泵排出。轻型井点系统开始工作时，先开动真空泵，排除系统内的空气，待集水箱内的水面上升到一定高度后，再启动水泵排水。水泵开始抽水后，为了保持系统内的真空度，仍需真空泵配合水泵工作。这种井点系统也叫真空井点。

井点系统排水时，地下水位的下降深度，取决于集水箱内的真空度与管路的漏气和水力损失。一般集水箱内真空度为 53～80kPa（约 400～600mmHg），相应的吸水高度 5～8m，扣去各种损失后，地下水位的下降深度约为 4～5m。

当地下水位降低的深度超过 4～5m 时，可以像井管一样分层布置井点，每层控制 3～4m，但以不超过三层为宜。层数太多，基坑范围内管路纵横，妨碍交通，影响施工，同时也增加挖方量；而且当上层井点发生故障时，下层水泵能力有限，地下水位回升，基坑有被淹没的可能。

真空井点抽水时，在滤水管周围形成一定的真空梯度，加速了排水速度，因此即使在渗透系数小到 0.1m/d 的土层中，也能进行工作。

布置井点系统时，为了充分发挥设备能力，集水总管、集水管和水泵应尽量接近天然地下水位。当需要几套设备同时工作时，各套总管之间最好接通，并安装开关，以便相互支援。

井管的安设，一般用射水法下沉。在细砂和中砂中，需要的射水量约为 25～30m^3/h，水压力达 3×10^5～3.5×10^5Pa（约 3.0～3.5 个大气压）；在粗砂中，流量需增大到 40m^3/h 或更大；在夹有砾石和卵石的砂中，最好与压缩空气配合进行冲射；在黏性土中，水压需增大到 5×10^5～8×10^5Pa（约 5～8 个大气压），并回填砂砾石作为滤层。回填反滤层时供水仍不停止，但水压可略降低。在距孔口 1.0m 范围内，宜用黏土封口，以防漏气。排水工作完成后，可利用杠杆将井管拔出。

深井点和轻型井点不同，它的每一根井管上都装有扬水器（水力扬水器或压气扬水器），因此它不受吸水高度的限制，有较大的降深能力。

深井点有喷射井点和压气扬水井点两种。

喷射井点由集水池、高压水泵、输水干管和喷射井管组成（图 1-56）。

喷射井点排水的过程是：扬程为 $6\times10^5\sim10^6$Pa（约 6～10 个大气压）的高压水泵将高压水压入内管与外管间的环形空间，经进水孔由喷嘴以 10～50m/s 高速喷出，由此产生负压，使地下水经滤管吸入内管，在混合室中与高速的工作水头混合，经喉管和扩散管以后，流速水头转变为压力水头，将水压到地面的集水池中。高压水泵从集水池中抽水作为工作水，而池中多余的水则任其流走或用低压水泵抽走。通常一台高压水泵能为 30～35 个井点服务，其最适宜的降低水位范围为 5～18m。

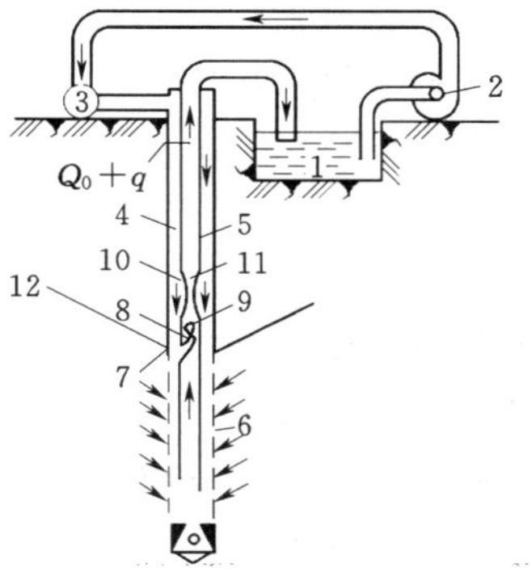

图 1-56 喷射井点装置示意图
1—集水池；2—高压水泵；3—输水干管；4—外管；5—内管；6—滤水管；7—进水孔；8—喷嘴；9—混合室；10—喉管；11—扩散管；12—水面降落曲线

喷射井点的排水效率不高，一般用于渗透系数为 3～50m/d，渗流量不大的场合。

压气扬水井点是用压气扬水器进行排水（图 1-57）。排水时压缩空气由输气管送来，由喷气装置进入扬水管，于是，管内容重较轻的水气混合液，在管外压力的作用下，沿扬水管上升到地面排走。为了达到一定的扬水高度，就必须将扬水管沉入井中足够的潜没深度，使扬水管内外有足够的压力差。

压气扬水井点降低地下水最大可达 40m。

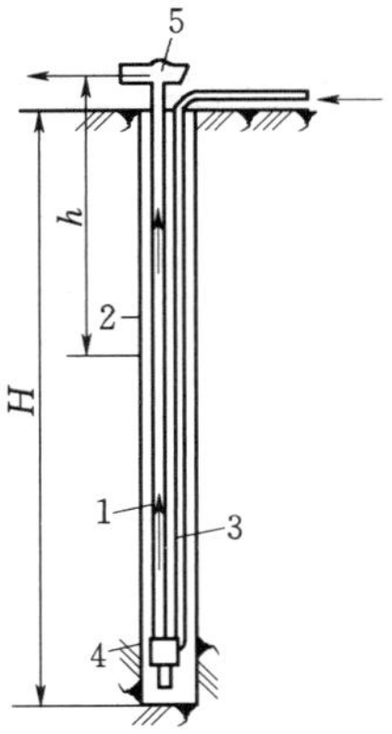

图 1-57 压气扬水井点装置示意图
1—扬水管；2—井；3—输气管；4—喷气装置；5—管口

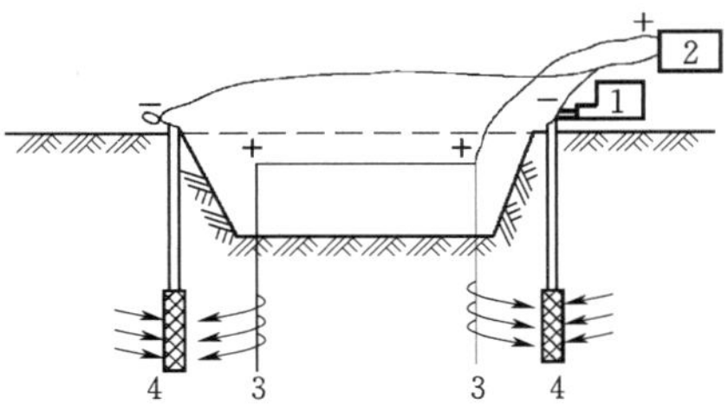

图 1-58 电渗井点排水示意图
1—水泵；2—直流发电机；3—钢管；4—井点

在渗透系数小于 0.1m/d 的黏土或淤泥中降低地下水位时，比较有效的方法是电渗井点排水。电渗井点排水时（图 1-58），沿基坑四周布置两列正负电极。正极通常用金属管做成，负极就是井点的排水井。在土中通过电流以后，地下水将从金属管（正极）向井点（负极）移动集中，然后再由井点系统的水泵抽走。正负极电源由直流发电机供应。

思　考　题

1-1　施工导流的主要任务是什么？

1-2　试述常用的施工导流方式及其适用条件。

1-3　什么是分段围堰法导流的分段和分期？其主要依据是什么？

1-4　在分段围堰法导流中，确定纵向围堰的位置需要考虑哪些因素？

1-5　什么叫导流标准？如何确定导流标准？

1-6　什么叫导流时段？划分导流时段的依据是什么？

1-7　什么是导流设计流量？如何确定导流设计流量？

1-8　过水土石围堰过水期的导流设计流量和挡水期的导流设计流量是如何确定的？它们各有什么用途？

1-9　何谓导流方案？选择导流方案时需要考虑哪些因素？

1-10　论述施工导流、施工进度、施工总体布置三者之间的关系。

1-11　试述截流的基本方法及其主要施工过程。

1-12　截流时段应怎样确定？

1-13　立堵截流需要计算哪些龙口水力参数？

1-14　简述坝体施工期拦洪度汛的基本要求。

1-15　如何制订蓄水计划？

1-16　在基坑排水中，如何用试抽法确定排水设备的容量？

1-17　举例说明在基坑外缘开挖排水沟或截水沟的用途。

1-18　简述导流临时建筑物与永久水工建筑物可能结合的可能性和条件。

第二章　爆　破　技　术

爆破是利用炸药的爆炸能量对周围岩石、混凝土或土等介质进行破碎、抛掷或压缩，达到预定的开挖、填筑或处理等工程目的的技术。在水利工程施工中，爆破技术广泛用于水工建筑物基础、地下厂房与各类隧洞的开挖，料场开采、围堰（岩坎）拆除以及定向爆破筑坝等。

正确理解爆破机理，掌握各种爆破技术，对加快工程进度、保证工程质量和降低工程成本都具有十分重要的意义。

第一节　爆破器材与起爆方法

炸药和起爆材料统称爆破器材。炸药是破坏介质的能源，而起爆材料则使炸药能安全、有效地释放能量。起爆是爆破设计施工的重要环节。良好的起爆方法及可靠的爆破网路，不仅有利于安全准爆，避免瞎炮和殉爆，同时有利于炸药能量的充分利用、控制爆破抛掷方向和降低爆破振动效应。

一、炸药和起爆器材

（一）炸药

一般来说，凡能发生化学爆炸的物质均可称为炸药。通常应按照岩石性质和爆破要求选择不同类型和性能指标的炸药。

1. 炸药的性能指标

（1）威力。代表炸药的作功能力，分别以爆力和猛度表示。前者又称静力威力，用定量炸药炸开规定尺寸铅柱体内空腔的容积（mL）来衡量，它表征炸药炸胀介质的能力；后者又称动力威力，用定量炸药炸塌规定尺寸铅柱体的高度（mm）来表示，它表征炸药粉碎介质的能力。

（2）敏感度。炸药在外界能量作用下激起爆轰的过程，称为炸药的起爆。炸药起爆的难易程度，称为炸药的敏感度。炸药的敏感度包括热感度、火焰感度、冲击感度、摩擦感度和爆轰感度等。炸药感度指标通过规定条件下的实验确定，该值对于指导炸药的安全生产、运输、储存和使用有重大参考作用。

（3）氧平衡。反映炸药含氧量和氧化反应程度的指标。常用工业炸药的分子式可表达为 $C_aH_bO_cN_d$（其中 a、b、c、d 为相应元素的原子数量），当炸药的含氧量恰好等于可燃物完全氧化所需要的含氧量，则生成无毒的 CO_2、H_2O 和 N_2，并释放大量热能，称零氧平衡。若含氧量大于需氧量，生成有毒的 NO 和 NO_2，并释放较少的热量，称正氧平衡。若含氧量不足，生成有毒的 CO，释放热量较正氧平衡大幅降低，称为负氧平衡。不难看出，从充分发挥炸药化学反应的放热能力和有利于安全的角度出发，炸药最好是零氧平衡。考虑到炸药包装材料燃烧的需氧量，炸药通常配制成微量的正氧平衡。

（4）安定性。炸药在长期储存中保持自身性质稳定不变的能力，包括物理安定性和化学安定性。

（5）殉爆距离。炸药药包的爆炸引起相邻药包起爆的最大距离。该指标表征炸药对爆轰的感度，是确定分段装药参数和盲炮处理等的基础。

（6）最佳密度。炸药能获得最大爆破效果时的密度。凡高于或低于此密度，爆破效果都会降低。

2. 常用的工业炸药

（1）TNT（三硝基甲苯）。是一种烈性炸药，呈黄色粉末或鱼鳞片状，难溶于水，可用于水下爆破。由于此炸药威力大，常用来做副起爆药。爆炸后呈负氧平衡，产生有毒的一氧化碳，不适用于地下工程爆破。

（2）胶质炸药（硝化甘油炸药）。是一种烈性炸药，色黄、可塑、威力大、密度大、抗水性强，可作副起爆药，也可用于水下和地下爆破工程。它的冻结温度高达13.2℃，结冻后，敏感度高，安全性差。随着硝铵类含水炸药的出现，该类炸药的使用日趋减少。

（3）铵油炸药。其主要成分是硝酸铵和柴油。为减少结块，可加入木粉。理论与实践表明，硝酸铵、柴油、木粉的配比以92∶4∶4最佳；当无木粉时，含油率以6%较好。铵油炸药成本低、使用安全、易于生产，但威力和敏感度较低。热加工拌和均匀的细粉状铵油炸药，可用8号雷管起爆；冷加工颗粒较粗、拌和较差的粗粉状铵油炸药需用中继药包方能起爆。铵油炸药的有效储存期仅为7～15d，一般在施工现场拌制。

（4）乳化炸药。这是以氧化剂（主要是硝酸铵）水溶液与油类经乳化而成的油包水型乳胶体作爆炸基质，再添加少量敏化剂、稳定剂等添加剂而成的一种乳脂状炸药。乳化炸药的爆速较高，且随药柱直径增大、炸药密度增大而提高。乳化炸药有抗水性能强，爆炸性能好，原材料来源广，加工工艺简单，生产使用安全和环境污染小等优点，是目前应用最广泛的工业炸药。乳化炸药的有效储存期为4～6个月。

（5）浆状炸药。这是以氧化剂的饱和水溶液、敏化剂及胶凝剂为基本成分的抗水硝铵类炸药。含有水溶性胶凝剂的浆状炸药又叫水胶炸药。具有抗水性强、密度高、爆炸威力较大、原料来源广和使用安全等优点，主要缺点是储存期短，主要用于岩性坚硬的露天有水深孔爆破中。

（6）铵梯炸药。其主要成分是硝酸铵加少量的TNT和木粉混合而成。调整三种成分的百分比，可制成不同性能的铵梯炸药。这种炸药敏感度低，使用安全；缺点是吸湿性强，易结块，使爆力和敏感度降低。铵梯炸药曾经是国内使用最广泛的炸药，过去我国将2号岩石铵梯炸药作为药量计算的标准炸药。其爆力为320mL，猛度为12mm，殉爆距离5cm。临界直径为18～20mm，处于最佳密度时直径为32～35mm的药卷爆速约3600m/s，储存有效期为6个月。由于该炸药含TNT引起环保问题，我国民爆行业已禁止生产和使用铵梯炸药。

在水利水电工程建设中，较常用的工业炸药为乳化炸药和铵油炸药。

（二）起爆器材

常用的起爆器材包括雷管、用来引爆雷管或传递爆轰波的各种材料。

1. 雷管

雷管是用来引爆炸药的器材，如图 2-1 所示。根据点火装置的不同，分为火雷管和电雷管。前者在帽孔前的插索腔内插入导火索点火引爆；后者由电气点火装置点火引爆正起爆药（雷汞或迭氮铅），再激发副起爆药产生爆轰。正起爆药外用金属加强帽封盖。电雷管有即发、秒延期和毫秒延期三种。秒延期雷管不同于即发雷管之处在于点火装置与加强帽之间多了一段缓燃剂，根据缓燃剂的长短控制延迟时间，国产的秒延雷管分 7 段，每段延迟时间为 1s。毫秒延迟电雷管的构造是在点火装置与加强帽间增设毫秒延迟药，国产毫秒延迟雷管有五个系列产品，其中第五系列被广泛运用，共计 20 段，最大延迟时间可达 2000ms。

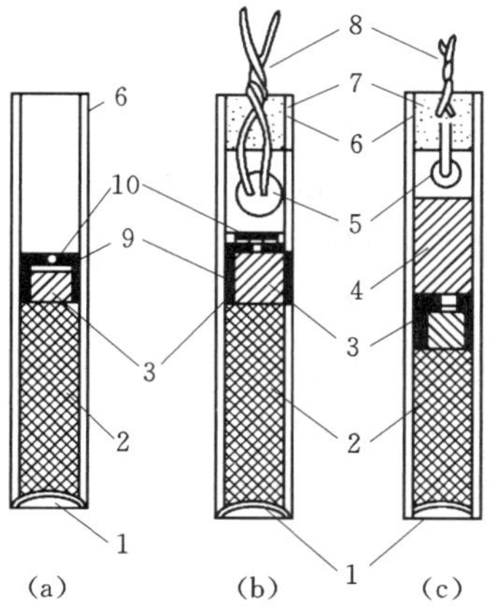

图 2-1　各种雷管的构造

(a) 火雷管；(b) 即发电雷管；(c) 延迟电雷管

1—聚能穴；2—副起爆药；3—正起爆药；4—缓燃剂；5—点火桥丝；6—雷管外壳；7—密封胶；8—脚线；9—加强帽；10—帽孔

电子雷管是采用具有电子延时功能的专用集成电路芯片实现精确延期的一种新型起爆器材。电子雷管按照输入能量不同可分为导爆管电子雷管和数码电子雷管，两类电子雷管的结构见图 2-2。电子雷管具有安全可靠、延期时间精度高、设定灵活等特点，是今后的发展方向。

电磁雷管在电雷管的基础上通过电磁感应产生的电能来激发雷管起爆。电磁雷管的结构与电雷管基本一致，只是雷管脚线与绕在环状磁芯上的线圈相连接，其结构见图 2-3。

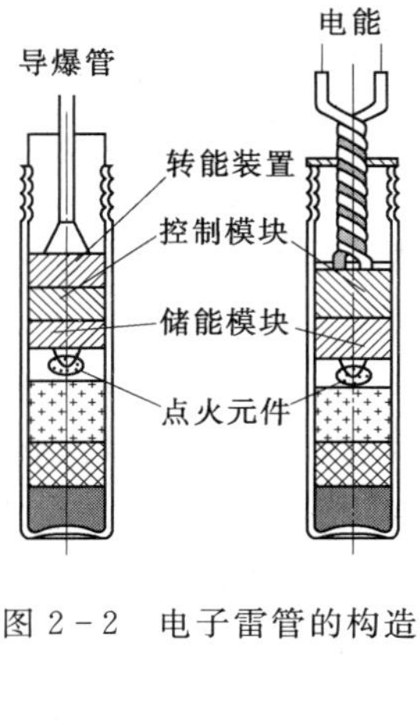

图 2-2　电子雷管的构造

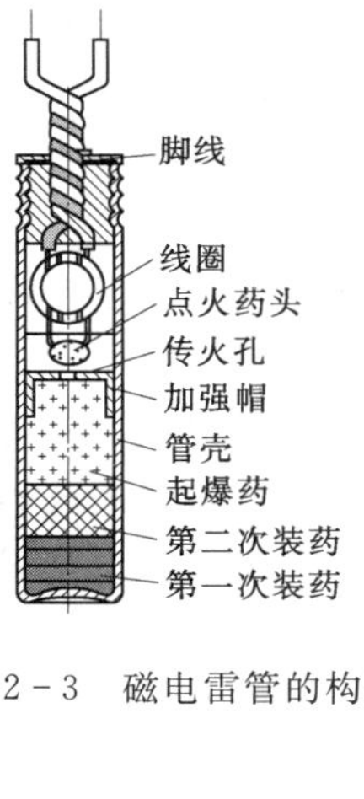

图 2-3　磁电雷管的构造

2. 导火索

导火索用来激发火雷管。索芯为黑火药，外壳用棉线、纸条和防水材料等缠绕和涂抹而成。按使用场合不同，导火索有普通型、防水型和安全型三种。使用最多的是每米燃烧时间为 100～125s 的普通导火索。

3. 导爆索

导爆索可分为安全导爆索和露天导爆索。水利水电工程常用的为露天导爆索。导爆索构造类似于导火索，但其药芯为黑索金，外表涂成红色，以示区别。普通导爆索的爆速一般不低于6500m/s，线装药密度为12～14g/m。合格的导爆索在0.5m深的水中浸泡24h后，其敏感度和传爆性能不变。

4. 导爆管

导爆管用于导爆管起爆网路中冲击波的传递，需用雷管引爆。它为一种聚乙烯空心软管，外径3mm，内径1.4mm，管内壁涂有以奥克托金或黑索金为主体的粉状炸药，线敷药密度为14～18mg/m。导爆管的传爆速度为1600～2000m/s。

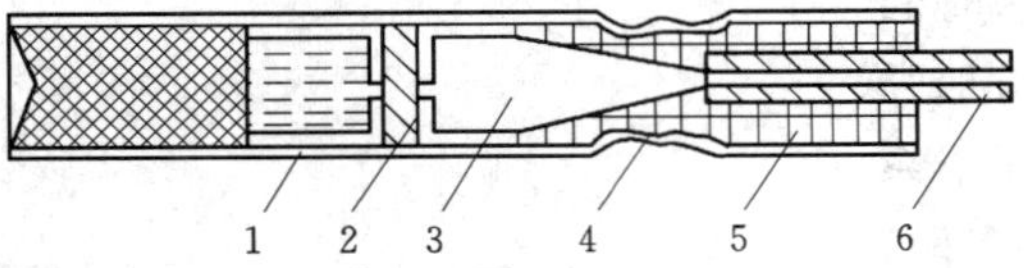

图2-4　导爆雷管构造示意图
1—火雷管；2—延迟药；3—消爆室；4—卡痕；5—卡口塞；6—导爆管

5. 导爆雷管

导爆雷管构造如图2-4所示。在火雷管前端加装消爆室后，再用塑料卡口塞与导爆管连接即成导爆雷管。消爆室的主要作用在于降低导爆管口泄出的高温气流压力，防止在火雷管发火前卡口塞破裂或脱开。导爆雷管也分即发、秒延迟和毫秒延迟三种。消爆室后无延迟药者为即发导爆雷管，有延迟药者为毫秒导爆雷管，秒延迟雷管与电雷管一样，其延迟时间也用精制导火索控制。

二、起爆方法和起爆网路

炸药的基本起爆方法包括火花起爆、电力起爆、导爆管起爆、导爆索起爆、电子雷管起爆和电磁雷管起爆等。不同的起爆方法，要求采用不同的起爆器材。无论对钻孔爆破还是洞室爆破，当采用群药包进行爆破时，为了达到增强爆破效果、控制爆破振动等目的，采用齐发、延迟，或组内齐发、组间延迟等起爆方式，这就要求用起爆材料将各药包联接成既可统一赋能起爆、又能控制各药包起爆延期时间的网路，即爆破网路。

1. 起爆方法

常用的起爆方法包括电力起爆和非电起爆两大类，后者又包括火花起爆、导爆管起爆和导爆索起爆。

（1）火花起爆。用导火索和火雷管引爆炸药。将剪截好的导火索插入火雷管插索腔内，制成起爆雷管，再将其插入药卷内成为起爆药卷，而后将起爆药卷放入药包内。导火索一般可用点火线、点火棒或自制导火索点火。导火索长度应保证点火人员安全撤离，且不短于1.2m。火花起爆是最早使用的起爆方法，由于受到安全性、爆破规模及爆破延迟时间等方面的限制，目前在民爆工程中已禁止使用火花起爆。

（2）电力起爆。电力起爆是电源通过电线输送电能激发电雷管，继而起爆炸药的方法。电力起爆网路中的电线按其部位可分为端线、联接线、区域线和主线。专用的电容式起爆器、照明或者动力线路，只要能满足功率和电流强度要求，均可作起爆电源。

（3）导爆管起爆。导爆管起爆首先通过冲击激发源（工程上一般采用雷管）轴向激发导爆管，并在管内形成稳定传播的爆轰波，该爆轰波及高温爆轰产物流导致导爆管末端的雷管起爆进而引起药卷的起爆。

(4) 导爆索起爆。在导爆索起爆网路中，导爆索既传递爆轰波，又直接起爆炸药。首先用雷管侧向起爆导爆索，而后导爆索再侧向起爆药卷。

(5) 电子雷管起爆。导爆管电子雷管的初始激发能量来自于外部导爆管的冲击波，由换能装置把冲击波转换为电子雷管的电能，从而启动电子雷管的延期操作后起爆雷管，进而引爆炸药；数码电子雷管的初始激发能量由外电源提供，通过加载在脚线上的指令（写入延期时间、检测、充电、启动延期等）执行电子雷管的操作控制，实现雷管和炸药的起爆。

(6) 电磁雷管起爆。采用专用的高频起爆器，通过单芯连接导线向磁电雷管输送高频电流，在磁电雷管的磁芯内产生同频电动势而使雷管起爆，进而引起药卷的起爆。

2. 起爆网路

工程爆破中采用的起爆网路按起爆方法可分为电力起爆网路、导爆管起爆网路、导爆索起爆网路、电子雷管起爆网路和混合起爆网路等。电力起爆与导爆管起爆均可以对群药包一次赋能起爆，并根据工程要求，达到准爆、齐爆或微差起爆的目的。电力起爆网路的准爆性可进行检查，但该起爆网路需防外电场的干扰；导爆管起爆网路不受外电场干扰，比较安全，但其准爆性无法检查。导爆索起爆由于无需用雷管，故其安全性最高，导爆索的传爆速度快，网路齐爆性好，其缺点是网路成本高，准爆性无法检查，噪声大，目前该种网路主要用于光面爆破和预裂爆破等齐爆性要求高的网路。电子雷管起爆网路中的电子雷管通过集成电路取代传统延期药，实现了精确延期，有利于改善爆破效果和控制爆破效应。

(1) 电力起爆网路。电力起爆网路的基本形式为串联法和并联法，如图 2-5 (a)、(b) 所示。

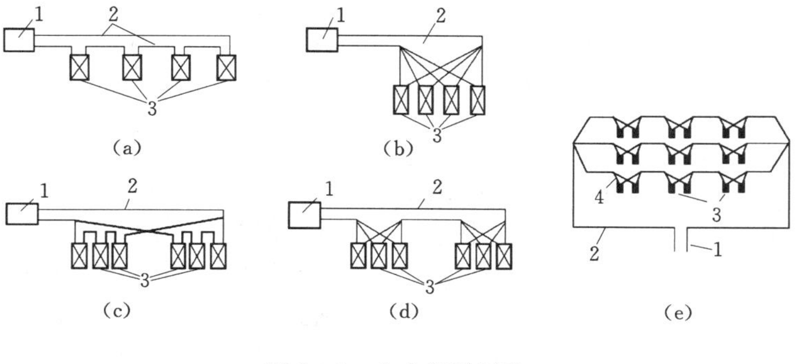

图 2-5 电力起爆网路

(a) 串联法；(b) 并联法；(c) 串并联法；(d) 并串联法；(e) 并串并联法
1—电源；2—网路干线；3—药包；4—网路支线

串联法的优点是施工操作简单，要求的电压大而电流小，导线损耗小，网路检测容易；缺点是只要有一处脚线或雷管断路，整个网路的雷管将都拒爆。

并联法的优点是只要主线不断损，各支路的故障不会影响其他支路；缺点是要求较大的网路总电流，导线损耗大。

在工程爆破中，单纯的串联或并联网路只适用于小规模爆破。为了准爆和减少电线消耗，施工中多采用混合联接网路，如串并联或并串联网路，见图 2-5（c）、(d)。对于分段起爆的网路，若各段分别采用即发或某一延迟雷管时，则宜采用并-串-并联网路，如图 2-5（e）所示。

（2）导爆管起爆网路。导爆管起爆网路的选择应考虑导爆管长度、药包数量、炮孔间距、雷管段别和延迟方法等诸多因素，其基本型式如图 2-6 所示。如隧洞开挖，采用孔内微差，当药包数量不多或一次爆破面积不很大时，往往选用簇并联网路，见图 2-6（a）；当药包数量很多，或开挖断面积很大时，可采用并并联网路，见图 2-6（b）；对狭长爆区，可采用串并联，见图 2-6（c）；大面积爆区则采用分段并串联，见图 2-6（d）。

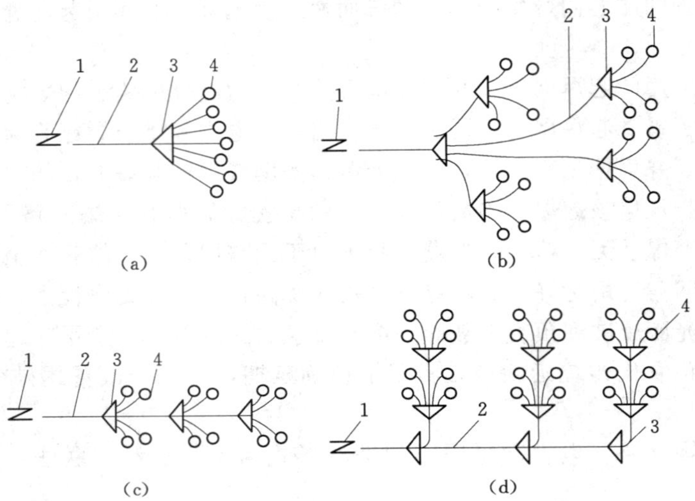

图 2-6 导爆管起爆网路

(a) 簇并联；(b) 并并联；(c) 串并联；(d) 分段并串联

1—激发源；2—导爆管；3—导爆雷管；4—炮孔

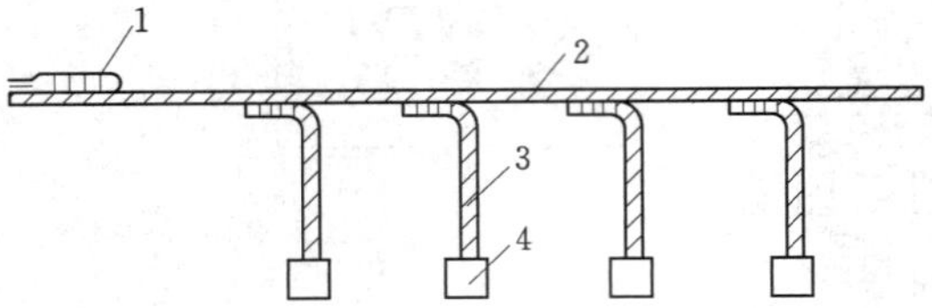

图 2-7 导爆索分段并联网路

1—起爆雷管；2—主干索；3—支索；4—药包

（3）导爆索起爆网路。基本的联接方式有分段并联和簇并联网路，图 2-7 为分段并联网路示意图。

（4）电子雷管起爆网路。电子雷管起爆网路采用专用起爆控制系统，系统由主、从起爆控制器两部分构成，如图 2-8 所示。

（5）混合起爆网路。大型起爆网路中可以同时使用电雷管、导爆管雷管、电子雷管和导爆索组成的混合起爆网路。混合网路中导爆索与雷管、导爆管和电线之间应留有足够的安全距离。

（6）延迟起爆网路。施工中为了增强爆破破碎效果和控制爆破振动强度，往往需要采用各种延迟起爆网路。延迟起爆网路一般有三种基本型式，即孔内延迟网路、孔外延迟网路和孔内外延迟网路，如图 2-9 所示。

图 2－9（a）为孔内延迟网路，钻孔内药包按设计的起爆顺序放入相应段别的延迟雷管，孔外传爆则全部采用即发雷管。此种网路的准爆可靠度最高，但要求有足够的雷管段别。

图 2－9（b）为孔外延迟网路，网路的起爆顺序由传爆雷管的段别控制，而孔内雷管则全部采用即发雷管。此种网路联接方便，网路成本低，但容易产生网路的超前破坏。

孔内外延迟网路，如图 2－9（c）所示，是在孔内和孔（排）间均采用延迟雷管，适合于大规模爆破网路。

（7）其他起爆网路。针对围堰、岩坎等大规模的拆除爆破工程，目前一般采用准爆率高的塑料导爆管毫秒雷管双复式交叉接力网路；对于需要严格控制爆破破碎块度或振动损伤影响范围的深孔台阶爆破和水工建筑物基础保护层开挖，孔间微差顺序起爆网路得到了广泛运用。

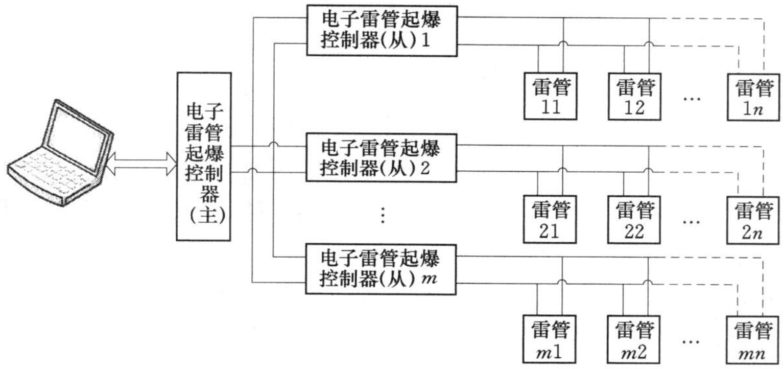

图 2－8　电子雷管起爆网路

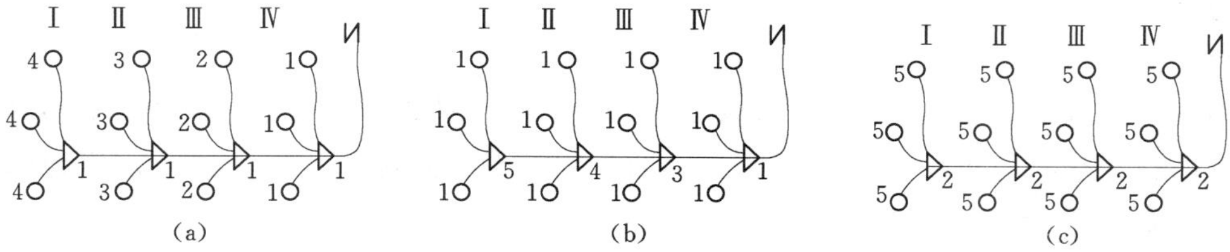

图 2－9　延迟起爆网路

（a）孔内延迟；（b）孔外延迟；（c）孔内外延迟

Ⅰ，Ⅱ，Ⅲ，Ⅳ—炮孔排号；1，2，…，5—雷管段别

第二节　爆破的基本原理及药量计算

一、爆破机理

岩土介质的爆破破碎是炸药爆轰产生的冲击波的动态作用和爆轰气体准静态作用的联合作用结果。炸药爆轰后，在瞬间（约十万分之一秒）产生高温高压气体，对相邻介质产生极大的冲击作用，并以冲击波的形式向四周传播能量。

当爆破在无限均匀的理想介质中进行时，爆炸能量将以药包中心为球心，呈同心球向四周传播。此时，爆破作用的最终影响范围通常可划分为如图 2-10 所示的粉碎圈、破碎圈和振动圈。

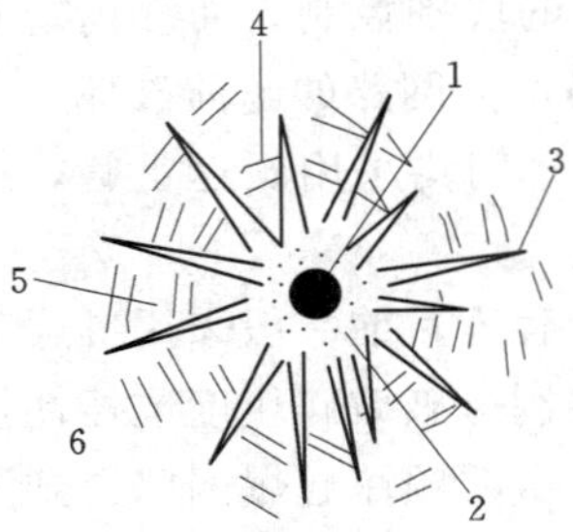

图 2-10　无限介质中的爆破作用

1—药包；2—粉碎（压缩）圈；3—径向裂缝；4—环向裂缝；5—破碎圈；6—振动圈

炮孔内的炸药爆轰后，气体产物温度高达 2500℃以上，作用在药室壁面的初始压力达数千至 1 万多兆帕，冲击压力远高于介质的动抗压强度，致使药包附近的介质粉碎（硬岩）或压缩（软岩、土），形成粉碎（压缩）区。粉碎区介质消耗了冲击波很大一部分能量，致使冲击波迅速衰减为应力波。粉碎区范围很小，其半径约为药包半径的 2～3 倍。

粉碎区外紧接破碎区。在破碎区内，应力波引起的介质径向压缩导致环向拉伸。由于岩石的抗拉强度只有抗压强度的 1/8～1/16 左右，所以环向拉应力很容易超过岩石的抗拉强度而产生径向裂隙。径向裂隙与粉碎区连通后，高压爆生气体呈尖劈之势渗入裂隙并驱动其进一步扩展。岩石中，径向裂隙一般可延伸到 8～10 倍药包半径处。

应力波通过后，破碎区岩石应力释放，产生与原压应力方向相反的拉伸应力而导致环向裂隙的产生。径向裂隙和环向裂隙相互交叉、贯通，越近粉碎区，裂隙间距越小，破碎区中的岩石被纵横交错的裂隙切割成碎块。

破碎区以外，应力波的准静态应力场都不能再引起岩体破坏，只能引起弹性变形。实际上，破碎区之外，应力波已衰减为地震波，统称弹性振动区。

以上各圈只是为说明爆破作用而划分的，并无明显界限，其作用半径的大小与炸药特性和用量、药包结构、起爆方式以及介质特性等密切相关。无限介质中的药包也称内部作用药包。

二、爆破漏斗

当爆破在有临空面的半无限介质表面附近进行时，若药包的爆破作用使部分破碎介质具有抛向临空面的能量时，往往形成一个倒立圆锥形的爆破坑，形如漏斗，称为爆破漏斗，如图 2-11 所示。

爆破漏斗的几何特征参数有：药包中心至临空面的最短距离，即最小抵抗线 W，爆破漏斗底半径 r，爆破破坏半径 R，可见漏斗深度 P 和抛掷距离 L。爆破漏斗的几何特征反映了药包重量和埋深的关系，反映了爆破作用的影响范围。

系数$\frac{r}{W}$称为爆破作用指数，用 n 表示。爆破作用指数能反映爆破漏斗的几何特征，它是爆破设计中最重要的参数。工程应用中，通常根据 n 值的大小对爆破进行分类。

（1）当 $n=1$ 即 $r=W$ 时，称为标准抛掷爆破。

（2）当 $n>1$ 即 $r>W$ 时，称为加强抛掷爆破。

（3）当 $0.75\leqslant n<1$ 时，称为减弱抛掷爆破。

（4）当 $n<0.75$ 时，称为松动爆破。

松动爆破无岩块抛掷，漏斗半径范围内可见岩石破碎后的鼓胀现象。抛掷爆破中，破碎后的岩块部分抛掷于漏斗半径以外，抛起的部分渣料回落到漏斗坑内，形成可见漏斗，其深度 P 称为可见漏斗深度，可按下式计算：

$$P=CW(2n-1) \tag{2-1}$$

式中：C 为介质系数，对岩石 $C=0.33$，对黏土 $C=0.4$。

抛掷堆积体距药包中心的最大距离 L 称为抛掷距离，可按下式计算：

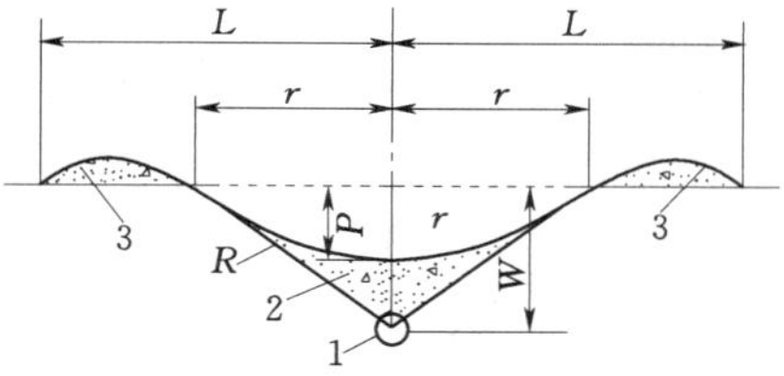

图 2-11　爆破漏斗示意图

1—药包；2—碎渣填充体；3—坑外堆积体

$$L=5nW \tag{2-2}$$

三、药包种类和装药量计算的基本方法

装药量是工程爆破设计中的重要参数，其计算方法随药包类型的不同而不同，而且与岩性、炸药品种、爆破方法和临空面条件等因素有关。

在爆破实践中，人们通常按照形状将爆破所用药包分为集中药包和延长药包。若药包的长边和短边的长度分别为 L 和 a，当 $L/a \leqslant 4$ 时，为集中药包；当 $L/a > 4$ 时，为延长药包。

对单个集中药包，其装药量计算公式为

$$Q=KW^3 f(n) \tag{2-3}$$

式中：K 为规定条件下的标准抛掷爆破的单位耗药量，kg/m^3；W 为最小抵抗线，m；$f(n)$为爆破作用指数函数。

标准抛掷爆破：$f(n)=1$；

加强抛掷爆破：$f(n)=0.4+0.6n^3$；

减弱抛掷爆破：$f(n)=\left(\dfrac{4+3n}{7}\right)^3$；

松动爆破：$f(n)=n^3$。

对钻孔爆破，一般采用延长药包，其药量计算公式为

$$Q=qV \tag{2-4}$$

式中：q 为钻孔爆破条件下的单位耗药量，kg/m^3；V 为钻孔爆破所需爆落的方量，m^3。

必须指出，式（2-4）中的 q 与单个集中药包中的 K 值是有区别的。钻孔爆破在考虑爆落体积时，不仅计入了爆破漏斗内的介质体积，而且包括相邻漏斗间由于群药包的共同作用所爆落的体积。因此，钻孔爆破中的 q 值是一次群药包爆破总药量与总爆落方量之比值。

在确定单位耗药量的试验中若采用非标准炸药，尚须用炸药换算系数 e 对确定的单位耗药量进行修正。我国以 2 号岩石铵梯炸药作为标准炸药，其爆力 $B_0=320mL$，猛度 $M_0=12mm$。若实际使用的非标准炸药的爆力和猛度分别为 B 和 M，则实际单耗应为标准炸药单耗与炸药换算系数 e 之乘积，e 的值为

$$e=\frac{B_0}{B} \tag{2-5}$$

$$e=\frac{1}{2}\left(\frac{B_0}{B}+\frac{M_0}{M}\right) \tag{2-6}$$

第三节 爆破的基本方法

工程爆破的基本方法按照药室的形状不同主要可分为钻孔爆破和洞室爆破两大类。爆破方法的选用取决于工程规模、开挖强度和施工条件。另外，在岩体的开挖轮廓线上，为了获得平整的轮廓面、控制超欠挖和减少爆破对保留岩体的损伤，通常采用预裂或光面爆破等轮廓爆破技术。

一、钻孔爆破

根据孔径的大小和钻孔的深度，钻孔爆破又分浅孔爆破和深孔爆破。前者孔径小于75mm，孔深小于5m；后者孔径大于75mm，孔深超过5m。浅孔爆破有利于控制开挖面的形状和规格，使用的钻孔机具较简单，操作方便；缺点是劳动生产率较低，无法适应大规模爆破的需要。浅孔爆破大量应用于地下工程开挖、露天工程的中小型料场开采、水工建筑物基础分层开挖以及城市建筑物的控制爆破。深孔爆破则恰好弥补了前者的缺点，适用于料场和基坑的大规模、高强度开挖。

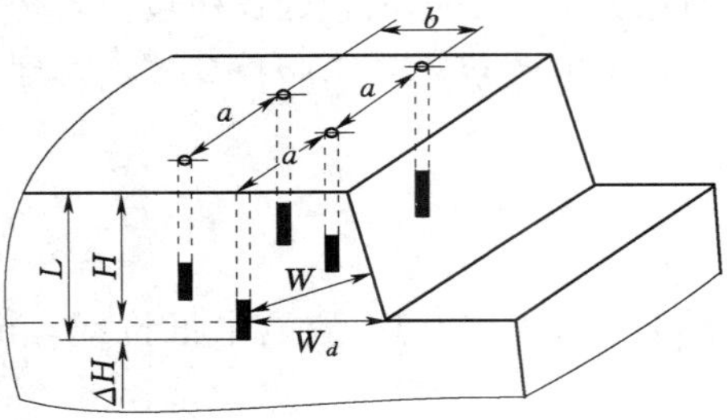

图2-12 钻孔台阶爆破炮孔布置示意图

无论是浅孔还是深孔爆破，施工中均须形成台阶状以合理布置炮孔，充分利用天然临空面或创造更多的临空面。这样不仅有利于提高爆破效果，降低成本，也便于组织钻孔、装药、爆破和出渣的平行流水作业，避免干扰，加快进度。布孔时，宜使炮孔与岩石层面和节理面正交，不宜穿过与地面贯穿的裂缝，以防止爆生气体从裂缝中逸出，影响爆破效果。深孔爆破布孔尚应考虑不同性能挖掘机对掌子面的要求。钻孔爆破的炮孔布置如图2-12所示。

（一）浅孔爆破

1. 炮孔布置参数

开挖过程中宜根据开挖范围、开挖深度和钻孔长度分成数级台阶施工。每级台阶沿长度方向可分成数个工作段，沿宽度方向则可布置多排炮孔，但一般不宜超过3～4排。炮孔在平面上一般采用矩形或梅花形布置；同排相邻炮孔的中心距离称为孔距，相邻两排炮孔间的中线距离称为排距。炮孔布置的主要参数如下。

（1）最小抵抗线 W：

$$W=K_{\omega}d \qquad (2-7)$$

式中：K_{ω} 为岩质系数，一般取15～30，坚硬岩石取小值，松软岩石取大值；d 为钻孔直径，mm。

（2）台阶高度 H：台阶高度必须大于最小抵抗线，以防止冲天炮；同时炮孔深度也不能太大以防止炮孔药量分布不均。为兼顾爆破效果和生产率两方面，台阶高度可按下式确定：

$$H=(1.2\sim2.0)W \qquad (2-8)$$

（3）炮孔深度 L：炮孔深度应保证爆破后形成的新台阶面达到设计高程，既不超挖也不欠挖。

$$L=(0.85\sim1.15)H \tag{2-9}$$

对坚硬岩石，式（2－9）中系数取大值，松软岩石取小值。

（4）孔距 a 和排距 b：合理的孔距和排距是保证形成平整的新台阶面及爆后岩块均匀的前提。一般有：

$$a=(1.0\sim2.0)W \tag{2-10}$$

$$b=(0.8\sim1.0)W \tag{2-11}$$

（5）堵塞长度 L_1：浅孔台阶爆破多采用连续装药，装药长度应控制在孔长的 1/2～1/3 范围，因此孔口堵塞长度一般不小于孔长的一半。

2. 装药量计算

浅孔爆破药量按延长药包计算，单孔药量为

$$Q=qaWH \tag{2-12}$$

式中：q 为浅孔台阶爆破单耗，一般为 0.2～0.6kg/m^3，可按照岩性不同从有关资料中选取。

3. 起爆网路

浅孔台阶爆破一般采用电力起爆或导爆管起爆网路，进行毫秒延迟起爆。常用的毫秒延迟起爆方法包括逐排起爆和 V 形起爆，如图 2－13 所示。

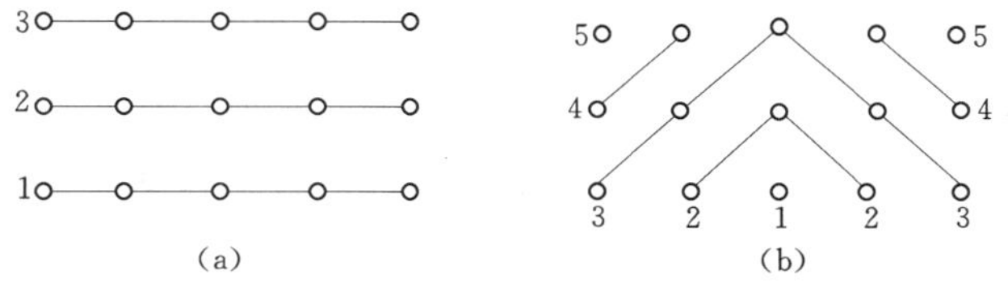

图 2－13　台阶爆破的微差间隔起爆方式

（a）逐排起爆；（b）V 形起爆

1，2，…，5—雷管段别

（二）深孔爆破

深孔台阶爆破的钻孔分为垂直孔和倾斜孔。倾斜孔的优点是由于炮孔与临空面平行，使得爆破过程全孔所受的抗力均匀，爆后岩块均匀，底部残埂少，爆堆形状易于控制，有利于提高出渣装载机的效率；同时保持一定的台阶坡面角，也有利于保持坡面的稳定。其缺点是倾斜孔钻孔技术要求高，钻孔效率低，装药过程易堵孔。

深孔台阶爆破的炮孔布置与参数选择的原则与浅孔爆破类似。

1. 炮孔布置参数

（1）台阶高度 H：台阶高度 H 是深孔爆破设计的重要参数。H 值的选取应综合考虑地质与岩性，开挖强度与进度要求，钻孔、装渣和运输设备的性能及合理配套等条件。我国水利水电工程基坑开挖中采用的深孔爆破台阶高度一般为 6～16m，以 8～12m 居多。

（2）钻孔直径 d：在水工建筑物基础开挖中，钻孔直径一般不超过 150mm；在临近建基面、设计边坡轮廓处，孔径一般不大于 110mm。

(3) 底盘抵抗线 W_d：在深孔爆破中，不用最小抵抗线而采用底盘抵抗线。底盘抵抗线是指炮孔中心线至台阶坡脚的水平距离，如图 2-12 所示。

$$W_d = HD\eta \frac{d}{150} \tag{2-13}$$

式中：D 为岩石硬度影响系数，一般取 0.46～0.56，硬岩取小值，软岩取大值；η 为台阶高度影响系数，参见表 2-1 确定。

表 2-1　　高度影响系数 η 的确定

H/m	10	12	15	17	20	22	25	27	30
η	1.0	0.85	0.74	0.67	0.60	0.56	0.52	0.47	0.42

(4) 超钻深度 ΔH：超钻的作用在于克服底盘阻力，避免残埂，获得符合设计标高且较平整的底盘。超深可按下式确定：

$$\Delta H = (0.15 \sim 0.35) W_d \tag{2-14}$$

式 (2-14) 中的系数在台阶高度大、岩石坚硬时取大值。

(5) 孔长 L：

$$L = \frac{H + \Delta H}{\sin\alpha} \tag{2-15}$$

式中：α 为钻孔倾斜角，一般与台阶坡面角相同，对于垂直钻孔，$\alpha = 90°$。

(6) 孔距 a 和排距 b：合理的孔距和排距是保证形成平整的新台阶面及爆后岩块均匀的前提。一般有

$$a = (1.0 \sim 2.0) W_d \tag{2-16}$$

$$b = (0.8 \sim 1.0) W_d \tag{2-17}$$

(7)堵塞长度 L_1：深孔台阶爆破的堵塞长度可参考下式综合确定：

$$L_1 \geqslant 0.75 W_d \tag{2-18}$$

$$L_1 = (20 \sim 30) d \tag{2-19}$$

$$L_1 = (0.2 \sim 0.4) L \tag{2-20}$$

2. 装药量计算

前排炮孔的单孔药量为

$$Q = qaW_dH \tag{2-21}$$

后排炮孔的单孔药量为

$$Q = qabH \tag{2-22}$$

式中：q 为深孔台阶爆破单耗，q 的大体范围为：软岩 0.15～0.3kg/m^3，中硬岩 0.3～0.45kg/m^3，硬岩 0.45～0.6kg/m^3。

实际运用中，无论是深孔爆破还是浅孔爆破，最终确定的装药量必须满足药量平衡原理。即每个炮孔爆除其所承担的一定体积岩石所需的药量，必须与最佳堵塞条件下孔内所装入的药量相等。

3. 改善深孔爆破效果的技术措施

一般开挖爆破要求岩块均匀，大块率低；形成的台阶面平整，不留残埂；较高的钻孔延米爆落量和较低的炸药单耗。改善深孔爆破效果的主要措施有以下几个方面。

（1）合理利用或创造人工自由面。实践证明，充分利用多面临空的地形，或人工创造多面临空的自由面，有利于降低爆破单位耗药量。适当增加梯段高度或采用斜孔爆破，均有利于提高爆破效率。斜孔爆破后边坡稳定，块度均匀，还有利于提高装渣效率。

（2）改善装药结构。深孔爆破多采用单一炸药的连续装药，且药包往往处于底部、孔口不装药段较长，导致大块的产生。采用分段装药虽增加了一定施工难度，但可有效降低大块率；采用混合装药方式，即在孔底装高威力炸药、上部装普通炸药，有利于减少超钻深度；在国内外矿山部门采用的空气间隔装药爆破技术也证明是一种改善爆破破碎效果、提高爆炸能量利用率的有效方法。

（3）优化起爆网路。优化起爆网路对提高爆破效果，减轻爆破振动危害起着十分重要的作用。选择合理的起爆顺序和微差间隔时间对于增加药包爆破自由面，促使爆破岩块相互撞击以减小块度，防止爆破公害具有十分重要的作用。

（4）采用微差挤压爆破。微差挤压爆破是指爆破工作面前留有渣堆的毫秒延时爆破。由于留有渣堆，从而促使爆岩在运动过程中相互碰撞，前后挤压，获得进一步破碎，改善了爆破效果。微差挤压爆破可用于料场开挖及工作面小、开挖区狭长的场合，如溢洪道、渠道开挖等。它可以使钻孔和出渣作业互不干扰，平行连续作业，从而提高工作效率。

（5）保证堵塞长度和堵塞质量。实践证明，当其他条件相同时，堵塞良好的爆破效果及能量利用率较堵塞不良的场合可以大幅提高。

二、洞室爆破

洞室爆破又称大爆破，其药室是专门开挖的洞室。药室用平洞或竖井相连，装药后按要求将平洞或竖井堵塞，如图 2-14 所示。

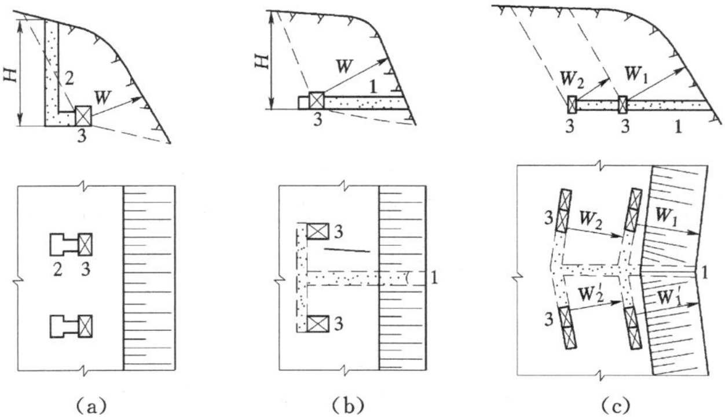

图 2-14　洞室爆破洞室布置示意图

(a) 竖井布置；(b) 平洞布置；(c) 条形药包布置

1—平洞；2—竖井；3—药室

洞室爆破大体上可分为松动爆破、抛掷爆破和定向爆破。定向爆破是抛掷爆破的一种特殊形式，它不仅要求岩土破碎、松动，而且应使抛掷堆积成具有一定形状和尺寸的堆积体。

（一）洞室爆破的特点及适用条件

洞室爆破具有下列特点：一次爆落方量大，有利于加快施工进度；需要的凿岩机械设备简单；节省劳动力，爆破效率高；导洞、药室的开挖受气候影响小，但开挖条件差；爆破后块度不均，大块率高；爆破振动、空气冲击波等爆破公害严重。

洞室爆破适用于下列条件：挖方量大而集中，并需在短期内发挥效益的工程；山势陡峻，不利于钻孔爆破安全施工的场合。

在水利水电工程施工中，当地质、地形条件满足要求时，洞室爆破可用于定向爆破筑坝、面板堆石坝次堆料区料场开挖以及定向爆破截流。

（二）药包布置与爆破参数确定

1. 药包布置

为达到良好的爆破效果，需要根据地形地质条件和工程要求，一般按照“排、列、层”的立体格局布置群药包。早期的洞室爆破多用集中药包，现在洞室爆破广泛应用条形药包。

当山脊窄而陡时，先在山脊的正下方布置主药包，然后在其上部或两侧布置辅助药包，见图 2-15（a）；当山脊较平缓厚实时，可在山脊下布置两排对称的主药包，再围绕主药包布置辅助药包，见图 2-15（b）；对平顶山地形，宜布置梅花形分布的集中药包或平行分布条形药包，边缘部位根据要求布置抛掷药包或辅助药包，如图 2-15（c）所示。

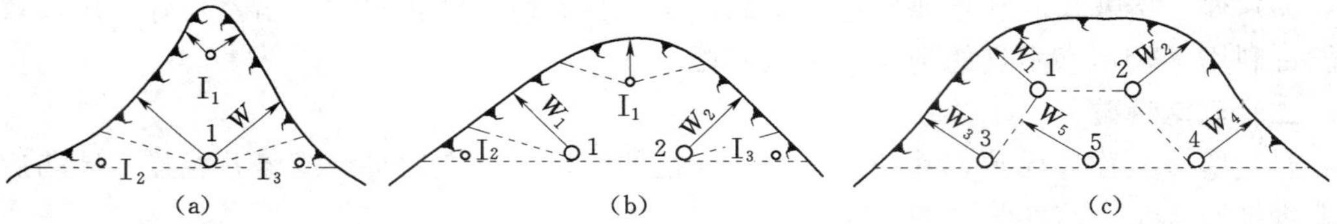

图 2-15 洞室爆破药包布置示意图

1，2，…，5—主药包；I_1，I_2，I_3—辅助药包；

W，W_1，W_2，…，W_5—最小抵抗线

当有大断层穿过爆区时，为避免在断层中或离断层很近的地方开挖药室，可先布置对称于断层的药包，再布置其他药包；对需考虑控制爆破振动效应的坝肩或路堑边坡附近的爆破，必须设计好保护边坡的措施和预留保护层的范围，对邻近边坡面的药包应优先考虑不耦合装药的条形药包。

2. 爆破参数

洞室爆破中，最小抵抗线 W 和爆破作用指数 n 值共同决定了爆落方量与抛掷率、抛掷距离和爆堆分布状况。W 和 n 是决定爆破规模的两个最基本参数，设计中对这两个参数的选取应一并考虑。

（1）最小抵抗线长度 W。确定最小抵抗线是洞室爆破设计的核心。最小抵抗线的方向和大小主要取决于抛掷方向和抛距的要求，同时应满足爆落和抛掷方量的需要。当采用双排药包时，前排药包的最小抵抗线应为后排最小抵抗线的 0.5～0.8 倍。W 与药包埋深

H 之比 W/H 应在 0.6～0.8 间选取。

当在双面临空布置单药包或单层药包时，应使两侧的最小抵抗线 W_1 和 W_2 满足以下关系：

集中药包 $$W_1^3 f(n_1)=W_2^3 f(n_2) \tag{2-23}$$

条形药包 $$W_1^2 f(n_1)=W_2^2 f(n_2) \tag{2-24}$$

（2）爆破作用指数 n。n 的选择主要根据爆破类型（松动爆破或抛掷爆破）和地形条件（多面临空、斜坡地形或平地等）确定，n 值一般采用 0.7～1.75。若采用双排或双层布药，上层和前排药包应适当增大 n 值，同时后排和下层的 n 值应比前排和上层的 n 值大 0.15～0.25。

（3）药包的水平间距 a 和层间或垂直间距 b。a 和 b 应分别满足如下关系：

$$0.5W(n+1)\leqslant a\leqslant nW \tag{2-25}$$

$$nW\leqslant b\leqslant W\sqrt{1+n^2} \tag{2-26}$$

式中：W 为相邻药包最小抵抗线的平均值，m；n 为相邻药包爆破作用指数的平均值。

3. 装药量计算

（1）集中药包。

抛掷爆破 $$Q=(0.4+0.6n^2)KW^3 \tag{2-27}$$

松动爆破 $$Q=(0.33\sim0.55)KW^3 \tag{2-28}$$

（2）条形药包。条形药包的装药量通常以线装药密度 Q' 表示，其装药量计算以集中药包的药量计算公式为基础，通常只是将用集中药包药量计算公式算出的药量均匀分布于条形药包间距上：

$$Q'=\frac{Q}{a} \tag{2-29}$$

4. 施工要点

（1）药室与导洞布置。集中药包的药室体积 V 按下式计算：

$$V=K_V\frac{Q}{\Delta} \tag{2-30}$$

式中：K_V 为药室扩大系数，当药室无支护时，取 1.1～1.25，散装取小值，袋装取大值，有支护时取 1.5～1.8；Δ 为炸药密实度，kg/m^3。

集中药包药室多为正方形和长方形。对于大药包，为保证围岩稳定，可采用 T 形、“十”字形或“回”字形布置。

条形药包可利用与自由面平行的平洞装药，无需开挖专门药室。一般采用不耦合装药，不耦合系数即药室断面积与药包断面积比一般为 2～10。

导洞布置既要保证爆破效果，又要考虑施工方便和减少开挖工程量的要求。为方便出渣、通风和排水，导洞一般采用平洞。

（2）装药堵塞。药室开挖完毕并经验收后方可进行装药。装药时，导洞和药室应采用

36V的低压电灯照明。装药前应对洞室内的松石进行处理，并做好排水和防潮工作。装药的程序是先在药室四周装填选用的炸药，再放置猛度较高、性能稳定的炸药，最后在中部放置起爆体。起爆体重20～25kg，内装有敏感性高、传爆速度快的烈性起爆炸药，其中安放有起爆雷管组或导爆索。起爆药量通常为总装药量的1%～2%。

堵塞时，先用木板封闭药室，再用黏土填塞3～5m，最后用石渣料堵塞。总的堵塞长度一般不应小于最小抵抗线长度的1.2～1.5倍。对T型导洞可适当缩小堵塞长度。

(3) 起爆网路。洞室爆破中常采用的起爆网路有双重电爆网路、电爆与导爆索网路。在多雷地区则多采用双重导爆索网路、非电导爆管起爆网路等。几十年来，最广泛使用的仍是电爆网路和电爆与导爆索相结合的复式网路，这是因为洞室爆破的起爆网路要求万无一失，而只有电爆网路能用仪表检查。

三、预裂爆破和光面爆破

为保证保留岩体按设计轮廓面成型并防止围岩破坏，须采用轮廓控制爆破技术。常用的轮廓控制爆破技术包括预裂爆破和光面爆破。所谓预裂爆破，就是首先起爆布置在设计轮廓线上的预裂爆破孔药包，形成一条沿设计轮廓线贯穿的裂缝，再在该人工裂缝的屏蔽下进行主体开挖部位的爆破，保证保留岩体免遭破坏；光面爆破是先爆除主体开挖部位的岩体，然后再起爆布置在设计轮廓线上的周边孔药包，将光爆层炸除，形成一个平整的开挖面。

预裂爆破和光面爆破在水利水电工程岩体开挖中获得了广泛应用。通常，对坝基和边坡开挖，选用预裂爆破和光面爆破的开挖效果差别不大；对地下洞室开挖，光面爆破用得更多；而对高地应力区的地下洞室或者强约束条件下的岩体开挖，光面爆破的效果更好。

（一）成缝机理

预裂爆破和光面爆破都要求沿设计轮廓产生规整的爆生裂缝面，两者成缝机理基本一致。现以预裂缝为例论述它们的成缝机理。

预裂爆破采用不耦合装药结构，其特征是药包和孔壁间有环状空气间隔层，该空气间隔层的存在削减了作用在孔壁上的爆炸压力峰值。因为岩石动抗压强度远大于抗拉强度，因此可以控制削减后的爆压不致使孔壁产生明显的压缩破坏，但切向拉应力能使炮孔四周产生径向裂纹。加之孔与孔间彼此的聚能作用，使孔间连线产生应力集中，孔壁连线上的初始裂纹进一步发展，而滞后的高压气体的准静态作用，使沿缝产生气刃劈裂作用，使周边孔间连线上的裂纹全部贯通成缝。

（二）质量控制标准

(1) 开挖壁面岩石的完整性用岩壁上炮孔痕迹率来衡量，炮孔痕迹率也称半孔率，为开挖壁面上的炮孔痕迹总长与炮孔总长的百分比率。在水电部门，对节理裂隙极发育的岩体，一般要求炮孔痕迹率达到10%～50%；节理裂隙中等发育者应达50%～80%；节理裂隙不发育者应达80%以上。围岩壁面不应有明显的爆生裂隙。

(2) 围岩壁面不平整度（又称起伏差）的允许值为±15cm。

(3) 在临空面上，预裂缝宽度一般不宜小于1cm。实践表明，对软岩（如葛洲坝工程的粉砂岩），预裂缝宽度可达2cm以上，而且只有达到2cm以上时，才能起到有效的隔震作用；但对坚硬岩石，预裂缝宽度难以达到1cm。东江工程的花岗岩预裂缝宽仅0.6cm，仍可起到有效隔震作用。地下工程预裂缝宽度比露天工程小得多，一般仅达 0.3～0.5cm。因此，预裂缝的宽度标准与岩性及工程部位有关，应通过现场试验最终确定。

影响轮廓爆破质量的因素，除爆破参数外，主要依赖于地质条件和钻孔精度。这是因为爆生裂缝极易沿岩体原生裂隙、节理发展，而钻孔精度则是保证轮廓爆破质量的先决条件。

（三）参数设计

预裂爆破和光面爆破的参数设计一般采用工程类比法，并通过现场试验最终确定。

1. 预裂爆破参数

(1) 孔径：明挖为 70～165mm；隧洞开挖为 40～90mm；大型地下厂房为 50～110mm。

(2) 孔距：与岩石特性、炸药性质、装药情况、开挖壁面平整度要求和孔径大小有关。孔距一般为孔径的 7～12 倍。质量要求高、岩质软弱、裂隙发育者取小值。

(3) 装药不耦合系数：不耦合系数指炮孔半径与药卷半径的比值，为防止炮孔壁的破坏，该值一般取 2～5。

(4) 线装药密度：线装药密度是单位长度炮孔的平均装药量。影响预裂爆破参数的因素复杂，很难从理论上推导出严格的计算公式，以经验公式为主。目前国内较常用公式的基本形式为

$$Q_x = K[\sigma_c]^\alpha [a]^\beta [d]^\gamma \tag{2-31}$$

式中：Q_x 为预裂爆破的线装药密度，kg/m；σ_c 为岩石的极限抗压强度，MPa；a 为炮孔间距，m；d 为钻孔直径，mm；K、α、β 和 γ 为经验系数。

随岩性不同，预裂爆破的线装药密度一般为 200～500g/m。为克服岩石对孔底的夹制作用，孔底段应加大线装药密度到 2～5 倍。

2. 光面爆破参数

(1)光面爆破层厚度：即最小抵抗线的大小，一般为炮孔直径的 10～20 倍，岩质软弱、裂隙发育者取小值。

(2)孔距：一般为光面爆破层厚度的 0.75～0.90 倍，岩质软弱、裂隙发育者取小值。

(3)钻孔直径及装药不偶合系数：参照预裂爆破选用。

(4)线装药密度 Q_x：一般按照松动爆破药量计算公式确定：

$$Q_x = qaW \tag{2-32}$$

式中：q 为松动爆破单耗，kg/m^3；a 为光面爆破孔间距，m；W 为光面爆破层厚度，m。

（四）装药结构与起爆

1. 装药结构

预裂爆破和光面爆破的装药结构如图 2-16 所示。

(1) 堵塞段。堵塞段的作用是延长爆生气体的作用时间，且保证孔口段只产生裂缝而不出现爆破漏斗，对深孔爆破该段长一般取 0.5～1.5m。

(2) 孔底加强段。段长大体等于堵塞段。由于孔底受岩石夹持作用，故需用较大的线装药密度。

(3) 均匀装药段。该段一般为轴向间隔不偶合装药，并要求沿孔轴线方向均匀分布。

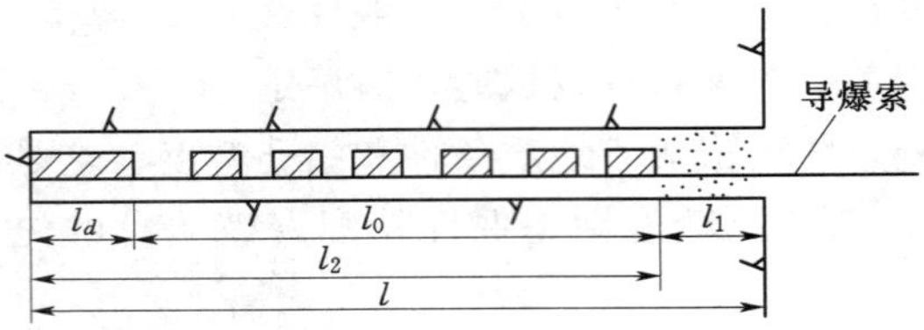

图 2-16　预裂爆破和光面爆破的装药结构
l—孔长；l_1—堵塞长度；l_2—装药长度；
l_0—均匀装药段长度；l_d—孔底加强段长度

轴向间隔装药须用导爆索串联各药卷起爆。为保证孔壁不被粉碎，药卷应尽量置于孔的中心。国外一般用炮孔中心定位器定位，国内一般是将药卷及导爆索绑于竹片进行药卷定位。

2. 起爆

为保证同时起爆，预裂爆破和光面爆破一般都用导爆索起爆，并通常采用分段并联法。由于光面爆破孔是最后起爆，导爆索有可能遭受超前破坏。为保证周边孔准爆，对光面爆破孔可采用高段延期雷管与导爆索的双重起爆法。预裂孔若与主爆区炮孔组成同一网路起爆，则预裂孔应超前第一排主爆孔 75ms 起爆。

第四节　岩石开挖爆破技术

预裂爆破、光面爆破和缓冲爆破技术在坝基和边坡开挖中的广泛运用，以塑料导爆管为代表的非电起爆系统的普及；定向爆破筑坝、土石坝填筑级配料开采、岩塞爆破和围堰及岩坎拆除爆破技术的发展与创新，以及近年以“量化设计、精细施工、实时监控和科学管理”为核心的精细爆破技术的推广应用，大大促进了爆破开挖技术的进步。

下面就从水工建筑物岩石基础和高边坡的开挖、定向爆破筑坝、岩塞爆破、土石坝填筑级配料开采、围堰和岩坎的爆破拆除等方面，介绍岩石爆破技术的应用。

一、岩石基础开挖

对大型水利水电工程，水工建筑物岩石基础的开挖即基坑开挖具有施工范围受限、施工期间易受导流程序的限制，且与混凝土浇筑和基础灌浆处理等多个工序平行作业等特点，须做好基坑开挖过程中的排水、合理安排施工程序、科学组织出渣运输及正确选择开挖方法与技术等工作。

基坑开挖一般遵循自上而下分层开挖的原则，并广泛运用深孔台阶爆破方法。设计边坡轮廓面开挖，应采用预裂爆破和光面爆破方法。由于爆炸荷载的作用，在完成岩体破碎、开挖的同时，爆破不可避免地对保留岩体产生损伤，形成所谓的爆破损伤影响区。因此在建基面以上一定范围须预留保护层，采用严格的爆破控制措施，以防止水工建筑物岩石基础的整体性遭到破坏，保证建基面有足够的承载力和良好的稳定性与抗渗性。

（一）基础保护层以上的岩体开挖

在大型水电工程建设过程中，对水工建筑物岩石基础保护层以上的岩体开挖，广泛运用以毫秒爆破技术为主的深孔台阶爆破方法。常用的爆破方式有齐发爆破、延时爆破、微差顺序爆破、微差挤压爆破和小抵抗线宽孔距爆破技术等。

按 DL/T 5389—2007《水工建筑物岩石基础开挖工程技术规范》规定，台阶爆破孔径不宜大于 150mm，紧邻保护层的台阶爆破及预裂爆破、光面爆破孔径不宜大于 110mm，台阶爆破的最大一段起爆药量不大于 300kg；邻近设计建基面和设计边坡的台阶爆破以及缓冲孔爆破的最大一段起爆药量应不大于100kg；预裂爆破或光面爆破的最大一段起爆药量不宜大于50kg。常用的深孔台阶爆破参数见表2-2。

表2-2 主体建筑物部位的深孔台阶爆破参数

炮孔类型	孔径/mm	装药直径/mm	台阶高度/m	孔深/m	超钻深度/m	底盘抵抗线/m	排距/m	孔间距/m	堵塞长度/m	炸药单耗/(kg/m^3)
主爆孔	80～100	70～80	8.0～12.0	8.5～13.0	0.5～1.0	3.0～5.0	2.0～3.5	2.5～6.5	2.0～3.0	0.35～0.80
缓冲孔	80～100	32～70	8.0～12.0	8.5～13.0	0.5～1.0	1.5～2.5	1.5～2.5	1.5～2.5	1.0～2.0	0.30～0.70

（二）保护层开挖

基础保护层的开挖是控制水工建筑物岩石基础质量的关键。紧邻水平建基面的岩体保护层厚度，主要与地质条件、爆破材料性能、炮孔装药直径等有关，应由台阶爆破孔底以下的破坏深度的爆破试验确定。只有不具备现场试验的条件下，才允许使用工程类比法确定。表2-3为采用工程类比法确定保护层厚度时的参考值。

表2-3 保护层厚度与炮孔底部装药直径之比值

岩体特性	节理裂隙不发育和坚硬的岩体	节理裂隙较发育、发育和中等坚硬的岩体	节理裂隙极发育和软弱的岩体
H/D	25	30	40

注 H为保护层厚度，D为梯段炮孔底部的装药直径。

传统上，基础保护层的开挖一般要求分层开挖：第一层，炮孔不得穿入建基面以上1.5m的范围，装药直径不得大于40mm；第二层，对节理裂隙极发育和软弱岩体，炮孔不得穿入建基面以上0.7m的范围，其余岩体不得超过0.5m范围，且炮孔与水平建基面的夹角不应大于60°，装药直径不应大于32mm；第三层，对节理裂隙极发育和软弱岩体，须留0.2m厚岩体进行撬挖，其余岩体炮孔不得穿过建基面。上述分层开挖中规定的炮孔角度和装药直径，都是为了减小本层爆破对水平建基面岩体的不利影响。

保护层的分层开挖限制了水电工程岩石基础开挖的速度，成为控制施工进度的关键。基于万安、东风、东江和三峡等一批水电工程的实践经验，目前保护层的开挖优先选用一次爆破法予以挖除：沿建基面采取水平预裂爆破，上部采用水平深孔台阶或浅孔台阶爆破法；沿建基面进行水平光面爆破，上部采用浅孔台阶爆破法；孔底无水时，可采用垂直（或倾斜）浅孔，孔底加柔性或复合材料垫层的台阶爆破法。以上任一种爆破方法均应经过试验证明可行后才可实施。

【例2-1】 三峡水利枢纽坝址区基岩为坚硬的闪云斜长花岗岩体，且以微新岩体为主，岩体结构完整，整体强度较高。坝区岩体按照风化程度，自上而下一般可分为全、强、弱、微四个风化带，全、强风化岩体最厚接近50m。

坝基保护层以上的岩体开挖采用深孔台阶爆破方法。根据使用的钻孔和药卷直径，三峡工程坝基保护层的厚度一般为2.5～3.0m。传统的分层爆破法因施工进度较慢，工期较长，质量也难完全有保证，在三峡工程水工建筑物基础开挖中基本未得到大规模应用。

在三峡工程一期工程施工中，进行了孔底设柔性垫层的小梯段孔间顺序起爆法一次爆除坝基保护层的现场试验，对比了泡沫塑料、锯末和竹筒等不同柔性垫层材料，均达到了建基面开挖质量要求。但是采用此开挖方法，开挖出的建基面起伏差较大，人工撬挖量较大，未获得推广应用。

在三峡工程一期工程施工中，也开展了取消坝基保护层的水平预裂加上部垂直孔的建基面开挖方法试验。开挖中上部垂直孔直径 ϕ76 mm，其孔底与水平预裂面之间的距离为1.0m，孔间排距 1.5m×1.0m，炸药单耗 0.4 kg/m^3。该方法的优点是可使建基面达到理想的平整度，减少对基岩的破坏且能加快出渣和清基速度；缺点是要具备合适的地质条件和良好的水平钻孔工作面。由于地质条件和施工作业面布置方面的较高要求，限制了该法在坝基大规模开挖中的应用。

三峡工程水工建筑物岩石基础保护层大规模开挖中得到广泛应用的方法为水平光面爆破一次爆除保护层法。施工中爆破工作面沿拟定方向顺序推进，采用手风钻或一型钻机沿建基面水平钻孔。水平光面爆破孔的钻孔孔径一般为 ϕ45mm 孔距 50cm 线装药密度 200～250g/m；其上 60～80cm 钻水平缓冲孔，孔距 80～100cm，抵抗线 100cm 最上面一排为水平主爆孔，孔距为 1.0～1.2cm，每一循环钻孔进尺为 4.5～5.0m。

二、岩石高边坡爆破开挖

由于大型水电工程一般坐落在崇山峻岭之中，遇到的岩石边坡爆破开挖普遍具有边坡高而陡、工程量大、开挖强度高、地质条件复杂、与岩体加固、混凝土浇筑等施工工序干扰大等特点。

高边坡的施工程序与道路布置，往往由于坝址两岸地形陡峻，坝肩开挖或缆机平台开挖工程量大、工期长，且两岸不具备布置坝肩开挖道路的条件，场内交通工程量大，工期长，坝肩开挖采用截流以后开挖出渣推至河床，从基坑运输出渣的施工方法。采用这种方法减少了开挖出渣道路布置工程量，有利于施工期的环保、水保，但增加了截流以后坝肩开挖时间和工期。如小湾、拉西瓦、锦屏一级和大岗山等水电站均采用这种方法开挖高边坡。

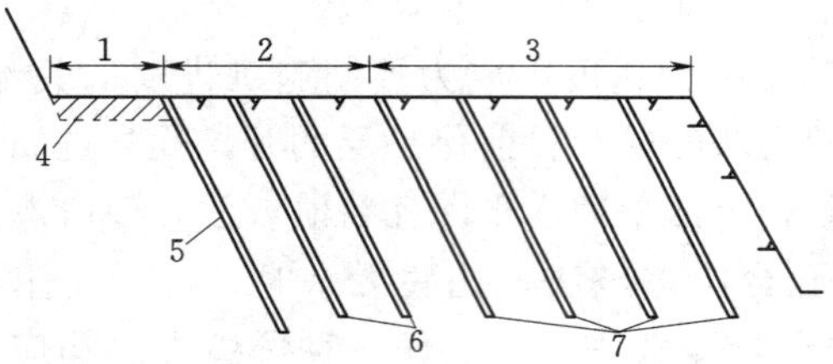

图 2-17 边坡开挖炮孔布置示意图
1—马道；2—缓冲爆破区；3—主爆区；4—马道保护层；5—轮廓爆破孔；6—缓冲孔；7—主爆孔

岩石高边坡开挖遵循“自上而下、分层开挖”的程序。钻孔爆破开挖过程，如何有效控制钻孔爆破对边坡岩体的影响，确保边坡在施工期和运行期的稳定性，是岩石高边坡开挖中的关键技术之一。钻孔爆破对边坡岩体的影响包括炮孔近区爆炸冲击波的冲击损伤及爆源中远区爆破振动对岩体结构面的振动影响等方面。

为控制爆破对岩石高边坡的影响，在水电工程建设中广泛采用了预裂爆破、光面爆破、缓冲爆破和深孔梯段微差爆破技术，图 2-17 是典型的边坡开挖炮孔布置示意图。

在边坡的设计轮廓面上采用预裂爆破或光面爆破等轮廓爆破技术，可最大限度地降低对保留表层边坡岩体的损伤影响。采用预裂爆破技术还能起到隔震作用。在轮廓孔和主爆孔之间的缓冲孔的作用是防止主爆孔对保留岩体的破坏与损伤。另外，通过选择合理的微差延迟时间，控制最大单响药量，可达到控制爆破振动强度的目的。

实践表明，爆破对岩石高边坡的影响主要与爆破振动的质点峰值振动速度有关。通常用边坡坡脚处的质点峰值振动速度作为爆破振动对边坡影响的安全判据，该判据可根据边坡岩体的地质力学条件、施工条件及边坡的重要性，通过工程类比法和现场试验确定。

【例 2-2】 三峡工程双线五级连续永久船闸由上游引航道、闸室主体段、下游引航道、输水系统、山体排水系统组成。主体段全长 1621m，船闸高边坡最大开挖深度达 170m，闸槽开挖宽度 37m，其中直立墙最大开挖深度 67.18m，中间保留 57.0m 宽的岩体中隔墩。

高边坡开挖遵循自上而下的开挖程序，图 2-18 为永久船闸三闸首岩石高边坡北坡开挖程序示意图。入槽前，分五层开挖，每层开挖高度与边坡台阶高度相同。

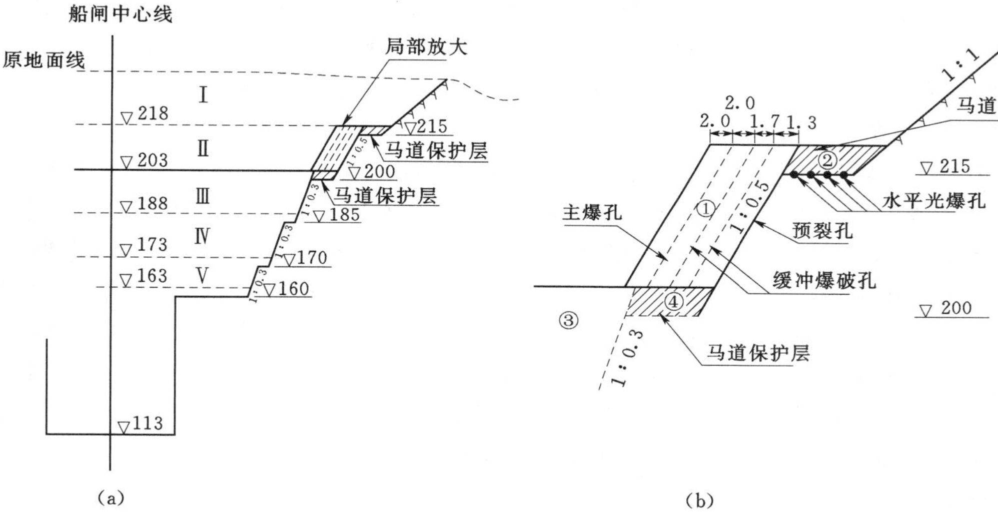

图 2-18　岩石高边坡爆破开挖程序示意图

(a) 开挖程序；(b) 局部放大

注：1. 单位：m。

2. 高边坡开挖程序：Ⅰ、Ⅱ、Ⅲ、Ⅳ、Ⅴ。

3. 临近开挖轮廓面开挖程序：①、②、③、④。

台阶爆破中采用的钻孔直径有 ϕ76、ϕ90、ϕ105 和 ϕ135mm 多种，以 ϕ105mm 为主。采用的药卷直径为 ϕ55～130mm 多种，与孔径相匹配。根据钻孔直径和岩石风化程度的不同，采用的孔距为 2.5～4.0m，排距为 2.0～3.0m，炸药单耗在 0.5～0.70kg/m^3 之间。

边坡开挖轮廓面上，采用了预裂爆破或光面爆破，见图 2-18。边坡轮廓开挖若采用预裂爆破方式，起爆顺序为预裂爆破孔→主爆孔→缓冲孔；若采用光面爆破方式，则起爆顺序为主爆孔→缓冲孔→光面爆破孔。

预裂孔一般采用 ϕ76 和 ϕ90mm 两种孔径，孔距 0.8～1.0m；采用 ϕ32mm 药卷不耦合间隔装药，线装药密度为 350～550g/m。

高边坡马道的保护和坡面的保护同样重要，因此在马道顶部一般需要保留 2～3m 的马道保护层，马道保护层的开挖与坝基保护层开挖类似，宜采用水平光面爆破的方式爆除。

高边坡岩体开挖中一般每次布置4～5排炮孔，采用微差起爆技术，台阶爆破的最大单响药量控制在300kg以内。进入永久船闸槽挖阶段后，台阶爆破主爆孔、缓冲孔和预裂孔的单响药量分别按照70kg、50kg和30kg严格控制。

三、定向爆破筑坝

定向爆破筑坝是利用陡峻的岸坡布药，定向松动崩塌或抛掷爆落岩石至预定位置，拦断河道，然后通过人工修整达到坝体设计轮廓的筑坝技术。

（一）适用条件

定向爆破筑坝，地形上要求河谷狭窄，岸坡陡峻（通常在40°以上），山高山厚应为设计坝高的2倍以上；地质上要求爆区岩性均匀、强度高、风化弱、构造简单、覆盖层薄、地下水位低、渗水量小；水工上对坝体有严格防渗要求的多采用斜墙防渗；对坝体防渗要求不甚严格的，可通过爆破控制块度分布，抛成宽体堆石坝，不另筑防渗体。泄水和导流建筑物的进出口应布置在堆积范围以外，并满足防止爆破振动影响的安全要求。

（二）药包布置

定向爆破筑坝的药包布置可以采用一岸布药或两岸布药。当河谷对称，两岸地形、地质、施工条件较好时，则应采用双岸爆破，有利于缩短抛距，节约炸药，增加爆堆方量，减少人工加高工程量。当一岸不具备以上条件，或河谷特窄，一岸山体雄厚，爆落方量能满足需要时，则一岸爆破也是可行的，如图2-19所示。定向爆破药包布置应在保证工程安全的前提下，尽量提高抛掷上坝方量。从维护工程安全角度出发，要求药包位于正常水位以上，且大于垂直破坏半径。药包与坝肩的水平距离应大于水平破坏半径。药包布置应充分利用天然凹岸，在同一高程按坝轴线对称布置单排药包。若河段平直，则宜布置双排药包，利用前排的辅助药包创造人工临空面，利用后排的主药包保证上坝堆积方量。

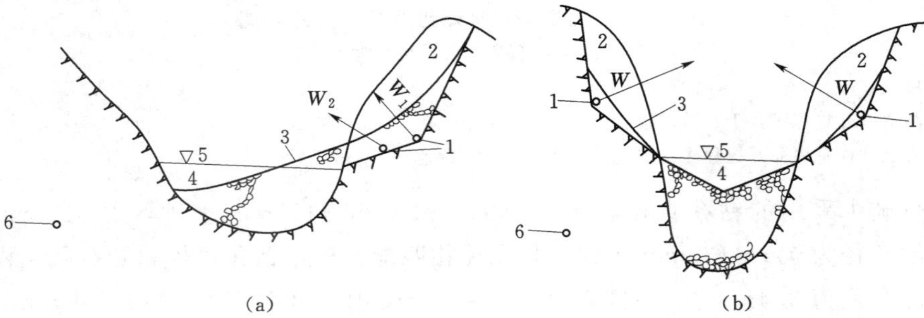

图2-19 定向爆破筑坝药包布置示意图

（a）单岸爆破；（b）双岸爆破

1—药包；2—爆破漏斗；3—爆堆顶部轮廓线；4—鞍点；5—坝顶高程；6—导流隧洞

我国至今已完成40余项定向爆破筑坝工程。采用的药包最小抵抗线范围为5～40m。爆破作用指数为0.8～1.60。其中1973年石砭峪定向爆破筑坝工程，总装药量1589t，上坝堆石143.7万m^3，共布置19个药室，最大药室装药量236.5t，为我国规模最大的一次定向爆破筑坝工程。

四、岩塞爆破

岩塞爆破是一种水下控制爆破。在已建水库或天然湖泊中，若拟通过引水隧洞或泄洪洞达到取水、发电、灌溉、泄洪和放空水库或湖泊等目的，为避免隧洞进水口修建时在深水中建造围堰，采用岩塞爆破是一种经济而有效的方法。施工时，先从隧洞出口逆水流向开挖，待掌子面到达水库或湖泊的岸坡或底部附近时，预留一定厚度的岩塞，待隧洞和进口控制闸门井全部完建后，再一次将岩塞炸除，使隧洞和水库或湖泊连通。

（一）岩塞布置及爆落石渣的处理

1. 岩塞布置

岩塞布置应根据隧洞的使用要求、地形、地质等因素确定，宜选择在覆盖层薄、岩石坚硬完整且层面与进口中心交角大的部位，特别应避开节理、裂隙、构造发育的地段。岩塞的开口尺寸应满足进水流量的要求。岩塞厚度一般为岩塞底部直径的1～1.5倍，太厚则难以一次爆通，太薄则不安全。岩塞的布置如图2-20所示。

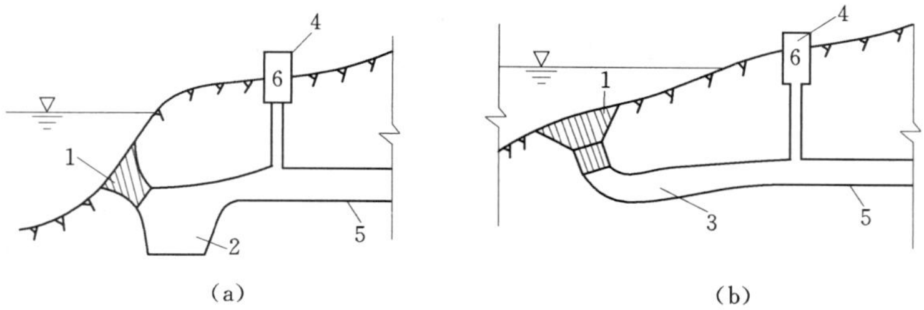

图2-20 岩塞爆破岩塞布置示意图
(a) 设集渣坑集渣；(b) 设缓冲坑泄渣
1—岩塞；2—集渣坑；3—缓冲坑；4—闸门井；5—引水隧洞；6—操纵室

2. 石渣处理

岩塞爆破石渣常采用集渣和泄渣两种处理方式。

(1) 集渣处理。爆破前在洞内正对岩塞的下方挖一容积与岩塞体积相当的集渣坑，让爆落的石渣大部分抛入坑内，且保证运行期中坑内石渣不被流水带走，如图2-20 (a) 所示。

(2) 泄渣处理。对于灌溉、供水、防洪隧洞取水口岩塞爆破，爆破时闸门开启，借助高速水流将石渣冲出洞口。为避免瞬间石渣堵塞，正对岩塞可设一流线型缓冲坑，其容积相当于爆落石渣总量的1/4～1/5。当岩塞尺寸小，爆落渣量少时，也可不设缓冲坑。设缓冲坑的岩塞爆破如图2-20 (b) 所示。

（二）装药量计算、装药及起爆

岩塞爆破为水下爆破，装药量计算应考虑静水压力的作用，比常规抛掷爆破药量增大20%～30%，即

$$Q_s = (1.2 \sim 1.3) K W^3 (0.4 + 0.6 n^3) \tag{2-33}$$

式中：Q_s 为岩塞爆破的装药量；n 为爆破作用指数，一般取1～1.5。

岩塞爆破根据岩塞的尺寸大小，可采用洞室爆破、钻孔爆破或两者的结合。为控制进水口形状、保证洞脸围岩稳定，岩塞爆破周边宜布设预裂爆破孔。当采用洞室与钻孔相结合的爆破方案时，在岩塞中心线居中稍微偏上的位置布置一个集中药包，而在其外圈则布置扩大爆破钻孔。该方案集中了前两种方案的优点而克服了两者的缺点，适合于任意断面岩塞的爆破。

岩塞爆破的起爆顺序依次为周边预裂孔、中间集中药包（或掏槽爆破孔）和扩大药包。起爆网路采用复式并-串-并联电爆或电爆加导爆索复式网路。施工中所用的炸药和雷管需做好防水处理。

我国先后进行过丰满水电站泄洪工程、香山水库泄洪工程和响洪甸抽水蓄能电站进水口等10多次岩塞爆破，其中丰满水电站泄洪工程岩塞爆破的规模最大，岩塞直径11m、厚度15m，爆破中布置了3层洞室，总装药量达到4075.6kg，采用集渣的岩渣处理方式。

五、土石坝填筑级配料的开采

土石坝填筑级配料的开采除须满足常规开挖爆破的出渣块度要求外，还必须保证开挖石料具有较好的颗粒级配。爆破中需控制石料的最大粒径小于坝料设计的最大粒径，使爆破石料一次成型，避免或减少二次破碎；设法提高5mm以下的细颗粒含量，增大坝料的不均匀系数，以利于坝体填筑过程堆石的压实；在满足开采石料颗粒级配的前提下，尽可能降低炸药单耗，并控制爆破振动、飞石等有害效应在允许范围内。

国内外土石坝的坝料开采主要采用深孔台阶爆破法，并综合利用微差挤压和小抵抗线宽孔距爆破等技术。进行深孔台阶爆破设计时，须综合考虑岩性、层面产状、节理裂隙发育程度等岩体地质条件，通过现场爆破和筛分试验，合理确定岩石的单位耗药量及爆破孔网参数。

用深孔台阶爆破开采的石料，可以直接作为土石坝主堆料区的填筑料；国内的天生桥一级等工程利用小抵抗线宽孔距爆破技术实现了垫层料的爆破直采上坝填筑。

国内土石坝主堆料区级配料开采中采用的深孔爆破，台阶高度8～12m、钻孔直径76～150mm居多，炸药单耗根据岩性不同变化较大，一般在0.4～0.8kg/m^3。由于垫层料的块度较小、过渡料中细颗粒含量较多，垫层料和过渡料开采爆破单耗较主堆料区级配料开采的爆破单耗大幅提高，达到0.8～1.6kg/m^{3}以上。

洞室爆破由于粒度不均匀，超径块石多，一般不宜用于面板坝的坝料开采。但在料场岩体节理裂隙很发育或风化严重、地形陡峭不具备台阶爆破条件，或采用深孔台阶爆破无法满足因度汛而急需高强度供料的场合，也可运用洞室爆破法进行下游次堆料区和任意料区的石料开采。

【例2-3】 三峡工程下岸溪人工砂（石）生产系统设计能力为月生产成品砂39万t和成品粗骨料76万t。料场位于坝址下游左岸下岸溪东面的鸡公岭，料场岩石主要为斑状花岗岩。料场开采过程要求控制最大粒径为70 cm，并尽量增加爆破破碎块度中细粒的含量，以提高机械破碎的效率。

采用的钻爆参数为：钻孔直径ϕ105mm，台阶高度12m左右，钻孔超深0.8～1.0m，孔间排距为3.6m×3.6m，单位耗药量0.7～0.75kg/m^3。料场开采中，应用了大孔距小抵抗线深孔梯段爆破技术，以改善爆破破碎效果及降低大块率，此时孔排距调整为5.0m

×2.5m，取得了满意的效果。

炸药采用混装乳化炸药，由混装炸药车现场混制泵送入孔实现耦合装药，并用专用的起爆弹起爆。混装乳化炸药性能可根据岩石性质不同随时调节以实现炸药能量与岩石波阻抗匹配提高炸药能量的利用率。

在双临空面条件下选用方型布孔方式和 V 形起爆方式；在多临空面条件下选用方型布孔，斜线型起爆。段间起爆时差一般选用 50～75ms。

六、围堰和岩坎的拆除爆破

我国水电工程普遍采用混凝土、混凝土心墙以及岩坎等结构形式的围堰。当它们完成既定挡水功能后，一般采用爆破法拆除。围堰拆除爆破按照岩渣的处理方式，可分为泄渣爆破和留渣（聚渣）爆破两类。泄渣爆破是利用水流的力量将爆渣冲向下游河道的爆破方法，导流洞（导流明渠）出口围堰和基坑下游围堰一般采用泄渣爆破法。留渣爆破是指围堰经爆破破碎后，再利用机械水下清渣的方法，上游围堰的拆除一般采用此法。

围堰和岩坎爆破施工一般是利用其顶面、非临水面及围堰内部廊道等无水区进行钻爆作业。其炮孔布置根据实际需要可采用垂直孔、水平孔、扇形孔、水平孔和垂直孔相结合等不同方式，采用钻孔爆破、洞室爆破或洞室和钻孔爆破相结合的方法进行爆破；在起爆网路上则广泛运用塑料导爆管双复式交叉接力起爆网路。

进行围堰和岩坎爆破设计时，必须确保一次爆破成功，满足过流条件，并确保邻近爆区各种已建水工建筑物的安全。

【例 2－4】 三峡工程二期高土石围堰及三期碾压混凝土围堰拆除。三峡二期上下游高土石围堰拆除过程中，含钢管塑性混凝土心墙水下拆除部分需先采用爆破破碎，而后采用液压抓斗水下清渣。塑性混凝土心墙厚度为 0.8～1.1m；上游围堰混凝土心墙的拆除高程 56.5～70.3m；下游围堰混凝土心墙的拆除高程为 52.5～70.0m。

上游围堰混凝土心墙拆除爆破参数：炮孔直径以 ϕ80mm 为主，药卷直径为 ϕ70mm，间隔装药；孔间距 1.5～1.7m ；选择乳化炸药，最大单响药量 32kg。起爆网路采用并串联交叉复式网路，爆破总延时为 18.8s。

下游围堰混凝土心墙拆除爆破参数：钻孔直径为 ϕ90 mm 和 ϕ100mm，药卷直径为 ϕ60mm，孔距 1.5～ 2.0m，最大单响药量 60kg。采用双复式交叉并串联爆破网路起爆，分 375 段，总延时 9.5s。

三峡工程三期上游碾压混凝土围堰平行于大坝布置，横向围堰轴线位于大坝轴线上游 114m，其右侧与右岸山体相接，左侧与混凝土纵向围堰上纵堰内段相连。横向围堰轴线总长 580m，从右至左分为右岸坡段（2～5 号堰块）、河床段（6～15 号堰块）和左接头段。三期碾压混凝土围堰为重力式结构。堰顶宽度 8m，迎水面高程 70m 以上为垂直坡，高程 70m 以下为 1∶0.3 的边坡；背水面高程 130m 以上为垂直坡，高程 130m 至 50m 为 1∶0.75 的台阶边坡，其下为平台。

围堰爆破拆除总长度为 480m，拆除高程 140～110m，拆除高度为 30m，拆除总方量 18.67 万 m^3。围堰轴线与三期厂房坝段轴线距离仅 114m，与左岸电厂距离 650m，爆破时必须确保大坝、大坝基础帷幕灌浆以及周围其他建筑物的安全，同时要确保三峡左岸电厂正常发电不受影响。

由于左连接段、5号堰块在研究三期围堰总体拆除方案前已建成，三期RCC围堰左连接段、5号堰块采用钻孔炸碎方案拆除。对围堰6～15号堰块拆除，进行了深孔爆破破碎、倾倒爆破和倾滑爆破等多种拆除方案对比论证，最终选用预埋集中药室-倾倒爆破方案，如图2-21所示。

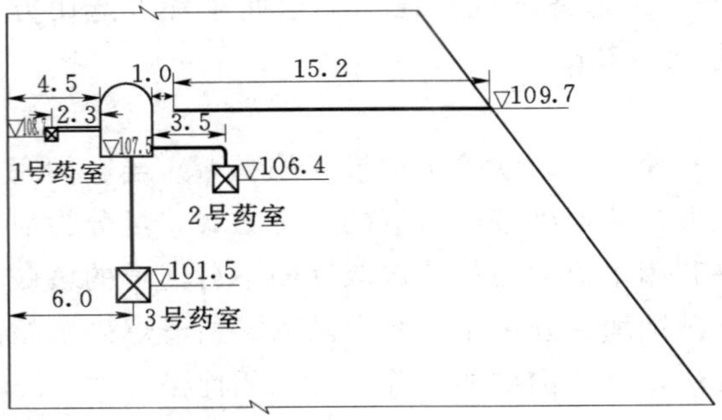

图2-21 三峡三期碾压混凝土围堰拆除预埋药室布置示意图（单位：m）

在围堰的设计过程中已考虑后期的爆破拆除的需要，按要求预埋了1号、2号、3号药室及断裂孔，其中1号药室178个，2号药室78个，3号药室98个，断裂孔376个。

爆破拆除过程1号药室装药50kg，2号药室装药690kg，3号药室装160kg。药室内全部采用高威力高抗水混装乳化炸药。每个药室内装2个起爆弹、每个起爆弹使用一发数码雷管。断裂孔线装药密度1.5kg/m，断裂孔底部3m加强装药，线装药密度6.0kg/m。

整个爆区爆破网路由左连接段深孔爆破网路、15～6号堰块倾倒爆破网路和6～5号深孔爆破网路3个子网路组成，起爆次序为左连接段深孔爆破网路、15～6号堰块倾倒爆破网路、5～6号堰块深孔爆破网路。整个爆破网路分959段，总延时12.888s。

第五节 爆破公害及安全控制

在完成岩石爆破破碎的同时，爆破作业必然会伴生爆破飞石、地震波、空气冲击波、噪音、粉尘和有毒气体等负面效应，即爆破公害。因此，在爆破作业中，需研究爆破公害的产生原因、公害强度的分布与衰减规律，通过科学的爆破设计，采用有效的施工工艺措施，以确保保护对象（包括人员、设备及邻近的建筑物或构筑物等）的安全。

为防范与控制爆破地震波、飞石和空气冲击波等的危害，一般应根据各种情况对安全控制距离进行计算，以便确定警戒范围和安全保护措施。

一、爆破地震

岩石爆破过程中，除对邻近炮孔的岩石产生破碎、抛掷，爆炸能量的很大一部分将以地震波的形式向四周传播，导致地面振动。这种振动即为爆破地震。爆破地震达到一定强度后，可以引起地面建筑物破坏、边坡失稳等现象。通常认为爆破地震居于爆破公害之首。

衡量爆破地震强度的参数包括位移、速度和加速度等，实践表明质点峰值振动速度与建筑物的破坏程度具有较好的相关性，国内外普遍采用质点峰值振动速度作为安全判据。我国GB 6722《爆破安全规程》对一些建（构）筑物的爆破振动安全允许标准作了具体规定，如表2-4所示。

质点峰值振动速度用下式计算：

$$V=K\left(\frac{Q^{n}}{R}\right)^{\alpha} \tag{2-34}$$

式中：V 为质点峰值振动速度，cm/s；n 为药包形状系数，欧美等国家的 n 值通常取 1/2，我国和苏联一般取 1/3；Q 为最大单响药量，kg；R 为爆心距，即测点至爆源中心距离，m；K、α 为与地质条件、爆破类型及爆破参数有关的系数。

表 2-4　部分保护对象的爆破振动安全允许标准

保护对象类别	安全允许质点振动速度 V/(cm/s)		
	$f\leqslant 10$Hz	10Hz$\leqslant f\leqslant$50Hz	$f>50$Hz
土窑洞、土坯房、毛石房屋	0.15～0.45	0.45～0.9	0.9～1.5
一般古建筑与古迹	0.1～0.2	0.2～0.3	0.3～0.5
运行中的水电站及发电厂中心控制室设备	0.5～0.6	0.6～0.7	0.7～0.9
水工隧洞	7～8	8～10	10～15
永久性岩石高边坡	5～9	8～12	10～15
新浇大体积混凝土（C20）： 龄期：初凝～3d 龄期：3～7d 龄期：7～28d	 1.5～2.0 3.0～4.0 7.0～8.0	 2.0～2.5 4.0～5.0 8.0～10.0	 2.5～3.0 5.0～7.0 10.0～12

在没有现场试验资料的情况下，不同岩石的 K、α 值，可参考表 2-5 确定；对于较重要工程，应通过现场试验确定。

表 2-5　不同岩性的 K、α 值

岩　性	K	α	岩　性	K	α
坚硬岩石	50～150	1.3～1.5	软弱岩石	250～350	1.8～2.0
中等坚硬岩石	150～250	1.5～1.8			

根据给定的建筑物安全质点峰值振动速度判据，可由式（2-34）爆破计算振动安全距离；若给定安全质点峰值振动速度和保护对象的爆心距，也可确定允许的最大爆破规模。

在水利水电工程施工中，在重要或特殊的建（构）筑物如岩石高边坡、电站厂房和新浇筑混凝土等附近进行爆破作业时，必须开展爆破振动效应的监测与专门试验，以确定被保护对象的安全性。

在三峡工程施工期采用爆破振动的控制标准见表 2-6。

表 2-6　建（构）筑物爆破控制标准

建（构）筑物	质点振动速度/(cm/s)	备　注
岩石高边坡	10～15	爆心距为 10～15m
地下洞室及井壁围岩	10	
新浇混凝土	按《水工建筑物岩石基础开挖工程施工技术规范》规定执行	

续表

建（构）筑物	质点振动速度/(cm/s)	备 注
帷幕及固结灌浆	1.5～2.0	
土石堰体边坡	5.0～8.0	
围堰或隔流堤防渗结构体	塑性混凝土心墙 5 刚性混凝土心墙 3	
大坝、厂房及闸门等附属结构	5.0	
厂房机电设备	1.0	

另外，在锚索灌浆、锚杆灌浆、喷混凝土的强度达到设计强度的70%以前，其20m范围内不允许爆破。若附近存在爆破作业，则其爆破振动安全标准采用新浇筑混凝土的标准。

二、爆炸空气冲击波和水中冲击波

炸药爆炸产生的高温高压气体，或直接压缩周围空气，或通过岩体裂缝及药室通道高速冲入大气并对其压缩形成空气冲击波。空气冲击波超压达到一定量值后，就会导致建筑物破坏和人体器官损伤。因此在爆破作业中，需要根据被保护对象的允许超压确定爆炸空气冲击波安全距离。

埋入式药包爆破的爆破作用指数 $n<3$ 时，其空气冲击波的破坏范围比爆破振动和飞石破坏范围小得多。因此，一般工程爆破的安全距离是由爆破振动及飞石控制。对露天裸露爆破，GB 6722《爆破安全规程》规定，为确保作业人员安全，裸露药包每次爆炸的总药量不得大于 20kg，可由下式确定爆炸空气冲击波对掩体内避炮作业人员的安全距离：

$$R_F = 25\sqrt[3]{Q} \tag{2-35}$$

式中：R_F 为空气冲击波对掩体内人员的最小安全距离，m；Q 为一次爆破装药量，kg，秒延时爆破时，Q 按各延迟段中最大药量计算，当采用毫秒延时爆破时，Q 按一次爆破的总药量计算。

当进行水下爆破时，会在水中产生冲击波，需要针对水中人员、施工船舶和水生生物等被保护对象按有关规定确定最小安全距离。GB 6722《爆破安全规程》规定的水中冲击波对鱼类影响安全控制标准，参见表 2-7。

表 2-7 水中冲击波超压峰值对鱼类影响安全控制标准 单位：MPa

敏感程度	鱼类品种	自然状态	网箱养殖
高度敏感	石首科鱼类	0.10	0.05
中度敏感	石斑鱼、鲈鱼、梭鱼	0.30～0.35	0.20～0.25
低度敏感	冬穴鱼、野鲤鱼、鲟鱼、比目鱼	0.35～0.50	0.25～0.40

对临水的水工建筑物和闸门等设施设备，其允许的水中冲击波或动水压力超压一般控制在 0.1MPa。

三、爆破飞石

洞室爆破飞石安全距离按下式计算：

$$R_F = 20K_F n^2 W \tag{2-36}$$

式中：R_F 为洞室爆破的飞石安全距离，m；W 为最小抵抗线，m；n 为爆破作用指数；K_F 为与地形、风向、风速和爆破类型有关的安全系数，一般取 1.0～1.5，最小抵抗线方向取大值，当风大而又顺风时，取 1.5～2.0 或更大的值，山谷或垭口地形，应取 1.5～2.0。

对钻孔爆破，目前尚无公式计算飞石安全距离。GB 6722《爆破安全规程》对飞石安全距离仅规定了最小值，见表 2-8。

表 2-8　　爆破个别飞散物对人员的安全允许距离

爆破类型和方法		最小安全允许距离/m
露天岩石爆破	裸露药包爆破法破大块 浅孔爆破法破大块	400 300
	浅孔台阶爆破	200（复杂地质条件下或未形成台阶工作面时不小于 300）
	深孔台阶爆破	按设计，但不小于 200
	硐室爆破	按设计，但不小于 300
水下爆破	水深小于 1.5m 水深 1.5～6m 水深大于 6m	与露天岩石爆破相同 由设计确定 可不考虑飞石对地面或水面以上人员的影响
破冰爆破	爆破薄冰凌	50
	爆破覆冰	100
	爆破阻塞的流冰	200
	爆破厚度大于 2m 的冰层或 爆破阻塞流冰一次用药量超过 300kg	300

四、爆破公害的控制与防护

爆破公害的控制与防护是工程爆破设计中的重要内容。为防止爆破公害带来破坏，应调查周围环境，掌握人员、机械设备及重要建（构）筑物等保护对象的分布状况，并根据各种保护对象的承受能力，按照有关规范规程规定的安全距离，确定允许爆破规模。爆破施工过程中，危险区的人员、设备应撤至安全区，无法撤离的建（构）筑物及设施必须予以防护。

爆破公害的控制与防护可以从爆源、公害传播途径以及保护对象三方面采取措施。

（一）在爆源控制公害强度

在爆源控制公害强度是公害防护最为积极有效的措施。

合理的爆破参数、炸药单耗和装药结构既可保证预期的爆破效果，又可避免爆炸能量过多地转化为振动、冲击波、飞石和爆破噪音等公害；采用深孔台阶微差爆破技术可有效削弱爆破振动和空气冲击波强度；合理布置岩石爆破中最小抵抗线方向不仅可有效控制飞石方向和距离，而且对降低与控制爆破振动、空气冲击波和爆破噪音强度也有明显效果；保证炮孔的堵塞长度与质量、针对不良地质条件采取相应的爆破控制措施对消减爆破公害的强度也是非常重要的方面。

（二）在传播途径上削弱公害强度

在爆区的开挖线轮廓进行预裂爆破或开挖减震槽，可有效降低传播至保护区岩体中的爆破地震波强度。

对爆区临空面进行覆盖、架设防波屏可削弱空气冲击波强度，阻挡飞石。

（三）保护对象的防护

当爆破规模已定，在传播途径上的防护措施尚不能满足要求时，可对危险区内的建（构）筑物及设施进行直接防护。对保护对象的直接防护措施有防震沟、防护屏以及表面覆盖等。

此外，严格执行爆破作业的规章制度，对施工人员进行安全教育是保证安全施工的重要环节。

思　考　题

2-1　常用的炸药、雷管有哪几种类型？适用条件是什么？

2-2　常用的起爆方法有哪些？分别有什么优缺点？

2-3　爆破设计应确定哪些参数？爆破作用指数大小与哪些因素有关？工程中怎样按照爆破作用指数进行爆破类型的划分？

2-4　常用的爆破方法有哪些？其适用条件如何？

2-5　钻孔爆破设计包括哪些主要参数？如何改善深孔爆破的爆破效果？

2-6　预裂爆破和光面爆破有何异同？设计中有哪些主要参数？

2-7　水工建筑物岩石基础开挖中为什么要预留保护层？如何进行保护层的爆破开挖？

2-8　水利水电工程施工中常涉及哪些主要爆破技术？

2-9　爆破公害主要包括哪些内容？如何控制和防范爆破振动？

第三章　基础处理技术

水工建筑物的基础有两类：岩基和软基，其中软基包括土基与砂砾石地基等。基础的质量是水工建筑物安全可靠的根本保证。由于受地质构造变化及水文地质的影响，天然地基往往存在不同形式与程度的缺陷，需要经过人工处理，才能作为水工建筑物的可靠地基。据统计，历史上由地基原因引起大坝失事的比例近40%，影响工程正常发挥效益的则为数更多。可见，基础处理工程在水利水电建设中占有重要地位，是工程施工的必要环节。

水工建筑物的基础处理，就是根据建筑物对地基的要求，采用特定的技术和工程措施减少或消除地基具有的天然缺陷，改善和提高地基的物理力学性能，使地基达到足够的强度、整体性、抗渗性及稳定性，以保证工程的安全可靠和正常运行。随着水利水电建设事业的大力发展，对基础处理的安全、质量和快速经济施工等提出了越来越高的要求。

天然地基的性状复杂多样，不同类型水工建筑物对地基的要求也各不相同，因而在实际施工中，存在各种不同的基础处理方案与技术措施。采用爆破或机械挖掘等手段，将不符合要求的地层挖除以形成设计要求的建基面，是最通用可靠的基础处理方法。但天然地基的缺陷分布范围一般大而深，并且均匀性差，仅仅依靠开挖的方法，既难彻底清除，也缺乏经济合理性。为了取得符合设计要求的基础，往往必须对建基面下更大范围的地层采用各种技术措施进行处理。由于基础处理在地层中进行，其施工过程及处理的实际效果无法直观掌握，故呈现隐蔽性的施工特点。

本章主要介绍水利水电工程施工中常用的几种基础处理技术及应用，包括岩石基础灌浆、砂砾石地层灌浆、高压喷射灌浆技术、防渗墙施工等。

第一节　岩石基础灌浆

许多水工建筑物的建基面是通过开挖取得的岩石基础面，并且对建基面以下的岩层有较高质量要求。建基面以下的基础岩层往往存在一定范围和程度的地质缺陷，如节理、裂隙、断层及破碎带等。对于岩层地质缺陷的处理，广泛而有效的技术措施是灌浆。

岩石基础灌浆（简称基岩灌浆），是将某种具有流动性和胶凝性的浆液，按一定的配比要求，通过钻孔用灌浆设备压入岩层的孔（裂）隙中，经过硬化胶结后，形成结石，从而提高基岩的强度与整体性，改善基岩的抗渗性。基岩灌浆处理的方案和参数要在分析研究基岩地质条件、建筑物类型和级别、承受水头、地基应力和变位等因素后确定。

灌浆技术是水工建筑物岩石基础处理的基本措施，同时在水工隧洞围岩固结、衬砌回填、不良地段的超前支护，混凝土坝体接缝以及建（构）筑物补强、堵漏等方面也有广泛的应用。

一、基岩灌浆的分类

水工建筑物（特别是挡水坝体）的岩石基础，为了保证其达到设计要求的物理力学性能，一般需要在特定部位分别进行帷幕灌浆、固结灌浆和接触灌浆处理，如图 3－1 所示。

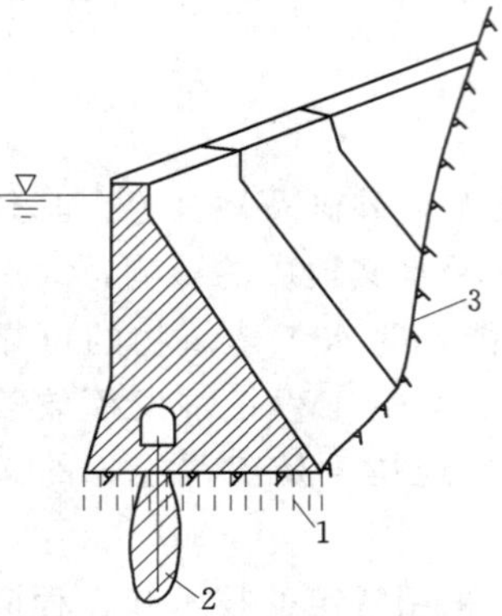

图 3－1 基岩灌浆示意图
1—固结灌浆；2—帷幕灌浆；3—接触灌浆

1. 帷幕灌浆

在靠近上游迎水面的坝基和坝肩内，通过贯穿坝基和坝肩岩层的深部灌浆，形成一道连续的防渗幕墙。帷幕灌浆是有效减少坝基渗流量，降低坝底渗透压力，保证基础渗透稳定的必要措施。帷幕灌浆的深度主要由坝体的作用水头及地层地质条件等确定，较之固结灌浆要深得多，有些工程的帷幕深度超过百米。在施工中，通常采用单孔灌浆，所使用的灌浆压力比较大。

帷幕灌浆一般安排在水库蓄水前完成，这样有利于保证灌浆的质量。由于帷幕灌浆的工程量较大，与坝体施工在时间安排上有矛盾，所以通常在坝体基础灌浆廊道内进行。这样既可实现坝体上升与基岩灌浆同步进行，也为灌浆施工提供了一定厚度的混凝土压重，有利于提高灌浆压力、保证灌浆质量。对于高坝的灌浆帷幕，一般要深入到两岸坝肩较大范围岩体中，所以需要在两岸分层开挖灌浆平洞。许多工程在坝基与两岸山体中所形成的地下灌浆帷幕，其防渗面积较之可见的坝体挡水面要大得多。

2. 固结灌浆

固结灌浆是提高基岩整体性与强度，并降低基础透水性的基本措施。当基岩地质条件较好时，一般可在坝基上、下游应力较大的部位布置固结灌浆孔；在地质条件较差而坝体较高的情况下，则需要对坝基进行全面的固结灌浆，甚至在坝基以外上、下游一定范围内也要进行固结灌浆。灌浆孔的深度一般为 5～8m，也有深达 15～40m 的，各孔在平面上呈网格交错布置。通常采用群孔冲洗和群孔灌浆。

固结灌浆宜在一定厚度的坝体基层混凝土上进行。由于坝体混凝土压重的作用，可以防止基岩表面冒浆，也有利于采用较大的灌浆压力，提高灌浆效果。同时，这样也兼顾了坝体与基岩的接触灌浆。在基层混凝土上进行钻孔灌浆，必须在相应部位混凝土的强度达到 50%设计强度后，方可开始。或者先在岩基上钻孔，预埋灌浆管，待混凝土浇筑到一定厚度后再灌浆。

如果基岩比较坚硬、完整，为了加快施工速度，也可有条件地直接在基岩表面进行无混凝土压重的固结灌浆。长江三峡工程在处理部分坝段的基础时，为了提高施工速度，争取大坝的浇筑时间，探索并取得了无混凝土压重固结灌浆的施工经验：先在建基面浇筑找平混凝土，找平混凝土的强度等级与大坝基础混凝土相同，浇筑厚度一般为 30～40cm，以填平低洼坑槽为主，待找平混凝土强度达到 70%的设计强度后，开始固结灌浆作业。

黄河小浪底水利枢纽进水塔基岩也采用了无盖重固结灌浆方法：在基岩面上浇筑了 30～40cm 的垫层混凝土，在垫层混凝土的保护下，先进行表层 3m 的固结灌浆，在基岩面形成盖板后，再进行下部岩体灌浆。

二滩水电站拱坝坝基固结灌浆原则上由无盖重灌浆开始，至有盖重灌浆结束。无盖重灌浆在岩石裸露条件下施工，主要进行3m孔深以下岩体的灌浆，3m以上通过接管引至坝后集中地点，在浇筑坝体基础混凝土后再进行灌浆。

同一地段的基岩灌浆必须按先固结灌浆后帷幕灌浆的顺序进行。

3. 接触灌浆

接触灌浆目的是加强坝体混凝土与坝基或岸肩之间的结合能力，提高坝体的抗滑稳定性。一般是通过混凝土钻孔压浆或预先在接触面上埋设灌浆盒及相应的管道系统。也可结合固结灌浆进行。

接触灌浆应安排在坝体混凝土达到稳定温度以后进行，以防止混凝土收缩产生拉裂。

二、灌浆的材料

基岩灌浆的浆液应具有流动性和胶凝性，具体来说应满足如下要求：

(1) 浆液在受灌的岩层中应具有良好的可灌性，即在一定的压力下，能灌入到裂隙、空隙或孔洞中，充填密实。

(2) 浆液硬化成结石后，应具有良好的防渗性能、必要的强度和黏结力。

(3) 为便于施工和增大浆液的扩散范围，浆液应具有良好的流动性。

(4) 浆液应具有较好的稳定性，析水率低。

基岩灌浆以水泥灌浆应用最普遍。灌入基岩的水泥浆液，由水泥与水按一定配比制成，水泥浆液呈悬浮状态，硬化后与素混凝土类似。水泥灌浆具有灌浆效果可靠，灌浆设备与工艺比较简单，材料成本低廉等优点。

水泥浆液所采用的水泥品种，应根据灌浆目的和环境水的侵蚀作用等因素确定。一般情况下，可采用标号不低于C45的普通硅酸盐水泥或硅酸盐大坝水泥，如有耐酸等要求时，选用抗硫酸盐水泥。矿渣水泥与火山灰质硅酸盐水泥一般可在环境水有侵蚀作用的灌浆工程中使用，但考虑其析水性快、稳定性差、早期强度低等特点，应谨慎使用。

水泥颗粒的细度对于灌浆的效果有较大影响。水泥颗粒越细，越能够灌入细微的裂隙中，水泥的水化作用也越完全。对于帷幕灌浆，对水泥细度的要求为通过80μm方孔筛的筛余量不大于5%。灌浆用的水泥要符合质量标准，不得使用过期、结块或细度不合要求的水泥。

对于岩体裂隙宽度小于200μm的地层，普通水泥制成的浆液一般难于灌入。为了提高水泥浆液的可灌性，自20世纪80年代以来，许多国家陆续研制出各类超细水泥，并在工程中得到广泛采用。超细水泥是采用特殊方法磨细的水泥，其颗粒的平均粒径D50在3μm至6μm，比表面积8000cm^2/g。超细水泥形成的浆液不仅具有良好的可灌性，而且在结石体强度、环保及价格等方面都具有优势，尤其适合细微裂隙基岩的灌浆。

在水泥浆液中掺入一些外加剂（如速凝剂、减水剂、早强剂及稳定剂等），可以调节或改善水泥浆液的一些性能，使其满足工程的特定要求，提高灌浆效果。外加剂的种类及掺入量应通过试验确定。

在水泥浆液里掺入黏土、砂、粉煤灰，制成水泥黏土浆、水泥砂浆、水泥粉煤灰浆等，可用于注入量大、对结石强度要求不高的基岩灌浆。这主要是为了节省水泥、降低材料成本。砂砾石地基的灌浆主要是采用此类浆液。

在水泥浆液中加入外加剂或掺合料时，应根据设计要求和工程需要进行相应的性能试验，包括浆液流动性、析水率、凝结时间和结石的力学性能等内容的测定。

当遇到一些特殊的地质条件如断层、破碎带、细微裂隙等，采用普通水泥浆液难于达到工程要求时，也可采用化学灌浆，即灌注以环氧树脂、聚氨酯、甲凝等高分子材料为基材制成的浆液。在基岩处理中，化学灌浆仅起辅助作用，其材料成本比较高，灌浆工艺比较复杂。一般是先进行水泥灌浆，再在其基础上进行化学灌浆，这样既可提高灌浆质量，也比较经济。

三、水泥灌浆的施工

在实施岩石基础灌浆处理前，一般需进行现场灌浆试验。通过试验，可以了解基础的可灌性，确定合理的施工程序与工艺，提供科学的灌浆参数等，为进行灌浆设计与编制施工技术文件提供主要依据。

下面主要介绍基岩灌浆施工中的主要技术环节与相应要求，包括钻孔、钻孔（裂隙）冲洗、压水试验、灌浆方法与工艺、灌浆的质量检查等。

（一）钻孔

帷幕灌浆的钻孔质量相对要求较高，宜采用回转式钻机和金刚石钻头或硬质合金钻头。该类钻机钻进效率高，不受孔深、孔向、孔径和岩石硬度的限制，还可钻取岩芯。钻孔的孔径应根据地质条件、钻孔深度、钻孔方法和灌浆方法确定，一般在75～91mm。

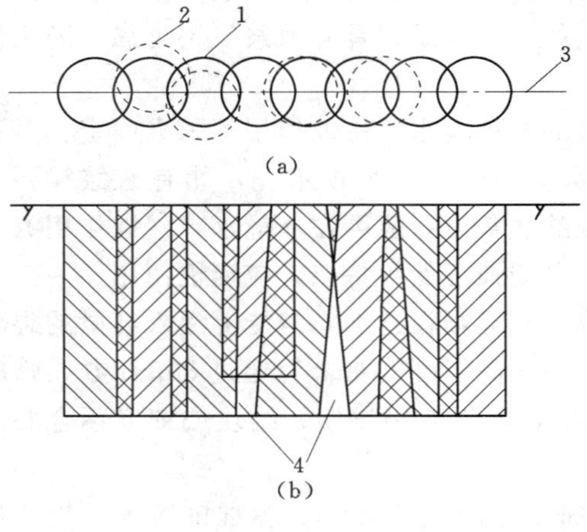

图 3-2 钻孔质量对帷幕的影响

(a) 平面图；(b) 剖面图

1—孔顶灌浆范围；2—孔底灌浆范围；3—帷幕轴线；4—漏水通道

固结灌浆则可采用各类型合适的钻机与钻头。

钻孔的质量对灌浆效果影响很大。钻孔的质量要求包括：①确保孔深、孔向、孔位符合设计要求；②力求孔径上下均一、孔壁平顺；③钻进过程中产生的岩粉细屑较少。

钻孔的孔径均一，孔壁平顺，则可使得灌浆栓塞能够卡紧卡牢，灌浆时不致产生返浆。钻进过程中产生过多的岩粉细屑，容易堵塞孔壁的缝隙，影响灌浆质量。

钻孔的方向与深度是保证帷幕灌浆质量的关键。如果钻孔方向有偏斜，钻孔深度达不到要求，则通过各钻孔所灌注的浆液，不能连成一完整的帷幕体，而出现渗漏通道，如图3-2所示。

孔深的控制可根据钻杆钻进的长度推测。孔斜的控制相对较困难，特别是钻设斜孔，掌握钻孔方向会更困难。在工程实践中，按钻孔深度不同规定了钻孔偏斜的允许值，见表3-1，当深度大于60m时，则允许的偏差不应超过钻孔的间距。钻孔结束后，应对孔深、孔斜和孔底残留物等进行检查，不符合要求的应采取补救处理措施。

（二）钻孔（裂隙）冲洗

表 3-1 钻孔孔底最大允许偏差值

钻孔深度/m	20	30	40	50	60
允许偏差/m	0.25	0.50	0.80	1.15	1.50

钻孔后，进入冲洗阶段。冲洗工作通常分为：① 钻孔冲洗，将残存在钻孔底和黏滞在孔壁的岩粉铁屑等冲洗出来；② 岩层裂隙冲洗，将岩层裂隙中的充填物冲洗出孔外，以便浆液进入到腾出的空间，使浆液结石与基岩胶结成整体。在断层、破碎带、软弱夹层和细微裂隙等复杂地层中灌浆，冲洗程度直接影响浆液与岩体的胶结质量，并最终影响灌浆效果，必要时应进行现场试验。

一般采用灌浆泵将水压入孔内循环管路进行冲洗，如图 3-3 所示。将冲洗管插入孔内，用阻塞器将孔口堵紧，用压力水冲洗。也可采用压力水和压缩空气轮换冲洗或压力水和压缩空气混合冲洗的方法。

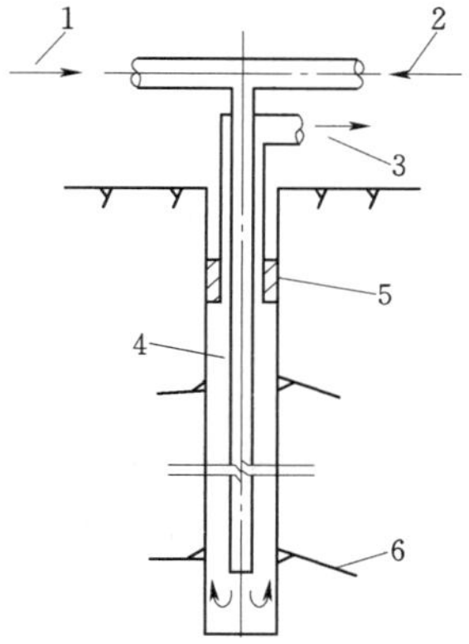

图 3-3 钻孔冲洗方法
1—压力水进口；2—压缩空气进口；3—出口；4—灌浆孔；5—阻塞器；6—岩层裂隙

钻孔冲洗时，将钻杆下到孔底，从钻杆通入压力水进行冲洗。冲孔时流量要大，使孔内回水的流速足以将残留在孔内的岩粉铁末冲出孔外。冲孔一直要进行到回水澄清 5～10min 才结束。

岩层裂隙冲洗方法分单孔冲洗和群孔冲洗两种。

在岩层比较完整、裂隙比较少的地方，可采用单孔冲洗。冲洗方法有高压压水冲洗、脉动冲洗和扬水冲洗等。

1. 高压压水冲洗

整个冲洗过程均在高压下进行，裂隙中的充填物沿着加压的方向推移和压实。冲洗压力可以采用同段灌浆压力的 70%～80%。当回水洁净，流量稳定 20min 后可停止冲洗。有的工程则根据冲洗试验中得出的升压降压过程和流量的关系（图 3-4），来判断岩层裂隙冲洗后透水性增值情况。在同一级压力下，降压时的流量和升压时的流量相差愈大，则透水性增值愈大，说明冲洗效果愈好。

2. 脉动冲洗

即采用高压低压水反复变换冲洗。先用高压水冲洗，冲洗压力为灌浆压力的 80%，经 5～10min 以后，将孔口压力在几秒钟内突然降低到零，形成反向脉冲水流，将裂隙中的碎屑带出。通过不断的升降压循环，对裂隙进行反复冲洗，直到回水洁净，最后延续 10～20min 后就可结束冲洗。高压脉动的压力差愈大，冲洗效果愈好。

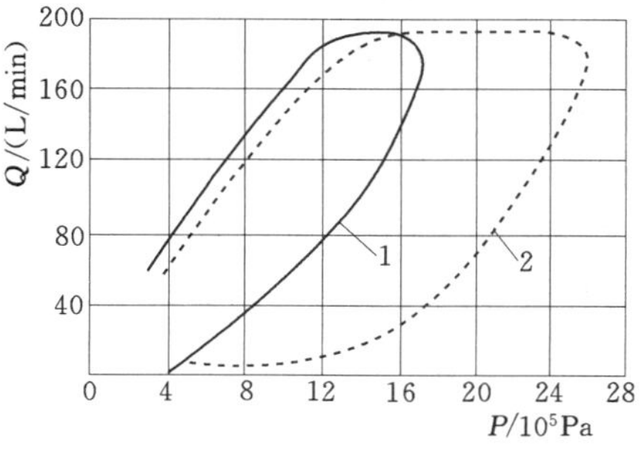

图 3-4 高压压水冲洗的流量变化
1—孔深小于 50m；2—孔深 50～100m

3. 扬水冲洗

对于地下水位较高，地下水补给条件良好的钻孔，可采用扬水冲洗。冲洗时先将管子下到钻孔底部，上端接风管，通入压缩空气。孔中水气混合以后，由于比重减轻，在地下水压力作用下，再加压缩空气的释压膨胀与返流作用，挟带着孔内的碎屑杂物喷出孔外。如果孔内水位恢复较慢，则可向孔内补水，间歇地扬水，直到将孔洗净为止。

4. 群孔冲洗

一般适用于岩层破碎、节理裂隙比较发育且在钻孔之间互相串通的地层中。它是将两个或两个以上的钻孔组成一个孔组，轮换地向一个孔或几个孔压进压力水或压力水混合压缩空气，从另外的孔排出污水，这样反复交替冲洗，直到各个孔出水洁净为止，如图 3-5 所示。

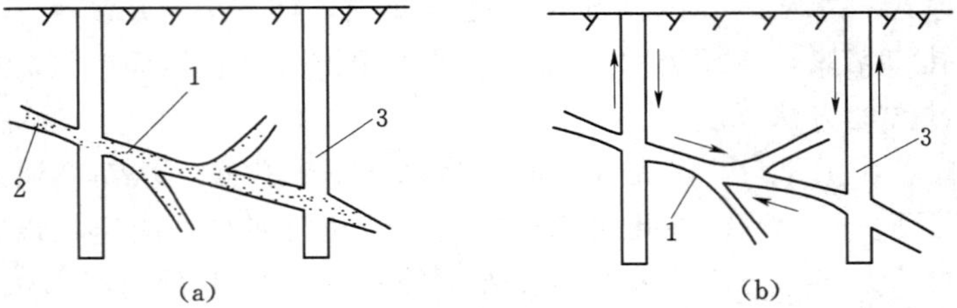

图 3-5 群孔冲洗示意图

(a) 冲洗前；(b) 冲洗后

1—裂隙；2—充填物；3—钻孔

群孔冲洗时，沿孔深方向冲洗段的划分不宜过长，否则冲洗段内钻孔通过的裂隙条数增多，这样不仅分散冲洗压力和冲洗水量，并且一旦有部分裂隙冲通以后，水量将相对集中在这几条裂隙中流动，使其他裂隙得不到有效的冲洗。

为了提高冲洗效果，有时可在冲洗液中加入适量的化学剂，如碳酸钠（Na_2CO_3），氢氧化钠（NaOH）或碳酸氢钠（$NaHCO_3$）等，以促进泥质充填物的溶解。加入化学剂的品种和掺量，宜通过试验确定。

采用高压水或高压水气冲洗时，要注意观测，防止冲洗范围内岩层的抬动和变形。

（三）压水试验

在冲洗完成并开始灌浆施工前，一般要对灌浆地层进行压水试验。

压水试验的主要目的是：测定地层的渗透特性，为基岩的灌浆施工提供基本技术资料。压水试验也是检查地层灌浆实际效果的主要方法。

压水试验的原理：在一定的水头压力下，通过钻孔将水压入到孔壁四周的缝隙中，根据压入的水量和压水的时间，计算出代表岩层渗透特性的技术参数。

压水试验的成果以透水率 q 来表示，其单位为吕荣（Lu），它主要反映了岩层的渗透特性。所谓透水率，是指在单位时间内，通过单位长度试验孔段，在单位压力作用下所压入的水量。试验成果可按下式计算：

$$q=\frac{Q}{PL} \tag{3-1}$$

式中：q 为试验段地层的透水率，Lu；Q 为单位时间内试验段的注水总量，L/min；P 为作用于试验段内的全压力，MPa；L 为压水试验段的长度，m。

灌浆施工时的压水试验，使用的压力通常为同段灌浆压力的80%，但一般不大于1MPa。试验时，可在预定压力之下，每隔5min记录一次流量读数，直到流量稳定30～60min，最终稳定流量作为计算值，再按式（3-1）计算该地层的透水率q。

对于构造破碎带、裂隙密集带、岩层接触带以及岩溶洞穴等透水性较强的岩层，应根据具体情况确定试验的长度。同一试段不宜跨越透水性相差悬殊的两种岩层，这样所获得的试验资料才有代表性。

另外，对于有岩溶泥质充填物和遇水性能易恶化的地层，在灌浆前可以不进行裂隙冲洗，也不宜做压水试验。

（四）灌浆方法与工艺

为了确保岩基灌浆的质量，必须注意以下几个基本技术问题。

1. 钻孔灌浆的次序

基岩的钻孔与灌浆应遵循分序加密的原则。一方面可以提高浆液结石的密实性；另一方面，通过后灌序孔透水率和单位吸浆量的分析，可推断先灌序孔的灌浆效果，同时还有利于减少相邻孔串浆现象。

单排帷幕孔的钻灌次序是先钻灌第Ⅰ序孔，然后依次钻灌第Ⅱ、第Ⅲ序孔，如有必要再钻灌第Ⅳ序孔（图3-6）。

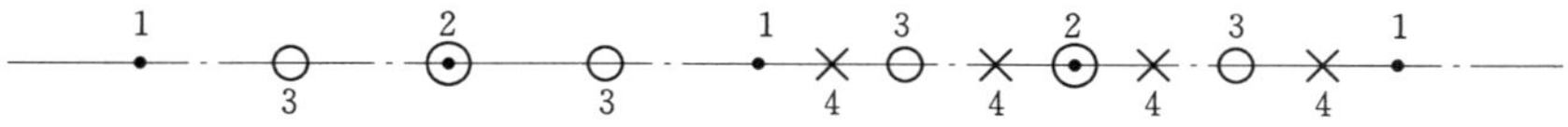

图3-6　单排帷幕孔的钻灌次序
1—第Ⅰ序孔；2—第Ⅱ序孔；3—第Ⅲ序孔；4—第Ⅳ序孔

双排和多排帷幕孔，在同一排内或排与排之间均应按逐渐加密的次序进行钻灌作业。双排孔帷幕通常是先灌下游排，后灌上游排；多排孔帷幕是先灌下游排，再灌上游排，最后灌中间排。在坝前已经壅水或有地下水活动的情况下，更有必要按照这样的次序进行钻灌作业，以免浆液过多地流失到灌浆区范围以外。

帷幕灌浆各个序孔的孔距视岩层完好程度而定，一般多采用第Ⅰ序孔孔距8～12m，然后内插加密，第Ⅱ序孔孔距4～6m，第Ⅲ序孔孔距2～3m，第Ⅳ序孔孔距1～1.5m。

对于岩层比较完整、孔深5m左右的浅孔固结灌浆，可以采用两序孔进行钻灌作业；孔深5m以上的中深孔固结灌浆，则以采用三序孔施工为宜。固结灌浆最后一个序孔的孔距和排距，与基岩地质情况及应力条件等有关，一般在3～6m之间。

2. 注浆方式

按照灌浆时浆液灌注和流动的特点，灌浆方式有纯压式和循环式两种。对于帷幕灌浆，应优先采用循环式。

纯压式灌浆，就是一次将浆液压入钻孔，并扩散到岩层裂隙中。灌注过程中，浆液从灌浆机向钻孔流动，不再返回，如图3-7（a）所示。这种灌注方式设备简单，操作方便，但浆液流动速度较慢，容易沉淀，造成管路与岩层缝隙的堵塞，影响浆液扩散。纯压式灌浆多用于吸浆量大，有大裂隙存在，孔深不超过12～15m的情况。

循环式灌浆，灌浆机把浆液压入钻孔后，浆液一部分被压入岩层缝隙中，另一部分由回浆管返回拌浆桶中，如图 3－7（b）所示。这种方法一方面可使浆液保持流动状态，减少浆液沉淀；另一方面可根据进浆和回浆浆液比重的差别，来了解岩层吸收情况，并作为判定灌浆结束的一个条件。

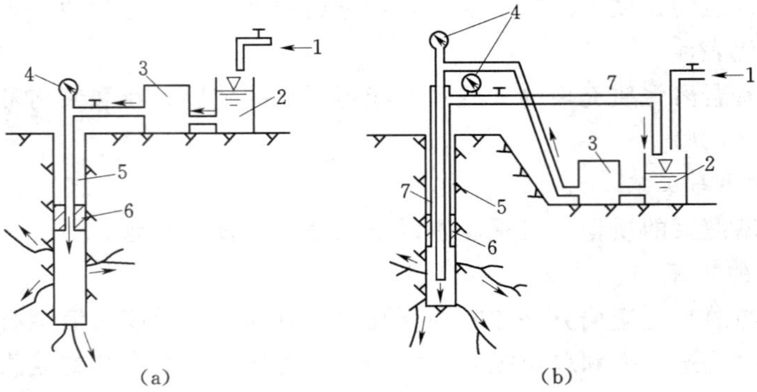

图 3－7　纯压式和循环式灌浆示意图

（a）纯压式灌浆；（b）循环式灌浆

1—水；2—拌浆桶；3—灌浆泵；4—压力表；5—灌浆管；6—灌浆塞；7—回浆管

3. 钻灌方法

按照同一钻孔内的钻灌顺序，有全孔一次钻灌和全孔分段钻灌两种方法。

全孔一次钻灌系将灌浆孔一次钻到全深，并沿全孔进行灌浆。这种方法施工简便，多用于孔深不超过 6m、地质条件良好、基岩比较完整的情况。

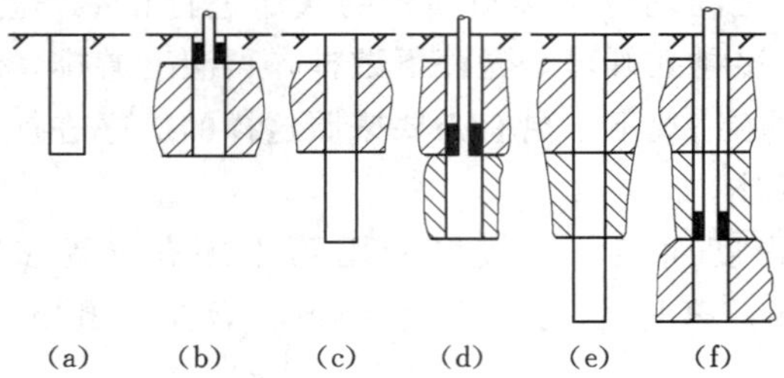

图 3－8　自上而下分段灌浆

（a）第一段钻孔；（b）第一段灌浆；（c）第二段钻孔；（d）第二段灌浆；（e）第三段钻孔；（f）第三段灌浆

全孔分段钻灌又分自上而下法、自下而上法、综合钻灌法及孔口封闭法等。

（1）自上而下分段钻灌法。其施工顺序是：钻一段，灌一段，待凝一定时间以后，再钻灌下一段，钻孔和灌浆交替进行，直到设计深度，如图 3－8 所示。这种方法的优点是：随着段深的增加，可以逐段增加灌浆压力，借以提高灌浆质量；由于上部岩层经过灌浆，形成结石，下部岩层灌浆时，不易产生岩层抬动和地面冒浆等现象；分段钻灌，分段进行压水试验，压水试验的成果比较准确，有利于分析灌浆效果，估算灌浆材料的需用量。这种方法的缺点是钻灌一段以后，要待凝一定时间，才能钻灌下一段，钻孔与灌浆须交替进行，设备搬移频繁，影响施工进度。

（2）自下而上分段钻灌法。一次将孔钻到全深，然后自下而上逐段灌浆，如图 3－9 所示。这种方法的优缺点与自上而下分段灌浆刚好相反。一般多用在岩层比较完整或基岩上部已有足够压重不致引起地面抬动的情况。

（3）综合钻灌法。在实际工程中，通常是接近地表的岩层比较破碎，愈往下岩层愈完整。因此，在进行深孔灌浆时，可以兼取以上两法的优点，上部孔段采用自上而下法钻灌，下部孔段则用自下而上法钻灌。

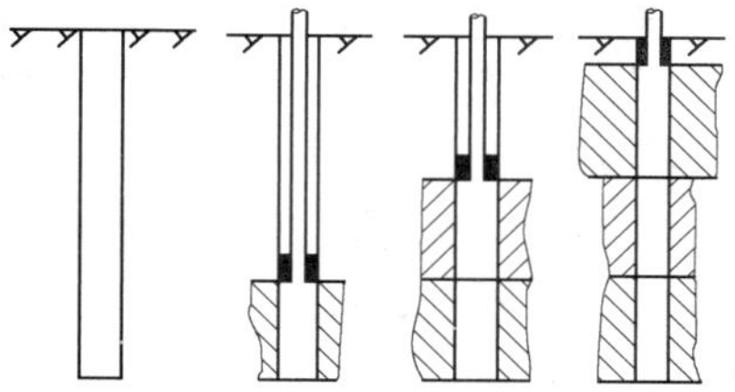

图 3-9　自下而上分段灌浆
（a）钻孔；（b）第三段灌浆；（c）第二段灌浆；（d）第一段灌浆

（4）孔口封闭灌浆法。该方法主要适用于块状、厚层或高倾角岩层的高压灌浆。其施工要点是：先在孔口镶铸不小于 2m 的孔口管，以便安设孔口封闭器；钻孔孔径一般在 56～76mm，自上而下逐段钻孔与灌浆；上段灌后不必待凝，进行下段的钻灌，如此循环，直至终孔；可以多次重复灌浆，可以使用较高的灌浆压力。其优点是：工艺简便、成本低、效率高，灌浆效果好。其缺点是：当灌注时间较长时，容易造成灌浆管被水泥浆凝住的现象。该法对孔口封闭器的质量要求较高，以保证灌浆管灵活转动和上下活动。

孔口封闭灌浆法是近年来发展起来的一种灌浆新技术，在许多工程中相继得到应用。在一些有喀斯特发育地层的水利水电工程，其帷幕灌浆采用孔口封闭灌浆法，也取得了较好防渗效果。

需要说明的是，灌浆孔段的划分对灌浆质量有一定影响。原则上说，灌浆孔段的长度应该根据岩层裂缝分布情况确定，每一孔段的裂隙分布应大体均匀，以便施工操作和提高灌浆质量。一般情况下，灌浆孔段的长度多控制在 5～6m。如果地质条件好，岩层比较完整，段长可适当放长，但也不宜超过 10m；在岩层破碎，裂隙发育的部位，段长应适当缩短，可取 3～4m；而在破碎带、大裂隙等漏水严重的地段以及坝体与基岩的接触面，应单独分段进行处理。

4. 灌浆压力

灌浆压力通常是指作用在灌浆段中部的压力，可由下式来确定：

$$P=P_1+P_2\pm P_f \tag{3-2}$$

式中：P 为灌浆压力，MPa；P_1 为灌浆管路中压力表的指示压力，MPa；P_2 为计入地下水水位影响以后的浆液自重压力，浆液的密度按最大值计算，MPa；P_f 为浆液在管路中流动时的压力损失，MPa。

计算 P_f 时，如压力表安设在孔口进浆管上（纯压式灌浆），则按浆液在孔内进浆管中流动时的压力损失进行计算，在公式中取负号；当压力表安设在孔口回浆管上（循环式灌浆），则按浆液在孔内环形截面回浆管中流动时的压力损失进行计算，在公式中取正号。

灌浆压力是控制灌浆质量、提高灌浆经济效益的重要因素。确定灌浆压力的原则是：在不致破坏基础和坝体的前提下，尽可能采用比较高的压力。高压灌浆可以使浆液更好地压入细小缝隙内，增大浆液扩散半径，析出多余的水分，提高灌注材料的密实度。

灌浆压力的大小，与孔深、岩层性质、有无压重以及灌浆质量要求等有关，可参考类似工程的灌浆资料，特别是现场灌浆试验成果确定，并且在具体的灌浆施工中结合现场条件进行调整。

帷幕灌浆是在混凝土压重条件上进行的，其表层孔段的灌浆压力不宜小于1～1.5倍帷幕的工作水头，底部孔段不宜小于2～3倍工作水头。对于固结灌浆，若为浅孔，且无盖重时，其压力可采用0.2～0.5MPa；有盖重时，采用0.3～0.7MPa。在地质条件较差或软弱岩层中，应适当降低灌浆压力。

通常，将灌浆压力大于3～5MPa的灌浆称为高压灌浆，如隔河岩工程的帷幕灌浆，其灌浆压力达到5MPa，长江三峡工程永久船闸部位的竖井围岩固结灌浆时，其压力也达到5MPa。但当灌浆压力过高时，要特别注意是否会导致岩体裂隙扩大，引起基础或坝体的抬动变形。

5. 灌浆压力和浆液稠度的控制

在灌浆过程中，合理地控制灌浆压力和浆液稠度，是提高灌浆质量的重要保证。

灌浆过程中灌浆压力的控制基本上有两种类型，即一次升压法和分级升压法。

(1) 一次升压法。灌浆开始后，一次将压力升高到预定的压力，并在这个压力作用下，灌注由稀到浓的浆液。当每一级浓度的浆液注入量和灌注时间达到一定限度以后，就变换浆液配比，逐级加浓。随着浆液浓度的增加，裂隙将被逐渐充填，浆液注入率将逐渐减少，当达到结束标准时，就结束灌浆。这种方法适用于透水性不大，裂隙不甚发育，岩层比较坚硬完整的地方。

(2) 分级升压法。是将整个灌浆压力分为几个阶段，逐级升压直到预定的压力。开始时，从最低一级压力起灌，当浆液注入率减少到规定的下限时，将压力升高一级，如此逐级升压，直到预定的灌浆压力。

分级升压法的压力分级不宜过多，一般以三级为限，例如可分为0.4P、0.7P及P三级，P为该灌浆段预定的灌浆压力。浆液注入率的上、下限，视岩层的透水性和灌浆部位、灌浆次序而定，通常上限可定为80～100L/min，下限为30～40L/min。在遇到岩层破碎透水性很大或有渗透途径与外界连通的孔段时，常采用分级升压法。如果遇到大的孔洞或裂隙，则应按特殊情况处理。处理的原则是低压浓浆，间歇停灌，直到规定的标准结束灌浆。待浆液凝固以后再重新钻开，进行复灌，以确保灌浆质量。

灌浆过程中，必须根据灌浆压力或吸浆率的变化情况，适时调整浆液的稠度，使岩层的大小缝隙既能灌饱，又不浪费。浆液稠度变换可按先稀后浓的原则控制，这是由于稀浆的流动性较好，宽细裂隙都能进浆，使细小裂隙先灌饱，而后随着浆液稠度逐渐变浓，其他较宽的裂隙也能逐步得到良好的充填。帷幕灌浆的浆液配比即水灰比，一般可采用5：1、3：1、2：1、1：1、0.8：1、0.5：1六个比级进行变换，而固结灌浆的浆液配比按2：1、1：1、0.8：1、0.5：1四个比级进行变换。

6. 灌浆强度值（GIN）法灌浆技术

灌浆强度值（Grouting Intensity Number，简称GIN）法是20世纪90年代初期由当时瑞士灌浆专家隆巴迪（Lombardi）提出的一种设计和控制灌浆工程的新方法，国内最初是在小浪底工程和三峡工程得到试验性应用，其后结合孔口封闭孔内循环自上而下分段灌浆工艺，在许多工程的帷幕灌浆施工中有进一步的应用和发展。

灌浆强度值方法的基本概念是：任意孔段的灌浆，都有一定能量的消耗，这个能量消耗的数值，近似等于该孔段最终灌浆压力 P（MPa）和单位灌浆段长度灌入的浆液体积 V（L/m）的乘积 PV，将 PV 定义为灌浆强度值 GIN（$=PV$,MPa・L/m）。

在裂隙岩体灌浆时，由于大裂隙常常注入量大而使用的压力小，细裂隙则注入量小而使用压力高。如果在各个灌浆段的全部灌浆过程中，都控制 GIN 为一常数，就可以自动地对开敞的宽大裂隙限制其注入量，对比较致密的可灌性差的地段提高灌浆压力。因此，该方法在一定程度上自动地适用了岩体地质条件的不规则性，使得沿帷幕体的总注入量达到较合理的分配，最终可以形成一道大致均匀的防渗帷幕。

按照 GIN 法的概念，当控制 GIN 为常数时，在灌浆压力—浆液注入量的坐标系上（图 3-10），GIN 曲线是一条双曲线，其值越大，曲线离开原点的距离越远；通过对最大灌浆压力和最大注入量的限制，就可以组成一条对灌浆过程进行控制的包络线。在实际灌浆监控过程中，如何选取合适的 GIN 值是该方法成败的关键，但其需要考虑的因素较多，一般需要通过理论计算和类比相关工程经验并结合工程的具体条件综合选定。

GIN 法灌浆的主要技术要点：

（1）只采用稳定、中等稠度的浆液，以达到减少沉淀、防止过早阻塞渗透通道和获得密实、耐久的浆液结石的目的。

（2）在整个灌浆过程中尽可能只使用一种配合比的浆液，以简化工艺、减少故障，提高效率。

（3）根据 GIN 曲线控制灌浆压力，在需要的地方尽量使用高的压力，而在有害和无益的地方也要避免使用高压力。

（4）在现场用计算机控制灌浆过程，实时监控灌浆压力和浆液的注入量监视和绘制 P—V 过程曲线，并对比相应的 GIN 包络曲线图，判断灌浆工作的完成情况。

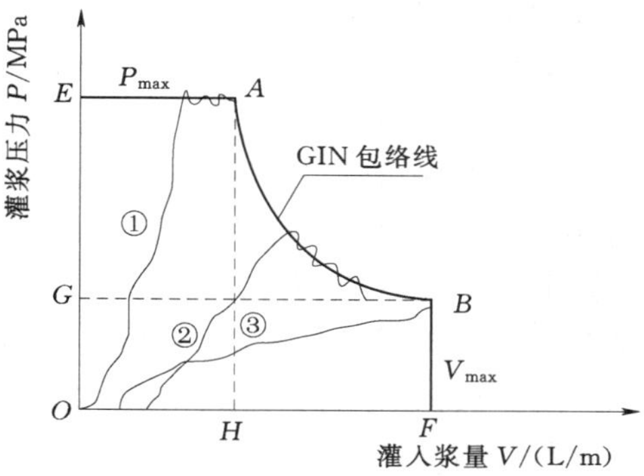

图 3-10　GIN 法帷幕灌浆的过程控制

图 3-10 反映了采用 GIN 法进行帷幕灌浆时灌浆压力与浆液注入率的控制过程。在图中曲线①为裂隙不发育或微细裂隙地层的灌浆过程线，其注入量少，但灌浆压力上升很快，最终压力落在最大控制压力处；曲线②为中等发育裂隙地层的灌浆过程，其灌浆压力随注入量平稳增加，最终达到 GIN 包络线处；曲线③为宽大张开裂隙地层的灌浆过程，一般通过限流，间歇后复灌等措施，其结束点落在由最大控制注入量 V_{max} 确定的 BF 线上。

7. 灌浆结束与封孔

灌浆的结束条件，一般用两个指标来控制，一个是残余吸浆量，又称最终吸浆量，即灌到最后的限定吸浆量；另一个是闭浆时间，即在残余吸浆量不变的情况下保持设计规定压力的延续时间。

无论帷幕灌浆或固结灌浆，在设计规定的压力之下，灌浆孔段的浆液注入率不大于1.0L/min后，再延续灌注30min，就可结束灌浆。

灌浆结束以后，应随即将灌浆孔清理干净。对于帷幕灌浆孔，宜采用浓浆灌浆法填实，再用水泥砂浆封孔；对于固结灌浆，孔深小于10m时，可采用机械压浆法进行回填封孔，即通过深入孔底的灌浆管压入浓水泥浆或砂浆，顶出孔内积水，随浆面的上升，缓慢提升灌浆管。当孔深大于10m时，其封孔与帷幕孔相同。

（五）灌浆的质量检查

基岩灌浆属于隐蔽性工程，必须特别重视灌浆质量的控制与检查。一方面要认真做好灌浆施工的原始记录，严格控制灌浆施工的工艺，防止违规操作；另一方面，在一个灌浆区灌浆结束以后，必须进行专门性的质量检查，作出科学的灌浆质量评定。基岩灌浆的质量检查结果，是整个工程验收的重要依据。

对于帷幕灌浆，其质量检查的方法：在已灌地区钻设检查孔，通过压水试验（透水率q）和钻取岩芯，结合施工纪录和相关资料进行综合评定。

对于固结灌浆，一般按灌浆孔总数的5%钻取检查孔，除需要通过钻孔取岩芯和进行压水试验外，还要求采用地球物理勘探技术测定基岩的弹性波速度，必要时还须进行岩石的弹性模量（变形模量）检测。

基岩的弹性波速度参数，可采用岩石声波仪通过单孔或跨孔法取得，也可采用大功率声波仪或地震仪跨孔检测，检测的参数主要为纵波速度 C_p（m/s），必要时也可根据波形判读横波速度 C_s（m/s）。

基岩的弹性模量（变形模量）参数，是将钻孔弹模计放到检查孔内，通过承压板对孔壁的作用，取得加力与变形的相对关系曲线，通过计算得到 E 值（GPa）。

为了判断固结灌浆效果和岩石质量的改善情况，一般要求在实施灌浆前利用压水试验进行相应的参数检测，将灌浆前后的物探测值变化情况进行对比分析。

【例3-1】 大渡河瀑布沟地下厂房进水塔基础固结灌浆。该检测区岩性大部分为弱风化带上部的花岗岩，为Ⅳ类岩体，呈碎裂结构与镶嵌结构，检查孔孔径76mm，孔深35m，其中5m以内为盖重混凝土，检测范围为5～35m。检测区域灌浆前后的声波和弹性模量检测值的变化统计成果见表3-2和表3-3。

表3-2　固结灌浆灌浆前后岩体声波速度分布统计对比

岩体声波速度 C_p/(m/s)		<2500	2500～3000	3000～3500	3500～4000	4000～4500	4500～5000	>5000	平均波速/(m/s)
灌前	点数	40	29	35	53	111	91	94	4179
	百分比/%	8.83	6.40	7.83	11.0	24.50	20.09	20.75	
灌后	点数	0	0	5	16	103	161	168	4795
	百分比/%	0.00	0.00	1.10	3.53	22.74	35.54	37.09	

表 3-3　　固结灌浆灌浆前后的弹性模量分布统计对比

弹性模量 E/GPa		<1.0	1.0～2.0	2.0～3.0	3.0～4.0	4.0～5.0	5.0～6.0	>6.0	弹性模量均值/GPa
灌前	点数	1	1	1	1	3	1	13	7.87
	百分比/%	4.76	4.76	4.76	4.76	14.29	4.76	61.90	
灌后	点数	0	0	0	1	0	2	18	9.34
	百分比/%	0	0	0	4.77	0	9.52	85.71	

由表中灌前检测数据可看出：待灌浆区域的岩体在各个波速段都有分布，岩性较坚硬，但裂隙发育，完整性较差。经过灌浆处理后，由于裂隙填充结石的作用，岩体声波速度小于 3000m/s 、变形模量低于 3GPa 的测点基本消失，声波速度平均达到 4795m/s，相对于灌前提高了 14.7%，而弹性模量均值达到 9.34GPa，提高了 18.8%。质量检测结果反映了固结灌浆对改善破碎、软弱岩体力学特性所具有的效果。

四、化学灌浆

化学灌浆是在水泥灌浆基础上发展起来的一种能够满足一些特定要求的灌浆技术。它采用有机高分子材料配制成的浆液作为灌浆材料，将化学浆液灌入地基或建筑物的裂缝中，经胶凝固化后，可以达到防渗、堵漏、补强、加固的目的。化学灌浆在基岩处理中，是作为水泥灌浆辅助手段的。它主要用于：岩石裂隙与空隙细小（在 0.1mm 以下），普通水泥颗粒材料难于灌入；对基础的防渗或强度有较高的指标要求；地层渗透水流的速度较大，其他灌浆材料不能及时封堵等特定条件下的灌浆处理。

1. 化学灌浆的特性

化灌材料有很多品种，按灌浆的目的可分为防渗堵漏和补强加固两大类。属于前者的有水玻璃、丙凝类、聚氨酯类等，属于后者的有环氧树脂类、甲凝类等，每种材料都有其特殊的性能和应用条件。

相对于水泥颗粒灌浆材料，化学浆液作为灌浆材料主要有以下特性：

(1) 化学浆液的黏度低，有的接近于水，有的甚至比水还小。由于其流动性好，可灌性高，可以灌入水泥浆液灌不进去的细微裂隙中。

(2) 化学浆液的聚合时间（或称胶凝时间，固化、硬化时间）一般能够比较准确地掌握，从几秒到几十分钟，有利于机动灵活地进行施工控制。

(3) 化学浆液聚合后的聚合体，渗透系数很小，一般为 10^{-6}～10^{-8}cm/s，几乎不透水，表现出较好的防渗特性。

(4) 有些化学浆液聚合体本身的强度及黏结强度比较高，可承受高水头和外加荷载。如用于加固补强的甲凝、环氧树脂等，而聚氨酯对防渗与加固都有作用。

(5) 化灌材料聚合体的稳定性和耐久性均较好，能抗酸、碱及微生物的侵蚀。但一般高分子化学材料都存在老化问题。

(6) 化灌材料都有一定毒性，在配制、施工过程中要十分注意劳动防护，并切实防止对环境的污染。

2. 化学灌浆的施工

由高分子化学材料配制的浆液一般为纯溶液，不存在粒状灌浆材料所存在的沉淀问题，故化学灌浆都采用纯压式灌浆。

化学灌浆的钻孔和清洗工艺及技术要求，与水泥灌浆基本相同，并要求遵循分序加密的原则进行钻孔和灌浆。

化学灌浆的方法，按浆液的混合方式区分，有单液法灌浆和双液法灌浆。一次配制成的浆液或两种浆液组分在泵送灌注前先行混合的灌浆方法称为单液法。两种浆液组分在泵送后才混合的灌浆方法称为双液法。前者施工相对简单，在工程中使用较多；后者往往可以达到严格控制聚合时间的要求。

为了保持连续供浆，现在多采用电动式比例泵提供压送浆液的动力。比例泵是专用的化学灌浆设备，由两个出浆量能够任意调整、可实现按设计比例压浆的活塞泵所构成。对于小型工程和个别补强加固的部位，也可采用手压泵。

【例 3-2】 长江三峡工程永久船闸基础的固结灌浆处理。在永久船闸南五竖井部位，存在 f_{1096} 断层，该断层宽度 5m 左右，内含软弱泥化的角砾岩、碎裂花岗岩及疏松软塑夹坚硬碎屑等，断层的规模大、性状差，对结构受力极为不利。为全面提高该部位岩层的力学强度和整体性，对其实施水泥化学复合技术固结灌浆施工，具体措施为：先采用高压旋喷灌浆技术处理松软物质；再用水泥灌浆充填挤压大裂隙，增加被灌岩体的强度；最后将化学浆液灌注到细微裂隙中，使多裂隙的断层胶结成一个整体。

水泥灌浆采用孔口封闭、孔内循环灌浆法，逐段灌注改性水泥浆材，全段灌浆压力控制在 5MPa 以内。化学灌浆的浆材为长江科学院研制的 CW 系材料，采用分段阻塞、纯压式灌注的方式，各段压力逐级增加，最终控制在 5MPa 以内。在施工中，按水泥Ⅰ序孔、水泥Ⅱ序孔、化灌Ⅱ序灌水泥浆、化灌Ⅱ序孔及化灌Ⅰ序孔的分序方法，逐步进行钻灌。

对灌浆质量的检查，主要是通过检查孔分别进行压水试验检测声波与变形模量。据压水试验成果，随着各序孔的灌浆完成，岩层的透水率呈明显递减趋势，如在竖井北壁，其透水率递减过程为 2.87Lu→2.76Lu→1.15Lu→0.37Lu→0.22Lu→0Lu；就灌前灌后的声波和变形模量检测结果进行统计与对比，岩体的弹性波速度平均提高了 46.3%，变形模量 E 超过 8GPa 的检测点达到 85%以上。

第二节 砂砾石地层灌浆

在砂砾石地层上修建水工建筑物，也可采用灌浆方法来建造防渗帷幕。其主要优点是：灌浆帷幕体对基础的变形具有较好的适应性，施工的灵活性大，较之其他方法，在深厚砂砾石地层施工相对简便和经济。

砂砾石地层具有结构松散、空隙率大、渗透性强的特点，在地层中成孔较困难，与基岩钻灌有很大差别。因此，在砂砾石地层中灌浆，有一些特殊的技术要求与施工工艺。

一、砂砾石地基的可灌性

砂砾石地基的可灌性，是指砂砾石地层能否接受灌浆材料灌入的一种特性，是决定灌浆效果的先决条件。砂砾石地基的可灌性主要取决于地层的颗粒级配、灌浆材料的细度、灌浆压力、浆液稠度及灌浆工艺等因素。

在工程实践中，常以可灌比值 M 来衡量地层的可灌性。可灌比值 M 的计算式为

$$M=D_{15}/d_{85} \tag{3-3}$$

式中：D_{15}为砂砾石地层颗粒级配曲线上累计含量为15%的粒径，mm；d_{85}为灌浆材料颗粒级配曲线上累计含量为85%的粒径，mm。

可灌比值M愈大，接受颗粒浆材的可灌性愈好。一般认为当$M=10\sim15$时，宜灌注水泥黏土浆；当$M\geqslant15$时，则可以灌注水泥浆。显然，可灌比是对由颗粒材料组成的浆材而言的，化学浆材不存在可灌比问题。

根据一些工程的灌浆实践经验，当砂砾石地层中粒径小于0.1mm的颗粒少于5%时，可以实现水泥黏土浆的有效灌注。

对于砂砾石地层可灌性的认识，目前仍停留在半经验阶段。具体工程中的砂砾石地层是否可灌及其防渗效果，一般需要通过灌浆试验来决定。

二、灌浆材料

基岩灌浆以水泥灌浆为主，而砂砾石地层的灌浆，一般以水泥黏土浆为宜。因为在砂砾石地层中灌浆，多限于修筑防渗帷幕，对浆液结石强度要求不高，28d强度0.4～0.5MPa就可满足要求，而帷幕体的渗透系数则要求在$10^{-4}\sim10^{-6}$cm/s以下。

配制水泥黏土浆所使用的黏土，要求遇水后能迅速崩解分散，吸水膨胀，具有一定的稳定性和黏结力。浆液的配比，水泥与黏土的比例多为1∶1～1∶4（重量比），水和干料的比例多在1∶1～3∶1（重量比）。有时为了改善浆液的性能，可掺加少量膨润土或其他外加剂。

水泥黏土浆的稳定性与可灌性指标均比纯水泥浆优越，费用也低廉，其缺点是：析水率低，排水固结时间长，浆液结石强度低，抗渗性及抗冲性较差。

有关灌浆材料的选用，浆液配比的确定以及浆液稠度的分级等问题，可根据地层特性与灌浆设计要求，通过室内外的试验来确定。

三、钻灌方法

砂砾石地层的钻孔灌浆方法有：① 打管灌浆；② 套管灌浆；③ 循环钻灌；④ 预埋花管灌浆。分别介绍如下。

1. 打管灌浆法

打管灌浆就是将带有灌浆花管的厚壁无缝钢管，直接打入受灌地层中，并利用它进行灌浆，如图3-11所示。其施工程序是：先将钢管打入到设计深度，再用压力水将管内冲洗干净，然后用灌浆泵进行压力灌浆，或利用浆液自重进行自流灌浆。灌完一段以后，将钢管起拔一个灌浆段高度，再进行冲洗和灌浆，如此自下而上，拔一段灌一段，直到结束。

该方法设备简单，操作方便，适用于砂砾石层较浅、结构松散、颗粒不大、容易打管和起拔的地层。此法所灌成的帷幕体，防渗性能一般，多用于一些临时性工程。

2. 套管灌浆法

套管灌浆的施工程序是：一边钻孔，一边跟着下护壁套管。或者，一边打设护壁套管，一边冲掏管内的砂砾石，直到套管下到设计深度。然后将钻孔冲洗干净，下入灌浆管，起拔套管到第一灌浆段顶部，安好止浆塞，对第一段进行灌浆。如此自下而上，逐段提升灌浆管和套管，逐段灌浆，直到结束。

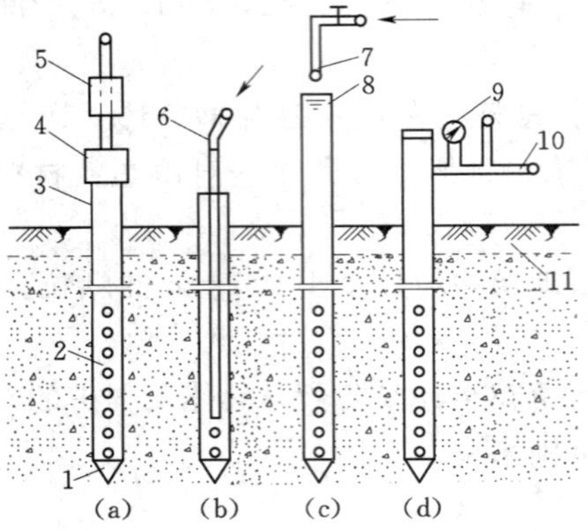

图 3-11　打管灌浆法施工程序

(a) 打管；(b) 冲洗；(c) 自流灌浆；(d) 压力灌浆

1—管锥；2—带孔花管；3—钢管；4—管帽；5—打管锤；6—冲洗管；7—注浆管；8—浆液面；9—压力表；10—进浆管；11—盖重层

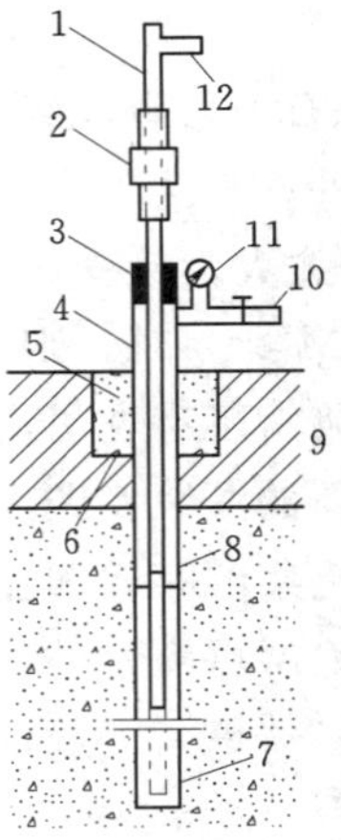

图 3-12　循环钻灌法

1—灌浆管；2—钻机竖轴；3—封闭器；4—孔口管；5—混凝土封口；6—防浆环；7—射浆花管；8—孔口管下部花管；9—盖重层；10—回浆管；11—压力表；12—进浆管

采用这种方法灌浆，由于有套管护壁，不会产生坍孔埋钻等事故。但是，在灌浆过程中，浆液容易沿着套管外壁向上流动，甚至产生地表冒浆。如果灌浆时间较长，则又会胶结套管，造成起拔的困难。

3. 循环钻灌法

这是一种我国自创的灌浆方法。实质上是一种自上而下，钻一段灌一段，无需待凝，钻孔与灌浆循环进行的施工方法。钻孔时用黏土浆或最稀一级水泥黏土浆固壁。钻孔长度，即灌浆段的长度，视孔壁稳定和砂砾石层渗漏程度而定。对于容易坍孔和渗漏严重的地层，分段短一些，反之则长一些，一般为 1～2m。灌浆时可利用钻杆作灌浆管。

用这种方法灌浆，必须做好孔口封闭，以防止地面抬动和地表冒浆，并有利于提高灌浆的质量。图 3-12 是循环钻灌法的施工布置图。

在四川冶勒水电站超过 100m 深度的砂砾石地层，采用循环钻灌法进行防渗帷幕施工，取得了较好的效果。

4. 预埋花管灌浆法

这种方法在国际上比较通用。其施工程序如下：

(1) 用回转式或冲击式钻机钻孔，跟着下护壁套管，一次直达孔的全深。

(2) 钻孔结束后，立即进行清孔，清除孔底残留的石渣。

(3) 在套管内安设花管。花管的直径一般为 73～108mm，沿管长每隔 33～50cm 钻一排 3～4 个射浆孔，孔径 1cm。射浆孔外面用橡皮圈箍紧，花管底部要封闭严密牢固，如图 3-13 所示。

(4) 在花管与套管之间灌注填料，边下填料，边起拔套管，连续灌注，直到全孔填满套管拔出为止。填料由水泥、黏土和水配制而成。

(5) 填料要待凝 5～15d，达到一定强度，紧密地将花管与孔壁之间的环形圈封闭起来。

(6) 在花管中下入双栓灌浆塞，灌浆塞的出浆孔要对准射浆孔。先用清水或稀浆压开花管上的橡皮圈，压穿填料，形成通路，为浆液进入地层创造条件，称为开环，然后通过花管的射浆孔进行灌浆。灌完一段，移动双栓灌浆塞，使其出浆孔对准另一排射浆孔，进入另一灌浆段的开环与灌浆。

用预埋花管法灌浆，由于有填料阻止浆液沿孔壁和管壁上升，很少发生冒浆、串浆现象，灌浆压力可相对提高。另外，由于双栓灌浆塞的构造特点，灌浆部位机动灵活，可以进行重复灌浆，对确保灌浆质量是有利的。这种方法的缺点是：花管被填料胶结以后，不能起拔，耗用管材较多。

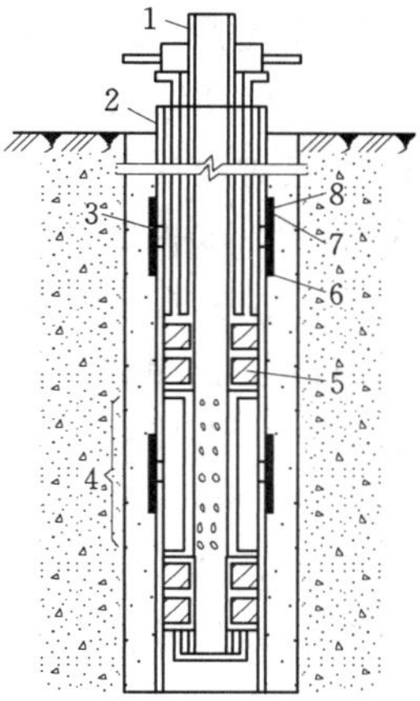

图 3-13　预埋花管灌浆法
1—灌浆管；2—花管；3—射浆管；4—灌浆段；5—双栓灌浆塞；6—防滑环；7—橡皮圈；8—填料

第三节　高压喷射灌浆

20 世纪 70 年代初，日本将高压水射流技术应用于软弱地层的灌浆处理，形成了一种新的地基处理方法——高压喷射灌浆法。该方法利用钻机造孔，然后将带有特制合金喷嘴的灌浆管下到地层预定位置，以高压把浆液或水、气高速喷射到周围地层，对地层介质产生冲切、搅拌和挤压等作用，地层介质被浆液置换、充填和混合，待浆液凝固后，在地层中形成一定形状的力学性能得到改善与提高的凝结体。

通过各孔形成凝结体的连接，就在软弱的地层中形成板式或墙式的结构，不仅可以提高基础的承载力，而且成为一种有效的防渗体。由于高压喷射灌浆具有对地层条件适用性广、浆液可控性好、施工简单等优点，近十多年来在国内外都得到了广泛应用。在应用高压喷射灌浆技术于大颗粒地层、动水、淤泥地层和堆石堤（坝）等场合，已经取得了丰富的经验；同时该技术在加固软弱的地层以作为建筑物的承载地基方面，也表现出较显著的技术经济效益。

一、高压喷射灌浆作用分析

高压喷射灌浆的浆液以水泥浆为主，通过专门的设备，使浆液（或水、气）压力达到 10～30MPa。当如此高压力的浆液喷射至软弱地层时，其对地层的作用和加固机理有如下几个方面：

(1) 冲切掺搅作用。高压喷射流通过对原地层介质的冲击、切割和强烈扰动，使浆液扩散充填地层，并与土石颗粒掺混搅和，硬化后形成凝结体，从而改变原地层结构和组分，达到防渗加固的目的。

(2) 升扬置换作用。随高压喷射流喷出的压缩空气，不仅对射流的能量有维持作用，而且造成孔内空气扬水的效果，使冲击切割下来的地层细颗粒和碎屑升扬至孔口，空余部分由浆液代替，起到了置换作用。

(3) 挤压渗透作用。高压喷射流的强度随射流距离的增加而衰减，至末端虽不能冲切地层，但对地层仍能产生挤压作用；同时，喷射后的静压浆液还在地层产生渗透凝结层，有利于进一步提高抗渗性能。

(4) 位移握裹作用。对于地层中的小块石，由于喷射能量大，以及升扬置换作用，浆液可填满块石四周空隙，并将其握裹；对大块石或块石集中区，如降低提升速度，提高喷射能量，可以使块石产生位移，浆液便深入到空（孔）隙中。

总之，在高压喷射、挤压、余压渗透以及浆气升串的综合作用下，通过对原地层介质的握裹和凝结，从而在软弱地层中形成连续和密实的凝结体。

二、高压喷射凝结体

1. 凝结体的型式

凝结体的型式与高压喷射方式有关。常见有三种：① 喷嘴喷射时，边旋转边垂直提升，简称旋喷，可形成圆柱形凝结体；②喷嘴的喷射方向固定，简称定喷，可形成板状凝结体；③喷嘴喷射时，边提升边摆动，简称摆喷，形成哑铃状或扇形凝结体。如图 3-14 所示。

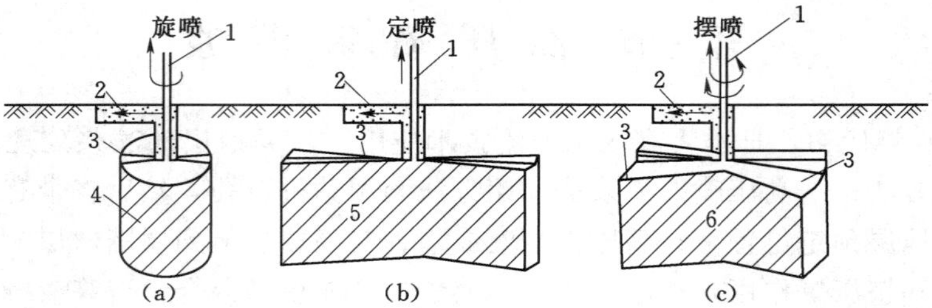

图 3-14 高压喷射灌浆的三种方式

(a) 旋喷；(b) 定喷；(c) 摆喷

1—喷射注浆管；2—冒浆；3—射流；4—旋转成桩；5—定喷成板；6—摆喷成墙

2. 结构布置型式

为了保证高压喷射防渗板（墙）的连续性与完整性，必须使各单孔凝结体在其有效范围内相互可靠连接，这与设计的结构布置型式及孔距有很大关系。

常用的结构布置型式如图 3-15 所示。其中柱摆结构和旋喷套接结构的防渗效果较好。

各喷射灌浆孔的孔距大小，对凝结体间的可靠连接和工程进度与造价影响较大。孔距应根据地层条件、防渗要求、施工方法与工艺、结构布置型式及孔深等因素综合考虑，重要的工程应通过现场试验确定。

三、高压喷射灌浆的施工方法

高压喷射灌浆的基本方法有单管法、双管法、三管法及多管法等几种，它们各有特点，应根据工程要求和地层条件选用。

(1) 单管法。采用高压灌浆泵以大于 20MPa 的高压将浆液从喷嘴喷出，冲击、切割

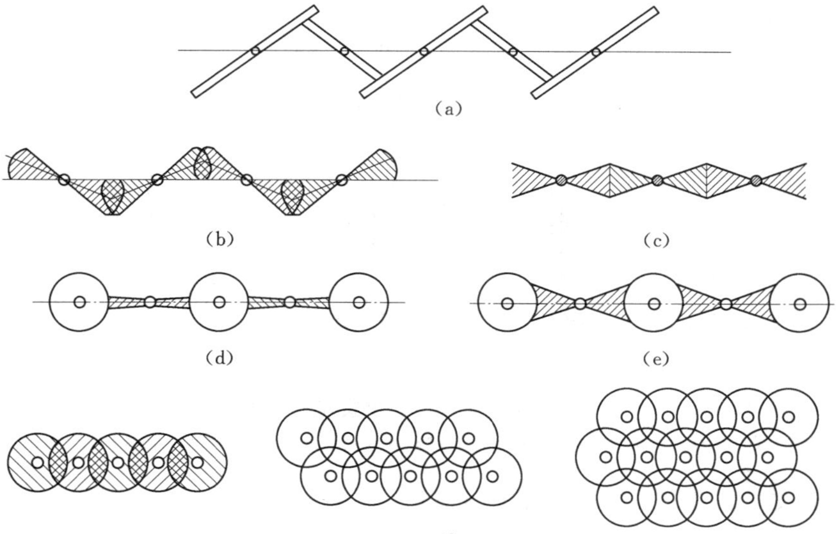

图 3－15 高压喷射凝结体的结构布置型式
(a) 定喷折线结构；(b) 摆喷折线结构；(c) 摆喷对接结构；(d) 柱定结构；
(e) 柱摆结构；(f) 旋喷套接结构（单排、双排、三排）

周围地层，并产生搅和、充填作用，硬化后形成凝结体。该方法施工简易，但地层改善的有效范围小。

(2) 双管法。采用两个管道，分别将浆液和压缩空气直接射入地层，浆压达 45～50MPa，气压 1～1.5MPa。由于射浆具有足够的射流强度和比能，易于将地层加压密实。这种方法工效高，效果好，尤其适合处理地下水丰富、含大粒径块石及孔隙率大的地层。

(3) 三管法。用水管、气管和浆管组成喷射杆，水、气的喷嘴在上，浆液的喷嘴在下。随着喷射杆的旋转和提升，先有高压水和气的射流冲击扰动地层，再以低压注入浓浆进行掺混搅拌。常用参数为：水压 38～40MPa，气压 0.6～0.8MPa，浆压0.3～0.5MPa。

如果将浆液也改为高压（浆压达 20～30MPa）喷射，浆液可对地层进行二次切割、充填，其作用范围就更大。这种方法称为新三管法。

(4) 多管法。其喷管包含输送水、气、浆管、泥浆排出管和探头导向管。采用超高压水射流（40MPa）切削地层，所形成的泥浆由管道排出，用探头测出地层中形成的空间，最后由浆液、砂浆、砾石等置换充填。多管法可在地层中形成直径较大的柱状凝结体。

四、施工程序与工艺

高压喷射灌浆的施工程序主要有造孔、下喷射管、喷射提升（旋转或摆动）、成桩或墙。如图 3－16 所示。

(1) 造孔。在软弱透水的地层进行造孔，应采用泥浆固壁或跟管（套管法）的方法确保成孔。造孔机具有回转式钻机、冲击式钻机等。目前用得较多的是立轴式液压回转钻机。为保证钻孔质量，孔位偏差应不大于 1～2cm，孔斜率小于 1%。

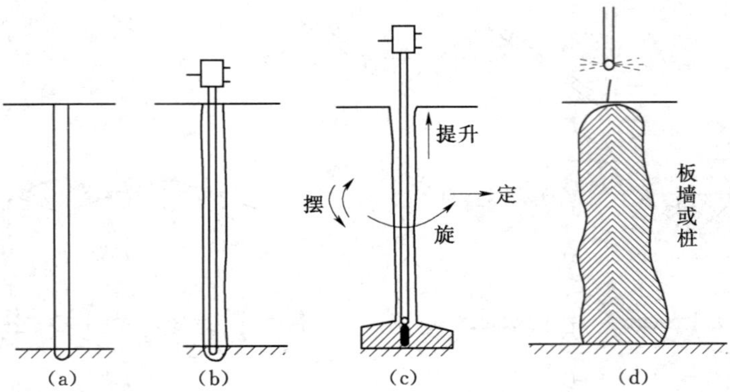

图 3-16 高压喷射灌浆施工程序

(a) 造孔；(b) 下喷射管；(c) 喷射提升（旋转或摆动）；(d) 成桩或成墙

（2）下喷射管。在泥浆固壁条件下的钻孔，可以将喷射管直接下入孔内，直到孔底。用跟管钻进的孔，可在拔管前向套管内注入密度大的塑性泥浆，边拔边注，并保持液面与孔口齐平，直至套管拔出，再将喷射管下到孔底。将喷嘴对准设计的喷射方向，不偏斜，是确保喷射灌浆成墙的关键。

（3）喷射灌浆。根据设计的喷射方法与技术要求，将水、气、浆送入喷射管，喷射1～3min；待注入的浆液冒出后，按预定的速度自上而下边喷射边转动、摆动，逐渐提升到设计高度。进行高压喷射灌浆的设备由造孔、供水、供气、供浆和喷灌等五大系统组成。图 3-17 为高压喷射灌浆系统示意图。

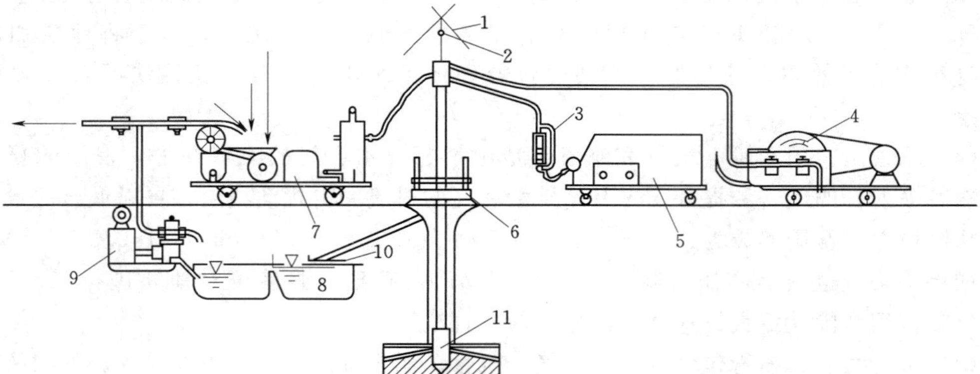

图 3-17 高压喷射灌浆系统示意图

1—三角架；2—卷扬机；3—流量计；4—高压水泵；5—空压机；6—孔口装置；7—搅浆机；8—贮浆池；9—回浆泵；10—筛；11—喷头

【例 3-3】 二滩水电站围堰工程堰基防渗板墙施工。

四川雅砻江二滩水电站工程的上、下游围堰为黏土斜心墙堆石坝，围堰堰基的防渗均采用高喷防渗板墙。上游围堰的高喷防渗板墙底部与灌浆帷幕相连，下游为悬挂式，高喷防渗板墙的顶部则与围堰防渗体相接。上游围堰需承受的最大水头约97m，下游围堰为60m。作为围堰堰基，上游覆盖层的厚度15～30m，下游为20～40m，是以块碎石和砂卵砾石为主，并含有大量漂石和大孤石的地层。工程采用双管法高压旋喷工艺，取得了在此类地层建造承受高水头防渗板墙的成功经验。

（1）设计参数。由三排高压旋喷套接柱状孔组成一道防渗板墙，柱状孔直径为1.5m；孔距1.0m，排距0.75m，有效厚度约2.6m；上游围堰板墙下端嵌入基岩0.5～1.0m。

（2）高压喷射施工。采用跟管钻进式钻机，边钻进，边跟套管，在拔出套管之前放入起护壁作用的PVC塑料管，直径约105mm，管壁上匀布窄缝。

双管法高喷的设备有：①超高压灌浆泵（最大压力80MPa）；②空压机（气压2.0MPa，气量20m^3/min）；③履带吊车式高架高喷台车（架高34m，喷射杆长26～30m）。

将喷射杆和喷枪下入PVC管底，从基岩内开始，一边喷浆、喷气，一边旋转提升。PVC管在强大喷射压力下被切割粉碎，浆气射流喷入地层中。

主要施工参数如下：喷嘴浆压42～43MPa，输浆率喷180L/min；嘴气压0.8～1MPa，输气率10m^3/min；喷射杆提升速度20cm/min，喷枪旋转速度25～30r/min；浆液配合比为：水泥：水：膨润土＝840：730：5（1：0.87：0.06）。

按先上、下游排，再中间排的顺序进行施工。每排孔以逐序加密法分三序进行，待一、二序旋喷柱达一定强度时，再开始第三序孔的施喷。

（3）高喷防渗板墙的防渗效果。对上游围堰的检查孔进行压水试验，测得渗透系数为$2.7\times10^{-7}\sim7\times10^{-8}$cm/s（地层原始渗透系数为0.1～1.74cm/s）；下游围堰较上游围堰测值大，渗透系数均在10^{-5}cm/s量级；整个基坑排水量小，加上施工弃水，不超过150m^3/h。结果表明，采用高喷防渗板墙的防渗效果是明显的。

上游围堰造孔总进尺10370m，最大孔深44m，心墙以下截水面积2100m^2，70d竣工；下游围堰造孔总进尺7300m，最大孔深32m，斜墙以下截水面积1560m^2，63d竣工。

第四节 混凝土防渗墙

混凝土防渗心墙（以下简称防渗墙）是一种修建在松散透水地层和土石坝、堤及围堰中起防渗作用的地下连续墙。防渗墙技术在20世纪50年代起源于欧洲，因其结构可靠、防渗效果好、适应各类地层条件、施工简便以及造价低等优点，在国内外得到了广泛应用。近些年来，防渗墙已成为我国水利水电工程覆盖层及土石围堰防渗处理的首选方案。

一、防渗墙的作用与结构特点

防渗墙是一种由混凝土材料浇筑形成的防渗结构，但因其材质与结构的特性，防渗墙实际的应用已远远超出了防渗的范围，还可用来解决防冲、加固、承重及地下截流等工程问题。混凝土防渗墙的具体应用主要有如下几个方面：

（1）控制闸、坝基础（软基）的渗流。

（2）控制土石围堰及其覆盖层基础的渗流。

（3）防止泄水建筑物下游对基础的冲刷。

(4) 加固有病害的土石坝及堤防工程。

(5) 作为一般水工建筑物基础的承重结构。

(6) 拦截地下潜流，抬高地下水位，形成地下水库。

混凝土防渗墙的类型较多，但从其构造特点来说，主要是两类：槽孔（板）型防渗墙和桩柱型防渗墙。前者是我国水利水电工程中混凝土防渗墙的主要型式。

防渗墙系垂直防渗措施，其立面布置有两种型式：封闭式与悬挂式。封闭式防渗墙是指墙体插入到基岩或相对不透水层一定深度，以实现全面截断渗流的目的。而悬挂式防渗墙，墙体只深入地层一定深度，仅能加长渗径，无法完全封闭渗流。

对于高水头的坝体或重要的围堰，有时设置两道防渗墙，共同作用，按一定比例分担水头。这时应注意水头的合理分配，避免造成单道墙承受水头过大而破坏，这对另一道墙也是很危险的。

防渗墙的厚度由防渗水头要求、抗渗耐久性、墙体的应力与强度及施工设备等因素确定，其中，防渗墙的耐久性是指抵抗渗流侵蚀和化学溶蚀的性能，这两种破坏作用均与水力梯度有关。目前，防渗墙厚度 δ（m）的确定主要是从水力梯度考虑的，即

$$\delta = H/J_P \qquad (3-4)$$
$$J_P = J_{max}/K$$

式中：H 为防渗墙的工作水头；J_P 为防渗墙的允许水力梯度；J_{max} 为防渗墙破坏时的最大水力梯度；K 为安全系数。

不同的墙体材料具有不同的抗渗耐久性，其允许水力梯度值 J_P 值也就不同。如普通混凝土防渗墙的 J_P 一般在 80～100，而塑性混凝土因其抗化学溶蚀性能较好，J_{max} 可达 300，J_P 一般在 50～60。许多大型水电工程土石围堰的混凝土防渗墙厚度在 80～120cm。

二、防渗墙的墙体材料

防渗墙的墙体材料，按其抗压强度和弹性模量，一般分为刚性材料和柔性材料。可根据工程性质及技术经济比较后，选择合适的墙体材料。

刚性材料包括普通混凝土、黏土混凝土和掺粉煤灰混凝土等，其抗压强度大于 5MPa，弹性模量大于 10000MPa。柔性材料的抗压强度则小于 5MPa，弹性模量小于 10000MPa，包括塑性混凝土、自凝灰浆和固化灰浆等。另外，现在有些工程开始使用强度大于 25MPa 的高强混凝土，以适应高坝深基础对防渗墙的技术要求。

1. 普通混凝土

普通混凝土是指强度在 7.5～20MPa，不加其他掺和料的高流动性混凝土。由于防渗墙的混凝土是在泥浆下浇筑，故要求混凝土能在自重下自行流动，并有抗离析与保持水分的性能。其坍落度一般为 18～22cm，扩散度为 34～38cm。

2. 黏土混凝土

在混凝土中掺入一定量的黏土（一般为总量的 12%～20%），不仅可以节省水泥，还可以降低混凝土的弹性模量，改变其变形性能，增加其和易性，改善其易堵性。黏土混凝土的强度在 10MPa 左右，抗渗性相对普通混凝土要差。

3. 粉煤灰混凝土

在混凝土中掺加一定比例的粉煤灰，能改善混凝土的和易性，降低混凝土发热量，提

高混凝土密实性和抗侵蚀性，并具有较高的后期强度。这对于防渗墙的施工和运行都是十分有利的。

4. 塑性混凝土

塑性混凝土是由水、水泥、膨润土或黏土、粗骨料、细骨料以及外加剂配制而成。由于水泥用量相对较少，依靠膨润土或黏土取代普通混凝土中的大部分水泥，拌制的混凝土具有较低弹性模量、较低弹强比、较大极限变形，是一种柔性的但有较好防渗性能的混凝土。

塑性混凝土与黏土混凝土的本质区别是后者的水泥用量降低并不多，掺膨润土或黏土的主要目的是改善和易性，并未过多改变弹性模量。塑性混凝土的水泥用量一般为 80～100kg/m^3，膨润土或黏土的用量不少于 40kg/m^3，砂率不低于 45%，水胶比在 0.85～1.20。如此拌制的混凝土作为防渗墙体材料，其抗压强度一般为 1.0～5.0MPa，弹性模量不大于 2000MPa，弹强比在 200～500，渗透系数 10^{-6}～10^{-8}cm/s，渗透破坏坡降不宜小于 300。

由于土石围堰的基础覆盖层和堰体填筑的施工特点，往往会出现较大的沉降和位移，容易导致混凝土防渗墙的受力变形，以致产生墙体开裂。而塑性混凝土因其材料特性，力学强度低，特别是弹性模量值低到与周围介质（基础）相接近，就使得混凝土墙体适应变形的能力大大提高，几乎不产生拉应力，减少了墙体出现变形开裂的可能性。

作为防渗墙的成墙材料，塑性混凝土因其力学特性而表现出技术与经济方面的优越性。我国 1990 年首次在福建水口水电站的主围堰中成功运用塑性混凝土，其后在小浪底工程、三峡工程等围堰防渗墙的墙体材料均采用了塑性混凝土。近 10 年来，塑性混凝土作为防渗墙的成墙材料在许多大中型水电工程建设中得到迅速普及和发展。

5. 自凝灰浆

通过在挖槽的固壁泥浆中加入水泥和缓凝剂而制成的一种柔性混凝土材料。自凝灰浆在凝固前作为造孔用的固壁泥浆，槽孔造成后则自行凝固成墙。自凝灰浆在 1969 年由法国地基公司首先采用。

自凝灰浆每立方固化体需水泥 200～300kg，膨润土 30～60kg，水 850kg，采用糖蜜或木质素磺酸盐类材料作为缓凝剂。凝固后墙体的强度在 0.2～0.4MPa，变形模量 40～300MPa，与土层和砂砾石层比较接近，可以较好地适应防渗墙两侧介质的变形，使得墙身不易开裂。

自凝灰浆的应用，实际上省去了混凝土墙身的浇筑工序，大大简化了施工程序，使此类防渗墙的建造速度加快、成本降低。在水头不大的堤坝基础及围堰工程中使用较多。

6. 固化灰浆

在槽段造孔完成后，向槽内固壁泥浆中加入水泥等固化材料，砂子、粉煤灰等掺合料，水玻璃等外加剂，经机械搅拌或压缩空气搅拌后，凝固成墙体。如此形成的墙体，其强度在 0.5MPa 左右，弹性模量 100MPa，渗透系数 10^{-6}～10^{-7}cm/s，一般能够满足中低水头条件下的抗渗的要求。

以固化灰浆作墙体材料，可省去导管法混凝土浇筑工序，提高造接头孔工效，减少泥浆废弃，从而减轻劳动强度，加快施工进度。

三、施工工艺

水利水电工程中的混凝土防渗墙，以槽孔型为主，是由一段段槽孔套接而成的地下连续墙。尽管在应用范围、构造型式和墙体材料等方面存在各种类型的防渗墙，但其施工程序与工艺是基本类似的，主要包括：①造孔前的准备工作；②泥浆固壁与造孔成槽；③终孔验收与清孔换浆；④墙体混凝土浇筑；⑤质量检查与验收等过程。

1. 造孔前的准备

做好造孔前准备工作是保证防渗墙施工质量和施工速度的必要环节。

应根据防渗墙的设计要求和槽孔长度的划分，做好槽孔的测量定位工作，并在此基础上，布置和修筑好施工平台和导向槽。

导向槽沿防渗墙轴线设在槽孔上方，用以控制造孔的方向，支撑上部孔壁。它对于保证造孔质量、预防塌孔事故有很大的作用。

导向槽可用木料、条石、灰拌土或混凝土制成。导向槽的净宽一般较防渗墙设计厚度大 80～160mm，高度以 1.0～2.0m 为宜。为了维持槽孔的稳定，要求导向槽应高出地下水位 2.0m 以上。应防止地表积水倒流和便于自流排浆，其顶部高程一般比两侧地面（施工平台）略高。

导向槽安设好后，在槽侧铺设造孔钻机的轨道，安装钻机，修筑运输道路，架设动力和照明路线以及供水供浆管路，做好排水排浆系统，并向槽内充灌固壁泥浆，保持泥浆液面在槽顶以下 30～50cm。做好这些准备工作以后，就可开始造孔成槽。

2. 固壁泥浆和泥浆系统

要在松散透水的地层和土石填筑的坝（堰）体内进行数 10m 深的开槽成墙，如何维持槽孔孔壁的稳定就成为防渗墙施工的关键技术之一。几十年来的工程探索和实践，已经公认泥浆固壁是解决这类问题的最好方法。在具体施工时，先将特殊拌制的泥浆放入由导向槽围护的槽段内，机械钻孔挖槽和混凝土浇筑均在泥浆中进行，直至墙体形成。

泥浆处于深槽内时，其固壁原理及作用如下：

(1) 由于槽孔内的泥浆液面要求高于地层的水面，故泥浆压力高于地下水压力，使得泥浆能够渗入槽壁介质中，其中较细的颗粒进入空隙，较粗的颗粒附在孔壁上，形成泥皮。泥皮对地下水的流动形成阻力，使槽孔内的泥浆与地层被泥皮隔开。

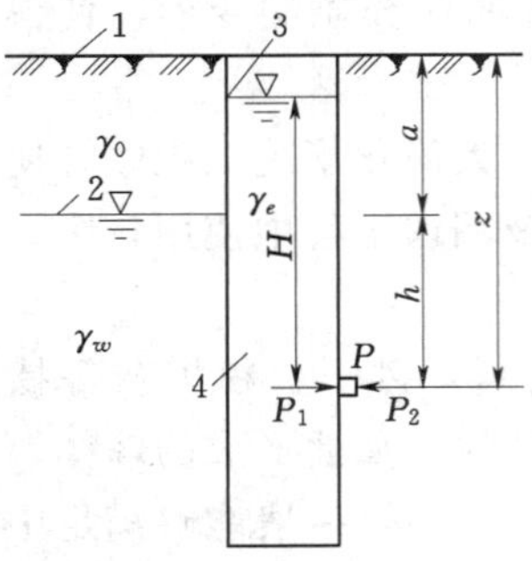

图 3-18　泥浆固壁原理
1—地面；2—地下水面；
3—泥浆液面；4—泥浆

(2) 泥浆对槽壁所产生的侧压力通过泥皮作用在槽壁上（图 3-18），与地层的土侧压力及水压力形成了压力平衡，这是保证槽壁稳定的关键。

在槽孔壁面任一点土体 P，其侧向稳定的极限平衡条件为

$$P_1 = P_2 \tag{3-5}$$

即

$$\gamma_e H = \gamma h + [\gamma_0 a + (\gamma_w - \gamma) h] K \tag{3-6}$$

其中

$$K = \tan^2\left(45° - \frac{\varphi}{2}\right) \tag{3-7}$$

式中：P_1 为泥浆压力，kN/m²；P_2 为地下水压力和土压力之和，kN/m²；γ_e 为泥浆的容重，kN/m³；γ 为水的容重，kN/m³；γ_0 为土的干容重，kN/m³；γ_w 为土的饱和容重，kN/m³；K 为土的侧压力系数；φ 为土的内摩擦角，一般可取 $K=0.5$；其他符号均如图 3-18 所示。

（3）在造孔挖槽过程中，泥浆尚有悬浮和携带岩屑、冷却润滑钻头的作用。

（4）在进行混凝土浇筑成墙后，渗入槽壁的泥浆和胶结在槽壁的泥皮，对防渗也可起辅助作用。

由于泥浆在混凝土防渗墙施工中的特殊重要性，国内外工程对于泥浆的制浆土料、配比以及质量控制等方面均有严格的要求。

固壁泥浆的制浆材料主要有膨润土、普通黏土、水以及改善泥浆性能的掺和料，如加重剂、增粘剂、分散剂和堵漏剂等。膨润土是以蒙脱石为主要矿物成分的黏土，由膨润土拌制的泥浆，其性能优于普通黏土泥浆。制浆材料通过搅拌机进行拌制，经筛网过滤后，放入专用储浆池备用。

根据大量的工程实践，我国制浆土料的基本要求是：黏粒含量大于 45%，塑性指数大于 20，含砂量小于 5%，氧化硅与三氧化二铝含量的比值以 3～4 为宜。

泥浆的密度是一项对槽壁稳定非常重要的指标，一般规定新制膨润土泥浆的密度应为 1.05～1.10g/cm³，重复使用的泥浆密度为 1.05～1.25g/cm³。

泥浆的造价一般可占防渗墙总造价的 15%以上，故应尽量做到泥浆的再生净化和回收利用，以降低工程造价，同时也有利于环境的保护。

3. 造孔成槽

造孔成槽工序约占防渗墙整个施工工期的一半，槽孔形成的精度直接影响混凝土防渗墙的成墙质量。选择合适的造孔机具与挖槽方法对于提高防渗墙的施工质量、加快施工速度至关重要。混凝土防渗墙之所以得到广泛应用，也是与造孔机具的发展和造孔挖槽技术的提高密切相关的。

用于防渗墙开挖槽孔的机具，主要有冲击钻机、冲击反循环钻机、回转钻机、钢绳或液压抓斗及液压铣槽机等。它们的工作原理、适用的地层条件及工作效率有一定差别。对于复杂多样的地层，一般要多种机具配套使用。

进行造孔挖槽时，为了提高工效，通常要先划分槽段，然后在一个槽段内，划分主孔和副孔，采用钻劈法、钻抓法、分层钻进法或铣削法等方法成槽。

（1）钻劈法。又称“主孔钻进，副孔劈打”法，如图 3-19 所示。它是利用冲击式钻机的钻头自重，首先钻凿主孔，当主孔钻到一定深度后，就为劈打副孔创造了临空面。使用冲击钻劈打副孔产生的碎渣。有两种出渣方式：利用泵吸设备将泥浆连同碎渣一起吸出槽外，通过再生处理后，泥浆可以循环使用；也可用抽砂筒及接砂斗出渣，钻进与出渣间歇性作业。这种方法一般要

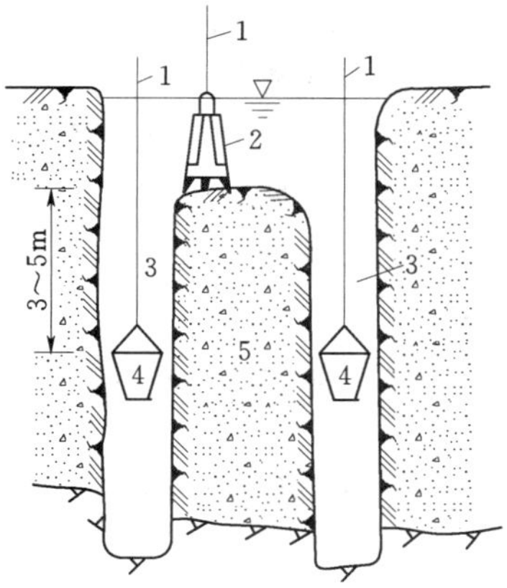

图 3-19　钻劈法造孔成槽
1—钢丝绳；2—钻头；3—主孔；4—接砂斗；5—副孔

求主孔先导 8～12m，适用于砂砾石等地层。

（2）钻抓法。又称“主孔钻进，副孔抓取”法，如图 3－20 所示。它是先用冲击钻或回转钻钻凿主孔，然后用抓斗抓挖副孔，副孔的宽度要求小于抓斗的有效作用宽度。这种方法可以充分发挥两种机具的优势，抓斗的效率高，而钻机可钻进不同深度地层。具体施工时，可以两钻一抓，也可三钻两抓、四钻三抓形成不同长度的槽孔。钻抓法主要适合于粒径较小的松散软弱地层。

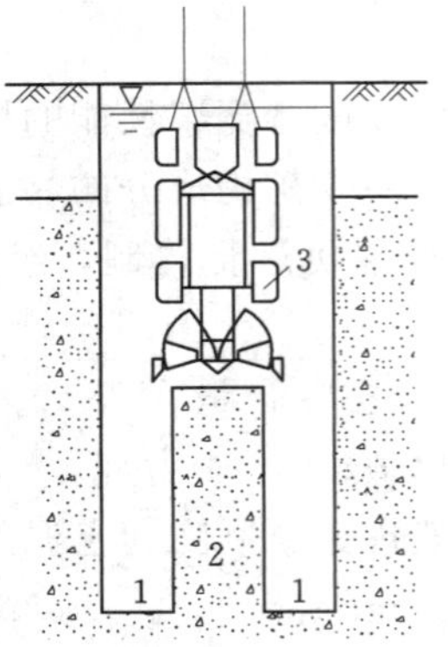

图 3－20　钻抓法成槽过程

1—主孔；2—副孔；3—抓斗

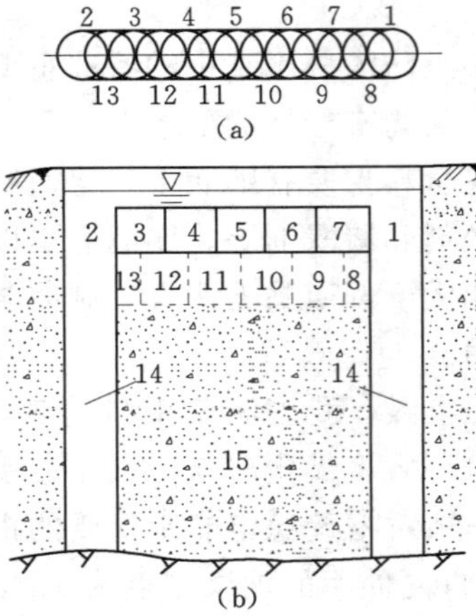

图 3－21　分层钻进成槽法

（a）平面图；（b）剖面图

1～13—分层钻进顺序；14—端孔；15—分层平挖部分

（3）分层钻进法。常采用回转式钻机造孔，如图 3－21 所示。分层成槽时，槽孔两端应领先钻进导向孔。它是利用钻具的重量和钻头的回转切削作用，按一定程序分层下挖，用砂石泵经空心钻杆将土渣连同泥浆排出槽外，同时不断地补充新鲜泥浆，维持泥浆液面的稳定。分层钻进法适于均质细颗粒的地层，使碎渣能从排渣管内顺利通过。

（4）铣削法。采用液压双轮铣槽机，先从槽段一端开始铣削，然后逐层下挖成槽。液压双轮铣槽机是目前一种比较先进的防渗墙施工机械，它由两组相向旋转的铣切刀轮，对地层进行切削，这样可抵消地层的反作用力，保持设备的稳定。切削下来的碎屑集中在中心，由离心泥浆泵通过管道排出到地面（图 3－22）。

铣削法多用于砾石以下细颗粒松散地层和软弱岩层，其施工效率高、成槽质量好，但成本较高。

另外，在挖孔成槽施工时，如遇到孤石或硬岩石，可辅与重凿冲砸或钻孔爆破等方法进行处理。

以上各种造孔挖槽的方法，都采用泥浆固壁，在泥浆液面下钻挖成槽的。在造孔过程中，要严格按操作规程施工，防止掉钻、卡钻、埋钻等事故发生；必须经常注意泥浆液面的稳定，发现严重漏浆时，要及时补充泥浆，采取有效的止漏措施；要定时测定泥浆的性能指标，并控制在允许范围以内；应及时排除废水、废浆、废渣，不允许在槽口两侧堆放重物，以免影响工作，甚至造成孔壁坍塌；要保持槽壁平直，保证孔位、孔斜、孔深、孔

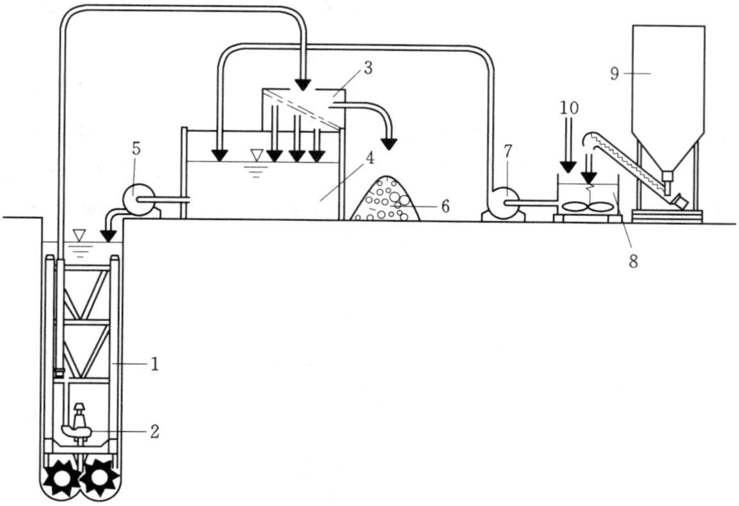

图 3-22 液压铣槽机的工艺流程

1—铣槽机；2—泥浆泵；3—除渣装置；4—泥浆罐；5—供浆泵；6—筛除的钻渣；7—补浆泵；8—泥浆搅拌机；9—膨润土储料罐；10—水源

宽以及槽孔搭接厚度、嵌入基岩的深度等满足规定的要求，防止漏钻漏挖和欠钻欠挖。

4. 清孔换浆

清孔换浆须经终孔验收合格后进行。

终孔验收的项目和要求如表 3-4 所列。清孔换浆的目的，是在混凝土浇筑前，对留在孔底的沉渣进行清除，换上新鲜泥浆，以保证混凝土和不透水地层连接的质量。清孔换浆的方法主要采用泵吸法或气举法，前者适合槽深小于 50m 工况，后者可以完成 100m 以上的清孔。

表 3-4　　终孔验收项目与要求

终孔验收项目	终孔验收要求	终孔验收项目	终孔验收要求
槽位允许偏差	±3cm	一、二期槽孔搭接孔位中心偏差	≤1/3 设计墙厚
槽宽要求	≥设计墙厚	槽孔水平断面上	没有梅花孔、小墙
槽孔孔斜	≤4‰	槽孔嵌入基岩深度	满足设计要求

清孔应该达到的标准是经过 1h 后，孔底淤积厚度不大于 10cm，孔内泥浆密度不大于 $1.3g/cm^3$，黏度不大于 30s，含砂量不大于 10%。一般要求清孔换浆以后 4h 内开始浇筑混凝土。如果不能按时浇筑，应采取措施防止落淤，否则，在浇筑前要重新清孔换浆。

5. 混凝土墙体浇筑

地下混凝土防渗墙的浇筑和一般混凝土浇筑不同，是在泥浆液面下进行的。泥浆下浇筑混凝土的主要特点是：① 不允许泥浆与混凝土掺混形成泥浆夹层；② 确保混凝土与基础以及一、二期混凝土之间的结合；③ 连续浇筑，一气呵成。

泥浆下浇筑混凝土常用直升导管法。在正式浇筑前，应制定浇筑方案，包括：计划浇筑方量、浇筑高程、浇筑机具、人力安排、混凝土配合比、原材料品种及用量、浇筑方法、浇筑顺序等，并绘制槽孔纵剖面图及浇筑导管布置。

浇筑混凝土的导管一般由若干节20～25cm的钢管连接而成，沿槽孔轴线布置，相邻导管的间距在3.5～4.0m，一期槽孔两端的导管距端面以1.0～1.5m为宜，开浇时导管口距孔底10～25cm。当孔底高差大于25cm时，导管中心应布置在该导管控制范围的最低处，如图3-23所示。这样布置导管，有利于全槽混凝土面的均衡上升，有利于一、二期混凝土的结合，并可防止混凝土与泥浆掺混。

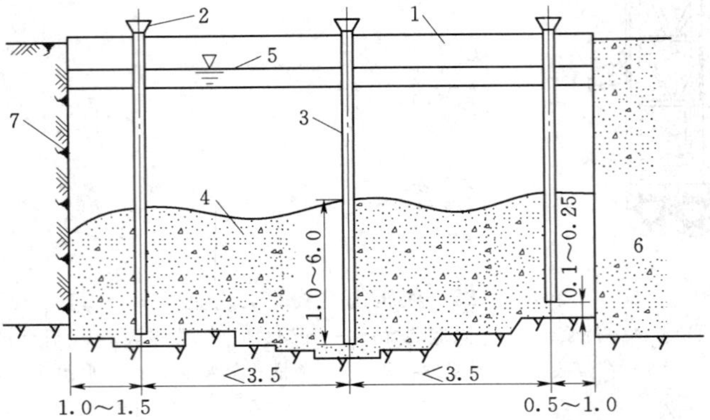

图3-23 导管布置图（单位：m）

1—导向槽；2—受料斗；3—导管；4—混凝土；5—泥浆液面；6—已浇槽孔；7—未挖槽孔

槽孔浇筑应严格遵循先深后浅的顺序，即从最深的导管开始，由深到浅一个一个导管依次开浇，待全槽混凝土面浇平以后，再全槽均衡上升。

每个导管开浇时，先下入导注塞，并在导管中灌入适量的水泥砂浆，准备好足够数量的混凝土，将导注塞压到导管底部，使管内泥浆挤出管外。然后将导管稍微上提，使导注塞浮出，一举将导管底端被泻出的砂浆和混凝土埋住，保证后续浇筑的混凝土不致与泥浆掺混。

在浇筑过程中，应保证连续供料，一气呵成；保持导管埋入混凝土的深度不小于1m，但不超过6m，以防泥浆掺混和埋管；维持全槽混凝土面均衡上升，上升速度不应小于2m/h，高差控制在0.5m范围内。

浇筑过程中应注意观测，做好混凝土面上升的记录，防止堵管、埋管、导管漏浆和泥浆掺混等事故的发生。

在槽孔混凝土的浇筑过程中，必须保持均衡、连续、有节奏，直到全槽成墙为止。

四、防渗墙的质量检查

对混凝土防渗墙的质量检查应按规范及设计要求进行，主要有如下几个方面：

(1) 槽孔的检查，包括几何尺寸和位置、钻孔偏斜、入岩深度等。

(2) 清孔检查，包括槽段接头、孔底淤积厚度、清孔质量等。

(3) 混凝土质量的检查，包括原材料、新拌料的性能、硬化后的物理力学性能等。

(4) 墙体的质量检测，主要通过钻孔取芯与压水试验、超声波及地震透射层析成像(CT)技术等方法全面检查墙体的质量。

【例 3-4】 三峡工程二期围堰防渗墙施工。

三峡工程二期横向土石围堰采用两侧石渣夹风化砂堰体垂直防渗的结构型式（图 3-24)，防渗型式为塑性混凝土防渗墙。

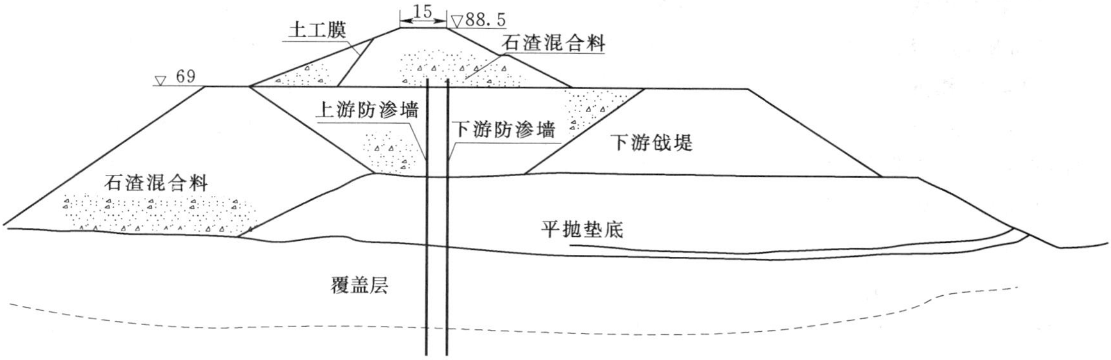

图 3-24 三峡工程二期上游围堰剖面图（单位：m）

围堰基础地质条件复杂，地基表层有一层厚 7～15m 的粉细砂层，影响围堰基础的渗透稳定性。原河漫滩残积冲积层内含有块球体，在花岗岩全强风化层中也包裹着块球体，块球体块径一般为 1～3m，最大为 5～7m，石质完整且坚硬，饱和抗压强度达 100MPa。基岩为闪云斜长花岗岩，弱风化岩体坚硬，河床深槽左侧基岩为 70°的陡坎，高差近 30m，不利于防渗墙的造孔施工。

（一）防渗墙的施工过程

1. 上游围堰防渗墙施工的三个阶段

第一阶段：在墙体轴线右端头进行液压双轮铣槽机生产性试验，共进行了固壁泥浆、硬岩钻爆、灌浆管埋设、槽孔倾斜检测、预灌浓浆 5 项专题工艺试验，为选定施工方案提供试验依据，为大规模施工积累经验。总计完成 3740m^2 的墙体工程量。

第二阶段：于大江截流前在左、右岸预进占段堰体内进行。所用主要成槽设备为 BC-30型铣槽机 1 台，GSD 型机械式抓斗 1 台，SM-400 型全液压工程钻机 1 台，CZF1500 型冲击反循环钻机 9 台，CZF-1200 型冲击反循环钻机 6 台。

左进占段采用“两钻一抓”法成槽，墙段连接采用“双反弧接头槽”法，右进占段采用铣槽机与冲击钻配合的“铣钻结合”法成槽。两进占段共完成工程量 7506m^2，两进占段最高月成槽孔 3166m^2，最高月成墙 2345m^2。

第三阶段：进行左右漫滩和河床部位主要墙段的施工。左右漫滩采用“两钻一抓”法成槽，槽段连接采用“双反弧接头槽”法和“钻凿”法，深槽段采用“铣抓钻结合”法成槽，墙段连接采用“钻凿”法，对块球体采用各种爆破措施。该阶段总计完成工程量 30998m^2。最高月成槽孔 6071m^2。

2. 下游围堰防渗墙施工

分三个阶段总计完成墙轴线长 967.5m，截水面积 36350m^2，墙下帷幕钻孔灌浆

5900m。该段最大墙深 66.7m，平均墙深 40.5m。根据不同的墙深采用 0.8m、1.0m、1.1m 三种不同的墙体厚度。

下游围堰防渗墙施工配备了23台CZ30型和48台CZ22型冲击钻机，2台液压导板抓斗和40～50台·套回转式岩芯钻机，1套全液压工程钻机。

（二）成槽方法及所用施工机械

该工程的成槽工艺主要有："两钻一抓"法、"铣砸爆"法、"铣抓钻结合"法。

"铣砸爆"法的工艺要点是：对风化砂、粉细砂、砂卵石和全风化岩直接铣削，对块石、块球体和强弱风化岩采用钻爆法爆裂或用6t重锤冲击破碎后再进行铣削。

"铣钻抓结合"法的工艺要点是：在槽孔建造中，上部风化砂由铣槽机铣削；风化砂中所夹块石、平抛及覆盖层中的砂卵石由抓斗（配10t重锤）抓取；下部基岩、混凝土接头部分砂卵石由冲击反循环钻机钻凿。因这三种设备充分发挥各自优势，实现了12.3m/d的高工效。

（三）陡坡、块球体及硬岩处理

该工程的最大难题是花岗岩块球体以及左岸70°陡坡段的钻凿，施工中除采用传统的槽内聚能爆破外，还大量采用钻孔预爆和槽内钻孔爆破。经钻爆后铣槽机在花岗岩硬岩中工效提高2～3倍，冲击反循环钻机提高工效1～2倍。

（四）平抛垫底等漏失层的处理

二期围堰深槽段墙轴线部位采用平抛砂卵石垫底，最厚达20余米。此外在防渗墙轴线其他部分也可能存在块石架空或卵石漏失区。对于这些造孔时严重漏浆的部位，可先利用先导孔查明漏失范围和漏失量，再采用全液压工程钻机及偏心扩孔跟管钻具钻灌浆孔并灌注浓浆。灌浆孔距1～1.5m，灌浆段长0.75m，灌浆压力0.15～0.2MPa，使用的浆液有膨润土浆、水泥膨润土浆、水泥水玻璃膨润土浆、水泥砂浆等。

（五）固壁泥浆

由于该工程地质情况复杂，又采用冲击反循环钻机、抓斗和液压双轮铣槽机进行槽孔施工，对固壁泥浆提出了更高要求。确定采用密度较小的低固相膨润土泥浆。

工程中所用的膨润土主要为湖南澧县出产的钙膨润土，所配制的固壁泥浆配合比及性能见表3-5。

表3-5　　固壁泥浆配合比及性能

水 /%	膨润土 /%	Na_2CO_3 /%	密度 /(g/cm³)	漏斗黏度 /s	失水量 /(mL/30min)	泥皮厚 /mm	动切强度 /Pa	静切强度 /Pa	
								1min	10min
100	6	0.4	1.043	36.0	13.5	0.5	3.7	8.7	12.8

（六）泥浆的制备及处理

泥浆的制备采用NJ-1500型泥浆搅拌机，该机的生产能力为15m³/h，搅拌时间不小于15min，浆液搅拌后经24h膨化后黏度提高了10%。

使用后的泥浆经BE-500型泥浆净化系统处理，除去大于0.075mm的颗粒后可重新回到贮浆泥池中。

清孔换浆后的泥浆，密度不大于 1.1g/cm³，黏度 20～35s，含砂量小于 3%。

（七）混凝土拌和与运输系统

上游围堰左右两端各设混凝土拌和站一座，均由四台 JS－500 型强制式混凝土拌和机及其配料系统组成，另配 4～5 台 6m³ 混凝土搅拌运输车负责供应上游围堰的浇筑。下游围堰防渗墙混凝土则由设在下游围堰左岸的生产率为 100m³/h 的自动拌和楼供应。

墙体混凝土材料有两类：槽孔深度小于 40m 者采用塑性砂浆，槽孔深度大于 40m 者采用塑性混凝土。两种混凝土材料配合比见表 3－6。

表 3－6　围堰防渗墙体混凝土配合比　　单位：kg/m³

材料种类	水泥	卵石	风化砂	天然砂	膨润土	水	粉煤灰	分散剂	外加剂
塑性砂浆	280		1200		100	436		Na_2CO_3 按土料重 1.5%	木钙按水泥重 8‰
塑性混凝土	240	230		898	150	350	60		RSF 按水泥重 0.15‰ FH－402 按水泥重 7‰

（八）工程质量检查与评价

防渗墙工程质量检查包括原有材料检测、混凝土现场及机口取样检测、槽孔地质鉴定及孔形验收、成墙后打检查孔取芯、注水检测等项目。在上游围堰深墙段槽孔验收中，采用了先进的超声波测井仪。

三峡二期围堰防渗墙工程，施工强度大、技术难点高，因采用先进的施工技术和有效的施工管理办法，按期高质量完成了施工任务。该防渗墙经过 1998 年及 1999 年两个汛期的考验，运用情况正常。

思　考　题

3－1　简述基岩灌浆的目的和种类。

3－2　简述基岩灌浆施工的主要工序与工艺要求。

3－3　简述 GIN 法灌浆的基本原理和应用特点。

3－4　化学灌浆有哪些特性？

3－5　砂砾石地基灌浆与基岩灌浆有什么异同？

3－6　混凝土防渗（芯）墙的工程应用有哪些方面？

3－7　什么是塑性混凝土？它作为防渗墙墙体材料的基本性能有哪些？

3－8　说明泥浆固壁的原理及其主要作用。

3－9　防渗墙造孔成槽方法有哪些？简述泥浆下浇筑混凝土的主要特点。

3－10　什么是高压喷射灌浆法？其作用机理有哪些方面？

3－11　高压喷射灌浆有几种方式？有哪些基本施工方法？

第四章　土 石 坝 施 工

土石坝包括各种碾压式土坝、堆石坝和土石混合坝，是一种充分利用当地材料的坝型。坝体材料以土和砂砾为主时，称土坝；以石渣、卵石、爆破石料为主时，称堆石坝；当两类当地材料均占相当比例时，称土石混合坝。

根据施工方法的不同，土石坝分为干填碾压、水中填土、水力冲填（包括水坠坝）和定向爆破修筑等类型。国内外均以碾压式土石坝采用最多。

如按照土料在坝身内的配置和防渗体所用的材料种类，碾压式土石坝可分为均质坝、土质心墙坝、土质斜墙坝、多种土质坝、人工材料心墙坝、人工材料面板坝。

土石坝的特点有：筑坝材料来源直接、方便，能就地取材；适应地基变形的能力强；构造简单，施工技术容易掌握，便于组织机械化施工；运用管理方便，工作可靠，寿命长。

碾压式土石坝的施工，包括准备作业、基本作业、辅助作业和附加作业。

准备作业包括：平整场地、通车、通水、通电，架设通信线路，修建生产、生活、行政办公用房以及排水清基等工作。

基本作业包括：料场土石料开采，挖、装、运、卸以及坝面铺平、压实、质检等作业。

辅助作业是保证准备及基本作业顺利进行，创造良好工作条件的作业，包括清除施工场地及料场的覆盖，从上坝土料中剔除超径石块、杂物，坝面排水、层间刨毛和加水等。

附加作业是保证坝体长期安全运行的防护及修整工作，包括坝坡修整，铺砌护面块石及铺植草皮等。

随着大型、高效施工机械的广泛采用，坝体防渗结构和材料的改进，施工人数大量减少，施工工期不断缩短，施工费用显著降低，为土石坝工程的发展开辟了广阔前景。20世纪70年代，在年降雨量4000～6000mm的哥伦比亚，仅用34个月建成了高237m、体积1100万m^3的契伏心墙坝（Presa Hidroelectrica de Chivor），不仅反映了施工高效，而且改变了过去多雨地区不宜建土石坝的观念。目前，世界各国兴建的土石坝无论在数量上还是在高度上均超过了混凝土坝。特别是20世纪80年代以来，混凝土面板堆石坝（Concrete Faced Rockfill Dam）以其经济性和快速施工的显著特点，成为坝工建设中具有很强竞争力的坝型。湖北清江水布垭面板坝最大坝高233m，是目前世界上建成运行的最高的混凝土面板堆石坝，于2006年10月12日大坝土石方填筑完成，2007年7月第一台机组发电。2012年建成的糯扎渡心墙堆石坝高261.5m，其心墙采用人工掺砾的新技术。

第一节　坝体材料与料场规划

一、土石坝筑坝材料及其要求

土石坝最大的特点是对材料的适应性，能够根据近坝材料的特性，设计坝体断面，因此，土石坝又被称作当地材料坝。

1. 防渗料

作为防渗土料最基本的要求是防渗性，渗透系数不大于 1×10^{-5}cm/s 时，一般即可满足要求。同时，还希望具有一定的抗剪强度，有较好的渗流稳定性，有适应坝体变形的塑性，有良好的施工性、低压缩性，不存在影响坝体稳定的膨胀性或收缩性，不含过量的可溶盐（5%）和有机物（2%）等。施工性方面，一般要求土料的天然含水量在最优含水量附近，无影响压实的超径材料，压实后的坝面有较高的承载力，以便于施工机械正常作业。只要渗透系数满足要求，做好反滤保护，无塑性的粉质砂土也可以作为高坝的防渗材料。严格反滤、放宽材料，是现代心墙用料的工程趋势。

渗流稳定性指防渗料的抗管涌能力与抗冲蚀能力。一般认为塑性大的细粒土抗管涌能力强；砾类土抗冲蚀能力强，可以使心墙裂缝自愈。设计施工中，强调反滤料对心墙的保护以及设置接触黏土，以防止心墙与基础面的接触冲蚀，起到改善心墙应力的作用。

细粒土是我国采用最多的防渗材料，在 20 世纪 80 年代以前开工建设的高土石坝的心墙都采用纯细粒土，其最大粒径不超过 5mm。黄河小浪底斜心墙堆石坝（坝高 154m）也采用细粒土作为心墙料。只要坝址附近有数量足够、天然含水量适中的细粒土，采用细粒土作为防渗料经常是较好的选择。

采用风化料作高土石坝的防渗材料，国外开始于 20 世纪 50 年代，70 年代以来日臻成熟。我国用风化料作 100m 以上的土石坝的防渗体，开始于 20 世纪 80 年代初。云南黄泥河鲁布革心墙堆石坝（坝高 104m）即采用了风化料作防渗心墙料。

砾质土有很高的承载力，可以采用中型机械进行碾压，在良好级配情况下，亦可作为防渗材料。如大渡河瀑布沟心墙堆石坝（坝高 186m）即采用砾质土作防渗料。

采用黏土与砂砾石掺和料作防渗材料，可以改善防渗体的施工性，减小其压缩性，并增强其抗冲蚀能力。如我国援外项目阿尔巴尼亚的菲尔泽垂直心墙坝（坝高 165.5m）即采用掺和料作防渗料。糯扎渡大坝心墙料针对天然土料颗粒偏细、强度偏低且不利于多雨地区施工等问题，采用掺砾土料。土料来自农场土料场，砾石料经白莫箐沟石料场开采由砾石料加工系统生产，以 65∶35 的比例水平摊铺立面回采，上坝填筑。

2. 坝壳料

工程实践中，堆石、砂砾石及风化料等均可作为坝壳料。

堆石按施工方式可分为抛填、分层碾压、手工干砌石、机械干砌石等；按其材料及来源可分为采石场玄武岩、变质安山岩、砂岩、砾岩、采石场花岗岩、片麻岩、石灰岩、冲积的漂卵石、石渣料等。堆石是最好的筑坝材料，现广泛用作高土石坝的坝壳料。

我国已建的土石坝坝壳采用砂砾石的很多，如大伙房、密云、石头河、碧口等。混凝土面板堆石坝中，不少也以砂砾石为筑坝材料，如小干沟、两岔河、吉林台一级等。碾压砂砾石压缩性低，抗剪强度高，但往往细粒含量大，易冲蚀，易管涌，因此需采取渗流控制措施。

风化料属于抗压强度小于 30MPa 的软岩类，往往存在湿陷问题。因此，用作坝壳料，其填筑含水量必须大于湿陷含水量，压实到最大密度，以改善其工程性质。

3. 反滤料

反滤料一般要满足坚固度要求，级配要求严格，一般采用混凝土砂石料生产系统生产，但不要求冲洗。也可采用天然冲积层砂砾石经筛分生产。

二、料场规划的原则

土石坝用料量很大，料场的合理规划与使用，是土石坝施工中的关键问题之一，它不仅关系到坝体的施工质量、工期和工程投资，而且还会影响到工程的生态环境和国民经济其他部门。同时，料源选择要依据工程需求，以地质勘察和材料试验为基础，对料源的分布、储量、质量及开采运输条件等要素进行综合分析与料物平衡，按优质、经济、就近取材的原则，经比较选定料源。

在开采规划时，对料场开采料的运输方式，包括道路布置要符合施工安全、环保和水保要求，并尽量少占耕地或林地，从空间、时间、质与量等方面进行全面规划。

所谓空间规划，系指对料场位置、高程的恰当选择，合理布置。土石料的上坝运距尽可能短些，高程上有利于重车下坡，减少运输机械功率的消耗。近料场不应因取料影响坝的防渗、稳定和上坝运输；也不应使道路坡度过陡引起运输事故。坝的上下游、左右岸最好都选有料场，这样有利于上下游、左右岸同时供料，减少施工干扰，保证坝体均衡上升。用料时原则上应低料低用，高料高用，当高料场储量有余裕时，亦可高料低用。同时，料场的位置应有利于布置开采设备、交通及排水通畅。对石料场尚应考虑与重要建筑物、构筑物、机械设备等保持足够的防爆、防震安全距离。

所谓时间规划，就是要考虑施工强度和坝体填筑部位的变化。随着季节及坝前蓄水情况的变化，料场的工作条件也在变化。在用料规划上应力求做到上坝强度高时用近料场，低时用较远的料场，使运输任务比较均衡。对近料和上游易淹的料场应先用，远料和下游不易淹的料场后用；含水量高的料场旱季用，含水量低的料场雨季用。在料场使用规划中，还应保留一部分近料场供合龙段填筑和拦洪度汛高峰强度时使用。此外，还应对时间和空间进行统筹规划，否则会产生事与愿违的后果。例如甘肃碧口土坝，施工初期由于料源不足，规划不落实，导流后第一年度汛时就将 4.5km 以内的砂砾料场基本用完，而以后逐年度汛用料量更大，不得不用 4.5km 以外的远料场，不仅增加了不必要的运输任务，而且也给后期各年度汛增加了困难。

料场质与量的规划，是料场规划最基本的要求，也是决定料场取舍的重要因素。在选择和规划使用料场时，应对料场的地质成因、产状、埋深、储量以及各种物理力学指标进行全面勘探和试验。勘探精度应随设计深度加深而提高。在施工组织设计中，进行用料规划，不仅应使料场的总储量满足坝体总方量的要求，而且应满足施工各个阶段最大上坝强度的要求。

料尽其用，充分利用永久和临时建筑物开挖渣料是土石坝料场规划的又一重要原则。为此应增加必要的施工技术组织措施，确保渣料的充分利用。例如，若导流建筑物和溢洪道等建筑物开挖时间与上坝时间不一致时，则可调整开挖和填筑进度，或增设堆料场储备渣料，供填筑时使用。

为了紧缩坝体设计断面和充分利用渣料，采用人工筛分控制填料级配的做法越来越普遍。美国园峰坝有 70％上坝料经过筛分，沃洛维尔坝在开挖心墙料时将大于 7.5cm 的料筛选出来作为坝壳填料。中国碧口土石坝利用混凝土骨料筛分后的超径料作为坝壳填料。这类利用料的数量、规格都应纳入料场规划中去。

料场规划还应对主要料场和备用料场分别加以考虑。前者要求质好、量大、运距近，且有利于常年开采；后者通常在淹没区外，当前者被淹没或因库区水位抬高，土料含水量过大或其他原因中断使用时，则用备用料场保证坝体填筑不致中断。

在规划料场实际可开采总量时，应考虑料场查勘的精度、料场天然密度与坝体压实密度的差异，以及开挖运输、坝面清理、返工削坡等损失。实际可开采总量与坝体填筑量之比一般为：土料 2～2.5，砂砾料 1.5～2，水下砂砾料 2～3，石料 1.5～2；反滤料应根据筛后有效方量确定，一般不宜小于 3。另外，料场选择还应与施工总布置结合考虑，应根据运输方式、强度来研究运输线路的规划和装料面的布置。料场内装料面应保持合理的间距，间距太小会使道路变化频繁，影响工效；间距太大影响开采强度，通常装料面间距取 100m 为宜。整个场地规划还应排水通畅，全面考虑出料、堆料、弃料的位置，力求避免干扰以加快采运速度。

三、料场优化的基本方法

土石坝工程，既有大量的土石方开挖，又有大量的土石方填筑。开挖可用料的充分利用，废弃料的妥善处理，补充料场的选择与开采数量的确定，备用料场的选择，以及物料的储存、调度是土石坝施工组织设计的重要内容，对保证工程质量，加快施工进度，降低工程造价，节约用地和保护环境具有重要意义。

土石方平衡的原则是：充分而合理地利用建筑物开挖料。根据建筑物开挖料和料场开采料的料种与品质，安排采、供、弃规划，优料优用，劣料劣用。保证工程质量，便于管理，便于施工。充分考虑挖填进度要求，物料储存条件，且留有余地，妥善安排弃料，做到保护环境。

在划分标段时，溢洪道等拟作坝料的大方量建筑物开挖工程，可考虑与大坝填筑划归同一标段，以创造开挖料直接上坝条件。与填筑不同期的开挖体，不宜直接上坝；同期同一标段的开挖工程，也应该设置足够容量的调节料场，作为挖填不能同步施工时缓冲之用。拟作坝料的大方量建筑物开挖，应尽量和坝体填筑进度协调，避免或减少因料场转运增加费用和物料损耗。

1. 填挖料平衡计算

根据建筑物设计填筑工程量统计各料种填筑方量。根据建筑物设计开挖工程量、地质资料、建筑物开挖料可用不可用分选标准，并进行经济比较，确定并计算可用料和不可用料数量；根据施工进度计划和渣料存储规划，确定可用料的直接上坝数量和需要临时存储的数量；根据折方系数、损耗系数，计算各建筑物开挖料的设计使用数量（含直接上坝数量和堆存数量）、舍弃数量和由料场开采料的数量，进行挖、填、堆、弃综合平衡。

2. 土石方调度优化

土石方调度优化的目的是比选输量调度方案，降低运输费用和工程造价。土石方调度是一个物资调动问题，可用系统规划和计算机仿真技术等进行求解分析。对于大型土石坝，可进行土石方平衡及坝体填筑施工动态仿真，优化土石方调配，论证调度方案的经济性、合理性和可行性。

第二节 土石料的开挖与运输

一、土石料的开采与加工

料场开采前应做好以下准备工作：划定料场范围；分期分区清理覆盖层；设置排水系统；修建施工道路；修建辅助设施。

坝料开采与加工，应参考已建工程经验，结合本工程情况，进行必要的现场试验，选择合适的工艺过程。试验一般包括：调整土料含水量试验；堆石料爆破试验；掺合料掺和工艺试验；各种料的碾压压实试验；其他特定条件下的试验等。

1. 土料的开采

土料开采一般有立采和平采两种。当土层较厚，天然含水量接近填筑含水量，土料层次较多，各层土质差异较大时，宜采用立面开采方法。规划中应确定开采方向、掌子面尺寸、先锋槽位置、采料条带布置和开采顺序。在土层较薄，土料层次少且相对均质、天然含水量偏高需翻晒减水的情况下，宜采用平面开采方法。规划中应根据供料要求、开采和处理工艺，将料场划分成数区，进行流水作业。

2. 土料的加工

土料的加工包括调整土料含水量、掺合、超径料处理和某些特殊的处理要求。降低土料含水量的方法有挖装运卸中的自然蒸发、翻晒、掺料、烘烤等方法。提高土料含水量的方法有在料场加水、料堆加水，在开挖、装料、运输、坝面洒水等方法。

土料与一定的掺料掺和加工成为掺合料，可分别或综合解决以下问题：减小土料压缩性，防止防渗体开裂，改变土料含水量，改善土料的施工特性，改善防渗性能，节约土料等。一般掺和办法有：①水平互层铺料——立面（斜面）开采掺和法；②土料场水平单层铺放掺料——立面开采掺和法；③在填筑面堆放掺和法；④漏斗——带式输送机掺和法。其中，第①、④种方法采用较多。

砾质土中超径石含量不多时，常用装耙的推土机先在料场中初步清除，然后在坝体填筑面上进行填筑平整时再作进一步清除；当超径石的含量较多时，可用料斗加设蓖条筛（格筛）或其他简单筛分装置加以筛除，还可采用从高坡下料，造成粗细分离的方法清除粗粒料。

在进行反滤料、垫层料、过渡料等小区料的开采和加工时，若级配合适，可用砂砾石料直接开采上坝或经简易破碎筛分后上坝。若无砂砾石料可供使用，可用开采碎石加工制备。对于粗粒径较大的过渡料宜直接采用控制爆破技术开采，对于较细且质量要求高的反滤料、垫层料，则可用破碎、筛分、掺和工艺加工。

如果其级配接近混凝土骨料级配，可考虑与混凝土骨料共用加工系统，必要时亦可单独设置破碎筛分系统。

3. 砂砾石料和堆石料的开采

砂砾石料开采，主要有陆上和水下开采两种方式。陆上开采用一般挖运设备即可。水下开采，一般采用采砂船配索铲。当水下开采砂砾石料含水量高时，需堆放排水。

主堆石料方量大，开采强度高，是土石坝工程施工进度控制的关键，必须详细研究其开采规划和开采工艺。

块石料的开采一般是结合建筑物开挖或由石料场开采，开采的布置宜形成多工作面流水作业方式。开采方法一般采用深孔梯段爆破，少数为了特定的目的才使用洞室爆破。

4. 超径料的处理

超径块石料的处理方法，主要有浅孔爆破法和机械破碎法两种。

浅孔爆破法是指采用手持式风动凿岩机对超径石进行钻孔爆破。

机械破碎法是指采用风动或振动破石、锤击破碎超径块石，也可利用吊车起吊重锤，重锤自由下落破碎超径块石。

二、挖运机械

（一）挖掘机械

挖掘机械的种类繁多，就其构造及工作特点，有循环单斗式和连续多斗式之分。就其传动系统又有索式、链式和液压传动式之分。液压传动具有突出的优点，现代工程机械多采用液压传动。

1. 单斗式挖掘机

以正向铲挖掘机为代表的单斗式挖掘机，有柴油或电力驱动两类，后者又称电铲。挖掘机有回转、行使和挖掘三个装置。图 4 - 1 是液压正向铲挖掘机。

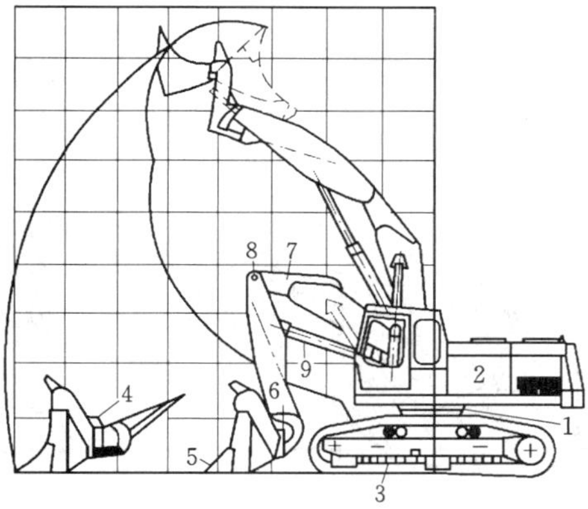

图 4 - 1　液压正向铲挖掘机

1—底座齿轮；2—发动机；3—履带行驶机构；4—挖斗；5—斗齿；6—斗柄；7—动臂；8—铰；9—斗柄液压缸

机身回转装置由固定在下机架与供旋转使用的底座齿轮 1 相啮合的回转轴承组成。回转轴由安装在回转台上的发动机 2 驱动，由它带动使整个机身回转。

行驶装置有在轨道式的（多用于港口、矿山），也有无轨气胎式的（移动快速），但最普遍的是通过性强、对地面压强最小的履带式行驶机构 3。

挖掘装置主要有挖斗 4，斗沿有切土的斗齿 5，挖斗和斗柄 6 相连，而斗柄与动臂 7 通过铰 8 和斗柄液压缸 9 相连。

正向铲挖掘机有强力的推力装置，能挖掘Ⅰ～Ⅳ级土和破碎后的岩石。机型常根据挖斗容量来区分。

正向铲挖掘机可挖掘停机地面以上，也可以挖掘停机地面以下，但不宜用于水下开挖。

而土斗向内、向下挖掘的反向铲，适合挖掘停机地面以下，如图 4 - 2 所示。

若要挖掘停机地面以下深处及进行水下开挖，还可将正向铲挖掘机的工作机构改装成用索具操作铲斗的索铲和合瓣式抓斗的抓铲。

2. 多斗式挖掘机

斗轮式挖掘机（Bucket - wheel Excavator）是陆上使用较普遍的一种多斗连续式挖掘

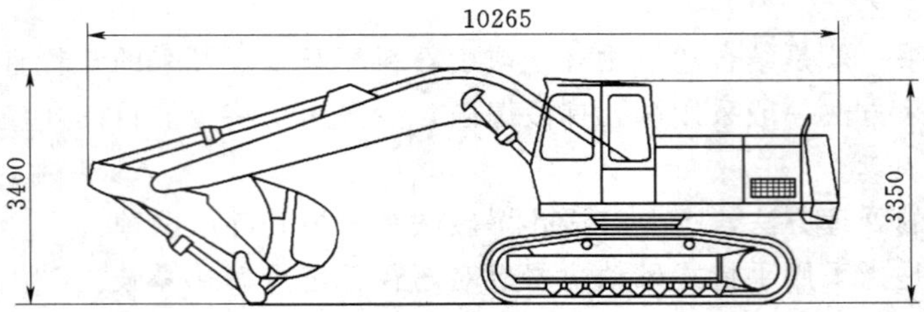

图 4-2　液压反向铲挖掘机（单位：mm）

机，如图 4-3 所示。它的生产率很高。美国在建造圣路易土坝（San Luis Dam）时，仅用了一台斗轮式挖掘机承担了该工程 66%的采料任务，其小时生产率达 $2300m^3/h$。该机装有多个挖斗，开挖料先卸入输送皮带，再卸入卸料皮带导向卸料口装车。我国陕西石头河水库工程施工，也采用了这种设备，取得了很好的效果。

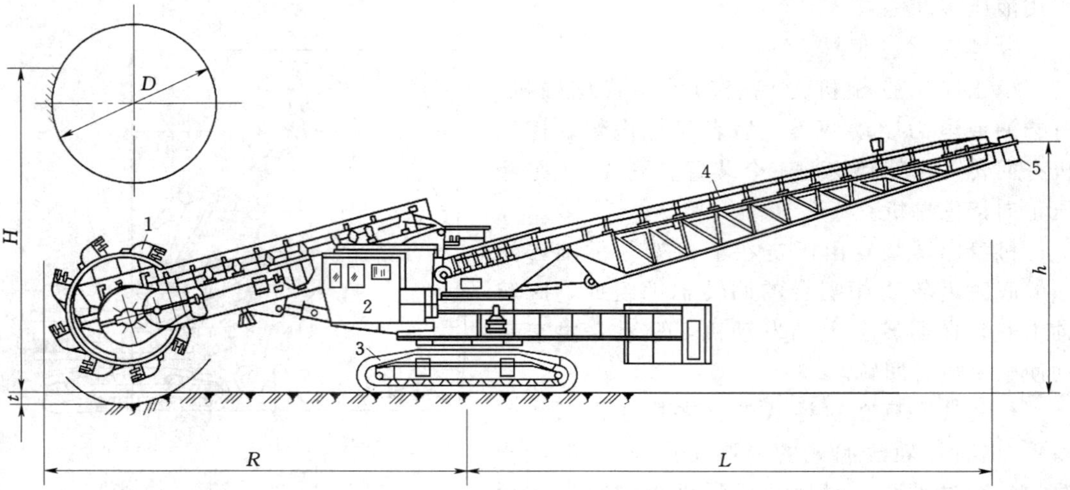

图 4-3　斗轮式挖掘机

1—斗轮；2—机房；3—履带行驶机构；4—臂式带式运输机；5—卸料装置

（二）挖运组合机械

能同时担负开挖、运输、卸土、铺土任务的有推土机和铲运机。

1. 推土机（Bulldozer）

以拖拉机为原动机械，另加切土片的推土器，既可薄层切土又能短距离推运。它又按推土器在平面能否转动分为固定式和万能式，前者结构简单而牢固，应用普遍，多用液压操作。图 4-4 为国产移山-120 型推土机的外形。

若长距离推土，土料从推土器两侧散失较多，有效推土量大为减少。推土机的经济运距为 60～100m。为了减少推土过程中土料的散失，可在推土器两侧加挡板，或先推成槽，然后在槽中推土，或多台并列推土。

2. 铲运机（Scraper）

按行驶方式，铲运机分为牵引式和自行式。前者用拖拉机牵引铲斗，后者自身有行驶

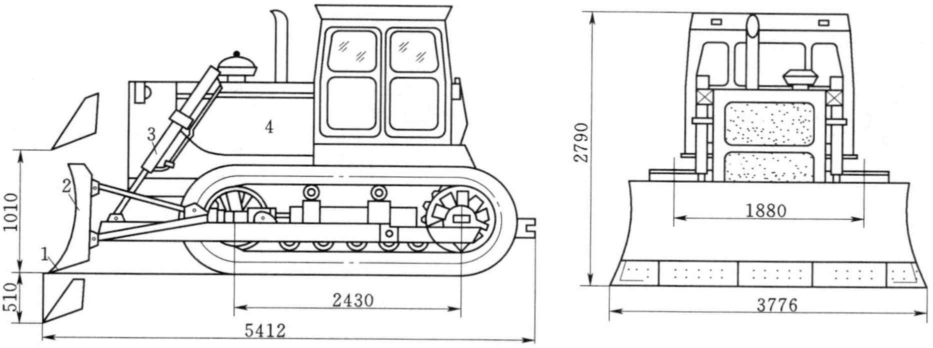

图 4-4　国产移山-120（马力）型推土机（单位：mm）
1—刀片；2—推土器；3—切土液压装置；4—拖拉机

动力装置。目前多用自行式，因其结构简便，可带较大的铲斗，行驶速度高，多用低压轮胎，有较好的越野性能。图 4-5 是铲斗容量为 $7m^3$ 的国产 CL7 型自行式铲运机。

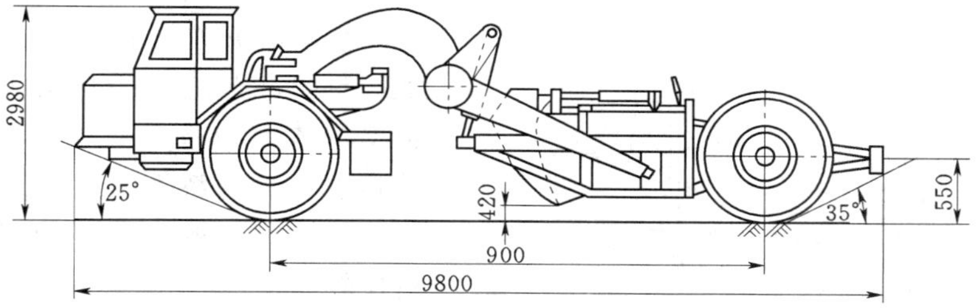

图 4-5　CL7 型自行式铲运机（单位：mm）

国产铲运机的铲斗容量一般为 $6\sim7m^3$。国外大容量铲运机多用底卸式，其斗容量高达 $56m^3$（CAT 657G 煤矿铲运机）。铲运机的经济运距与铲斗容量有关，一般在几百米至几公里以内。大容量的铲运机要求牵引力大，运行的灵活性降低。

（三）运输机械

运输机械有循环式和连续式两种。前者有有轨机车和机动灵活的汽车。一般工程自卸汽车的吨位是 10～35t（公路型车辆），汽车吨位大小应根据需要并结合路涵条件来考虑。

最常用的连续运输机械是带式运输机（Conveyor）。根据有无行驶装置，分为移动式和固定式两种。前者多用于短距离运输和散体材料的装卸堆存，后者多用于长距离运输，前述美国圣路易土坝采用带式运输机运距长达 19.7km。固定式常采用分段布置，每段一般在 200m 以内，图 4-6 为固定式带式运输机的构造图。

带式运输机运行时驱动轮带动皮带连续运转。为防止皮带松弛下垂，在机架端部设有张紧鼓轮。沿机架设有上下托辊避免皮带下垂。为保证运输途中卸料，设卸料小车沿机架上的轨道移到卸料位置卸料。

带式运输机，有金属带和橡胶带，常用后者。带宽一般为 800～1200mm，最大带宽 1800mm，最大运行速度 240m/min，最大生产率达 12000t/h。这种运输设备不受地形限制，结构简单，运行方便灵活，生产率高。使用时应防止和减轻带的磨损、老化、断裂。

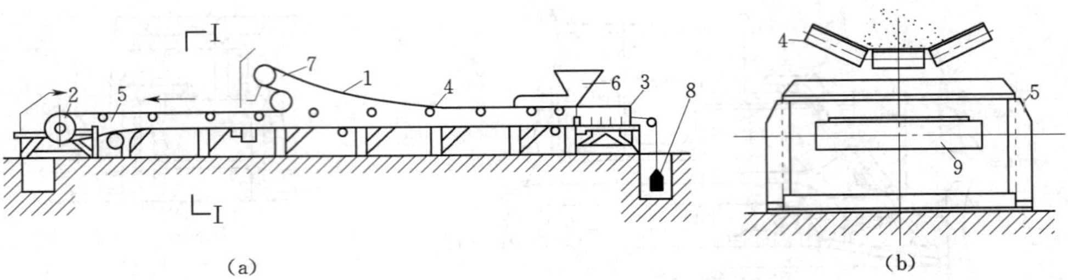

图 4-6　固定带式运输机构造图

(a) 纵剖面图；(b) 横剖面图

1—皮带；2—驱动鼓轮；3—张紧鼓轮；4—上托辊；5—机架；
6—喂料器；7—卸料小车；8—张紧重锤；9—下托辊

装载机（Loader）是一种短程装运结合的机械。常用的斗容量 1～3m^3，运行灵活方便。图 4-7 是斗容量 2m^3 的国产 ZL40 型装载机的外形尺寸图。

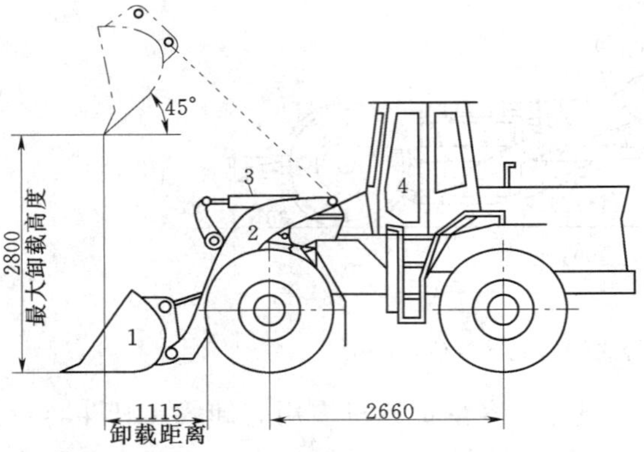

图 4-7　ZL40 型装载机外形尺寸图（单位：mm）

1—装载斗；2—活动臂；3—臂杆油缸；4—操作台

三、土石料开挖与运输

坝料的开挖与运输，是保证上坝强度的重要环节之一。开挖运输方案主要根据坝体结构布置特点、坝料性质、填筑强度、料场特性、运距远近、可供选择的机械设备型号等多种因素，综合分析比较确定。

1. 土石料开挖

土石坝施工中常见的开挖运输方案主要有以下几种。

（1）正向铲开挖，自卸汽车运输上坝。正向铲开挖、装载，自卸汽车运输直接上坝，通常运距小于 10km。自卸汽车可运各种坝料，运输能力高，设备通用，能直接铺料，机动灵活，转弯半径小，爬坡能力较强，管理方便，设备易于获得，在国内外的高土石坝施工中，获得了广泛的应用，且挖运机械朝着大斗容量、大吨位方向发展。

在施工布置上，正向铲一般采用立面开挖，汽车运输道路可布置成循环路线，装料时停在挖掘机一侧的同一平面上，即汽车鱼贯式地装料与行驶，如图 4-8 所示。这种布置型式，可避免或减少汽车的倒车时间，正向铲采用 60°～90°的转角侧向卸料，回转角度小，生产率高，能充分发挥正向铲与汽车的效率。

（2）正向铲开挖，带式运输机运输上坝。国内外水利水电工程施工中，广泛采用了胶带机运输土、砂石料。如我国的大伙房、岳城、石头河等土石坝施工，带式运输机均为主要的运输工具。带式运输机的爬坡能力强，架设简易，运输费用比自卸汽车可降低 1/3～1/2，运输能力也较高。带式运输机合理运距小于 10km，可直接从料场运输上坝；也可与自卸汽车配合，作长距离运输，在坝前经漏斗由汽车转运上坝；或与有轨机车配合，用带式运输机转运上坝作短距离运输。使用带式运输机为主要运输工具，在无替代设备的情况下，对施工机械的保养和运行管理要求较高。

（3）斗轮式挖掘机开挖，带式运输机运输，转自卸汽车上坝。对于填筑方量大、上坝强度高的土石坝，若料场储量大而集中，可采用斗轮式挖掘机开挖，其生产率高，具有连续挖掘、装料的特点。斗轮式挖掘机将料转入移动式带式运输机，其后接长距离的固定式带式运输机至坝面或坝面附近经自卸汽车运至填筑面。这种方案，可使挖、装、运连续进行，简化了施工工艺，提高了机械化水平和生产率。石头河土石坝采用DW200型斗轮式挖掘机开采土料，用宽1000mm、长1200余米、带速150m/min带式运输机上坝，经双翼卸料机于坝面用12t自卸汽车转运卸料，日强度平均达4000～5000m³，最高达10000m³（压实方）。

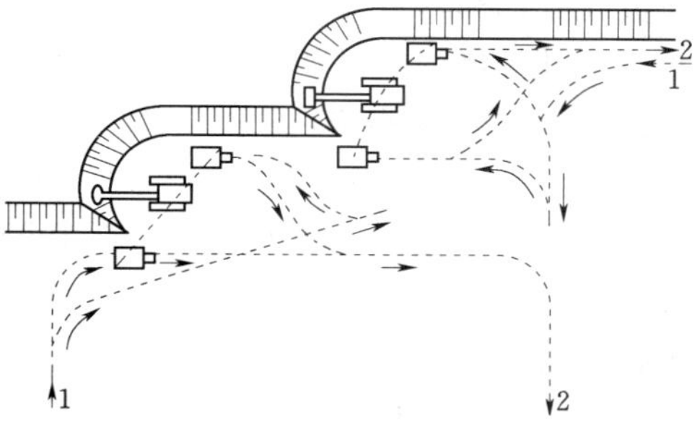

图4-8 汽车在正向铲机侧、机后装料平面布置
1—空车线路；2—重车线路

美国圣路易土石坝施工中，采用特大型斗轮式挖掘机，开采的土料经两个卸料口轮流直接装入100t的底卸式汽车运输，21个工作小时装车1000车，取土高度12m，前沿开挖宽度18.3m。

（4）采砂船开挖，有轨机车运输，转带式运输机（或自卸汽车）上坝。国内一些大中型水利水电工程施工中，广泛采用采砂船开采水下的砂石料，配合有轨机车运输。在大型载重汽车不能满足要求的场合，有轨机车仍是一种高效的运输工具，它具有机械结构简单、修配容易的优点。当料场集中、运输量大、运距较远（大于10km）或定线定点时，可用有轨机车进行水平运输。有轨机车运输的临建工程量大，设备投资较高，对线路坡度、转弯半径等的要求也较高。有轨机车不能直接上坝，可在坝脚经卸料装置卸至带式运输机或自卸汽车转运上坝。

2. 土石料的运输

坝体填筑的土石料运输方式主要采用自卸汽车运输和带式输送机运输。自卸汽车运送坝料具有较好的适应性，具有运输能力高、设备通用、能直接铺料、机动灵活、设备易于获得等优点。

带式输送机的爬坡能力强，道路或隧洞修筑比较简易，综合运输费用较低，也能达到较高的运输能力。主要针对坝址两岸地形陡峻或运输距离较长，汽车运输道路布置困难，运输道路工程量大，造价高、运费高、工期长的情况，从目前国内外带式输送机使用情况，对粒径较小的坝体填筑材料可研究采用带式输送机运输方案。

坝料的开挖运输方案很多，但无论采用何种方案，都应结合工程施工的具体条件，组织好挖、装、运、卸的机械化联合作业，提高机械利用率，减少坝料的转运次数；各种坝料铺筑方法及设备应尽量一致，减少辅助设施；充分利用地形条件，进行统筹规划和布置。此外，运输道路的质量标准，对提高工效，降低车辆设备损耗，具有重要作用。

水力冲填可以认为是一种利用水力的土料开挖与运输方法。利用高压水柱冲击土体，使之液化、崩解形成泥浆；通过泥浆泵、输送管送到冲填区；泥浆沉淀、脱水、固结后形成地面，其控制要素是如何加速泥浆固结。

【例 4-1】 瀑布沟电站堆石坝心墙料采用黑马Ⅰ区料场，采用自卸汽车运输，公路运距 18km，汽车运输方案灵活性大，适应能力强，但运距远，费用高，改扩建公路难度大；采用皮带机隧洞运输方案，运距 10km，该方案汽车数量减少，费用相对较低，钢绳芯皮带机长度约 4km，带宽 1000mm，带速 2.5～3.5m/s。经瀑布沟工程坝体填筑实践，皮带机运送土料正常，达到设计要求的运输强度每月 20 万 m^3。

四、挖运机械设备的生产能力

要确定挖运机械设备的数量，应掌握土石坝施工高峰时段的施工强度，确定选用设备的生产能力，后者可以根据有关产品手册确定，也可以结合实际施工条件，选定参数计算复核。

1. 挖掘机械

循环式单斗挖掘机和连续式多斗挖掘机的实际小时生产率 $P(m^3/h)$ 可按下式确定：

$$P=60qnK_HK'_pK_BK_t \tag{4-1}$$

式中：q 为土斗的几何容积，m^3；n 为对于单斗挖掘机系指每分钟循环工作次数，对于多斗挖掘机系指每分钟倾倒的土斗数量；K_H 为土斗的充盈系数，表示实际装料容积与土斗几何容积的比值，对于正向铲可取 1，对于索铲可取 0.9；K'_p 为土的松散影响系数，指挖土前的实土与挖后松土体积的比值，其大小与土料的等级有关，对于Ⅰ级土约为 0.913～0.83，Ⅱ级土约为 0.88～0.78，Ⅲ级土约为 0.81～0.71，Ⅳ级土约为 0.79～0.73；K_B 为时间利用系数，表示挖掘机工作时间利用程度，可取 0.8～0.9；K_t 为联合作业延误系数，考虑运输工具影响挖掘的工作时间，有运输工具配合时，可取 0.9，无运输工具配合时，可取 1。

式（4-1）是挖掘机的实际小时生产率。不计入对生产率的实际影响因素，即 K_H、K'_p、K_B、K_t 为 1 时的生产率称为理论生产率。由式（4-1）可见，若要提高挖掘机械的实际生产率，必须提高循环式挖掘机的循环次数，即缩短每一循环的工作时间，如加长土斗的中间斗齿以减少切土阻力和切土时间，减少挖卸之间的转角等。此外，当挖掘松散土料时，可更换较大的土斗以增大土斗容积；加强机械的现场维修，合理布置掌子面，协调并改善回车和错车场地，改善挖运设备的配合等，都将有利于提高挖掘机械的实际生产率。

2. 运输机械

运输机械分为循环式运输机械和连续式运输机械，其生产能力计算分别介绍如下。

（1）循环式运输机械数量 n 的确定：

$$n=\frac{Q_Tt}{q(T_1-T_2)} \tag{4-2}$$

式中：Q_T 为运输强度（一昼夜或一班运载的总方量）；q 为运输工具装载的有效方量；T_1 为昼夜或一班的时间，min；T_2 为昼夜或一班内运输工具的非工作时间，min；t 为运输工具周转一次的循环时间，min。

对于工地常用的汽车、拖拉机，t 值为

$$t=t_1+t_2+\frac{2L}{v}\times 60 \tag{4-3}$$

式中：t_1 为装车时间，min；t_2 为卸车时间，min；L 为运距，km；v 为平均行驶速度，km/h，拖拉机取 3.5～5.0km/h，在一般工地道路上开行的汽车取 15～20km/h，在经改善路面后的道路上开行的汽车可取 25～35km/h。

于是，每昼夜或每班运输循环次数为

$$m=\frac{T_1-T_2}{t} \tag{4-4}$$

生产能力 P_T 为

$$P_T=\frac{q(T_1-T_2)}{t} \tag{4-5}$$

（2）连续带式运输机。带式运输机的生产率，取决于带宽、带速及带上物料的装满程度。然而，带的装满程度与带的形状、所装物料性质和运输机布置的倾角有关。若以实方计，带式运输机的实际小时生产率 P_T（m^3/h）可按下式计算：

$$P_T=KB^2vK_BK_HK'_pK_dK_\alpha \tag{4-6}$$

式中：K 为带形系数，对于平面带，$K=200$，对于槽形带，$K=400$；B 为带宽，m；v 为带的运行速度，m/s，通常可取 1～2m/s；K_B 为时间利用系数，可取 0.75～0.8；K_H 为充盈系数，与装料特性和运载情况有关，砂土取 0.85，岩石取 0.70；K'_p 为土的松散影响系数，参见式（4-1）说明；K_d 为土石粒径系数，粒径为 0.1～0.3 倍带宽者，$K_d=0.75$，粒径为 0.05～0.09 倍带宽者，$K_d=0.9$，对细粒径材料，$K_d=1$；K_α 为倾角影响系数，当 $\alpha=11°$～15°时，$K_\alpha=0.95$，当 $\alpha=16°$～18°时，$K_\alpha=0.90$，当 $\alpha=19°$～22°时，$K_\alpha=0.85$。

五、挖运强度和挖运机械数量的确定

1. 挖运强度的确定

土石坝施工的挖运强度取决于土石坝的上坝强度，上坝强度又取决于施工中的气象水文条件、施工导流方式、施工分期、工作面的大小、劳动力、机械设备、燃料动力供应情况等因素。对于大中型工程，平均日上坝强度通常为 1 万～3 万 m^3，高的达到 10 万 m^3 左右。在施工组织设计中，一般根据施工进度计划各个阶段要求完成的坝体方量来确定上坝和挖运强度。合理的施工组织管理应有利于实现均衡生产，避免生产大起大落，使人力、机械设备不能充分利用，造成不必要的浪费。

（1）上坝强度 Q_D（m^3/d）按下式计算：

$$Q_D=\frac{V'K_\alpha}{TK_1}K \tag{4-7}$$

式中：V'为分期完成的坝体设计方量，以压实方计，m^3；K_α 为坝体沉陷影响系数，可取 1.03～1.05；K 为施工不均衡系数，可取 1.2～1.3；K_1 为坝面作业土料损失系数，可取 0.90～0.95；T 为施工分期时段的有效工作日数，等于该时段的总日数扣除法定节假日和因雨停工日数，d。

（2）运输强度 Q_T（m^3/d）根据上坝强度 Q_D 确定：

$$Q_T=\frac{Q_D}{K_2}K_c \tag{4-8}$$

式中：K_c 为压实影响系数，$K_c=\gamma_0\gamma_T$；γ_0 为坝体设计干表观密度；γ_T 为土料运输的松散表观密度；K_2 为运输损失系数，可取 0.95～0.99，因土料性质及运输方式而异。

(3) 开挖强度 Q_c（m^3/d）仍根据上坝强度 Q_D 确定：

$$Q_c=\frac{Q_D}{K_2K_3}K_c' \tag{4-9}$$

式中：K_c'为压实系数，为坝体设计干表观密度 γ_0 与料场土料天然表观密度 γ_c 的比值；K_3 为土料开挖损失系数，随土料特性和开挖方式而异，一般取 0.92～0.97。

2. 挖运机械数量的确定

国内外土石坝工程施工中，采用正向铲与自卸汽车配合是最普遍的挖运方案。挖掘机的斗容量与自卸汽车的载重量为满足工艺要求有个合理匹配关系，应通过计算，复核所选挖掘机的装车斗数 m。

$$m=\frac{Q}{\gamma_c qK_HK_p'} \tag{4-10}$$

式中：Q 为自卸汽车的载重量，t；q 为所选挖掘机的斗容量，m^3；γ_c 为料场土的天然表观密度，t/m^3；K_H 为挖掘机的土斗充盈系数；K_p'为土料的松散影响系数。

按工艺要求，挖掘机装一车所需斗数要适当。若 m 过大，说明所选挖掘机的斗容量偏小，要求挖掘机的数量太多，汽车装车时间过长，影响汽车运输能力的发挥，也影响挖掘机作用的发挥，这时宜增大挖掘机的斗容量；反之，若 m 过小，说明汽车的载重量偏小，需要汽车的数量过多，由于换车频繁，候车时间过长，既影响挖掘机也影响汽车运输能力的发挥，这时应适当增大汽车的载重量。m 合适的范围为 3～5。另外，挖掘机和汽车之间的数量匹配关系，可以通过排队论分析，进行优化组合。

通常应使一台挖掘机所需的汽车数 n 所对应的生产能力略大于此挖掘机的生产率，以充分发挥挖掘机的生产潜力，故有：

$$P_a\geqslant\frac{P_c}{n} \tag{4-11}$$

式中：P_a 为每辆汽车的生产率，m^3/h；P_c 为每台挖掘机的生产率，m^3/h。

满足高峰施工期上坝强度的挖掘机的数量应为

$$N_c=\frac{Q_{c\max}}{P_c} \tag{4-12}$$

满足高峰施工期上坝强度的汽车总数应为

$$N_a=\frac{Q_{T\max}}{P_a} \tag{4-13}$$

式中：$Q_{c\max}$、$Q_{T\max}$分别为高峰施工期开挖及运输土料的最大小时强度，m^3/h。

第三节　坝体填筑与压实

当基础开挖和基础处理基本完成后，就可进行坝体的铺筑、压实施工。

一、坝面作业的施工组织规划

土石坝坝面作业施工工序包括卸料、铺料、洒水、压实、质量检查等。坝面作业，工作面狭窄，工种多，工序多，机械设备多，施工时需有妥善的施工组织规划。

为避免坝面施工中的干扰，延误施工进度，土石坝坝面作业宜采用分段流水作业施工。

流水作业施工组织应先按施工工序数目对坝面分段，然后组织相应专业施工队依次进入各工段施工。对同一工段而言，各专业队按工序依次连续施工；对各专业施工队而言，依次连续在各工段完成固定的专业作业。其结果是实现了施工专业化，有利于工人劳动熟练程度的提高，有利于提高劳动效率和工程施工质量。同时，各工段都有专业队固定的施工机具，从而保证施工过程中人、机、地三不闲，避免施工干扰，有利于坝面作业多、快、好、省、安全地进行。

卸料和铺料有三种方法，即进占法、后退法和综合法。一般采用进占法，厚层填筑也可采用混合法铺料，以减小铺料工作量。进占法铺料层厚易控制，表面容易平整，压实设备工作条件较好。一般采用推土机进行铺料作业。铺料应保证随卸随铺，确保设计的铺料厚度。

按设计厚度铺料平料是保证压实质量的关键。采用带式运输机或自卸汽车上坝，卸料集中。为保证铺料均匀，需用推土机或平土机散料平料。国内不少工地采用“算方上料、定点卸料、随卸随平、定机定人、铺平把关，插杆检查”的措施，使平料工作取得良好的效果。铺填中不应使坝面起伏不平，避免降雨积水。

在坝面各料区的边界处，铺料会越界，通常规定其他材料不准进入防渗区边界线的内侧，边界外侧铺土距边界线的距离不能超过50cm。

为配合碾压施工，防渗体土料铺筑应平行于坝轴线方向进行。

坝体压实是填筑的最关键工序，压实设备应根据砂石土料性质选择。碾压遍数和碾压速度应根据碾压试验确定。碾压方法应便于施工，便于质量控制，避免或减少欠碾和超碾，一般采用进退错距法和圈转套压法，如图4-9所示。

进退错距法操作简便，碾压、铺土和质检等工序协调，便于分段流水作业，压实质量容易保证，其开行方式如图4-9(a)所示；圈转套压法要求开行的工作面较大，适合于多碾滚组合碾压。其优点是生产效率较高，但碾压中转弯套压交接处重压过多，易于超压。当转弯半径小时，容易引起土层扭曲，产生剪力破坏，在转弯的四角容易漏压，质量难以保证，其开行方式如图4-9（b）所示。国内多采用进退错距法。用这种开行方式，为避免漏压，可在碾压带的两侧先往复压够遍数后，再进行错距碾压。错距宽度b（m）按下式计算：

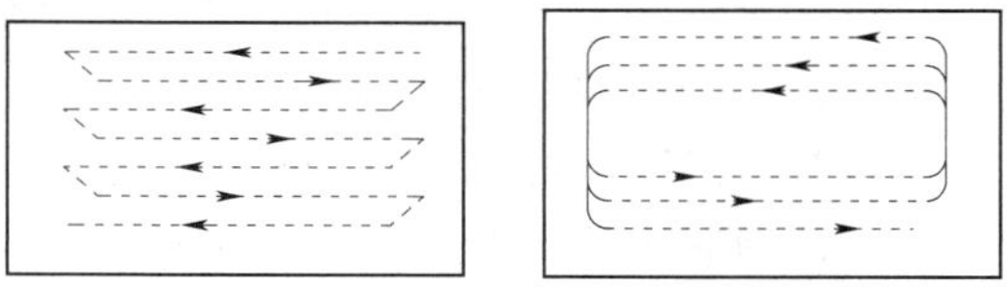

(a)　(b)

图4-9　碾压机械开行方式

(a) 进退错距法；(b) 圈转套压法

$$b=\frac{B}{n} \tag{4-14}$$

式中：B 为碾滚净宽，m；n 为设计碾压遍数。

在错距时，为便于施工人员控制，也可前进后退仅错距一次，则错距宽度可增加一倍。对于碾压起始和结束的部位，按正常错距法无法达到要求的遍数，可采用前进后退不错距的方法，达到要求的碾压遍数，或辅以其他方法达到设计密度的要求。

坝体分期分块填筑时，会形成横向或纵向接缝。由于接缝处坡面临空，压实机械有一定安全距离，坡面上有一定厚度不密实层，另外铺料不可避免的溜滑，也增加了不密实层厚度，这部分在相邻块段填筑时必须处理，一般采用留台法或削坡法。

坝壳靠近岸坡部位施工，用汽车卸料及推土机平料时，大粒径料容易集中，碾压机械压实时，碾滚不能靠近岸坡，因此，需采取一定措施保证施工质量。坝壳与岸坡接合填筑带的质量保证措施一般有：限制铺料层厚，限制粒径，充填细料，采用夯击式机械夯实。

对于汽车上坝或光面压实机具压实的土层，应刨毛处理，以利层间结合。通常刨毛深度 3～5cm，可用推土机改装的刨毛机刨毛，工效高、质量好。

二、结合部位的施工

土石坝施工中，坝体的防渗土料不可避免地要与地基、岸坡、周围其他建筑的边界相结合；由于施工导流、施工方法、分期分段分层填筑等的要求，还必须设置纵横向的接坡、接缝。所有这些结合部位，都是影响坝体整体性和质量的关键部位，也是施工中的薄弱环节，质量不易控制。接坡、接缝过多，还会影响到坝体填筑速度，特别是影响机械化施工。

对结合部位的施工，必须采取可靠的技术措施，加强质量控制和管理，确保坝体的填筑质量满足设计要求。

1. 坝基结合面

对于基础部位的填土，一般用薄层、轻碾的方法，不允许用重型碾或重型夯，以免破坏基础，造成渗漏。

对黏性土、砾质土坝基，应将其表层含水量调节至施工含水量上限范围，用与防渗体土料相同的碾压参数压实，然后刨毛深 3～5cm，再铺土压实。

非黏性土地基应先压实，再铺第一层土料，含水量为施工含水量的上限，采用轻型机械压实，压实干表观密度可略低于设计要求。

与岩基接触面，应首先把局部凹凸不平的岩石修理平整，封闭岩基表面节理、裂隙，防止渗水冲蚀防渗体。若岩基干燥可适当洒水，并使用含水量略高的土料，以便容易与岩基或混凝土紧密结合。碾压前，对岩基凹陷处，应用人工填土夯实。

不论何种坝基，当填筑厚度达到 2m 以后，才可使用重型压实机械。

2. 与岸坡及混凝土建筑物结合

填土前，先将结合面的污物冲洗干净，清除松动岩石，在结合面上洒水湿润，涂刷一层厚约 5mm 左右的浓黏土浆或浓水泥黏土浆或水泥砂浆，其目的是为了提高浆体凝固后的强度，防止产生危险的接触冲刷和渗透。涂刷浆体时，应边涂刷、边铺土、边碾压，涂刷高度与铺土厚度一致，注意涂刷层之间的搭接，避免漏涂。要严格防止泥浆干固（或凝固）后再铺土，因为它对结合非常不利。

防渗体与岸坡结合处，宽度 1.5～2.0m 范围内或边角处，不得使用羊脚碾、夯板等重型机具，应以轻型机具压实，并保证与坝体碾压搭接宽度1m以上。

混凝土齿墙或坝下埋管两侧及顶部0.5m范围内填土，必须用小型机具压实，其两侧填土应保持均衡上升。

岸坡、混凝土建筑物与砾质土、掺和土结合处，应填筑1～2m宽塑性较高而透水性低的土料，避免直接与粗料接触。

3. 坝体纵横向接坡及接缝

土石坝施工中，坝体接坡具有高差较大，停歇时间长，要求坡身稳定的特点。对于允许接合坡度大小及高差大小有争论，尤其对防渗心墙与斜墙是否可设置纵横向接坡的争论更大。土石坝施工的实践经验证明，几乎在任何部位都可以适当设置纵横向接坡，关键在于有无必要和采取什么样的施工措施。一般情况下，填筑面应力争平起，斜墙及窄心墙不应留有纵向接缝，如临时度汛需要设置时，应进行技术论证。

防渗体及均质坝的横向接坡不应陡于1∶3，高差不超过15m。均质坝（不包括高压缩性地基上的土坝）的纵向接缝，宜采用不同高度的斜坡和平台相间形式，坡度及平台宽度根据施工要求确定，并满足稳定要求，平台高差不大于15m。

坝体接坡面可用推土机自上而下削坡，适当留有保护层，配合填筑上升，逐层清至合格层，接合面削坡合格后，要控制其含水量为施工含水量范围的上限。

坝体施工临时设置的接缝相对接坡来讲，其高差较小，停置时间短，没有稳定问题，通常高差以不超过铺土厚度的1～2倍为宜，分缝在高程上应适当错开。

三、反滤料、垫层料、过渡料的施工

反滤料、垫层料、过渡料一般方量不大，但其要求较高，铺料不能分离，一般与防渗体和一定宽度的大体积坝壳石料平起上升，压实标准高，分区线的误差有一定的控制范围。当铺填料宽度较宽时，铺料可采用装载机辅以人工进行。

填筑方法有削坡法、挡板法及土、砂松坡接触平起法三类。土、砂松坡接触平起法能适应机械化施工，填筑强度高，可以做到防渗体、反滤层与坝壳料平起填筑，均衡施工，是被广泛应用的施工方法。根据防渗体土料和反滤层填筑的次序、搭接形式的不同，又可分成先砂后土法、先土后砂法、土砂平起法几种。

先土后砂法如图4-10（a）所示，先填2～3层土料，压实时边缘留30～50cm宽松

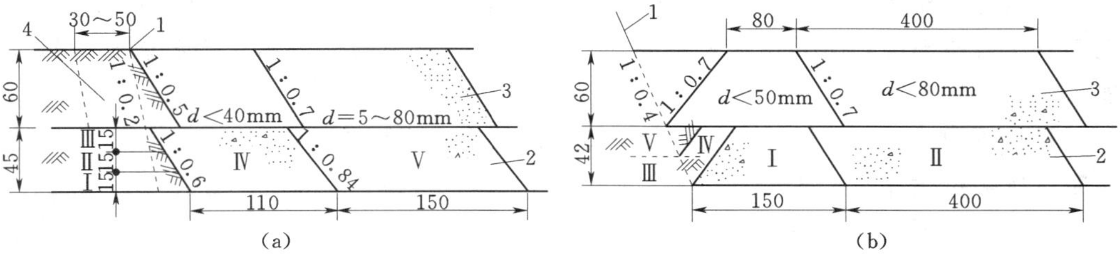

图4-10 土、砂平起施工示意图（单位：cm）

（a）先土后砂法（碧口坝）；（b）先砂后土法（石头河坝）

1—心墙设计线；2—已压实层；3—未压实层；4—松土带

Ⅰ、Ⅱ、Ⅲ、Ⅳ、Ⅴ—填料次序

土带，一次铺反滤料与黏土齐平，压实反滤料，并用气胎碾压实土砂接缝带。此法容易排除坝面积水；因填土料时无侧面限制，施工中有超坡，且接缝处土料不便压实。当反滤料上坝强度赶不上土料填筑时，可采用此法。

先砂后土法如图 4－10（b）所示，先在反滤料设计线内用反滤料筑一小堤，再填筑2～3 层土料与反滤料齐平，然后压实反滤料及土料接缝带。此法填土料时有反滤料作侧限，便于控制防渗土体边线，接缝处土料便于压实，宜优先采用此法。

反滤料的压实，应包括接触带土料与反滤料的压实。当防渗体土料用气胎碾碾压时，反滤料铺土厚度可与黏土铺土厚度相同，并同时用气胎碾碾压，这是施工中压实接触带最好的方法。若防渗体土料采用羊脚碾碾压时，对于土压砂的情况，两者应同时平起，羊脚碾压到距土砂结合边 0.3～0.5m 为止，以免羊脚碾将土下的砂翻出来。然后用气胎碾碾压反滤层，其碾迹与羊脚碾碾迹至少应重叠 0.5m 以上，如图 4－11（a）所示。若砂压土时，土、砂亦同时平起，同样先用羊脚碾压土料，且羊脚碾压到反滤料上至少 0.5m 宽，以便把反滤料之下的土料压实，然后用气胎碾碾压反滤料，并压实到土料上的宽度至少为0.5m，如图 4－11（b）所示。

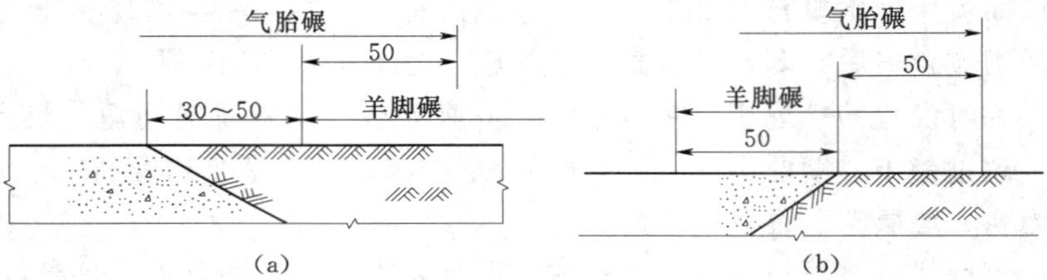

图 4－11　土、砂结合带的压实（单位：cm）
（a）土压砂；（b）砂压土

无论是先土后砂法或是先砂后土法，土砂之间必然出现犬牙交错的现象。反滤料的设计厚度，不应将犬牙厚度计算在内，不允许过多削弱防渗体的有效断面，反滤料一般不应伸入心墙内，犬牙大小由各种材料的休止角所决定，且犬牙交错带不得大于其每层铺土厚度的 1.5～2.0 倍。

当铺料宽度较宽时，采用自卸汽车运输，推土机平料，压实机械根据不同的填筑材料和施工方法有所不同，一般用振动碾碾压，边角不能达到的部位辅以夯击或平板振动器压实。

当料物较细时，应严格控制加水量，避免出现橡皮土现象。

四、压实机械及压实方法

一般，土料不同其物理力学性质也不同，因此使之密实需作用外力也不同。黏性土料黏结力是主要的，要求压实作用外力能克服黏结力；非黏性土料（砂性土料、石渣料、砾石料）内摩擦力是主要的，要求压实作用外力能克服颗粒间的内摩擦力。不同的压实机械产生的压实作用外力不同，大体可分为碾压、夯击和震动三种基本类型，如图 4－12所示。

碾压的作用力是静压力，其大小不随作用时间变化，如图 4－12（a）所示。

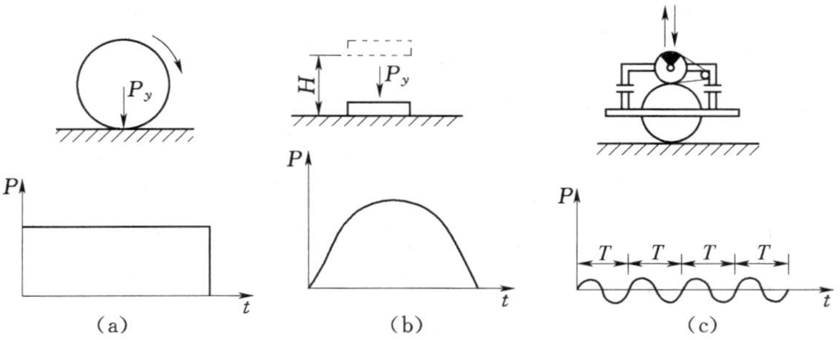

图 4-12　土料压实作用外力示意图

(a) 碾压；(b) 夯击；(c) 震动

夯击的作用力为瞬时动力，有瞬时脉冲作用，其大小随时间和落高而变化，如图 4-12 (b) 所示。

震动的作用力为周期性的重复动力，其大小随时间呈周期性变化，震动周期的长短，随震动频率的大小而变化，如图 4-12 (c) 所示。

(一) 压实机械及压实方法

根据压实作用力来划分，通常有碾压、夯击、震动压实三种机具。随着工程机械的发展，又有震动和碾压同时作用的震动碾，产生震动和夯击作用的震动夯等。常用的压实机具有以下几种。

1. 羊脚碾 (Soil Compactors)

羊脚碾的外形如图 4-13 所示，它适于黏性土料的压实。它与平碾不同，在碾压滚筒表面设有交错排列的截头圆锥体，状如羊脚。钢铁空心滚筒侧面设有加载孔，加载大小根据设计需要确定。加载物料有铸铁块和砂砾石等。碾滚的轴由框架支承，与牵引的拖拉机用杠辕相连。羊脚的长度随碾滚的重量增加而增加，一般为碾滚直径的 1/6～1/7。羊脚过长，其表面面积过大，压实阻力增加，羊脚端部的接触应力减小，影响压实效果。重型羊脚碾碾重可达 30t，羊脚相应长 40cm。拖拉机的牵引力随碾重增加而增加。

图 4-13　羊脚碾外形图

1—羊脚；2—加载孔；3—碾滚筒；4—杠辕框架

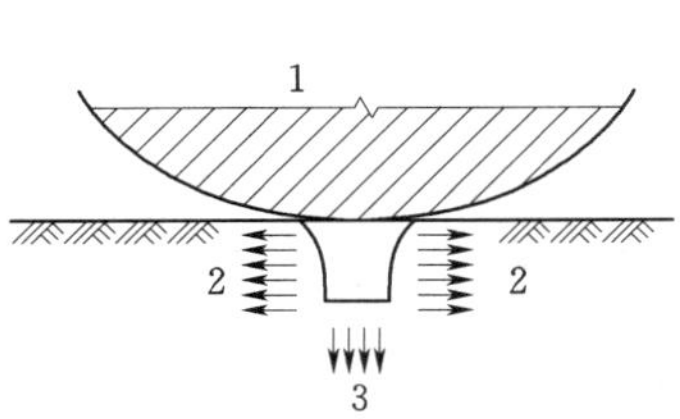

图 4-14　羊脚对土料的正压力和侧压力

1—碾滚；2—侧压力；3—正压力

羊脚碾的羊脚插入土中，不仅使羊脚端部的土料受到压实，而且使侧向土料受到挤压，从而达到均匀压实的效果，如图 4-14 所示。在压实过程中，羊脚对表层土有翻松作用，无需刨毛就能保证土料良好的层间结合。

2. 震动碾（Vibratory Rollers）

这是一种震动和碾压相结合的压实机械，如图 4-15 所示。它是由柴油机带动与机身相连的附有偏心块的轴旋转，迫使碾滚产生高频震动。震动功能以压力波的形式传到土体内。非黏性土料在震动作用下，土粒间的内摩擦力迅速降低，同时由于颗粒大小不均匀，质量有差异，导致惯性力存在差异，从而产生相对位移，使细颗粒填入粗颗粒间的空隙而达到密实。然而，黏性土颗粒间的黏结力是主要的，且土粒相对比较均匀，在震动作用下，不能取得像非黏性土那样的压实效果。

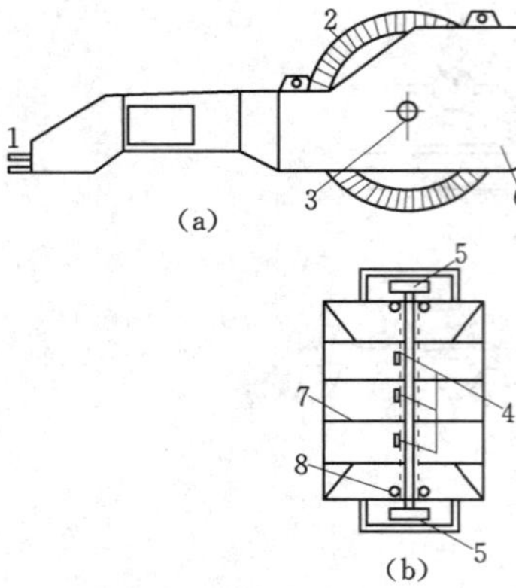

图 4-15　SD8013.5 震动碾示意图

(a) 外形图；(b) 滚碾构造图

1—牵引挂钩；2—滚碾；3—轴；4—偏心块；5—皮带轮；6—车架侧壁；7—隔板；8—弹簧悬架

由于震动作用，震动碾的压实影响深度比一般碾压机械大 1～3 倍，可达 1m 以上。它的碾压面积比震动夯、震动器压实面积大，生产率很高。国产 SD8013.5 型震动碾，全机重 13.5t，震动频率 1500～1800 次/min，生产率高达 $600m^3/h$。震动碾压实效果好，使非黏性土料的相对密度大为提高，坝体的沉陷量大幅度降低，稳定性明显增强，使土工建筑物的抗震性能大为改善。故抗震规范明确规定，对有防震要求的土工建筑物必须用震动碾压实。震动碾结构简单，制作方便，成本低廉，生产率高，是压实非黏性土石料的高效机械。

3. 气胎碾（Pneumatic Rollers）

气胎碾有单轴和双轴之分。单轴的主要构造是由装载荷重的金属车厢和装在轴上的 4～6 个气胎组成。碾压时在金属车厢内加载，并同时将气胎充气至设计压力。为延长气胎寿命，停工时用千斤顶将金属箱支托起来，并把胎内的气放掉，如图 4-16 所示。

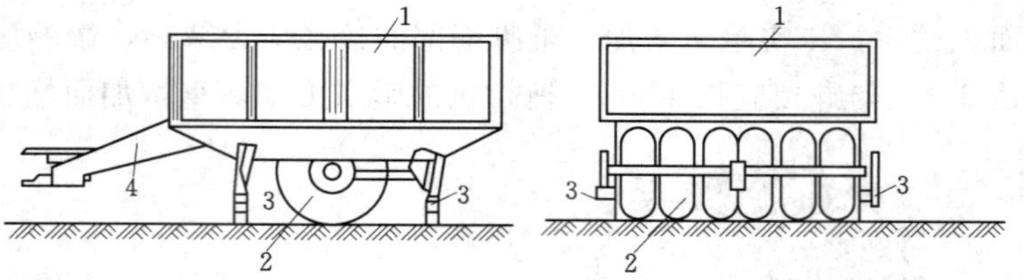

图 4-16　拖行单轴式气胎碾

1—金属车厢；2—充气轮胎；3—千斤顶；4—牵挂杠辕

气胎碾在碾压土料时，气胎随土体的变形而变形。随着土体压实密度增加，气胎的变形也相应增加，从而使气胎与土体的接触面积随之增大，始终能保持较为均匀的压实效果，如图 4-17 所示。它与刚性碾比较，气胎不仅对土体的接触压力分布均匀而且作用时间长，压实效果好，压实土料厚度大，生产效率高。

气胎碾可根据压实土料的特性调整胎内压力，使气胎对土体的压力始终保持在土料的极限强度内。通常气胎的内压力，对黏性土以（5～6）$\times 10^5$Pa、非黏性土以（2～4）$\times 10^5$Pa 为宜。平碾的碾滚是刚性的，无法适应土体的变形，荷载过大会使碾滚的接触应力超过土体极限强度，这就限制了这类碾朝重型方向发展。气胎碾却不然，随着荷载的增加气胎与土体的接触面增大，接触应力仍不致超过土体的极限强度。所以只要牵引力能满足要求，就不妨碍气胎碾朝重型高效方向发展。早在 20 世纪 60 年代，美国就生产了重 200t 的超重型气胎碾。由于气胎碾既适宜于压实黏性土料，又适宜于压实非黏性土料，能做到一机多用，有利于防渗土料与坝壳土料平起同时上升，用途广泛，很有发展前途。

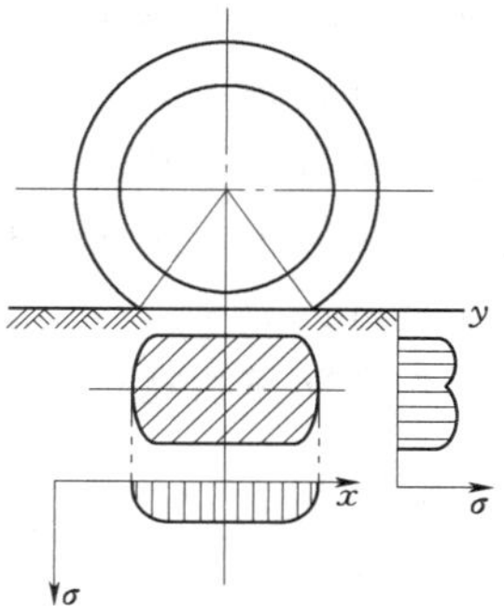

图 4-17　气胎碾压实应力分布图

4. 夯板（Tamping Plate）

夯板可以吊装在去掉土斗的挖掘机臂杆上，借助卷扬机操纵绳索系统使夯板上升。夯击土料时将索具放松，使夯板自由下落，夯实土料，其压实铺土厚度可达 1m，生产效率较高。对于大颗粒填料可用夯板夯实，其破碎率比用碾压机械压实大得多。为了提高夯实效果，适应夯实土料特性，在夯击黏性土料或略受冰冻的土料时，尚可将夯板装上羊脚，即成羊脚夯。

夯板的尺寸与铺土厚度 h 密切相关。在夯击作用下，土层沿垂直方向应力的分布随夯板短边 b 的尺寸而变化。当 $b=h$ 时，底层应力与表层应力之比为 0.965；当 $b=h/2$ 时，底层应力与表层应力比为 0.473。若夯板尺寸不变，表层和底层的应力差值，随铺土厚度增加而增加。差值越大，压实后的土层竖向密度越不均匀。故选择夯板尺寸时，尽可能使夯板的短边尺寸接近或略大于铺土厚度。

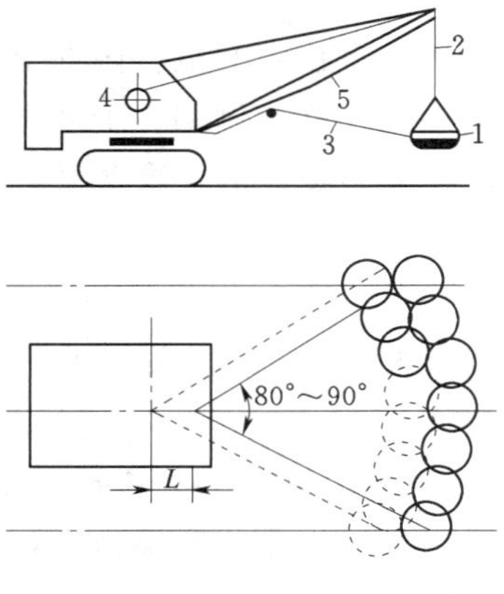

图 4-18　夯板及其工作示意图
1—夯板；2—提升索；3—操纵索；4—机房；5—支杆

夯板工作时，机身在压实地段中部后退移动，随夯板臂杆的回转，土料被夯实的夯迹呈扇形。为避免漏夯，夯迹与夯迹之间要套夯，其重叠宽度为 10～15cm，夯迹排与排之间也要搭接相同的宽度。为充分发挥夯板的工作效率，避免前后排套压过多，夯板的工作转角以不大于 80°～90°为宜，如图 4-18 所示。

（二）压实机械的选择

1. 选择压实机械的原则

选择压实机械通常需考虑以下原则：

（1）与压实土料的物理力学性质相适应。

（2）能够满足设计压实标准。

（3）可能取得的设备类型。

（4）满足施工强度要求。

（5）设备类型、规格与工作面的大小、压实部位相适应。

（6）施工队伍现有装备和施工经验等。

2. 各种压实机械的适用情况

根据碾压设备情况，宜用 50t 气胎碾碾压黏性土、砾质土，压实含水量略高于最优含水量（或塑限）的土料。用 9.0～16.4t 的双联羊脚碾压实黏性土，重型羊脚碾宜用于含水量低于最优含水量的重黏性土，对于含水量较高、压实标准较低的轻黏性土也可用肋型碾和平碾压实。堆石与含有大于500mm特大粒径的砂卵石多用10～25t的自行式震动碾压实。用直径110cm重2.5t的夯板夯实砂砾料和狭窄地带的填土，对与刚性建筑物、岸坡等的接触带，边角、拐角等部位可用轻便夯夯实，例如采用HW01型蛙式夯（Jumping Jack Plate）。

各种碾压机械的适应性可归纳为表4-1。

表4-1 各种碾压设备的适用情况

土料种类 / 碾压设备	堆石	砂、砂砾料		砾质土	黏性土	黏 土		软弱风化土石混合料
		优良级配	均匀级配			低中强度黏土	高强度黏土	
5～10t震动平碾	△	○	○	○	△	△	△	
10～15t震动平碾	○	○	○	○	△	△	△	
震动凸块碾			△	△	○	○	△	
震动羊脚碾				△	△	○	△	
气胎碾		○	○	○	○	○	○	
羊脚碾				△	○	○	○	
夯板		○	○	○	○	△	△	
尖齿碾								○

注 ○表示适用，△表示可用。

五、土石料的压实标准及压实参数的选择

土石料的压实，是保证土石坝施工质量的关键。维持土石坝自身稳定的土料内部阻力（黏结力和摩擦力）、土料的防渗性能等，都随土料密实度的增加而提高。例如，干表观密度为1.4t/m^{3}的砂壤土，压实后若提高到1.7t/m^3，其抗压强度可提高4倍，渗透系数将降低至1/2000，其结果，可使坝坡加陡，体积减小，工程投资降低。

1. 土石料的压实特性

土石料压实特性，与土石料本身的性质、颗粒组成情况、级配特点、含水量大小以及压实功能等有关。黏性土料与非黏性土料的压实有着显著的差别。

一般黏性土料的黏结力较大，摩擦力较小，具有较大的压缩性，但由于其透水性小，排水困难，压缩过程慢，所以很难达到固结压实。而非黏性土料黏结力小，摩擦力大，具有较小的压缩性，但由于透水性大，排水容易，压缩过程快，能很快达到密实。

土料颗粒粗细组成也影响压实效果。颗粒愈细，孔隙比就愈大，所含矿物分散度愈高，就愈不容易压实。所以黏性土的压实干表观密度低于非黏性土的压实干表观密度。颗粒不均匀的砂砾料，比颗粒均匀的砂砾料可能达到的干表观密度大一些。

土料的含水量是影响压实效果的重要因素之一。用击实仪（原南京水利实验处提出，简称南实仪）对黏性土的击实试验，得到一组击实次数、干表观密度与含水量的关系曲线，如图4-19所示，图中n为击实次数，G为饱和度。

在某一击实次数下，干表观密度达到最大值时的含水量为最优含水量；对每一种土料，在一定的压实功能下，只有在最优含水量范围内，才能获得最大的干表观密度，且压

实也较经济。

非黏性土料的透水性大，排水容易，压缩过程快，能够很快达到密实，不存在最优含水量，含水量不作专门控制。这是非黏性土料与黏性土料压实特性的根本区别。

压实功能的大小，也影响着土料干表观密度的大小，从图4-19可以看出，击实次数增加，干表观密度也随之增大，而最优含水量则随之减小。说明同一种土料的最优含水量和最大干表观密度并不是一个恒定值，而是随压实功能的不同而异。

一般说来，增加压实功能可增加干表观密度，这种特性，对于含水量较低（小于最优含水量）的土料比对于含水量较高（大于最优含水量）的土料更为显著。

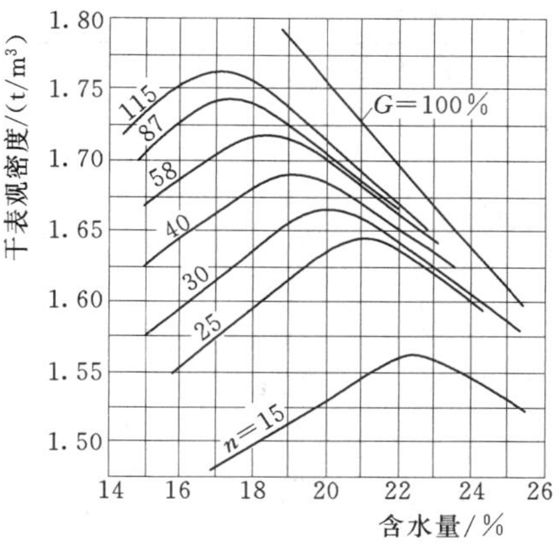

图4-19　某工程粉质黏土的击实曲线

2. 土石料的压实标准

土石料压实得越好，物理力学性能指标就越高，坝体填筑质量就越有保证。但土石料的过分压实，不仅提高了压实费用，而且会产生剪切破坏，反而达不到应有的技术经济效果。土石料的压实标准是根据水工设计要求和土料的物理力学特性提出来的。

黏性土的压实标准，主要以压实干表观密度 γ_d 和施工含水量这两个指标来控制，非黏性土料（如砂土及砂砾石）以相对密度 D 来控制，而石渣或堆石体则可用孔隙率作为压实指标。

在现场用相对密度来控制施工质量不太方便，通常将相对密度转换成对应的干表观密度 γ_d 来控制，其大小按非黏性土不同砾石含量，分别确定不同标准。其换算公式为

$$\gamma_d=\frac{\gamma_1\gamma_2}{\gamma_2(1-D)+\gamma_1 D} \tag{4-15}$$

式中：γ_1、γ_2 分别为土料极松散和极紧密时的干表观密度，t/m^3。

3. 压实参数的确定

在确定土料压实参数前必须对土料场进行充分调查，全面掌握各料场土料的物理力学指标，在此基础上选择具有代表性的料场进行现场试验，作为施工过程的控制参数。当所选料场土性差异较大时，应分别进行碾压试验。

压实试验前，先通过理论计算并参照已建类似工程的经验，初选几种碾压机械和拟定几组碾压参数，采用逐步收敛法进行试验。先以室内试验确定的最优含水量进行现场试验。所谓逐步收敛法系指固定其他参数，变动一个参数，通过试验得到该参数的最优值。将优选的此参数和其他参数固定，再变动另一个参数，用试验确定其最优值。以此类推，得到每个参数的最优值。最后将这组最优参数再进行一次复核试验。若试验结果满足设计、施工要求，便可作为现场使用的施工碾压参数。试验中，碾压参数组合可参照表4-2确定。

表 4-2　　现场碾压试验设备及碾压参数组合

碾压机械 压实参数	平　碾	羊脚碾	气胎碾	夯　板	震动碾
机械参数	选择三种单宽压力或碾重	选择三种羊脚接触压力或碾重	气胎的内压力和碾重各选择三种	夯板的自重和直径各选择三种	对确定的一种机械碾重为定值
施工参数	1. 选三种铺土厚度 2. 选三种碾压遍数 3. 选三种含水量	1. 选三种铺土厚度 2. 选三种碾压遍数 3. 选三种含水量	1. 选三种铺土厚度 2. 选三种碾压遍数 3. 选三种含水量	1. 选三种铺土厚度 2. 选三种夯实遍数 3. 选三种夯板落距 4. 选三种含水量	1. 选三种铺土厚度 2. 选三种碾压遍数 3. 充分洒水①
复核试验参数	按最优参数试验	按最优参数试验	按最优参数试验	按最优参数试验	按最优参数试验
全部试验组数	13	13	16	19 (16)②	10 (7)③
每个参数试验场地大小/m²	3×10	6×10	6×10	8×8	10×20

① 堆石的洒水量约为其体积的 30%～50%，砂砾料约为 20%～40%。

② 通常固定夯板直径，此时只试验 16 组。

③ 通常固定碾重，此时只试验 7 组。

黏性土料压实含水量可取 $W_1 = W_P + 2\%$；$W_2 = W_P$；$W_3 = W_P - 2\%$三种进行试验。W_P 为土料的塑限。

试验的铺土厚度和碾压遍数应根据所选用的碾压设备型号确定。试验测定相应的含水量和干表观密度，对应的关系曲线如图 4-20 所示。

根据上述关系，再作出铺土厚度、压实遍数与最大干表观密度、最优含水量关系曲线，如图 4-21 所示。

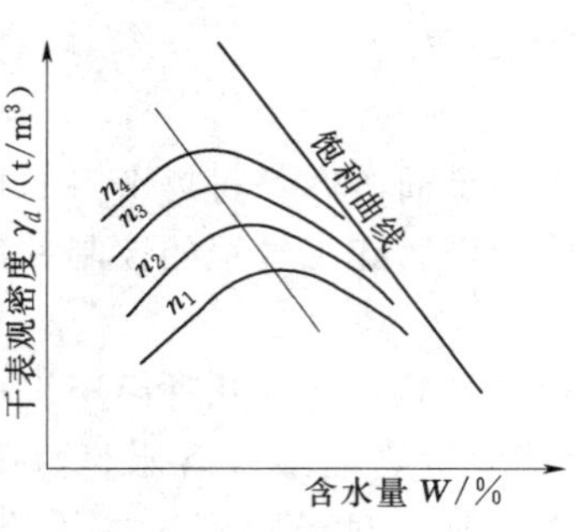

图 4-20　不同铺土厚度、不同压实遍数土料含水量和干表观密度的关系曲线

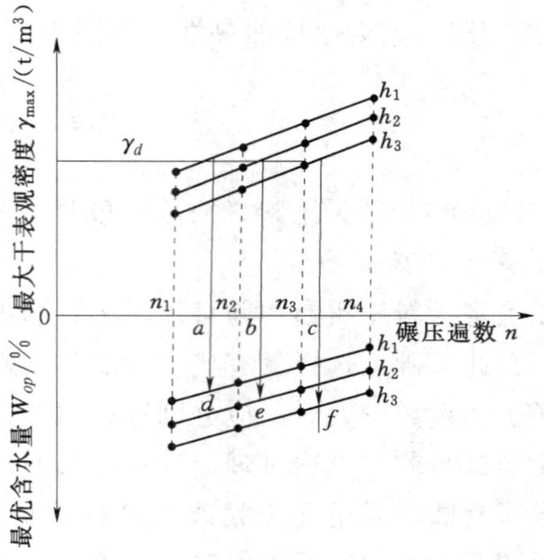

图 4-21　铺土厚度、压实遍数最优含水量和最大干表观密度的关系曲线

从图 4-21 的曲线中，根据设计干表观密度 γ_d，可分别查出不同铺土厚度所需的碾压遍数 a、b、c 及相应的最优含水量 d、e、f。然后再以单位压实遍数的压实厚度进行比

较，即比较$\frac{h_1}{a}$，$\frac{h_2}{b}$，$\frac{h_3}{c}$，其中单位压实遍数的压实厚度最大者为最经济合理。

选定经济压实厚度和压实遍数后，应首先核对是否满足压实标准的含水量要求，将选定的含水量控制范围与天然含水量比较，看是否便于施工控制。如果施工控制很困难，可适当改变含水量或其他参数。此外，在施工过程中如果压实干表观密度的合格率不满足设计标准要求，也可适当调整碾压遍数。有时对同一种土料采用两种机械进行组合压实时，可能获得最好的效果。

非黏性土料含水量的影响不如黏性土显著，试验中可充分洒水，只作铺土厚度、相对密度（或干表观密度）与压实遍数的关系曲线，如图 4-22 所示。

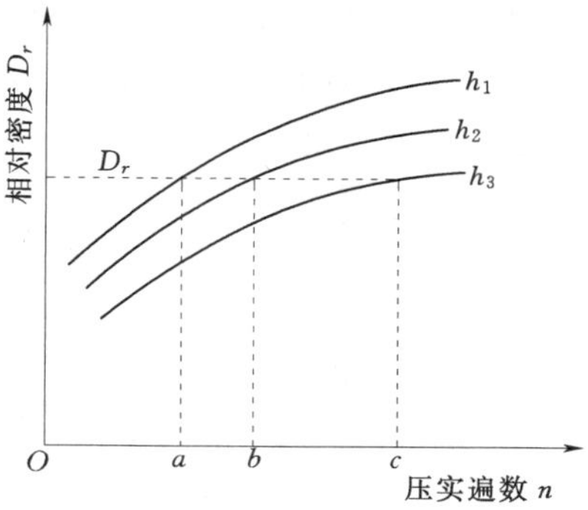

图 4-22　非黏性土的不同铺土厚度、相对密度与压实遍数关系曲线

根据设计要求的相对密度 D_r，求出不同铺土厚度的压实遍数 a、b、c，然后比较$\frac{h_1}{a}$、$\frac{h_2}{b}$、$\frac{h_3}{c}$，其最大值即为经济的铺土厚度和压实遍数。最后再结合施工情况，综合分析选定铺土厚度和压实遍数。

清江水布垭面板堆石坝坝料填筑中各料区均碾压 8 遍，碾压参数取值见表 4-3。

表 4-3　水布垭面板堆石坝坝料填筑碾压施工参数表

分区	名　　称	干密度 /（g/cm³）	压实层厚 /cm	最大粒径 /cm	铺料方法	碾重 /t	行走速度 /(m/s)	推荐洒水量
ⅡA	垫层区	2.25	40	8	后退法	18	≤0.28	5%或适量
ⅢA	过渡区	2.20	40	30	进占法	25	≤0.28	10%
ⅢB	主堆石区	2.18	80	80	进占法	25	≤0.28	15%
ⅢC	次堆石区	2.15	80	80	进占法	25	≤0.28	5%
ⅢD	下游堆石区	2.15	120	120	进占法	25	≤0.28	15%

注　洒水量在实际施工中由于天气和环境变化相对较难控制。ⅡA 区为细粒料对含水量较敏感，应控制碾压含水量；其他料区可适当放宽。碾压遍数相对易于控制，应作为质量控制的主要施工碾压参数。

第四节　面板堆石坝施工

我国第一座混凝土面板堆石坝是抛填式的贵州百花水电站大坝（坝高 47.8m），于 1966 年建成。现代混凝土面板堆石坝的建设始于 1985 年，首先开工的为 95m 高的湖北西北口坝（1985 年开工），首先建成的为 58.5m 高的辽宁关门山坝（1988 年建成）。此后，面板坝的建设如雨后春笋，已建成的湖北水布垭面板堆石坝最大坝高 233.0m，是目前世界上最高的面板堆石坝。此外，面板堆石坝还用于心墙堆石坝、浆砌石坝的加高。

混凝土面板坝的防渗系统由基础防渗工程、趾板、面板组成。其特点是：堆石坝体能直接挡水或过水，简化了施工导流与度汛，枢纽布置紧凑，充分利用当地材料。面板坝可以分期施工，便于机械化施工，施工受气候条件的影响较小。

一、混凝土面板坝坝体分区与分期

面板堆石坝上游面有薄层面板，面板可以是刚性钢筋混凝土的，也可以是柔性沥青混凝土的。坝身主要是堆石结构。良好的堆石材料，尽量减少堆石体的变形，为面板正常工作创造条件，是坝体安全运行的基础。

坝体部位不同，受力状况不同，对填筑材料的要求也不同，所以应对坝体进行分区。图 4-23 为关门山水库混凝土面板堆石坝的坝体分区剖面图。

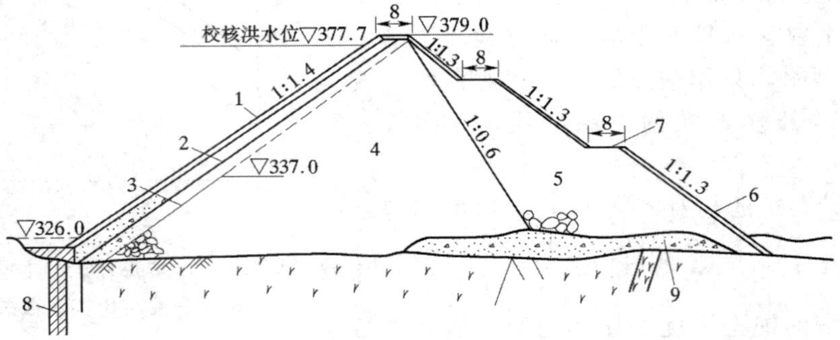

图 4-23　混凝土面板堆石坝分区剖面图（单位：m）
1—混凝土面板；2—垫层料区；3—过渡料区；4—主堆石区；5—下游堆石区；
6—干砌石护坡；7—上坝公路；8—灌浆帷幕；9—砂砾石

面板下垫层区的主要作用在于为面板提供平整、密实的基础，将面板承受的水压力均匀传递给主堆石体。过渡区位于垫层区与主堆石区之间，其主要作用是保护垫层区在高水头作用下不产生破坏，其粒径、级配要求符合垫层料与主堆石料间的反滤要求。主堆石区是坝体维持稳定的主体，其石质好坏、密度、沉降量大小，直接影响面板的安危。下游堆石区起保护主堆石体及下游边坡稳定的作用，要求采用较大石料填筑，由于该区的沉降变形对面板已影响甚微，故对石质及密度要求有所放宽。

一般面板坝的施工程序为：岸坡坝基开挖清理，趾板基础及坝基开挖，趾板混凝土浇筑，基础灌浆，分期分块填筑主堆石料，垫层料必须与部分主堆石料平起上升，填至分期高度时用滑模浇筑面板，同时填筑下期坝体，再浇混凝土面板，直到坝顶。堆石坝填筑的施工设备、工艺和压实参数的确定，和常规土石坝非黏性料施工没有本质区别。

【例 4-2】 贵州洪家渡电站最大坝高 179.5m，坝顶长 427.79m，面板分 3 期施工；2002 年 5 月上旬临时断面形成，坝顶高程为 1033m，Ⅰ期面板顶高程 1025m，在 2003 年 1 月初开始浇筑，面板下坝体预沉降时间 7～8 个月；第Ⅱ期面板顶高程 1095m，临时断面坝顶高程 1105m，于 2003 年 9 月中旬填筑到位，2004 年 1 月初开始面板浇筑，面板下坝体预沉降时间 3.7 个月；坝体填筑于 2004 年 10 月上旬全部完成，Ⅲ期面板于 2005 年 2 月初开始浇筑。面板下坝体预沉降时间 3.7 个月。

【例 4-3】 湖北水布垭电站面板堆石坝最大坝高 233.0m，坝顶长 660.0m，坝顶高程 409.0m。面板分 3 期施工：考虑汛期的度汛安全和填筑强度限制，2004 年 5 月中旬形成临时断面顶高程为 288m，2004 年 12 月中旬坝体碾压填筑和填料自重沉降完成后，开始浇筑Ⅰ期面板，其顶高程至 278m；第Ⅱ期面板顶高程 340m，临时断面坝顶高程 360m，于 2005 年 11 月中旬填筑到位，2006 年 1 月中旬开始面板浇筑；坝体填筑于 2006 年 10 月上旬全部完成，Ⅲ期面板于 2007 年 1 月上旬开始浇筑。

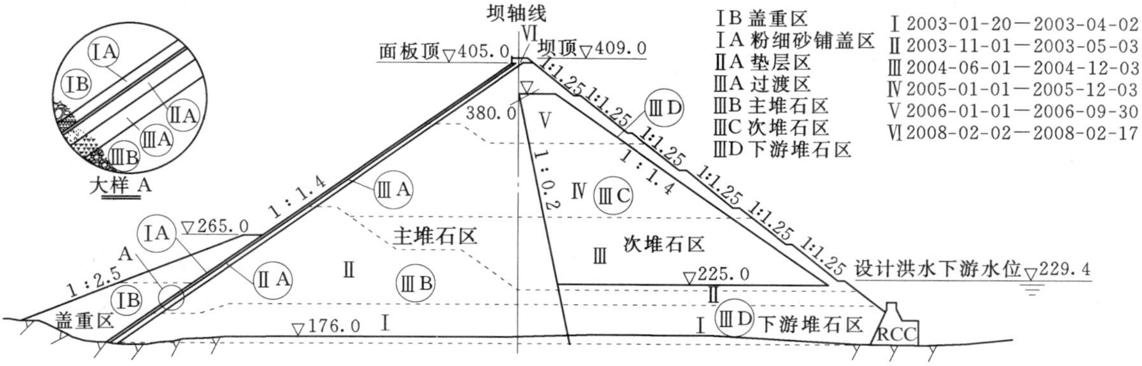

图 4-24　水布垭面板堆石坝剖面图

二、垫层料施工

垫层为堆石体坡面最上游部分，可用人工碎石料或级配良好的砂砾料填筑。为减少面板混凝土超浇量，改善面板的应力条件，对上游垫层坡面必须修整和压实。一般水平填筑时向外超填 15～30cm，斜坡长度达到 10～15m 时修整、压实一次。修整可采用人工或激光制导反铲（天生桥一级采用）。在坡面修整后即进行斜坡碾压。一般可利用为填筑坝顶布置的索吊牵引振动碾上下往返运行。也可使用平板式振动压实器进行斜坡压实。

未浇筑面板之前的上游坡面，尽管经斜坡碾压后具有较高的密实度，但其抗冲蚀和抗人为因素破坏的性能很差，一般须进行垫层坡面的防护处理。防护的目的有三点：防止雨水冲刷垫层坡面；为面板混凝土施工提供良好的工作面；利用堆石坝体挡水或过水时，垫层护面可起临时防渗和保护作用。可采用喷洒乳化沥青、喷射混凝土、摊铺和碾压水泥砂浆或采用挤压边墙防护。垫层料坡面喷乳化沥青保护需二次削坡和斜面碾压及喷乳化沥青，施工工艺复杂，坡面处理工作量大，但可避免坝面亏坡，对面板约束小。挤压边墙一般不需对上游坡面进行二次处理，施工工艺相对简单，但产生坝坡亏坡不易修补。洪家渡和三板溪坝采用了喷乳化沥青的垫层料坡面保护措施。水布垭坝在面板分缝处对挤压边墙自上而下做了凿断和坡面喷乳化沥青处理。混凝土面板或面板浇筑前的垫层料，施工期不允许承受反向水压力。

【例 4-4】　挤压边墙施工。面板堆石坝挤压边墙施工是采用专门边墙挤压机将传统工艺中对垫层料的斜坡碾压优化为垂直碾压，并将一般垫层料优化为特殊的低强度、低弹模、半透水的特殊配合比边墙混凝土料，在提高施工效率的同时保证垫层料致密、均匀的压实质量。水布垭工程中的挤压边墙施工程序如图 4-25 所示。在边墙施工完成后，将边墙混凝土在面板横缝处凿断以适应面板变形；在边墙混凝土与面板之间喷乳化沥青以增加面板与挤压边墙表面的润滑度。

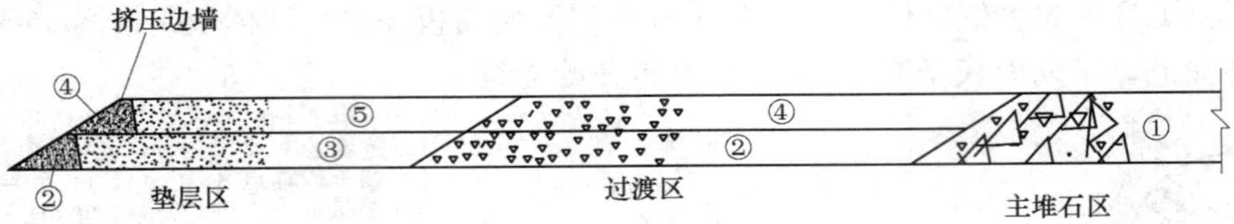

图 4-25 挤压边墙与面板堆石坝主体摊铺程序
①②③④⑤—填筑摊铺顺序

三、趾板施工

趾板施工程序为，河床段趾板应在基岩开挖完毕后立即进行浇筑，并在大坝填筑之前浇筑完毕。岸坡部位的趾板必须在填筑之前一个月内完成。为减少工序干扰和加快施工进度，可随趾板基岩开挖出一段之后，立即由顶部自上而下分段进行施工。如工期和工序不受约束，也可在趾板基岩全部开挖完以后，再进行趾板施工。趾板施工的步骤是：清理工作面、测量与放线、锚杆施工、立模安止水片、架设钢筋、预埋件埋设、冲洗仓面、开仓检查、浇筑混凝土、养护。混凝土浇筑可采用滑模或常规模板进行。

四、钢筋混凝土面板施工

钢筋混凝土面板是刚性面板堆石坝的主要防渗结构，厚度薄、面积大，在满足抗渗性和耐久性条件下，要求具有一定的柔性，以适应堆石体的变形。

面板浇筑一般在堆石坝体填筑完成或至某一高度后，气温适当的季节内集中进行，由于汛期限制，工期往往很紧。面板由起始板及主面板组成。起始板可以采用固定模板或翻转模板浇筑，也可用滑模浇筑。当起始板不采用滑模浇筑时，应尽量在坝体填筑时创造条件提前浇筑。中等高度以下的坝，面板混凝土不宜设置水平缝，高坝和要求施工期蓄水的坝，面板可以设 1～2 条水平工作缝，分期浇筑。垂直缝分缝宽度应据滑模结构，以易于操作、便于仓面组织等原则确定，一般为 12～16m。

钢筋混凝土面板一般采用滑模法施工，滑模分有轨滑模和无轨滑模两种。无轨滑模是近几年来在面板坝施工实践中提出来的，它克服了有轨滑模的缺点，减轻了滑动模板自身重量，提高了工效，节约了投资，在国内广泛使用。滑模上升速度一般 1.0～2.5m/h，最高可达 6m/h。

混凝土场外运输主要采用混凝土搅拌运输车、自卸汽车等。坝面输送主要采用溜槽和混凝土泵。

钢筋的架设一般采用现场绑扎和焊接或预制钢筋网片和现场拼接的方法，巴西辛果坝即采用预制钢筋网片法。

金属止水片的成型主要有冷挤压成型、热加工成型或手工成型。一般成型后应进行退火处理。现场拼接方式有搭接、咬接、对接；对接一般用在止水接头异型处，应在加工厂内施焊，以保证质量。

五、沥青混凝土面板施工

沥青混凝土施工，温度控制十分严格。必须根据材料的性质、配比、不同地区、不同季节，通过试验确定不同温度的控制标准。沥青混凝土面板施工过程中，各道工序的温度控制范围如图 4-26 所示。

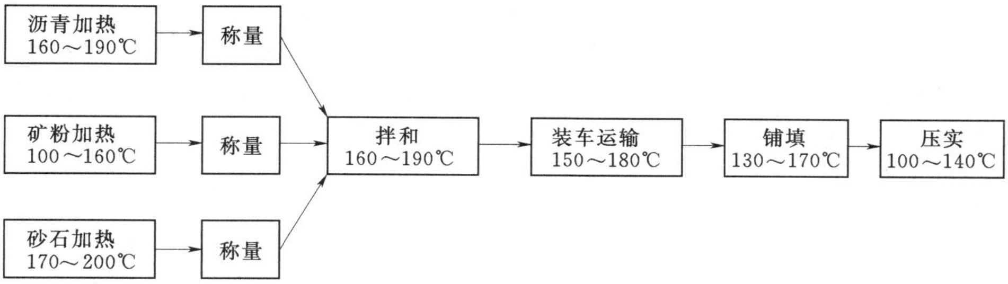

图 4-26　沥青混凝土施工过程温度控制范围图

沥青在泵送、拌和、喷射、浇筑和压实过程中应对其运动黏度值 υ 加以控制。沥青的运动黏度值 υ 与温度存在一定关系，因此，控制沥青运动黏度 υ 的过程，也是控制温度的过程，二者应协调一致。

沥青混凝土面板的施工特点在于铺填及压实层薄，通常板厚 10～30cm，施工压实层仅 5～10cm 厚，且铺填及压实均在坡面上进行。沥青混凝土的铺填和压实多采用机械化流水作业，如图 4-27 所示。沥青混凝土热料由汽车或装有料罐的平车经堆石体上的工作

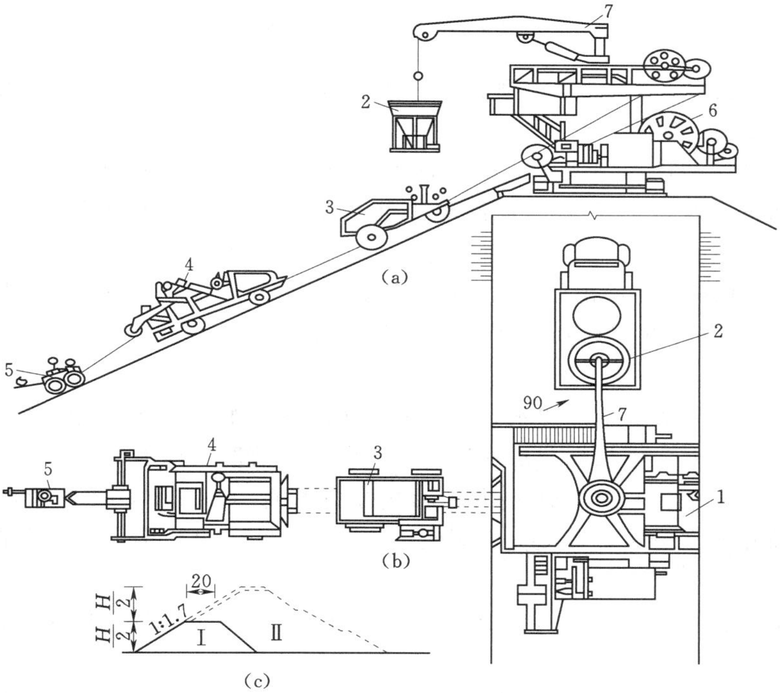

图 4-27　沥青混凝土面板机械施工联合作业（单位：m）
（a）侧视图；（b）顶视图；（c）坝体分期施工图
1—履带门式绞车；2—料罐；3—给料车；4—铺料车；5—振动碾；6—绞车；7—回转支杆

平台运至坝顶门式绞车前，由门式绞车的工作臂杆吊运料罐卸料入给料车的料斗内。给料车供给铺料车沥青混凝土。铺料车在门式绞车的牵引下，沿平整后的堆石坡面自下而上地铺料，铺料宽度一般为3～4m。特制的斜坡振动碾压机械，在门式绞车的牵引下，尾随铺料车将铺好的沥青混凝土压实。采用这些机械施工的最大坡长达150m。当坡长超过范围时，须将堆石体分成两期或多期进行，每期堆石体顶部均须留出宽20～30m的工作平台，如图4-27（c）所示。

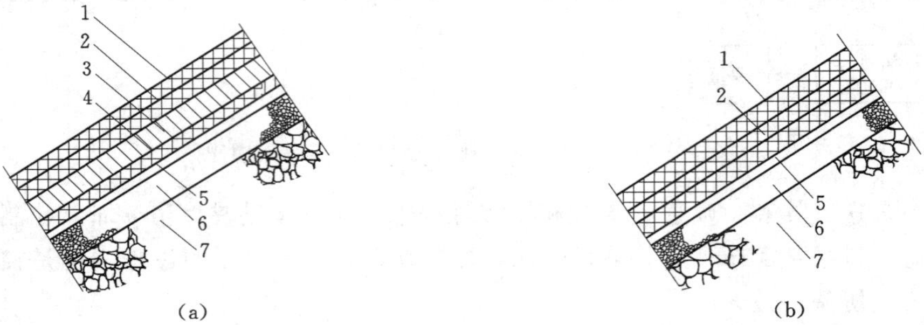

图4-28 沥青混凝土面板断面的型式
（a）复式断面；（b）简式断面
1—封闭层；2—防渗面层；3—排水层；4—防渗底层；
5—整平胶结层；6—垫层；7—填筑体

沥青混凝土面板有复式断面和简式断面两种，如图4-28（a）、（b）所示。防渗要求高的工程宜采用复式断面。

复式断面各层的作用和要求如下：封闭层是为了封闭沥青混凝土防渗面层表面缺陷，提高面板的防渗性，延缓沥青混凝土老化等。使用的材料为沥青胶或橡胶沥青胶等。

防渗面层是面板的主防渗层，其厚度一般为8～12cm，分两层或三层铺压。分层铺压时层间要喷涂乳化沥青或稀释沥青结合层以提高防渗面层的整体性。喷涂量一般为1kg/m^2。

排水层是汇集防渗面层的渗水，将其引入廊道或排水管沟排出填筑体外。排水层的厚度一般为8～12cm。可根据防渗面层的渗流量坝坡坡度和排水层沥青混凝土的渗透系数参考的相关方法进行核算排水层沿坝轴线方向每隔10～15m，用防渗沥青混凝土设一隔水带，将排水层分区，以便分区观测渗水。隔水带宽度可为1m或摊铺机一次摊铺的宽度。

防渗底层是隔断防渗面层的渗水由排水层引走，并将面板后渗水隔断，其厚度一般为5～10cm，分一层或两层铺压。

整平胶结层是使面板与垫层结合良好，并为铺筑防渗层创造良好条件。其厚度一般为5～10cm，分一层或两层铺压。

简式断面的分层除无排水层和防渗底层外，其余与复式断面相同。土石坝工程中多采用简式断面。

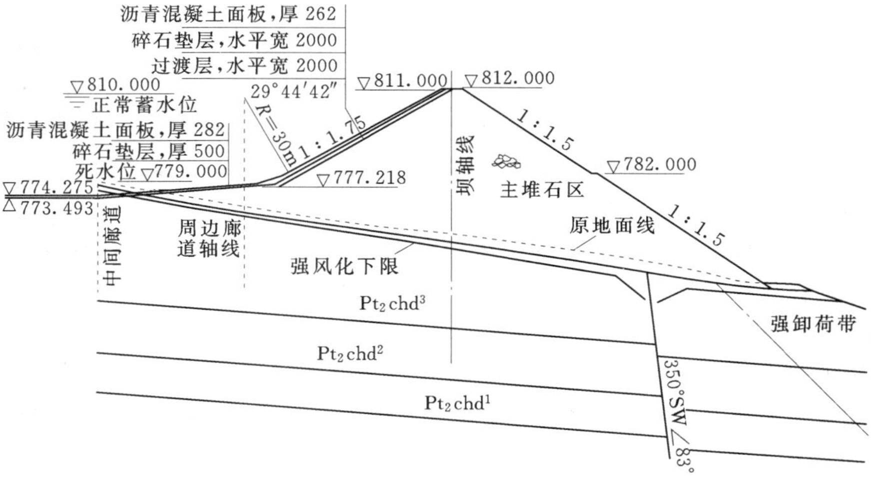

图4-29 张河湾抽水蓄能电站上水库沥青混凝土面板坝典型剖面图

第五节 土石坝的冬雨季施工

土石坝施工特点之一，是大面积的露天作业，直接受外界气候环境的影响，尤其是对防渗土料影响更大。降雨会增大土料的含水量，冬季土料又会冻结成块，都会影响施工质量。因此，土石坝的冬雨季施工，常成为土石坝施工的障碍，它使施工的有效工作日大为减少，造成施工强度的不均匀，增加施工过程拦洪度汛的难度，甚至延误工期。为了保证坝体的施工进度，降低工程造价，必须解决好雨季和冬季的施工措施问题。

一、土石坝的冬季施工

寒冬土料冻结会给施工造成极大困难，因此，当日平均气温低于0℃时，黏性土料应按低温季节施工；当日平均气温低于－10℃时，一般不宜填筑土料，否则应进行技术论证。

我国北方地区，冬季时间长，如不能施工将给工程进度带来影响。因此，土石坝冬季施工也就成为北方地区需要解决的一个重要问题。

冬季施工的主要问题在于：土的冻结使强度增高，不易压实；而冻土融化会使土体的强度和土坡的稳定性降低；处理不好，将使土体产生渗漏或塑流滑动。

外界气温降低时，土料中水分开始结冰的温度低于0℃，即所谓过冷现象。土料的过冷温度和过冷持续时间，与土料种类、含水量大小和冷却强度有关。当负温不是太低时，土料中的水分能长期处于过冷状态而不结冰。含水量低于塑限的土料及含水量低于4%～5%的砂砾料，由于水分子与颗粒的相互作用，土的过冷现象极为明显。土的过冷现象表明，当负气温不太低时，用具有正温的土料在露天填筑，只要控制好含水量，有可能在土料未冻结之前，填筑完毕。

因此，土石坝冬季施工，只要采取适当的技术措施，防止土料冻结，降低土料含水量和减少冻融影响，仍可保证施工质量，加快施工进度。

1. 负温下的土料填筑

负温下填筑要求黏性土含水量略低于塑限，防渗体土料含水量不应大于塑限的90%。不得加水和夹有冰雪，在未冻结的黏土中，允许含有少量小于5cm冻块，但需均匀分布，其允许含量与土温、土料性质、压实机具和压实标准有关，需通过试验确定。

铺料、碾压、取样等，应快速作业，压实土料温度必须在−1℃以上。土料填筑应加大压实功能，宜采用重型碾压机械。

严禁在坝体分段结合处有冻土层、冰块存在，应将已填好的土层按规定削成斜坡相接，接坡处应做成梳齿形样槽，用不含冻土的暖料填筑。

2. 负温下的砂砾料填筑

砂砾料的含水量应小于4%，不得加水。最好采用地下水位以上或较高气温季节堆存的砂砾料填筑。填筑时应基本上保持正温，冻料含量应在10%以下，冻块粒径不超过10cm，且分布均匀。

利用重型振动碾和夯板压实，采用夯板时，每层铺料厚度可减薄1/4左右；采用重型振动碾，一般可不减薄。

3. 暖棚法施工

当日最低气温低于−10℃时，多采用简易结构暖棚和保温材料，将需要填筑的坝面临时封闭起来。在暖棚内采取蒸汽或火炉等升温措施，使之在正温条件下施工。暖棚法施工费用较高，大伙房心墙坝冬季暖棚法与正温露天作业相比，其黏性土填筑增加费用41.8%，砂砾料则增加费用102%。

负温下土石坝施工，对料场也应采取防冻保温措施。如在料场可采取覆盖隔热材料或积雪、冰层保温，也可用松土保温等。一般说来，只要采料温度不低于5～10℃，碾压时温度不低于2℃，就能保证土料的压实效果。

二、土石坝的雨季施工

土石坝防渗体土料在雨季施工，总的原则是“避开、适应和防护”。一般情况下应尽量避免在雨季进行土料施工；选择对含水量不敏感的非黏性土料以适应雨季施工，争取小雨日施工，以增加施工天数；在雨日不太多，降雨强度大，花费不大的情况下，采取一般性的防护措施也常能奏效。

例如，某黏土心墙坝，采用如图4-30（a）所示的施工程序：在雨季中的晴天，心墙两侧仅填筑部分足以维持心墙稳定的护坡坝壳，其外坡一般不陡于1∶1.5～1∶2.0，当下雨不能填土时，则集中力量填筑坝壳部分。对于斜墙坝，也应在晴天抢填土料，雨天或雨后填筑坝壳部分，彼此减少干扰，施工程序协调，如图4-30所示。

雨季施工中，还应采取以下有效的施工技术及防护措施。

快速压实表层松土，防止松土被小雨渗入，这是雨季施工中最有效的措施，具有省工、省费用、施工方便等优点。

坝面填筑力争平起，保持填筑面平整，使填筑面微向上下游倾斜约2%左右的坡度，以利排水。对于砂砾料坝壳，需注意防止暴雨冲刷坝坡，可在距坝坡2～3m处，用砂砾料筑起临时小埂，避免坝面雨水沿坡面下流。

雨前将施工机械撤出填筑面，停放在坝壳区，做好填土面的保护。下雨或雨后，尽量

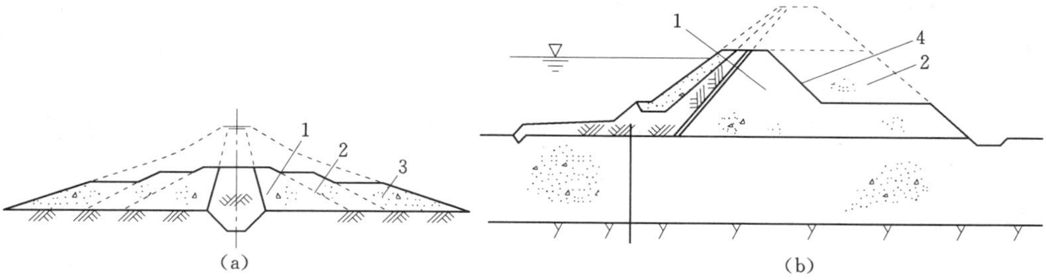

图 4-30 心、斜墙与坝壳雨季施工平衡上升图

(a) 心墙与坝壳雨季填筑平衡上升；(b) 斜墙坝临时拦洪断面

1—心、斜墙及坝壳平衡上升部分；2—第二次填筑坝壳部分；3—最后填筑坝壳部分；4—临时拦洪断面

不要踩踏坝面，禁止机械通行，防止坝面形成稀泥。

在坝面设防雨棚，用苫布、油布或简易防雨设备，覆盖坝面，避免雨水渗入，缩短雨后停工时间，争取填筑工期。

在雨季还应加强土料场的排水措施，及时排除雨水，土料场停工或下雨时，原则上不得留有松土。如必须贮存一部分松土时，可堆成“土牛”并加以覆盖，四周做好排水。

运输道路也是雨季施工的关键之一。一般的泥结碎石路面，当遇雨水浸泡时，路面容易破坏，即使雨后坝面可复工，但因道路影响了运输而不能及时复工，不少工程有过此教训。所以应加强雨季路面维护和排水措施，在多雨地区的主要运输道路，可考虑采用混凝土路面。

第六节 土石坝施工质量控制

施工质量的检查与控制是土石坝安全的重要保证，它贯穿于土石坝施工的各个环节和施工全过程。

一、料场的质量检查和控制

对土料场应经常检查所取土料的土质情况、土块大小、杂质含量和含水量是否符合规范规定。其中含水量的检查和控制尤为重要。

若土料的含水量偏高，一方面应改善料场的排水条件和采取防雨措施；另一方面需将含水量偏高的土料进行翻晒处理，或采取轮换掌子面的办法，使土料含水量降低到规定范围再开挖。若以上方法仍难满足要求，可以采用机械烘干法烘干。

当土料含水量不均匀时，应考虑堆筑“土牛”(大土堆)，使含水量均匀后再外运。当含水量偏低时，对于黏性土料应考虑在料场加水。料场加水量 Q_0 可按下式计算：

$$Q_0=\frac{Q_D}{K_p}\gamma_e(W_0+W-W_e) \tag{4-16}$$

式中：Q_D 为土料上坝强度；K_p 为土料的可松性系数；γ_e 为料场的土料表观密度；W_0、W、W_e 分别为坝面碾压要求的含水量、装车和运输过程中含水量的蒸发损失以及料场土料的天然含水量。W 值通常取 0.02～0.03，最好在现场测定。

料场加水的有效方法是采用分块筑畦埂，灌水浸渍，轮换取土。地形高差大也可采用喷灌机喷洒，此法易于掌握，节约用水。无论哪种加水方式，均应进行现场试验。对非黏性土料可用洒水车在坝面喷洒加水，避免运输时从料场至坝上的水量损失。

对石料场应经常检查石质、风化程度、爆落块料大小、形状及级配等是否满足上坝要求。如发现不合要求，应查明原因，及时处理。

二、坝面的质量检查与控制

在坝面作业中，应对铺土厚度、填土块度、含水量大小、压实后的干表观密度等进行检查，并提出质量控制措施。对黏性土，含水量的检测是关键。简单办法是"手检"，即手握土料能成团，手指撮可成碎块，则含水量合适。手试法靠经验估计，不十分可靠；工地多用取样烘干法，如酒精灯燃烧法、红外线烘干法、高频电炉烘干法、微波含水量测定仪等；采用核子水分密度仪能够迅速准确地测定压实土料的含水量及表观密度。

对于Ⅰ、Ⅱ级坝的心、斜墙，测定土料干表观密度的合格率应不低于90%；Ⅲ、Ⅳ级坝的心、斜墙或Ⅰ、Ⅱ级均质坝应达到80%以上。不合格干表观密度不得低于设计干表观密度的98%，且不合格样不得集中。压实表观密度的测定，黏性土一般可用体积为200～500cm^3的环刀测定；砂可用体积为500cm^3的环刀测定；砾质土、砂砾料、反滤料用灌水法或灌砂法测定。堆石因其空隙大，一般用灌水法测定。当砂砾料因缺乏细料而架空时，也用灌水法测定。

根据地形、地质、坝料特性等因素，在施工特征部位和防渗体中，选定一些固定取样断面，沿坝高5～10m，取代表性试样（总数不宜少于30个）进行室内物理力学性能试验，作为核对设计及工程管理之根据。此外，还须对坝面、坝基、削坡、坝肩接合部、与刚性建筑物连接处以及各种土料的过渡带进行检查。对土层层间结合处是否出现光面和剪力破坏应引起足够重视，认真检查。对施工中发现的可疑问题，如上坝土料的土质、含水量不合要求，漏压或碾压遍数不够，超压或碾压遍数过多，铺土厚度不均匀及坑洼部位等应进行重点抽查，不合格者返工。

对于反滤层、过渡层、坝壳等非黏性土的填筑，主要应控制压实参数，如不符要求，施工人员应及时纠正。在填筑排水反滤层过程中，每层在25m×25m的面积内取样1～2个；对条形反滤层，每隔50m设一取样断面，每个取样断面每层取样不得少于4个，均匀分布在断面的不同部位，且层间取样位置应彼此对应。对于反滤层铺填的厚度、是否混有杂物、填料的质量及颗粒级配等应全面检查。通过颗粒分析，查明反滤层的层间系数（D_{50}/d_{50}）和每层的颗粒不均匀系数（d_{60}/d_{10}）是否符合设计要求。如不符要求，应重新筛选，重新铺填。

土坝的堆石棱体与堆石体的质量检查大体相同。主要应检查上坝石料的质量、风化程度、石块的重量、尺寸、形状、堆筑过程有无离析架空现象发生等。对于堆石的级配、孔隙率大小，应分层分段取样，检查是否符合规范要求。随坝体的填筑应分层埋设沉降管，对施工过程中坝体的沉陷进行定期观测，并作出沉陷随时间的变化过程线。

对于填筑土料、反滤料、堆石等的质量检查记录，应及时整理，分别编号存档，编制数据库，既作为施工过程全面质量管理的依据，也作为坝体运行后进行长期观测和事故分析的佐证。

近年来，我国已研制成功一种装设在振动碾上的压实计，能向在碾压中的堆石层发射和接收其反射的震动波，可在仪器上显示出堆石体在碾压过程中的变形模量。这种装置使用方便，可随时获得所需资料，但其精度较低，只能作为量测变形模量的辅助措施。

【例 4-5】 土石坝施工全过程质量实时监控。坝面压实作业是碾压坝施工的关键工序，快速有效的检测坝面压实质量是保证填筑进度的重要措施。水布垭面板堆石坝、糯扎渡心墙堆石坝采用车载 GPS 等无线定位技术，实时监控碾压设备的运行轨迹，提示碾压分区规划、行车速度、碾压遍数等重要压实指标，实时监控坝面压实质量，指导操作人员作业，可以对各施工环节进行实时、精细、全天候的监控和管理，同时能有效减少施工质量监控中人为因素的影响，提高施工管理水平和效率，保证大坝的施工质量。特别是，天津大学研发建设的糯扎渡数字大坝提出了涵盖坝料上坝运输、坝料加水及填筑碾压过程的一整套的碾压式土石坝施工全过程质量实时监控技术，取得了良好的应用效果和集成示范效应，先后在南水北调高填方渠道、梨园面板堆石坝、溧阳抽水蓄能面板堆石坝、河口村面板堆石坝、长河坝心墙堆石坝、猴子岩面板堆石坝、黄金坪沥青心墙堆石坝等工程得到推广应用。

思　考　题

4-1　土石坝工程施工主要有哪些施工准备工作？

4-2　碾压式土石坝施工的基本作业包括哪些？

4-3　如何进行土石坝施工的料场规划？

4-4　组织土石坝综合机械化施工的基本原则是什么？

4-5　常用的土石坝施工挖运方案有哪些？

4-6　土石坝施工坝面如何组织流水作业？

4-7　土石坝施工坝面铺土有哪些要求？

4-8　在土石坝施工中，为什么黏性土料对含水量特别敏感，而非黏性土料则不然？这两种土料的不同特性对施工组织安排及施工设备选择有何影响？

4-9　土料的压实参数有哪些？它们之间有何关系？如何确定这些参数？合理选择参数的经济意义何在？

4-10　面板堆石坝的施工特点有哪些？

4-11　土石坝施工中的质量控制包括哪些内容？黏性土料与非黏性土料主要质量控制指标有哪些？它们应如何进行控制？

第五章 混 凝 土 坝 施 工

混凝土工程施工在水利水电建设中占有重要的地位，特别是以混凝土坝为主体的枢纽工程，其施工速度直接影响整个工程的建设工期；施工质量直接关系到工程的安危，关系着国家和人民生命财产的安全。在混凝土坝（闸）枢纽工程中，用于混凝土工程施工的各种费用占工程总投资比例较大，约为60%～70%，明显影响工程投资规模。

混凝土坝通常建筑在深而窄的山谷中，可以分为混凝土重力坝、混凝土拱坝、混凝土支墩坝等。其主要特点是利用自身的重量来支撑水体压力，绝大多数为现场浇筑施工，预制装配法应用极少。混凝土坝所用混凝土，可分为常态混凝土和碾压混凝土。

混凝土坝具有许多优点，特别是建设高坝，是坝工设计人员优先选择的坝型之一。在我国20世纪50年代以后修建的大中型水利水电工程的挡水建筑物中，混凝土坝占有较大比重，特别是重力坝、拱坝应用最普遍。20世纪80年代以来，我国相继修建了一批混凝土高坝，创造了具有世界领先水平的施工技术与工艺，系统总结了工程建设的经验。如已建成的具有世界超大规模的长江三峡水利枢纽工程即采用了混凝土重力坝，坝高183m，坝体混凝土量达1600万m^3；红水河龙滩水电站碾压混凝土重力坝高216.5m；澜沧江小湾水电站双曲拱坝坝高292m。

此外，通航、发电以及当地材料坝枢纽工程中的导流、泄洪、排沙、放空、分流、输水建筑物大多数也采用混凝土建造。

由于水利水电建设中的混凝土工程量大，消耗水泥、木材、钢材多，施工各个环节质量要求高，投资消耗大。因此，认真研究混凝土坝工程施工，对加快施工进度，提高质量，节约“三材”，降低工程成本具有重要意义。

混凝土坝的施工方法有现场浇筑和预制装配两大类。现场分仓浇筑又可分为传统的分层分块浇筑和薄层碾压浇筑。

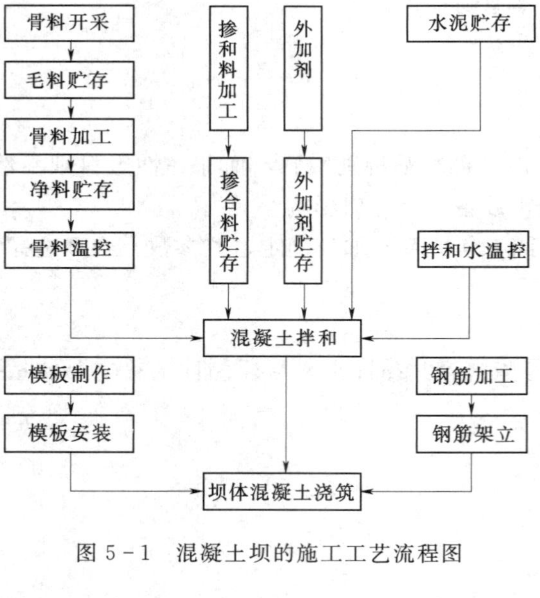

图5-1 混凝土坝的施工工艺流程图

在混凝土坝施工中，大量砂石骨料的采集、加工，水泥和各种掺和料、外加剂的供应是基础，混凝土制备、运输和浇筑是施工的主体，模板、钢筋作业是必要的辅助。混凝土坝的施工工艺流程如图5-1所示。

第一节　骨料料场规划与生产

砂石骨料是混凝土最基本的组成成分。通常 $1m^3$ 混凝土需要 $1.3 \sim 1.5m^3$ 松散砂石骨料。混凝土用量很大的混凝土坝工程，砂石骨料的需求量也相当大。骨料质量水平直接影响混凝土强度、水泥用量和温控指标，从而影响大坝的质量和造价。为此，在混凝土坝的设计施工中应统筹规划，认真研究砂石骨料的储量、物理力学指标、杂质含量以及开采、运输、堆存和加工等各个环节。

一、骨料的料场规划

骨料的料场规划是骨料生产系统设计的基础。伴随设计阶段的深入，料场勘探精度的提高，要提出相应的最佳用料方案。最佳用料方案取决于料场的分布、高程、骨料的质量、储量、天然级配、开采条件、加工要求、弃料多少、运输方式、运输距离、生产成本等因素。骨料料场的规划、优选，应通过全面技术经济论证。

砂石骨料的质量是料场选择的首要前提。骨料的质量要求包括：强度、抗冻、化学成分、颗粒形状、级配和杂质含量等。水工现浇混凝土粗骨料多用四级配，即 5～20mm、20～40mm、40～80mm、80～120（或 150）mm。通常，四级配混凝土是包含上述全部四级骨料的混凝土；三级配混凝土指仅包含较小的三级骨料的混凝土；二级配混凝土和一级配混凝土类推。砂子为细骨料，通常分为粗砂和细砂两级，其大小级配由细度模数控制，合理取值为 2.4～3.2。增大骨料颗粒尺寸、改善级配，对于减少水泥用量，提高混凝土质量，特别是对大体积混凝土的控温防裂具有积极意义。然而，骨料的天然级配和设计级配要求总有差异，各种级配的储量往往不能同时满足要求。这就需要多采或通过加工来调节级配及其相应的产量。骨料来源有三种：①天然骨料，采集天然砂砾料经筛分分级，将富裕级配的多余部分作为弃料；天然混合料中含砂不足时，可用山砂即风化砂补足；②人工骨料，用爆破开采块石，通过人工破碎筛分成碎石，磨细成砂；③组合骨料，以天然骨料为主，人工骨料为辅。人工骨料可以从天然骨料筛分出的超径料加工而得，也可以由爆破开采块石经加工而成。

料场开采规划应遵循下列原则：

（1）骨料要机械化集中开采。

（2）合理配置采、挖、运设备，满足施工强度要求。

（3）采取有效措施提高料场开采率，合理规划使用料场。

（4）对位于坝址上游的料场，应考虑施工期围堰或坝体挡水对料场开采和运输的影响。

（5）受洪水或冰冻影响的料场应有备料、防洪或冬季开采等措施。

（6）符合环境保护和水土保持要求。

如以上要求难以同时满足，应满足主要要求，即以满足质量、数量为基础，寻求开采、运输、加工成本费用低的方案，确定采用天然骨料、人工骨料还是组合骨料用料方案。若是组合骨料，则需确定天然骨料和人工骨料的最佳搭配方案。通常对天然料场中的超径料，通过加工补充短缺级配，形成生产系统的闭路循环，这是减少弃料，降低成本的好方法。若采用天然骨料方案，为减少弃料应考虑各料场级配的搭配，满足料场的最佳组合。显然，质好、量大、运距短的天然料场应优先采用，只有在天然料运距太远，成本太高时，才考虑采用人工骨料方案。

人工骨料通过机械加工，级配比较容易调整以满足设计要求。人工破碎的碎石，表面粗糙，与水泥砂浆胶结强度高，可以提高混凝土的抗拉强度，对防止混凝土开裂有利。但在相同水灰比情况下，同等水泥用量的碎石混凝土较卵石混凝土的和易性和工作度要差一些。

20 世纪 50、60 年代，混凝土骨料以天然砂石料为主，如三门峡、新安江、丹江口、刘家峡等工程。70、80 年代兴建的葛洲坝、铜街子、龙羊峡、李家峡等大型水电站和 90 年代兴建的黄河小浪底水利枢纽，也都采用天然砂石骨料。其中葛洲坝一、二期工程砂石骨料生产系统月产 49.5 万 m^3，年产 395 万 m^3，生产总量达 2600 万 m^3。

我国西南、中南一些地区缺少天然砂石料资源，20 世纪 50 年代修建的狮子滩、上犹江、流溪河等工程，都曾建人工碎石系统。60 年代，映秀湾工程采用棒磨机制砂。70 年代，乌江渡采用规模较大的人工砂石料生产系统，生产的人工砂石骨料质优价廉。借鉴乌江渡的经验，80 年代后，广西岩滩、云南漫湾、贵州东风、湖南五强溪、湖北隔河岩、四川宝珠寺等大型水电站工程相继采用人工砂石骨料，并取得较好的社会经济效益。五强溪工程在采用强磨蚀性石英砂岩生产人工骨料方面有了新的突破。90 年代的二滩水电站建成较先进的人工砂石系统，长江三峡水利枢纽建成了世界上规模最大的月生产成品砂 39 万 t 的下岸溪人工砂系统和月生产成品粗骨料 76 万 t 的古树岭人工碎石加工系统，采用新型液压圆锥破碎机和立式冲击破碎机等先进的砂石生产设备。

随着大型、高效、耐用的骨料加工机械的发展以及管理水平的提高，人工骨料的成本接近甚至低于天然骨料。采用人工骨料尚有许多天然骨料生产不具备的优点，如级配可按需调整，质量稳定，管理相对集中，受自然因素影响小，有利于均衡生产，减少设备用量，减少堆料场地，同时尚可利用有效开挖料。因此，采用人工骨料或用机械加工骨料搭配的工程越来越多，在实践中取得了明显的技术经济效果。

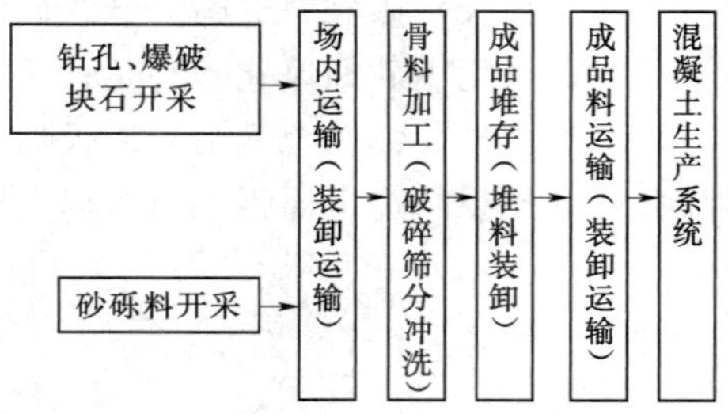

图 5-2 骨料加工的生产工艺流程

二、骨料的生产

1. 骨料的加工过程

天然骨料需要通过筛分分级，人工骨料需要通过破碎、筛分加工，其生产流程如图 5-2 所示。

骨料生产工艺流程的设计，主要根据骨料来源，级配要求，生产强度，堆料场地以及有无商品用量要求等全面分析比较确定。同时尚应根据开采加工条件及机械设备供应情况，确定各生产环节所需要的机械设备种类、数量和型号，按流程组成自动化或半自动化的生产流水线。

按照砂石料开采条件，天然砂砾料有陆地和水下两种开采方式，陆地开采与土料开采类似。水下开采，水深较大时，可采用采砂船或铲扬船，在浅水或河漫滩区多用索铲或液压反铲采挖。索铲较反铲开采定位较困难，装车不便，常卸料至岸边，集成料堆再由反铲或正铲装车，无疑多耗费了人力和机械。为了提高反铲采挖效率，在挖斗下部加钻排水孔，并将挖出的砂石料就地暂存脱水，再用装载机装自卸汽车运至砂石筛分系统。对采砂船或铲扬船在江心采料，可用砂驳装料，由机动船拖至岸边专用码头卸料。

对于人工骨料开采宜采用深孔微差挤压爆破，控制其块度大小。破碎加工块石，不仅应满足设计级配要求，且应以整个砂石系统的运输、加工以及原料和半成品的总费用最低为目标，确定最佳方案。

骨料运输多用大吨位自卸汽车。在骨料用量大且建筑道路投资高的情况下，采用皮带机运料最理想，不仅效率高，运费低，且管理也比较简便。

骨料加工厂的位置应尽可能接近料源，且附近有足够的毛料和净料堆放场地。破碎和筛分设备的基础应稳固，高程设置应根据地形和运输要求通盘考虑确定，尽量减少垂直提升运料，且需保证免受洪水威胁。

2. 骨料开采量的确定

骨料开采量取决于混凝土中各种粒径料的需求量。若第 i 组骨料所需的净料量为 q_i，则要求开采天然骨料的总量 Q_i 可按下式计算：

$$Q_i=(1+k)\frac{q_i}{p_i} \tag{5-1}$$

式中：k 为骨料生产过程的损失系数，为各生产环节损失系数的总和，即 $k=k_1+k_2+k_3+k_4$，其中 k_1、k_2、k_3、k_4 参见表 5-1；p_i 为天然骨料中第 i 种骨料粒径含量的百分数。

第 i 种骨料净料需要量 q_i 与第 j 种标号混凝土的工程量 V_j 有关，也与该标号混凝土中 i 种粒径骨料的单位用量 e_{ij} 有关。于是，第 i 组骨料的净料需要量 q_i 可表达为

$$q_i=(1+k_c)\sum_j e_{ij}V_j \tag{5-2}$$

式中：k_c 为混凝土出机后运输、浇筑中的损失系数，约为 1%～2%。

表 5-1　生产过程骨料损失系数

骨料损失的生产环节		系　数	损失系数值		
			砂	小　石	大中石
开挖作业	水上	k_1	0.03	0.02	0.02
	水下		0.07	0.05	0.03
加工过程		k_2	0.07	0.02	0.01
运输堆存		k_3	0.05	0.03	0.02
混凝土生产		k_4	0.03	0.02	0.02

由于天然级配与混凝土的设计级配难以吻合，其中总有一些粒径的骨料含量较多，另一些粒径短缺。若为了满足短缺粒径的需要而增大开采量，将导致其余各粒径的弃料增加，造成浪费。为避免浪费，减少弃料，减少开采总量，可采取如下措施。

（1）调整混凝土骨料的设计级配，在允许的情况下，减少短缺骨料的用量，但随之可能会使水泥用量增加，引起水化热温升增高、温度控制困难等一系列问题，故需通过比较才能确定。

（2）用人工骨料搭配短缺料，天然骨料中大石多于中小石比较常见，故可将一部分大石破碎以满足短缺的中小石。采用这种措施，应利用破碎机的排矿特性，调整破碎机的出料口，使出料中短缺骨料达到最多，尽量减少二次破碎和新的弃料，以降低加工费用。总之，骨料设计优化方案，应以生产总费用最小为目标，经系统分析确定。

如需要利用开采石料作为人工骨料料源，则石料开采量 V_r 可按下式计算：

$$V_r=\frac{(1+k)eV_0}{\beta\gamma} \tag{5-3}$$

式中：k 为人工骨料损失系数，对碎石，加工损失为 2%～4%，对人工砂，加工损失为 8%～20%，运输储存损失为 2%～6%；e 为每方混凝土的骨料用量，t/m³；V_0 为混凝土的总需用量，m³；β 为块石开采成品获得率，取 80%～95%；γ 为块石密度，t/m³。

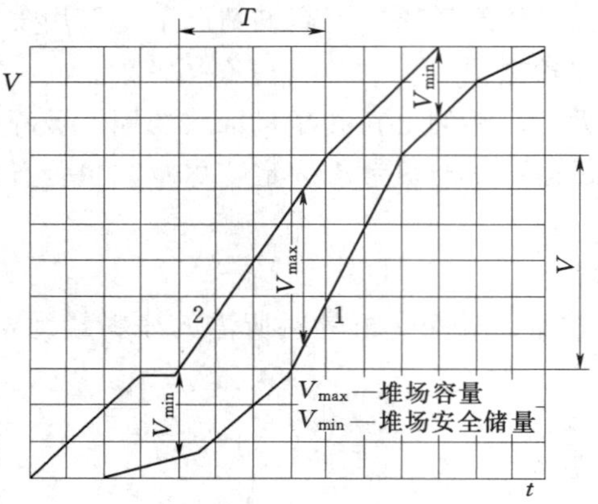

图 5-3　骨料生产量和需用量累计曲线

1—需要量累计曲线；2—生产量累计曲线

在采用或部分采用人工骨料方案时，若有工程开挖石料可供利用时，应将利用部分扣除，确定实际开采石料量。

3. 骨料生产能力的确定

严格说来，骨料生产能力由其需求量来确定，实际需求量与各阶段混凝土浇筑强度有关，也与上一阶段结束时的储存量有关。若骨料还需出售，则销售量也是供需平衡的一个因素。这里仅介绍考虑储存影响，确定骨料生产能力的方法。可根据混凝土浇筑进度对骨料的用料要求，用供需累计过程线确定各阶段要求的骨料生产能力，如图 5-3 所示。先根据混凝土浇筑进度，绘制骨料需用量累计过程线 1，再绘制骨料计划生产累计过程线 2，并使累计过程线 1、2 之间的最大距离，即最大存储量不大于成品料堆的最大容量；但最小存储量又不小于保证连续生产的最小安全储量，通常储量应满足 10～15d 的用料要求。

骨料生产累计过程线的斜率就是加工厂的生产强度，斜率最大的时段就是骨料的高峰生产时段。据此可确定骨料加工的生产能力 p(m³/h) 为

$$p=\frac{K_1V}{K_2mnT} \tag{5-4}$$

式中：V 为骨料生产高峰期的总产量，m³；T 为骨料生产高峰时段的月数；K_1 为高峰时段骨料生产的不均匀系数，可取 1.0～1.4；K_2 为时间利用系数，可取 0.8～0.9；m 为每日有效工作时数，可取 20h；n 为每月有效工作日数，可取 25～28d。

4. 天然骨料的开采设备

天然骨料开采，在河漫滩常用索铲，如图 5-4 所示，它是正向铲挖掘机工作机构改装为索具操纵的铲斗。采料时将铲斗抛出，斗齿下切砂砾层，然后由牵引索牵拉土斗，让土斗装满，卸料时，牵引索放松，土斗垂直向下，土料卸出。整个操作循环要求司机操作技术熟练，否则，其生产能力不能正常发挥。

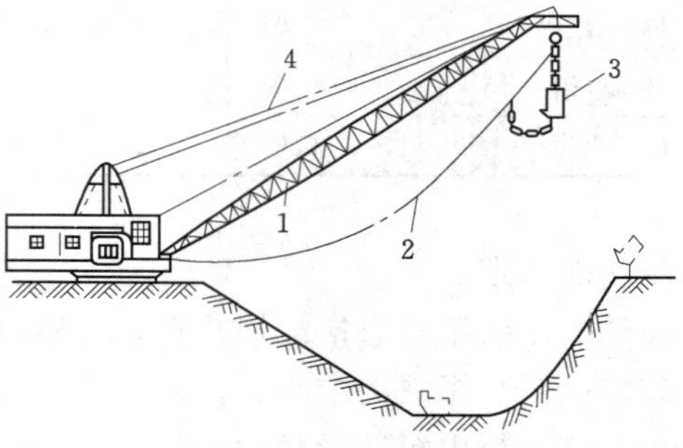

图 5-4　索铲挖掘机工作图

1—工作臂杆；2—牵引索；3—土斗；4—操作索

采砂船是在一定水深中采掘砂砾石的机械。它是将斗链式挖掘机的工作机构装在特制的船上进行工作的，如图 5-5 所示。其砂斗固定在随主动轮转动的链条上。砂斗接连不断地运行至大梁工作底端进行挖掘，上升至工作大梁顶端，卸料至接砂斗中，再通过由吊杆悬吊的皮带机卸料。皮带机架通过悬索控制其仰俯角度，借助提升索调整工作大梁的位置，以控制其开挖深度。船体内装有平衡水箱，调整箱内的水量以保持船体的平衡。采砂船采挖黏性较大的土时，砂斗易装满，却不易卸尽，挖砂砾料则刚好相反。为此，挖黏性大的土时宜用口大身浅的砂斗，挖砂砾料时，宜用口小身深的砂斗。

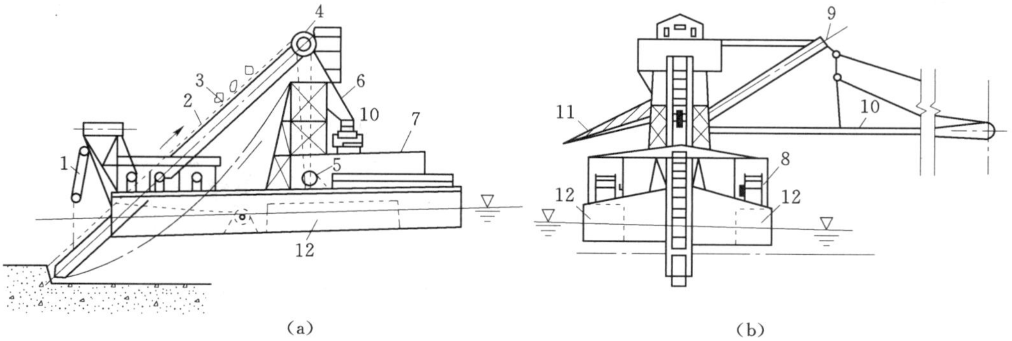

图 5-5　多斗式采砂船构造图

(a) 侧视图；(b) 正视图

1—工作大梁提升索；2—工作大梁；3—砂斗；4—从动轮；5—主动轮；6—接砂斗；7—主机房；8—绞车；9—吊杆；10—皮带运输机；11—泄水槽；12—平衡水箱

通常由生产能力确定采砂船的型号。国产采砂船的小时生产率有 $120m^3/h$ 和 $250m^3/h$ 两种，但这两种采砂船没有行驶装置，转移时需用拖轮牵引。采砂船的开挖方式视采区地形、水流情况、运输方式及运输线路布置而异，有顺水开挖、逆水开挖和静水开挖，后两种方式开挖可减少砂斗内砂料流失。

铲扬式单斗挖泥船是一种大型可在深水作业的自行式采砂船，它的小时生产率可达 $750m^3/h$，能在水深达 15m 的流水中作业。

三、骨料加工及加工设备

将采集的毛料加工，一般需通过破碎、筛选和冲洗，制成符合级配，除去杂质的碎石和人工砂。根据骨料加工工艺流程，组成骨料加工厂。

（一）骨料的破碎

使用破碎机械碎石，常用的设备有颚板式、反击式和锥式三种碎石机。

1. 颚板式碎石机［Jaw Crusher，图 5-6 (a)］

由机架、传动装置和破碎槽等组成。破碎槽进口是由固定颚板和活动颚板 4 形成的。颚板是由齿状钢合金板镶嵌而成。在偏心轮 2 和撑杆 6 的作用下，活动颚板左右摆动，破碎槽一开一合，合时进入装料口的料石受挤压而破碎；开时，使破碎了的碎石经出料口 8 下落。这种碎石机用进料口宽×长的尺寸表示其规格，通常为 250mm×400mm～1200mm×1500mm。可通过楔形滑块 7 调整出料口的宽度，从而调整进出料的破碎率。破碎率一般为6～8。一次破碎不合要求，进行二次破碎比弃料更经济时，可进行二次破碎，形成闭路循环的生产工艺。

2. 反击式碎石机［Impact Crusher，图5-6（b）］

由转子1和固定在上机体2上的反击板3和下机体4组成。它是利用马达带动高速回转的转子冲击物料，使物料沿切线以较高的速度抛向反击板进行撞击，而后又反弹回到转子旋转的空间内反复碰撞，从而使石料碎裂。被破碎的小径粒物料由转子和反击板间的间隙中排出。这种破碎机适用于中细碎，其结构简单，安装方便，运行可靠安全。上海重机厂生产的1250×1000反击式破碎机，转子直径1250mm，转子宽度1000mm，最大进料粒度250mm，出料粒度50mm，小时生产能力为40～80t/h。

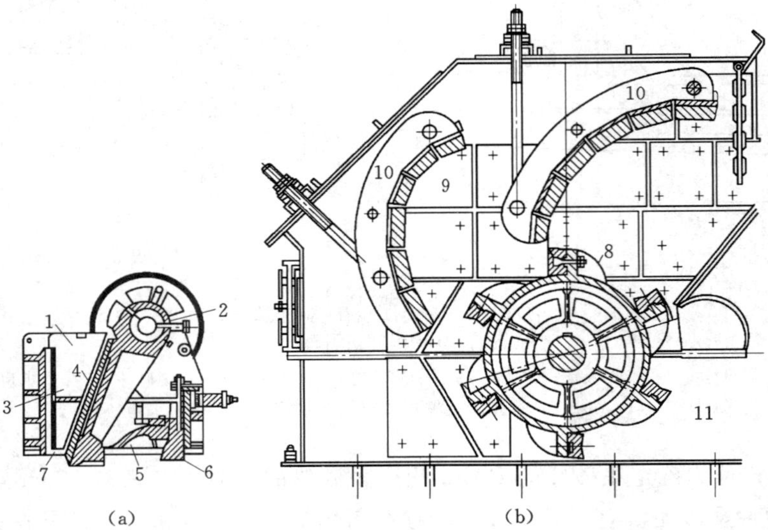

图5-6　颚板式和反击式破碎机械

（a）颚板式碎石机；（b）反击式碎石机

1—破碎槽进口；2—偏心轮；3—固定颚板；4—活动颚板；5—撑杆；6—楔形滑块；7—出料口；8—转子；9—上机体；10—反击板；11—下机体

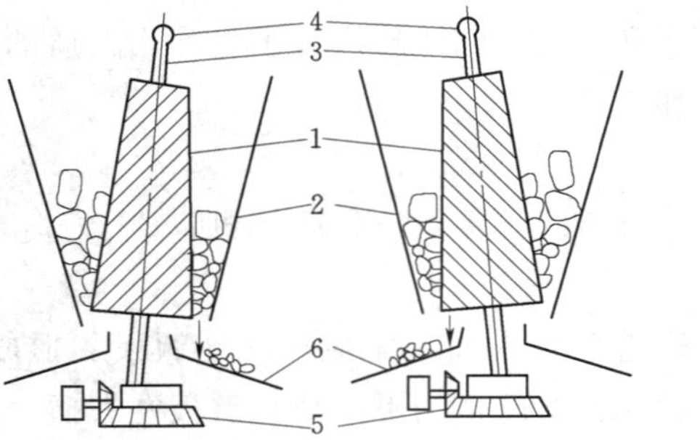

图5-7　锥式破碎机工作原理图

1—内锥体；2—破碎室机壳；3—偏心主轴；4—球形铰；5—伞齿及传动装置；6—出料滑板

3. 锥式碎石机（Cone Crusher，图5-7）

碎石机由活动的内锥体与固定的锥形机壳构成破碎室，内锥体装在偏心轴上，此轴顶端为可动的球形铰，通过散齿传动，使偏心轴带动内锥体做偏心转动，从而使内锥体与外机壳间的距离忽大忽小，大时石料经出料口下落，小时将骨料挤压破碎。这种破碎机破碎的石料扁平状较少，单位产品能耗低，生产率高；但其结构较前两种复杂，体形和自重大，安装和维修也较复杂。

（二）骨料的筛分

为了分级，需将采集的天然毛料或破碎后的混合料筛分，分级的方法有水力筛分和机械筛分两种。前者利用骨料颗粒的大小不同，水力粗度各异的特点进行分级，适用于细骨料。后者利用机械力作用经不同孔眼尺寸的筛网对骨料进行分级，适用于粗骨料。

机械筛分的筛网多用高碳钢条焊接成方筛孔也可使用聚氨酯筛板，筛孔边长分别为112mm、75mm、38mm、19mm、5mm，用以筛分120mm、80mm、40mm、20mm、5mm的各级粗骨料。当筛网倾斜安装时，为保证筛分粒径，尚需将筛孔尺寸适当加大。

大规模筛分多用机械振动筛（Vibrating Screen），有偏心振动筛和惯性振动筛两种。

1. 偏心振动筛（Eccentric Vibrating Screen）

固定筛网的筛架装在偏心主轴上，电动机驱动偏心轴回转带动筛架作环行运动而产生振动，如图5-8所示。由于偏心距不变，筛网的振幅也固定不变，不受筛网面上料石多少的影响，其振幅一般为3～6mm，振动频率为840～1200次/min。这种筛适宜于筛分大、中骨料。

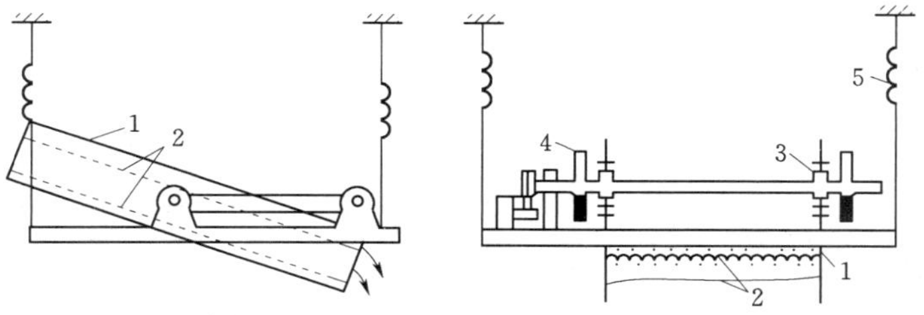

（a）　（b）

图5-8　偏心振动筛示意图

（a）侧视图；（b）横剖面图

1—筛架；2—筛网；3—偏心部位；4—平衡重；5—消振弹簧

2. 惯性振动筛（Inertia Vibrating Screen）

这种机械振动筛是利用马达，带动旋转主轴上飞轮的偏心重，产生离心力而引起筛网振动，如图5-9所示。由于筛网上的物料对飞轮偏心重离心力有平衡抵消作用，故其振幅大小随消振弹簧的变形而异。筛网进料过多会使筛网的振幅锐减，容易引起筛孔堵塞，骨料无法得到充分筛分。故这种筛应进料适度、均匀。其振幅变化于1.6～6mm之间，频率在1200～2000次/min，适用于中、细颗粒骨料的筛分。

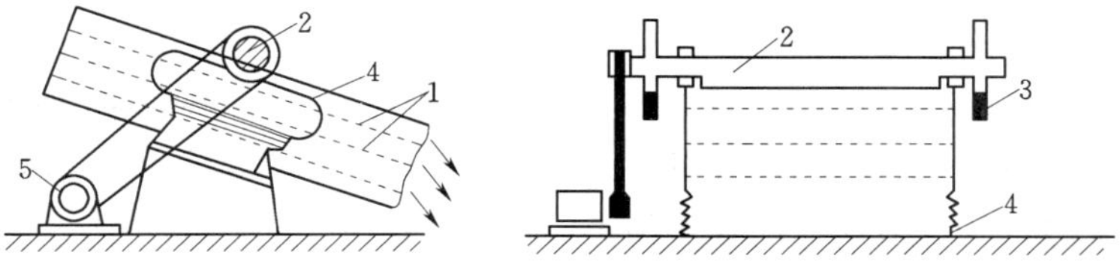

（a）　（b）

图5-9　惯性振动筛结构示意图

（a）侧视图；（b）横剖面图

1—筛网；2—单轴振动器；3—配重盘；4—消振弹簧；5—电动机

筛分中的主要质量问题是超径和逊径。当骨料受筛时间太短，筛网网孔偏小，使应过筛的下一级骨料由筛面分入大一级骨料中称为逊径；反之，若筛网孔眼变形偏大，大一级骨料漏入小一级骨料中称为超径。筛分作业中，常以超、逊径的重量百分率——筛分精度作为质量控制标准。超径多因筛网磨损、变形、破裂所致；而逊径则多因筛网面上喂料过多，网孔堵塞或网孔偏小，筛网面倾角过大所致。规范要求超径不大于5%，逊径不大于10%方满足质量控制标准。

整个筛分过程也是骨料清洗去污的过程。清洗是在筛网面上方正对骨料下滑方向安装具有孔眼的管道喷水冲洗。

（三）洗砂机（Sand Washer）

无论天然砂还是人工砂通常用水力分级，这时分级和冲洗同时进行。也有用沉砂箱承纳筛分后流出的污水砂浆，经初洗和排污后再送入洗砂机清洗。洗砂机多用螺旋式，其结构如图5-10所示，机身是一倾斜的洗砂槽，由驱动机构带动一个或两个具有固定螺旋叶片的螺旋轴旋转。运行中，螺旋叶片推动砂料在相对流动的水中淘洗，清水由注口流入，未清洗的砂由加料口加入，由下而上清洗后的砂由出料口卸入运料皮带机上，洗砂后的浑水由下方溢出口排出。

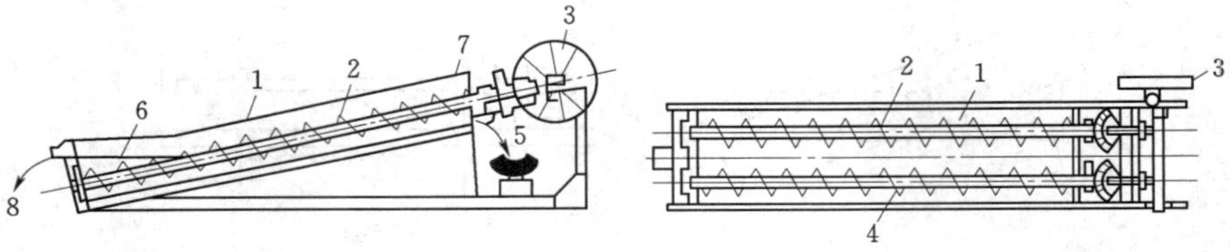

图5-10　螺旋式洗砂机示意图
(a) 侧视图；(b) 平面图
1—洗砂槽；2—螺旋轴；3—驱动机构；4—叶片；5—皮带机；
6—加料口；7—清水注入口；8—浑水溢出口

（四）骨料加工厂

大规模的骨料加工，常将加工机械设备按工艺流程布置成骨料加工工厂。其布置原则是，充分利用地形，减少基建工程量；有利于及时供料，减少弃料；成品获得率高，通常要求达到85%～90%。当成品获得率低时，应考虑利用弃料二次破碎，构成闭路生产循环。在粗碎时多为开路，在中、细碎时采用闭路循环。骨料加工厂振动噪音特别大，减小噪音是改善劳动条件的关键。

以筛分作业为主的加工厂称为筛分楼，如图5-11所示，其布置常用皮带机送料上楼，经两道振动筛筛分出五种级配骨料，砂料则经沉砂箱和洗砂机清洗为成品砂料，各级骨料由皮带机送至成品料堆堆存。骨料加工厂宜尽可能靠近混凝土系统，以便共用成品堆料场。

图5-12是人工骨料制砂的三级破碎和棒磨制砂的工艺流程图，它是由颚板式破碎机或锥式破碎机粗碎，反击式或锥式碎石机中碎，经筛分后再细碎，用棒磨机制砂，最后送至成品料堆。

筛分天然骨料和破碎超径石的加工系统，是在砂砾料筛分楼的基础上，增加破碎超径石的颚板式破碎机或反击式破碎机即可。仍然利用筛分天然料的设备筛分破碎后的混合料。

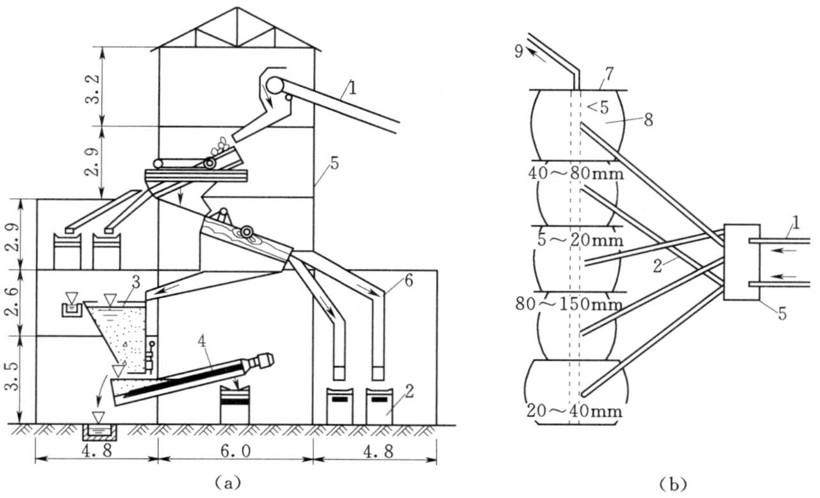

图 5-11　筛分楼布置示意图（单位：m）

（a）筛分楼分层布置；（b）进出料平面布置

1—进料皮带机；2—出料皮带机；3—沉砂箱；4—洗砂机；5—筛分楼；6—溜槽；7—隔墙；8—成品料堆；9—成品运出

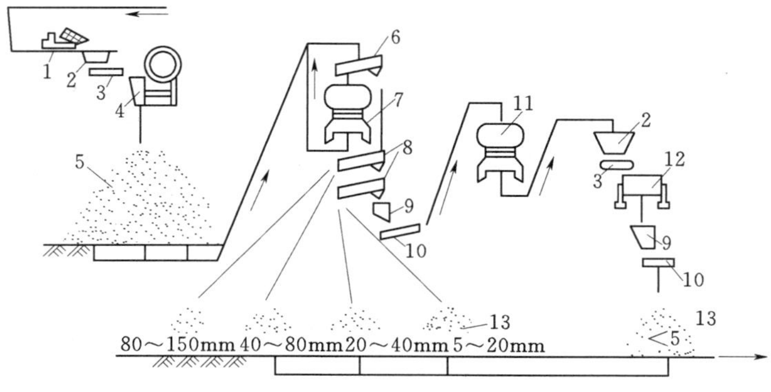

图 5-12　人工骨料制砂的加工工艺流程

1—进料汽车；2—受料斗；3—喂料机；4—颚板式碎石机粗碎；5—半成品料堆；6—预筛分；7—锥式碎石机中碎；8—振动筛筛分；9—沉砂箱；10—螺旋洗砂机；11—锥式碎石机细碎；12—棒磨机制砂；13—成品料堆

四、骨料的堆存

为了适应混凝土生产的不均衡性，可利用缓冲料堆储备一定数量的骨料，以解决骨料的供求矛盾。骨料的缓冲储备量主要取决于需求强度和管理水平。通常可按高峰时段月平均值的 50％～80％考虑。汛期、冰冻期停采时，需按停采期骨料需用量外加 20％的裕度考虑。

1. 骨料堆存的质量要求

防止跌碎和分离是骨料堆存质量控制的首要任务。为此应控制卸料的跌落高度，避免转运过多，堆料过高。堆料时应分层堆料，逐层上升，或采用动臂堆料机，使卸料跌差保持在3m以内。跌差过大，应辅以梯式或螺旋式缓降器卸料。

在进入拌和机前，砂料的含水量应控制在5%内，但又需保持一定湿度。含水量过高对混凝土质量有一定影响。

堆存骨料的混级是引起骨料超逊径的重要原因之一，应予防止。堆料场内还应设排污和排水系统，以保持骨料的洁净。砂料堆场的排水尤应良好，应有3天以上的堆存时间，以利脱水。

2. 骨料堆场的型式

堆料料仓通常用隔墙划分，隔墙高度可按骨料动摩擦角34°～37°加超高值0.5m确定。

大中型堆料场一般采用地弄取料。地弄进口高出堆料地面，地弄底板宜设大于5‰的纵坡，以利排水。各级成品料取料口不宜小于3个，且宜采用事故停电时能自动关闭的弧门。骨料堆场的布置主要取决于地形条件、堆料设备及进出料方式，其典型布置如下：

(1) 台阶式。如图5-13所示。堆料和进料地面有一定高差，由汽车或机车卸料至台阶下，由地弄廊道顶部的弧门控制给料，再由廊道内的皮带机送料。廊道顶部的料仓常用推土机集料或散料以扩大堆存容积。

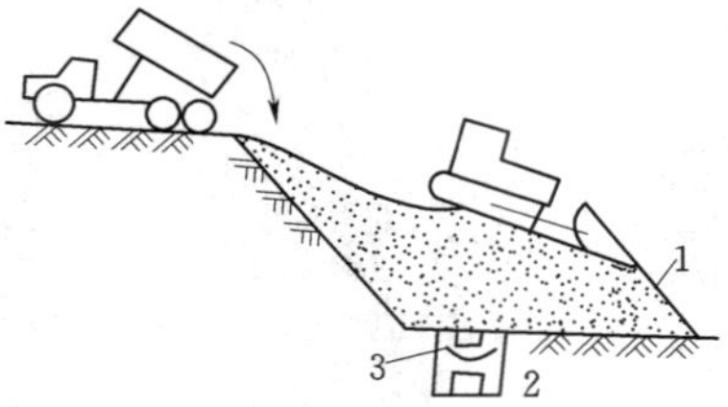

图5-13 台阶式骨料堆
1—料堆；2—廊道；3—出料皮带机

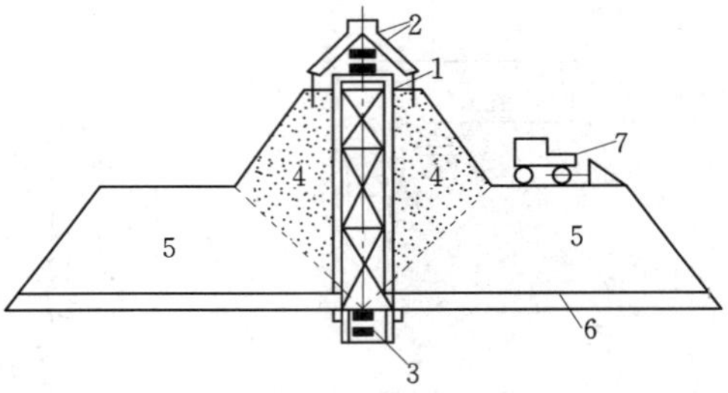

图5-14 栈桥式骨料堆
1—进料皮带机栈桥；2—卸料小车；3—出料皮带机；4—自卸容积；5—死容积；6—垫底损失容积；7—推土机

(2) 栈桥式。如图5-14所示。在平地上堆料可架设栈桥，在栈桥桥面上安装皮带机，经卸料小车向两侧卸料，料堆呈棱柱体，由廊道内的皮带机出料。这种堆料方式，堆料跌落高度大，在自然休止角外的骨料自卸容积小，必须借助推土机扩大堆料和卸料容积。

(3) 堆料机堆料。如图5-15所示。堆料机是机身可以沿轨道移动，有悬臂皮带机送料扩大堆料范围的装置。该装置又分双悬臂和动臂式。后者的卸料皮带机可随动臂旋转仰俯，随堆料的高度和位置而变化，使卸料高度保持在允许跌落高度范围内，避免跌碎骨料产生逊径。为了增大堆料容积，可在堆料机轨道下修筑路堤。

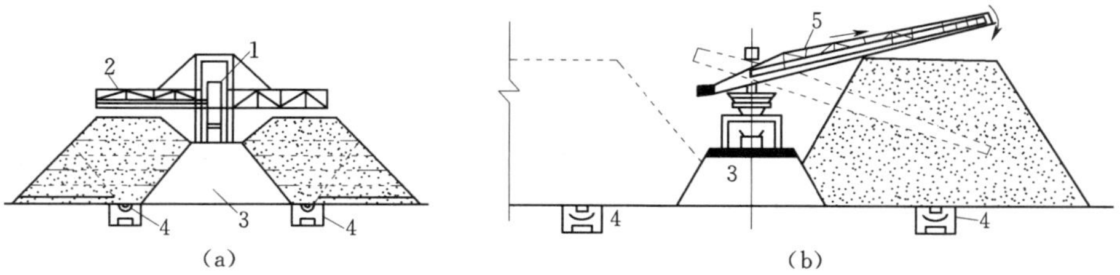

图 5-15　堆料机堆料

(a) 双悬臂式；(b) 动臂式

1—进料皮带机；2—可两侧移动的梭式皮带机；3—路堤；4—出料皮带机廊道；5—动臂式皮带机

通常，充分利用地形，采用台阶式堆料布置（二滩、三门峡、新安江等工程采用，如图 5-16 所示）。美国德沃歇克坝（Dworshak Dam），由于地处陡峻河谷，将碎石场布置在采石场地下，开凿容积 4000m^3 的竖井作为临时料仓，从而节约了占地和堆料的能源。我国丹江口和葛洲坝工程地形开阔，采用动臂式堆料机堆料。堆料场布置的重要原则是应尽量增大自卸容积，减少死容积，尽量减少辅助的集料措施，既可节省费用，也有利于保证出料的级配和避免污染。

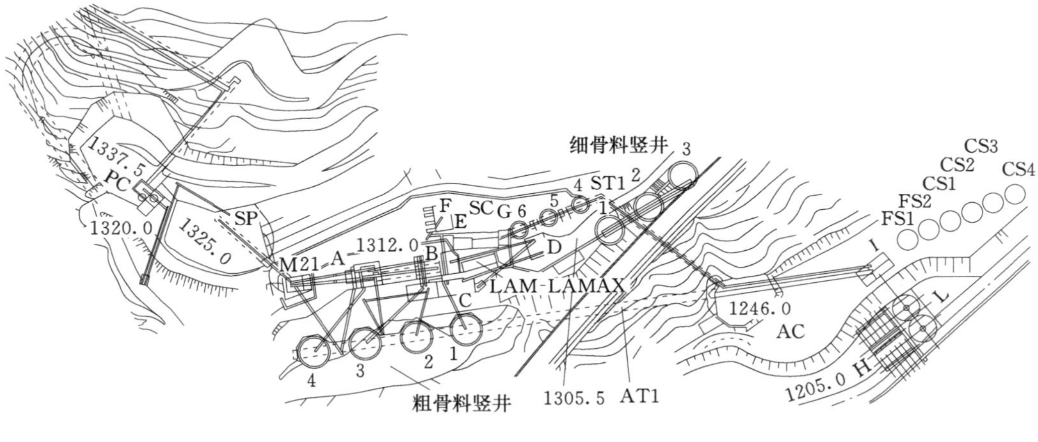

图 5-16　二滩工程混凝土骨料生产系统

PC—粗碎厂；SP—半成品料堆；A—二次破碎筛分塔；B—三次筛分塔；C—三次四次破碎塔；D—筛分塔；E—砂处理塔；F—棒磨机；G—粗砂塔；SC—粗砂冷却厂；M21—主喂料厂；LAM—LAMAX 干砂机；AC—骨料冷却厂；H—制冰楼；I—后筛分楼；L—拌和楼；FS1—1# 粉煤灰储料罐；FS2—2# 粉煤灰储料罐；CS1—1# 水泥储料罐；CS2—2# 水泥储料罐；CS3—3# 水泥储料罐；CS4—4# 水泥储料罐；AT1—骨料预冷平洞；ST1—砂输送洞

五、骨料的运输

混凝土骨料的运输通常采用自卸汽车运输，如三峡工程的下岸溪人工砂石骨料运输。对于运距长和交通条件受限的工程，可采取长距离带式输送机输送半成品骨料。如金沙江向家坝水电站太平料场及马延坡人工的砂石加工系统骨料运输的带式输送机输线路总长 31.067km，隧洞总长 29.307km，输送速度 4m/s，输送能力 3000t/h，满足混凝土浇筑强度 34.7 万 m^3/月，为世界最长的人工砂石胶带输送系统。

第二节 模板和钢筋作业

模板和钢筋作业是钢筋混凝土工程的重要辅助作业。合理组织模板和钢筋作业，不仅对保证施工安全和混凝土工程质量，加快施工进度具有重大意义，而且会带来明显的经济效益。

一、模板作业

（一）模板的作用

模板的主要作用是对新浇塑性混凝土起成型和支承作用，同时还具有保护和改善混凝土表面质量的作用。

（二）模板的基本类型

根据制作材料，模板可分为木模板、钢模板、混凝土和钢筋混凝土预制模板；根据架立和工作特征，模板可分为固定式、拆移式、移动式和滑动式。固定式模板多用于起伏的基础部位或特殊的异形结构。如蜗壳或扭曲面，因大小不等，形状各异，难以重复使用。拆移式、移动式和滑动式可重复或连续在形状一致或变化不大的结构上使用，有利于实现标准化和系列化。

1. 拆移式模板

它适用于浇筑块表面为平面的情况，可做成定型的标准模板。其标准尺寸，大型的为100cm×（325～525）cm，小型的为（75～100）cm×150cm。前者适用于3～5m高的浇筑块，需小型机具吊装；后者用于薄层浇筑，可人力搬运，如图5-17所示。

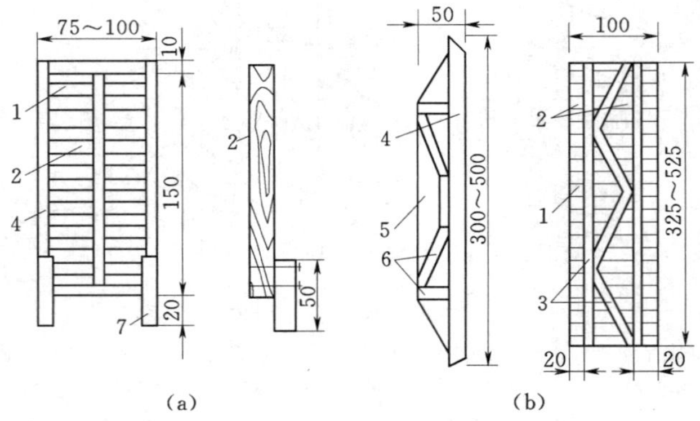

图5-17 平面标准模板（单位：cm）

（a）小型；（b）大型

1—面板；2—肋木；3—加劲肋；4—方木；5—拉条；6—桁架木；7—支撑木

架立模板的支架，常用围图和桁架梁，如图5-18（a）、（b）所示。桁架梁多用方木和钢筋制作。立模时，将桁架梁下端插入预埋在下层混凝土块内U形埋件中。当浇筑块薄时，上端用钢拉条对拉；当浇筑块大时，则采用斜拉条固定，以防模板变形。这种模板费工、费料，由于拉条的存在，有碍仓内施工。

一般标准木模板的重复利用次数即周转率为5～10次，钢木混合模板的周转率为30～50

次，木材消耗减少 90%以上，由于是大块组装和拆卸，故劳力、材料、费用大为降低。

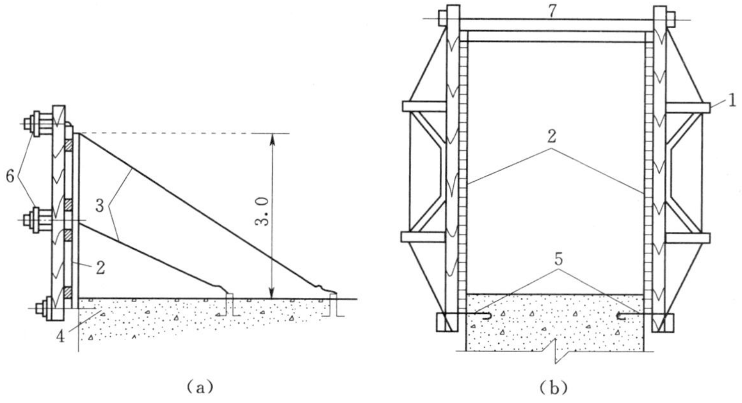

图 5-18 拆移式模板的架立图（单位：m）

(a) 围囹斜拉条架立；(b) 桁架梁架立

1—钢木桁架；2—木面板；3—斜拉条；4—预埋锚筋；5—U 形埋件；6—横向围囹；7—对拉条

2. 移动式模板

对定型的建筑物，根据建筑物外形轮廓特征，做一段定型模板，在支承钢架上装上行驶轮，沿建筑物长度方向铺设轨道分段移动，分段浇筑混凝土。移动时，只需将顶推模板的花兰螺丝或千斤顶收缩，使模板与混凝土面脱开，模板可随同钢架移动到拟浇混凝土部位，再用花兰螺丝或千斤顶调整模板至设计浇筑尺寸，如图 5-19 所示。移动式模板多用钢模，作为浇筑混凝土墙和隧洞混凝土衬砌使用。

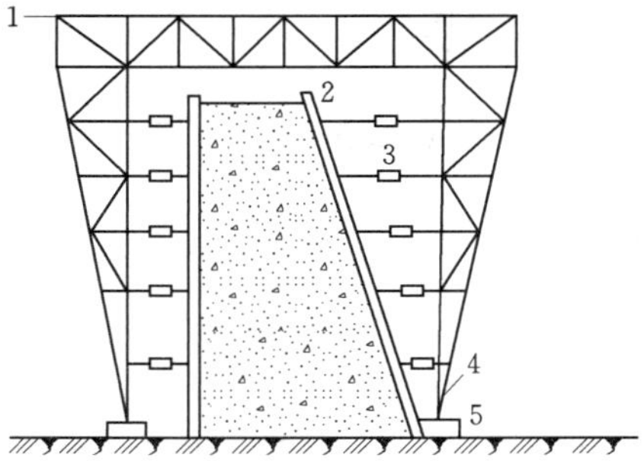

图 5-19 移动式模板浇筑混凝土墙

1—支承钢架；2—钢模板；3—花兰螺丝；4—行驶轮；5—轨道

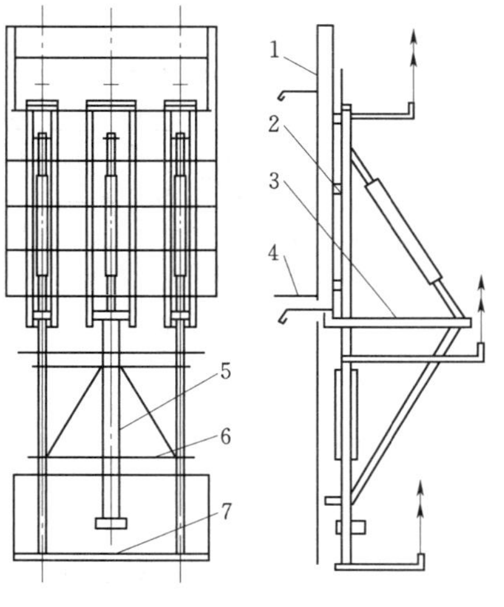

图 5-20 三桁架自升模板总体结构

1—面板；2—围囹；3—支承桁架；4—锚件；5—爬杆（设在中部平台）；6—连接杆；7—工作平台

3. 自升式模板

这种模板是由面板、围囹、支承桁架和爬杆等组成（图 5-20），其自升过程如图 5-

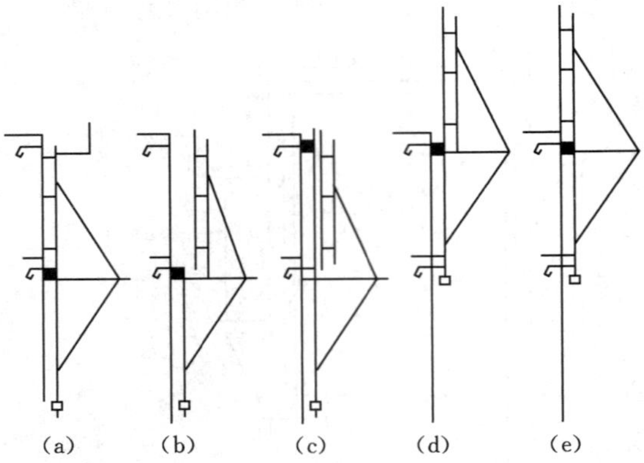

图 5-21 模板自升过程

21 所示。图 5-21（a）示模板在浇筑部位；图 5-21（b）示模板面板后退约 50cm；图 5-21（c）示上升爬杆到位后固定爬杆；图 5-21（d）示拆除模板的固定锚栓，升模板，固定模板支架；图 5-21（e）示模板面板前移，使下口紧贴混凝土面，调整垂直调杆至模板上口满足要求，准备浇筑混凝土。这种模板的突出优点是自重轻，自升电动装置具有力矩限制与行程控制功能，运行安全可靠，升程准确。模板采用插挂式锚钩，简单实用，定位准，拆装快。这种模板在贵州东风水电站混凝土浇筑中取得令人满意的结果。

4. 滑升模板

这类模板的特点是在浇筑过程中模板的面板紧贴混凝土面滑动，以适应混凝土连续浇筑的要求，如图 5-22 所示。这样避免了立模、拆模工作，提高了模板利用率，同时省掉了接缝处理工作，使混凝土表面平整光洁，增加建筑物的整体性。滑模通过围囹和提升架与主梁相连，再由支承杆套管与支承杆相连。由千斤顶顶托向上滑升。通过调坡丝杆调节模板倾斜坡度，通过微调丝杆调整准确定位模板，而收分拉杆和收分千斤顶则是完成模板收分的设施。

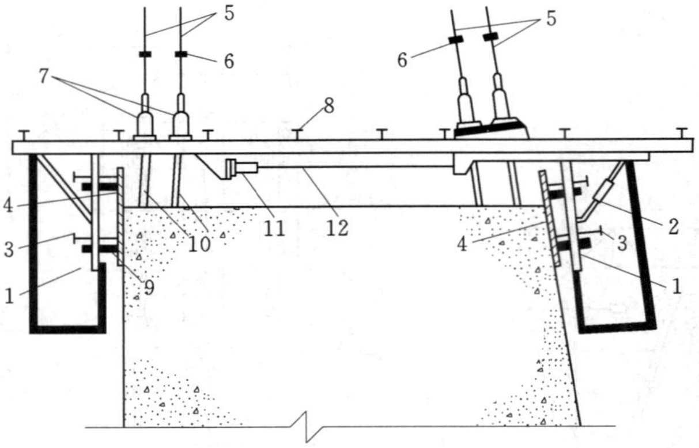

图 5-22 双面滑模结构示意图

1—提升架；2—调坡丝杆；3—微调丝杆；4—模板面板；5—支承杆；
6—限位调平器；7—千斤顶；8—次梁和主梁；9—围囹；
10—支承杆套管；11—收分千斤顶；12—收分拉杆

为使模板上滑时新浇混凝土不致坍塌，要求新浇混凝土达到初凝，并具有 1.5×10^5Pa 的强度。滑升速度受气温影响，当气温为 20～25℃时，平均滑升速度约为 20～30cm/h。加速凝剂和采用干硬性混凝土时，可提高滑升速度。

5. 混凝土及钢筋混凝土模板

它们既是模板，也是建筑物的护面结构，浇筑后作为建筑物的外壳，不予拆除。素混凝土模板靠自重稳定，可作直壁模板，见图 5－23（a），也可作倒悬模板，见图 5－23（b）。直壁模板除面板外，还靠两肢等厚的肋墙维持其稳定。若将此模板反向安装，让肋墙置于仓外，在面板上涂以隔离剂，待新浇混凝土达到一定强度后，可拆除重复使用，这时，相邻仓位高程大体一致。例如，可在浇筑廊道的侧壁或把坝的下游面浇筑成阶梯时使用。倒悬式混凝土预制模板可取代传统的倒悬木模板，直接埋入现浇混凝土内不再拆除，既省工又省木材。

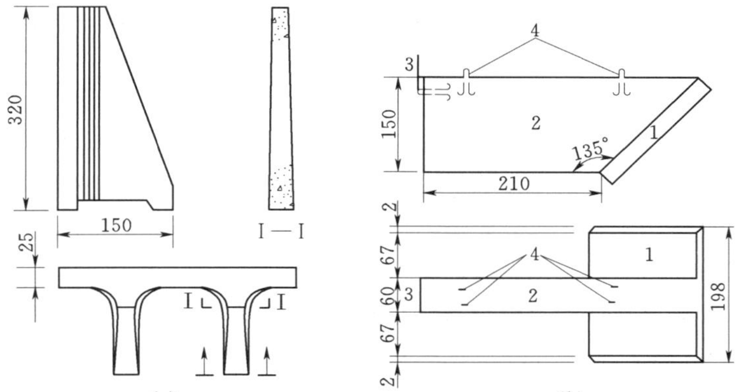

图 5－23　混凝土预制模板（单位：cm）

（a）直壁式；（b）倒悬式

1—面板；2—肋墙；3—连接预埋环；4—预埋吊环

钢筋混凝土模板既可作建筑物表面的镶面板，也可作厂房、空腹坝空腹和廊道顶拱的承重模板，如图 5－24 所示。这样避免了高架立模，既有利于施工安全，又有利于加快施工进度，节约材料，降低成本。

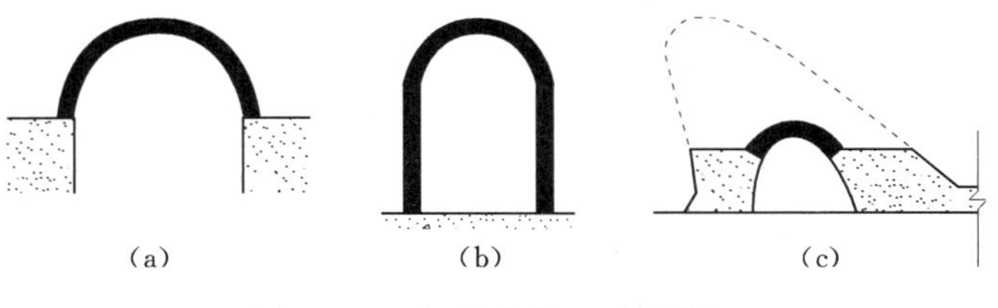

图 5－24　钢筋混凝土承重模板

（a）廊道顶拱；（b）廊道拱墙；（c）空腹坝顶拱

预制混凝土和钢筋混凝土模板重量均较大，常需起重设备起吊，所以在模板预制时都应预埋吊环供起吊用。不拆除的预制模板，对模板与新浇混凝土的接合面需进行凿毛处理。

（三）模板的基本要求、选型及设计荷载

1. 模板的基本要求

就成型而言，模板要求拼装严密准确，不漏浆，表面平整，不产生过大的变形；就支承作用而言，模板要求强度足够，结构坚固，能支承各种设计荷载；就保护作用而言，模板应有利于混凝土凝固，寒冷地区有利于保温，高速水流作用部位，应有利于抗冲、耐磨、防止气蚀破坏；就方便施工、节约投资而言，因结构简单，制作、安装和拆除方便，尽量标准化，系列化，提高周转率，消耗工料少，成本低。

2. 模板的选型

水工模板种类繁多，使用最多的是拆移式模板。拆移式小型标准模板制作简单，重量较轻，运输安装方便，对机械化程度要求低，在以人力施工为主的工地仍有使用。这种模板材料消耗指标高，固定拉条和支撑多，不仅成本高，而且有碍施工。故在条件许可的地方应优先选用滑模和悬臂式模板。除了在特殊部位及非标准异形结构，如基础岩面起伏部位，厂房进口、蜗壳、肘管等处才采用木模板，在有条件的部位宜优先采用混凝土或钢筋混凝土模板，多用钢模，提高模板的周转率。对于有抗冲耐磨要求的混凝土，则以采用能进行真空作业的模板为好。

3. 模板的设计荷载

模板及其支承结构应具有足够的强度、刚度和稳定性，必须能承受施工中可能出现的各种荷载的最不利组合，其结构变形应在允许范围以内。模板及其支架承受的荷载分基本荷载和特殊荷载两类。

基本荷载有：

(1) 模板及其支架的自重，根据设计图确定。木材的容重，针叶类按 600kg/m³，阔叶类按 800kg/m³ 计算。

(2) 新浇混凝土重量，通常可按 2.4～2.5t/m³ 计算。

(3) 钢筋重量，对一般钢筋混凝土，可按 100kg/m³ 计算。

(4) 工作人员及浇筑设备、工具等荷载，计算模板及直接支撑模板的楞木时，可按均布活荷载 2.5kN/m² 及集中荷载 2.5kN 验算。计算支承楞木的构件时，可按 1.5kN/m² 计，计算支架立柱时，按 1kN/m² 计。

(5) 振捣混凝土产生的荷载，可按 1kN/m² 计。

(6) 新浇混凝土的侧压力及混凝土初凝前的侧压力与混凝土的浇筑速度、捣实方法、凝固速度、坍落度及浇筑块的平面尺寸等因素有关，其中以前三个因素关系最密切。在振动影响范围内，混凝土因振动而液化，可按静水压力计算法计算其侧压力，所不同者，只是用流态混凝土的容重取代水的容重。当计入温度和浇筑速度的影响，混凝土不加缓凝剂，且坍落度在 11cm 以内时，新浇大体积混凝土的最大侧压力值可参考表 5-2 选用。

表 5-2　混凝土的最大侧压力 p_m 值　单位：10^4 Pa

温度/℃	平均浇筑速度/(m/h)						混凝土侧压力分布图
	0.1	0.2	0.3	0.4	0.5	0.6	
5	2.30	2.60	2.80	3.00	3.20	3.30	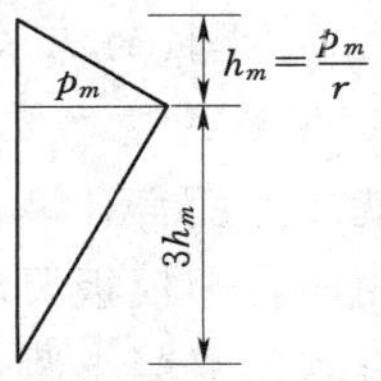
10	2.00	2.30	2.50	2.70	2.90	3.00	
15	1.80	2.10	2.30	2.50	2.70	2.80	
20	1.50	1.80	2.00	2.20	2.40	2.50	
25	1.30	1.60	1.80	2.00	2.20	2.30	

特殊荷载有：

（1）风荷载，根据施工地区和立模部位离地面的高度，按现行《工业与民用建筑物荷载规范》确定。

（2）上述7项荷载以外的其他荷载。

在计算模板及支架的强度和刚度时，应根据模板的种类，选择表5-3的基本荷载组合。特殊荷载可按实际情况计算，如平仓机、非模板工程的脚手架、工作平台、混凝土浇筑过程不对称的水平推力及重心偏移、超过规定堆放的材料等。

表5-3　各种模板结构的基本荷载组合

<table>
<tr><th rowspan="2">项次</th><th rowspan="2" colspan="2">模板种类</th><th colspan="2">基本荷载组合</th></tr>
<tr><th>计算强度用</th><th>计算刚度用</th></tr>
<tr><td rowspan="2">1</td><td rowspan="2">承重模板</td><td>板、薄壳的底模板及支架</td><td>1+2+3+4</td><td>1+2+3</td></tr>
<tr><td>梁、其他混凝土结构（厚度大于0.4m）的底模板及支架</td><td>1+2+3+5</td><td>1+2+3</td></tr>
<tr><td>2</td><td colspan="2">竖向模板</td><td>6或5+6</td><td>6</td></tr>
</table>

承重模板及支架的抗倾稳定性应该核算倾覆力矩、稳定力矩和抗倾稳定系数。稳定系数应大于1.4。当承重模板的跨度大于4m时，其设计起拱值通常取跨度的0.3%左右。

（四）模板的制作、安装和拆除

（1）模板的制作。大中型混凝土工程模板需用量甚大。通常设专门的加工厂制作模板，采用机械化流水作业，以利于提高模板的生产率和加工质量。加工时模板的允许误差应符合表5-4的规定要求。

表5-4　模板制作的允许偏差

<table>
<tr><th>模板类型</th><th>偏差名称</th><th>允许偏差/mm</th><th>模板类型</th><th>偏差名称</th><th>允许偏差/mm</th></tr>
<tr><td rowspan="5">木模</td><td>小型模板，长和宽</td><td>±3</td><td>木模</td><td>面板缝隙</td><td>2</td></tr>
<tr><td>大型模板（长、宽大于3m），长和宽</td><td>±5</td><td rowspan="4">钢模</td><td>模板，长和宽</td><td>±2</td></tr>
<tr><td>模板面平整度（未经刨光）</td><td>1</td><td>模板面局部不平（用2m直尺检查）</td><td>2</td></tr>
<tr><td>相邻两板面高差</td><td>1</td><td>连接配件的孔眼位置</td><td>±1</td></tr>
<tr><td>局部不平（用2m直尺检查）</td><td>5</td><td></td><td></td></tr>
</table>

（2）模板的安装。模板安装必须按设计图纸测量放样，对主要结构多设控制点，以利检查校正。且应经常保持足够的固定设施，以防模板倾覆。支架必须支承在稳固的地基或凝固的混凝土上，并有足够的支承面积，防止滑动。支架的立柱必须在两个相互垂直的方向上，用撑拉杆固定，以确保稳定。对于大体积混凝土浇筑块，成型后的偏差，不应超过木模安装允许偏差的50%～100%，取值大小视结构的重要性而定。木模安装的允许偏差，应符合表5-5的要求。

表 5-5　　大体积混凝土木模安装的允许偏差　　单位：mm

<table>
<tr><th rowspan="2">项次</th><th rowspan="2" colspan="2">偏　差　项　目</th><th colspan="2">混凝土结构的部位</th><th rowspan="2">项次</th><th rowspan="2">偏　差　项　目</th><th colspan="2">混凝土结构的部位</th></tr>
<tr><th>外露表面</th><th>隐蔽内面</th><th>外露表面</th><th>隐蔽内面</th></tr>
<tr><td>1</td><td rowspan="2">平板平整度</td><td>相邻两面板高差</td><td>3</td><td>5</td><td>4</td><td>结构物水平截面内部尺寸</td><td colspan="2">±20</td></tr>
<tr><td>2</td><td>局部不平（用 2m 直尺检查）</td><td>5</td><td>10</td><td>5</td><td>承重模板标高</td><td colspan="2">±5</td></tr>
<tr><td>3</td><td colspan="2">结构物边线与设计边线</td><td>10</td><td>15</td><td>6</td><td>预留孔洞尺寸及位置</td><td colspan="2">10</td></tr>
</table>

（3）模板的拆除。拆模的迟早，影响混凝土质量和模板使用的周转率。拆模时间应根据设计要求、气温和混凝土强度增长情况而定。对非承重模板，混凝土强度应达到 2.5MPa 以上，其表面和棱角不因拆模而损坏方可拆除。对于承重板，要求达到表 5-6 所规定的混凝土设计强度的百分率后才能拆模。

表 5-6　　承重模板拆模时混凝土的强度要求

悬臂板、梁		其他梁、板、拱		
跨度不大于 2m	跨度大于 2m	跨度不大于 2m	跨度 2～8m	跨度大于 8m
70%	100%	50%	70%	100%

提高模板使用的周转率和周转速度，是降低模板成本的关键。为此，从设计、制作、安装到拆除模板的各个环节都应在提高模板重复利用次数上下工夫，设计、制作、安装要有利于拆除。在拆除时应使用专门工具，减少对模板和混凝土的损伤，防止模板跌落。立模后，混凝土浇筑前，应在模板内表面涂以脱模剂，以利拆除。对拆下的模板应及时清洗，除去模板面的水泥浆，分类妥为堆存，以备再用。

（五）新型混凝土模板技术

（1）采用高性能材料的复合型模板，既是混凝土的模具，还具备保温、透气等功能。如：在模板表面使用透水模板布，可将混凝土表面的气泡以及部分游离水分排出，减少混凝土表面的空泡、砂斑、砂线等，使混凝土表面更加致密。

（2）研发新型模板结构和模板台车，适应特殊形状的混凝土浇筑。并装备自动定位和混凝土强度监测等技术，提高混凝土施工的质量和效率。

二、钢筋的加工和安装

大中型钢筋混凝土工程通常需设钢筋加工厂承担工程施工所用钢筋的冷处理、加工及预制钢筋骨架等任务。其规模大小一般按高峰月日平均需用量确定。

1. 钢筋的加工

运至加工厂的钢筋应有出厂证明和试验报告单，验收合格后入库。加工前，应作抗拉和冷弯试验；使用时，按设计要求加工成结构物所需要的规格料。钢筋加工包括调直、除锈、划线、下料和弯曲等工序，有时还应进行焊接和冷拉作业。钢筋应根据规格型号分别储存，以便根据设计要求合理用料。

钢筋按其直径大小可分为两大类，直径不大于 12mm 卷成盘条的叫轻筋，大于 12mm

呈棒状的叫重筋。二者加工工艺特点有所不同，如图 5－25 所示。

钢筋加工，首先通过冷轧或冷拉调直，轻筋可用自动调直剪切机调直切断；重筋可用弯筋机、调直机或手动工具调直。调直过程有除锈作用，对锈蚀严重者应用风砂枪和除锈机除锈。然后按品种、规格选料，并逐一核对清楚，再进行划线。划线时应考虑弯曲的伸长和必要的备用支撑筋，并运用线性规划方法进行。统筹计算，优化下料，减少断头，避免大材小用，造成浪费。当库存钢筋规格不合要求时，应征得设计单位同意后调整用料。划线后，对 40mm 以下的钢筋可在钢筋弯切机上下料，40mm 以上的则用电弧或氧气割。一般弯筋工作在弯筋机上进行，但对大弧度环形钢筋的弯制可用弧形样板制作。样板弯曲直径应比环形钢筋弯曲直径约小 20%～40%，使弯制的钢筋回弹后恰好符合要求。样板弯曲直径缩小的程度可由试验确定。

钢筋加工应尽量减小偏差，并将偏差控制在表 5－7 允许范围内。

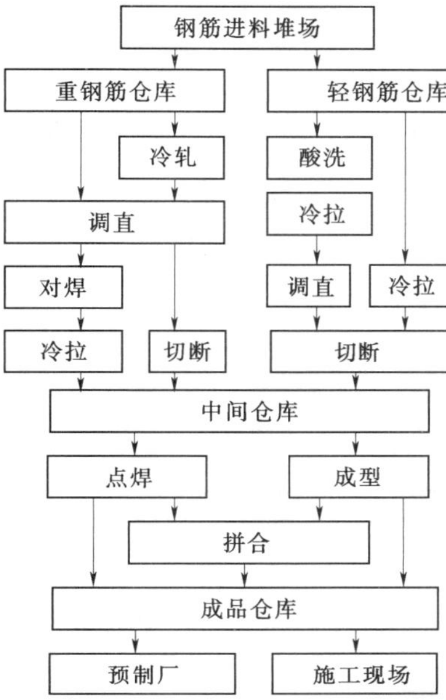

图 5－25　钢筋加工工艺流程图

表 5－7　**加工后钢筋的允许偏差**

项次	偏差名称		允许偏差值
1	受力钢筋全长净尺寸的偏差		±10mm
2	箍筋各部分长度的偏差		±5mm
3	钢筋弯起点位置的偏差	厂房构件	±20mm
		大体积混凝土	±30mm
4	钢筋转角的偏差		3°

钢筋加工厂包括：原料仓库、冷加工系统、断筋弯筋车间、电焊车间、拼装场、成品、半成品仓库和堆放场等。设备布置应按生产流程和进、出料运输通盘考虑。

2. 钢筋的安装

根据建筑物结构尺寸，加工、运输、起重设备的能力，钢筋的安装可采用散装和整装两种方式。散装是将加工成型的单根钢筋运到工作面，按设计图纸绑扎或电焊成型。散装对运输要求相对较低，不受设备条件限制，但工效低，高空作业安全性差，且质量不易保证。对机械化程度较高的大中型工程，已逐步为整装所代替。

整装是将加工成型的钢筋，在焊接车间用点焊焊接交叉结点，用对焊接长，形成钢筋网或钢筋骨架。整装件由运输机械成批运至现场，用起重机具吊运入仓就位，按图拼合成形。整装在运、吊过程中要采取加固措施，合理布置支承点和吊点，以防过大的变形和破坏。实践证明：整装不仅有利于提高安装质量，而且有利于节约材料，提高工效，加快进度，降低成本。

无论整装或散装，钢筋应避免油污，安装的位置、间距、保护层及各个部位的型号、规格均应符合设计要求，安装的偏差不超过表 5 - 8 的规定。

表 5 - 8　　钢筋安装的允许偏差

项　次	偏　差　名　称		允　许　偏　差
1	钢筋长度方向的偏差		±1/2 净保护层厚
2	同一排受力钢筋间距的局部偏差	柱及梁中	±0.5d
		板、墙中	±0.1 间距
3	同一排中分布钢筋间距的偏差		±0.1 间距
4	双排钢筋，其排与排间的局部偏差		±0.1 排距
5	梁与柱中钢箍间距的偏差		0.1 箍筋间距
6	保护层厚度的局部偏差		±1/4 净保护层厚

注　d 为受力钢筋直径。

第三节　混凝土的制备

一、混凝土的拌和设备及其生产能力的确定

混凝土制备是保证混凝土工程质量的关键作业，而拌和设备又是保证混凝土拌制质量的主要手段。

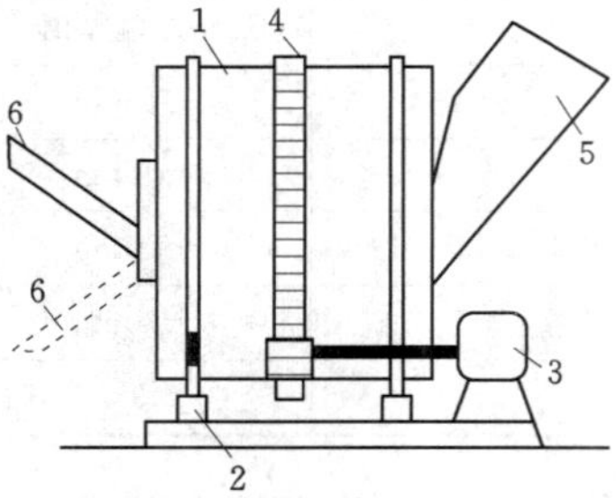

图 5 - 26　鼓筒式拌和机
1—鼓筒；2—托辊；3—电动机；4—齿环；5—进料斗；6—出料槽

拌和机是制备混凝土的主要设备。拌和机拌制混凝土有两种方式：一种是利用可旋转的拌和筒上的固定叶片，将混凝土料带至筒顶自由跌落拌制；另一种是装料鼓筒不旋转，固定在轴上的叶片旋转带动混凝土料进行拌和。前者应用较广泛，多用来拌制具有一定坍落度的混凝土；后者用来拌制干硬性混凝土。

自由跌落式拌和机有鼓筒式和双锥式两种。前者为圆柱形鼓筒，两端开口，一端进料，一端出料。由主动齿轮带动在托辊上的鼓筒旋转。筒内壁装有固定叶片，随筒旋转将混凝土料带上，而后自由跌落，如此循环拌和，完成后由可倾出料槽出料，如图 5 - 26 所示。

双锥式拌和机，鼓筒为双锥形。筒内壁固定叶片，拌和混凝土的原理与鼓筒式相同。由于叶片固定在两个锥形体内壁，能使拌和料交叉翻动，增强了拌和效果。出料时由汽缸活塞推动拌和筒倾斜出料，如图 5 - 27 所示。

拌和机的主要性能指标是其工作容量，以升或立方米计。如 800L 的拌和机，每一个工作循环出料 0.8m^3，相应要求进料约 1.2m^3。为了有足够的拌制空间，鼓筒容积应为进料体积的 2.5～3.0 倍。有些国家拌和机的铭牌容量是指进料体积，在计算出料体积时应乘以出料系数，即乘以出料和进料的比值，通常介于 0.6～0.7 之间。

拌和机容量越大，机内叶片耐撞击力越强，拌和混凝土最大粒径的允许值随拌和机容

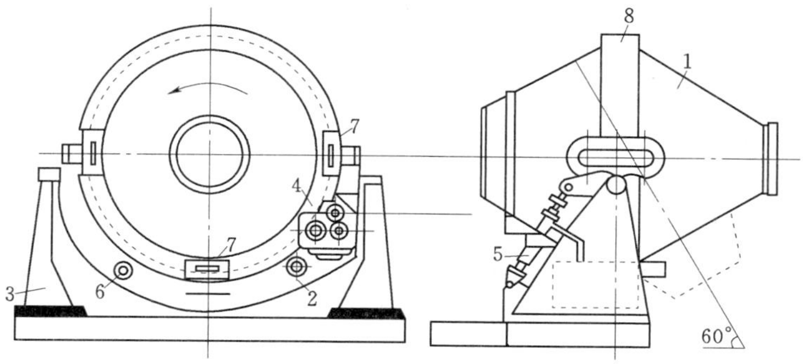

图 5－27　双锥式拌和机

1—拌和鼓筒；2—曲梁；3—机架；4—电动机和减速装置；
5—气缸；6—支承滚轮；7—夹持滚轮；8—齿环及轮箍

量加大而加大。

鼓筒式拌和机构造简单，装拆方便，铭牌容量一般为 400～800L，生产效率不高，可装在车架上做成移动式，多用于分散、工程量不大的工程；双锥式拌和机容量较大，有 800L、1000L、1600L、3000L 等，铭牌容量 1000L 以上者，常用于固定的自动化拌和系统，气动，进出料快，技术间歇时间短，生产效率高。每台拌和机的小时生产率 p 可按下式计算：

$$p=NV=K_t\frac{3600V}{t_1+t_2+t_3+t_4} \tag{5-5}$$

式中：p 为每台拌和机每小时产料量，m^3；N 为每台拌和机每小时平均拌和次数；V 为拌和机出料容量，m^3；t_1 为进料时间，自动化配料为 10～15s，半自动化配料为 15～30s；t_2 为拌和时间，随拌和机容量、坍落度、气温而异（表 5－9），表列数值是常温取值，在冬季应增大 50%；t_3 为出料时间，一般倾翻式为 15s，非倾翻式为 25～30s；t_4 为必要的技术间歇时间，对双锥式为 3～5s；K_t 为时间利用系数。

表 5－9　拌和机容量与骨料最大粒径和拌和时间（min）关系

拌和机的进料容量 /m^3	最大骨料粒径 /mm	坍落度 /cm			拌和机的进料容量 /m^3	最大骨料粒径 /mm	坍落度 /cm		
		2～5	5～8	>8			2～5	5～8	>8
1.0	80		2.5	2.0	2.4	150	2.5	2.0	2.0
1.6	150 或 120	2.5	2.0	2.0	5.0	150	3.5	3.0	2.5

二、拌和站、拌和楼及其设备容量

混凝土生产系统应根据浇筑强度确定生产规模，按用料分散或集中情况设拌和站和（或）拌和楼。

1. 拌和站、拌和楼的布置

中小型工程、分散工程或大型工程的零星部位，通常设置拌和站，而对于用料集中的大、中型工程，则多设置拌和楼。混凝土系统中，拌和站或拌和楼应尽量靠近浇筑地点，并满足防爆安全距离的要求；站、楼应充分利用地形，减少工程量；其主要建筑物的基础应稳固，满足承载力要求；在使用期内应避免中途搬迁，干扰永久建筑物施工，与变电、输电设施保持足够的安全距离。

混凝土系统应尽可能集中布置，只有在建筑物分散、高程相差太大，集中布置运距过远，两岸交通联系不便或因砂石料场分散，混凝土系统集中，导致骨料运距太远或不方便的情况，才采用分散布置拌和楼、站。

混凝土系统内部布置应利用地形高差呈台阶形布置，减少物料提升能量消耗。水泥、粉煤灰和掺和料储料设施应尽量靠近拌和楼以缩短运距。制冷、供热也应尽量缩短管线以减少能量损失。进出料应分设在不同高程，并使进料和出料方向错开。出料高程一方面应与混凝土运输线路相适应，同时应使运输车辆或所载料罐上方有足够的净空。出料能力应能满足多品种、多标号混凝土的发运，保证连续供料。出料线路应顺直、疏通，设置必要的避车线，避免进出车辆相互干扰。

拌和站的布置，对台阶地形，拌和机数量不多，可“一”字形排列；沟槽路堑地形，拌和机数量多，可采用双排相向布置，如图5-28所示。拌和站的配料可由人工也可由机械完成，供料配料设施的布置应考虑进出料方向、堆料场地、运输线路布置。

拌和楼是集中布置的混凝土工厂，常按工艺流程分层布置，分为进料、贮料、配料、拌和及出料共五层，其中配料层是全楼的控制中心，设有主操纵台，如图5-29所示。

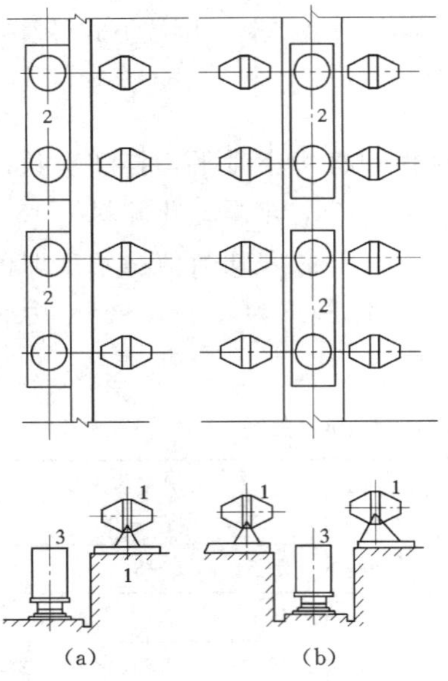

图5-28 拌和站布置图

(a)“一”字形排列布置；(b) 双排相向布置

1—拌和机；2—运输平车；3—装料立罐

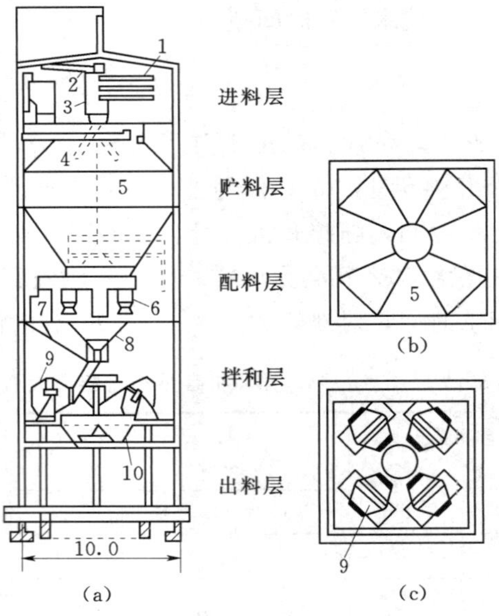

图5-29 混凝土拌和楼

(a) 立面图；(b) 贮料层平面图；(c) 拌和层平面图

1—进料皮带机；2—水泥螺旋运输机；3—受料斗；4—分料器；5—贮料仓；6—配料斗；7—量水器；8—集料斗；9—拌和机；10—混凝土出料斗

骨料和水泥，用皮带机和提升机分别送到贮料层的分格料仓内，料仓有5～6格装骨料，有2～3格装水泥和掺合料。每格料仓下装有配料斗和电子秤，称好的各种材料汇入集料斗内，再用回转式给料器送入待料的拌和机内。拌和用水则由自动量水器量好后，直接注入拌和机。拌好的混凝土卸入出料层的料斗，待运输车辆就位后，开启气动弧门出料。各层设备可由电子传动系统操作。

一座拌和楼通常装 2～4 台 1000L 以上的锥形拌和机，呈巢形布置。拌和楼的生产容量有 4×3000L、2×1600L、3×1000L 等，国内外均有成套设备可选用。其典型布置如图 5－28 所示。一般拌和楼顶贮料仓的容量可贮存 1.5～2.0h 的骨料量，3～6h 的水泥量。沉重的料仓及其配料、拌和设备，除了要求有钢筋混凝土的基础和支承柱外，楼身多用型钢搭建装配而成，以便完工后拆移到其他地方使用。

由于拌和楼的生产率高，设备配套，管理方便，运行可靠，占地少，故在大中型混凝土工程中应用较普遍。

为了控制骨料超逊径引起的质量问题，可以采用运送混合骨料至拌和楼顶进行二次筛分。图 5－30 是贵州乌江东风水电站楼顶二次筛分拌和楼示意图。它是在传统拌和楼料仓层上加了一层筛分层。采用这种生产工艺，能在切实控制骨料超逊径的同时，解决远距离、分级轮换供料不能保证生产需要等方面的许多问题。它的主要缺点是增加顶层二次筛分以后：①噪音加剧，工作环境恶化；②拌和楼的动静荷载均有增加，对楼身和基础结构、电子称量系统等提出了更高的要求。

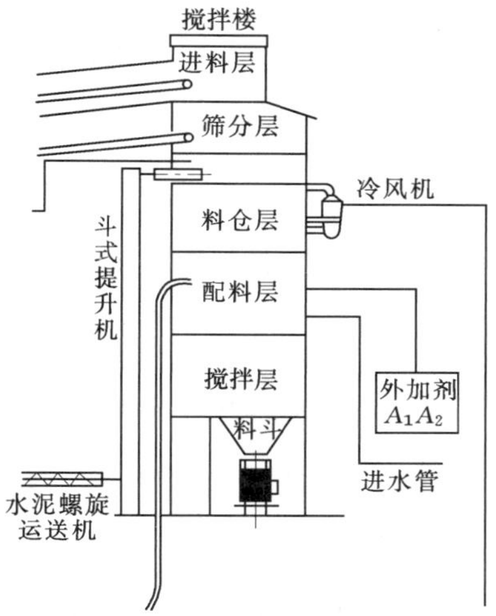

图 5－30　乌江东风水电站楼顶二次筛分拌和楼

2. 拌和设备容量的确定

拌和设备的生产能力应能满足混凝土质量品种和浇筑强度的要求。规范规定，其小时生产能力可按混凝土月高峰强度计算。式（5－6）是混凝土拌和设备需要满足的小时生产能力 P_0 的计算式：

$$P_0=K\frac{Q_{max}}{nm} \tag{5-6}$$

式中：P_0 为混凝土拌和设备每小时生产能力，m^3；n 为高峰月每日平均工作时数，一般取 20h；m 为高峰月有效工作日数，一般取 25d；K 为小时生产不均匀系数，可按 1.5 考虑；Q_{max} 为混凝土月高峰浇筑强度，m^3。

确定混凝土拌和设备容量和台数，还应满足如下要求：

（1）能同时拌制不同标号的混凝土。

（2）拌和机的容量与骨料最大粒径相适应。

（3）考虑拌和、加冰和掺和料以及生产干硬性或低坍落度混凝土对生产能力的影响。

（4）拌和机的容量与料斗容器容量和运输机械载重量的匹配。

（5）适应施工进度，有利于分批安装，分批投产，分批拆除转移。

大中型工程确定拌和机的容量，主要考虑满足主体工程浇筑的需要，其他分散零星的用料，可另选小型的或移动式拌和机来满足。

第四节 常态混凝土施工

一、混凝土施工方案选择原则

混凝土浇筑程序、各期浇筑部位和高程应与供料线路、起吊设备布置和机电安装进度相协调，并符合相邻块高差、防裂及温度控制等有关规定。各期工程形象进度应能满足截流、度汛、下闸、封堵、蓄水等要求。混凝土施工方案选择原则有：

（1）混凝土生产、运输、浇筑、防裂及温度控制等各施工环节衔接合理。

（2）施工机械化程度符合工程实际，保证工程质量，加快工程进度和节约工程投资。

（3）施工工艺先进，设备配套合理，综合生产效率高。

（4）能连续生产混凝土，运输过程的中转环节少、运距短，温度控制措施简易、可靠。

（5）初、中、后期浇筑强度协调平衡。

（6）混凝土施工与机电安装之间干扰少。

在选择混凝土浇筑设备时，要解决好以下问题：

（1）起吊设备能控制整个平面和高程上的浇筑部位。

（2）主要设备型号单一，性能良好，生产率高，配套设备能有利于主要设备生产能力的发挥。

（3）在固定的工作范围内能连续工作，设备利用率高。

（4）浇筑间歇能承担模板、金属构件及仓面小型设备吊运等辅助工作。

（5）不压浇筑块，或不因压块而延长浇筑工期。

（6）生产能力在保证工程质量前提下能满足高峰时段浇筑强度要求。

（7）混凝土宜直接起吊入仓，用带式输送机或自卸汽车入仓时应有保证混凝土质量的可靠措施。

（8）当混凝土运距较远，宜用混凝土搅拌运输车。

二、混凝土的运输方案

混凝土运输是连接拌和与浇筑的中间环节。运输过程包括水平和垂直运输，其设备应配合协调；在运输过程中要求混凝土不初凝、不分离、不漏浆、无严重泌水、无过大的温度变化，能保证混凝土入仓温度的要求。所以，装、运、卸不仅应合理安排，而且应满足生产流程各环节的质量要求。运输中每转运一次，增加一次分离的机会，应尽量减少转运总次数，并使转运自由跌落高度不大于 2m，否则，应加设缓降器以防止骨料分离。水平运输道路要平顺，盛料容器和车厢应严密不漏，从装料到入仓卸料过程宜控制在 30～60min 以内，以防止浇筑时混凝土发生初凝。显然，夏季作业运输时间应更短，以控制混凝土温度回升，冬季作业运输时间也不应太长，防止混凝土热量损失太多。

从混凝土出机到浇筑仓前，主要完成水平运输，从浇筑仓前至仓里主要完成垂直运输，二者采用的运输、提升设备分别介绍如下。

（一）混凝土的水平运输设备

通常混凝土的水平运输有有轨和无轨运输两种，前者一般用轨距 762mm 或 1000mm

的窄轨机车拖运平台车完成，平台车上除放 3～4 个盛料的混凝土罐外，还应留一放空罐的位置，以利卸料后起吊设备可以放置空罐。大型平板车如图 5-31 所示。

放置在平台车上的混凝土盛料容器常用立罐。罐壳为钢制，装料口大，出料口小，并设弧门控制，用人力或压气启闭，如图 5-32 所示。立罐容积有 $1m^3$、$3m^3$、$9m^3$ 几种，容量应与拌和机及起重机的能力相匹配。例如 $3m^3$ 罐自重 1.7t，盛料 $3m^3$ 约 8t，共约 10t，可与 1000L、1500L、3000L 的拌和机和 10t 的起重机匹配。$6m^3$ 罐则与 20t 起重机相匹配。为了方便卸料，可在罐的底部附设振动器，利用振动作用使塑性混凝土料顺利下落。

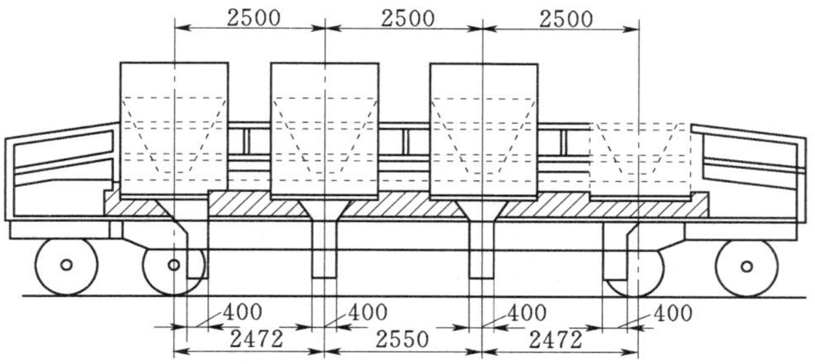

图 5-31　大型平板车载运混凝土立罐（单位：mm）

立罐多用平台车运输，也有将汽车改装后载运立罐的，这样运输较为机动灵活。

汽车运输有用自卸车直接盛混凝土，运送并卸入与起重机不脱钩的卧罐内，再将卧罐吊运入仓卸料；也有将卧罐直接放在车厢内到拌和楼装料后运至浇筑仓前，再由起重机吊入仓内。卧罐的外形及放置如图 5-33 所示。

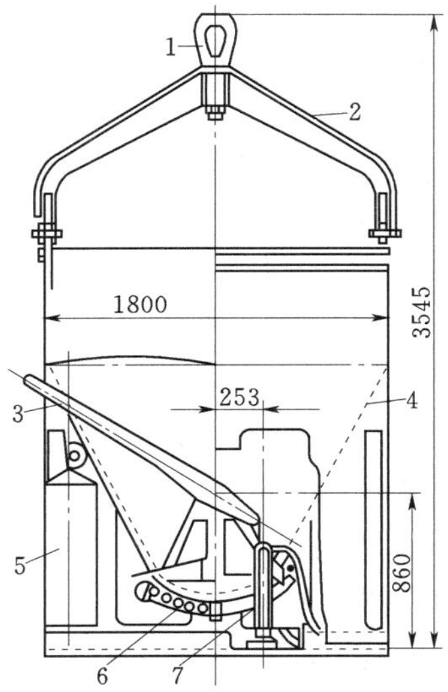

图 5-32　混凝土立罐结构图（单位：mm）

1—吊环；2—吊梁；3—操作杆；4—罐壁；5—贮气罐；6—斗门；7—支架

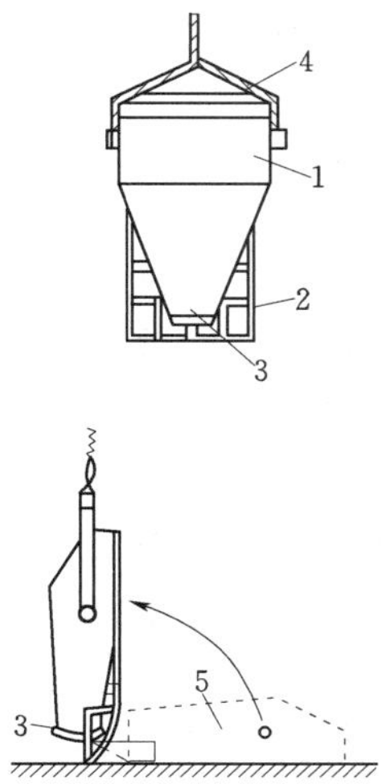

图 5-33　混凝土卧罐

1—盛料斗；2—滑架；3—斗门；4—吊梁；5—平卧状态

尽管汽车运输比较机动灵活，但成本较高，混凝土容易漏浆和分离，特别是当道路不平整时，其质量难以保证。故通常仅用于建筑物基础部位、分散工程，或机车运输难以到达的部位，作为一种辅助运输方式。

综上可见，大量混凝土的水平运输以有轨机车拖运装载料罐的平台车更普遍。若地形陡峭，拌和楼布置于一岸，则轨路一般按进退式铺设，即列车往返采用进退出入；若运输量较大，则采用双轨，以保证运输畅通无阻；若地形较开阔，可铺设环形线路，效率较高；若拌和楼两岸布置，采用穿梭式轨路，运输效率更高。有轨运输，当运距1～1.5km，列车正常循环时间约1h，包括料罐脱钩、挂钩、吊运、卸料、空回多次往复时间。视运距长短，每台起重机可配置2～4辆列车。铁路应经常检查维修，保持行驶平稳、安全，有利于减轻运送的混凝土泌水和分离。

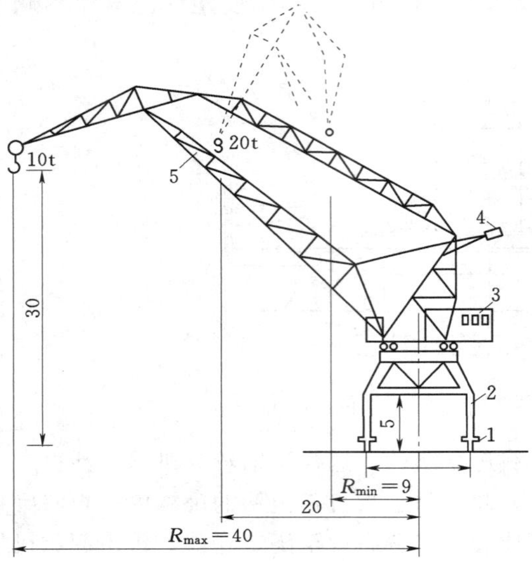

图5-34 10/20t门式起重机（单位：m）

1—行驶装置；2—门架；3—机房；4—活动平衡重；5—起重臂

（二）混凝土的垂直运输设备

垂直运输主要采用各类起重机械。

1. 门式起重机（Portal Crane）

门式起重机又称门机（图5-34），它的机身下部有一门架，可供车辆通行，这样便可使起重机和运输车辆在同一高程行驶。它运行灵活，操纵方便，可起吊物料作径向和环向移动，定位准确，工作效率较高。门机的起重臂可上扬收拢，便于在较拥挤狭窄的工作面上与相邻门机共浇一仓，有利于提高浇筑速度。国内常用的10/20t门机，最大起重幅度40/20m，轨上起重高度30m，轨下下放深度35m。为了增大起重机工作的空间，国内新产20/60t的高架门机，其轨上高度可达70m，既有利于高坝施工，减少栈桥层次和高度，也适宜于中低坝降低或取消起重机行驶的工作栈桥。图5-35是10/30t高架门机外形图。

2. 塔式起重机（Tower Crane）

塔式起重机又称塔机或塔吊。可在移动的门架上加设高达数十米的钢塔增加起吊高度。其起重臂可铰接于钢塔顶，能仰俯，也有臂固定，由起重小车在臂的轨道上行驶，完成水平运动，以改变起重幅度，如图5-36所示。塔机的工作空间比门机大，由于机身高，其灵活性较门机差。在行驶轮旁设有夹具，工作时夹具夹住钢轨保持稳定。当有六级以上大风，必须停止行驶工作。因塔顶系借助钢丝绳的牵引旋转，所以它只能向一个方向旋转180°或360°后再反向旋转，而门机却可随意旋转，故相邻塔机运行的安全距离要求较严，对10/25t塔机而言，起重机相向运行，相邻的中心距不小于85～87m；当起重臂与平衡重相向时，不小于58～62m；当平衡重相向时，不小于34m。若分高程布置塔机，则可使相近塔机在近距离同时运行。由于塔机运行的灵活性较门机差，其起重能力、生产率都较门机低。

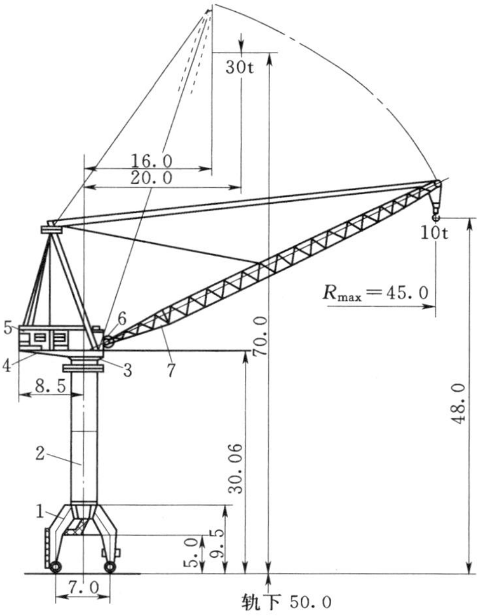

图 5-35 10/30t 高架门机（单位：m）
1—门架；2—高架塔身；3—回转盘；4—机房；
5—平衡重；6—操纵台；7—起重臂

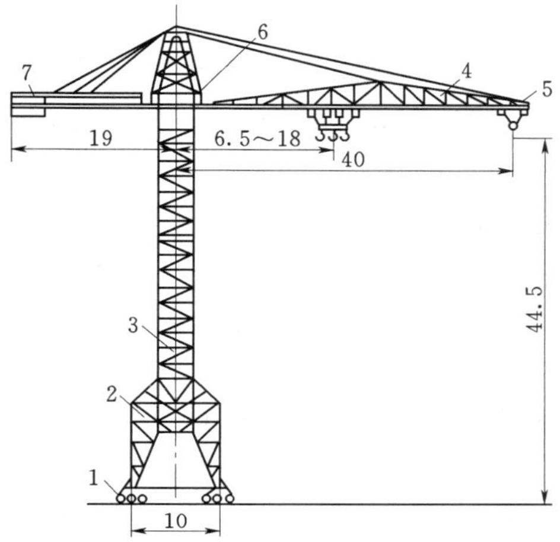

图 5-36 10/25t 塔式起重机（单位：m）
1—行驶装置；2—门架；3—塔身；4—起重臂；
5—起重小车；6—回转塔架；7—平衡重

为了扩大工作范围，门机和塔机多安设在栈桥上。栈桥桥墩可以是与坝体结合的钢筋混凝土结构，也可以是下部与坝体结合的钢筋混凝土，上部是可拆除回收的钢架结构。桥面结构多用工具式钢架，跨度为 20～40m。上铺枕木、轨道和桥面板。桥面中部为运输轨道，两侧为起重机轨道，如图 5-37 所示。

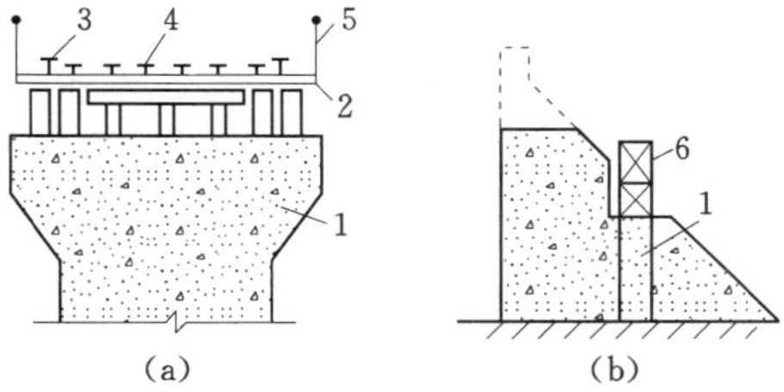

图 5-37 门机和塔机的工作栈桥示意图
(a) 栈桥上部结构；(b) 混合式桥墩结构
1—钢筋混凝土桥墩；2—桥面；3—起重机轨道；
4—运输轨道；5—栏杆；6—可拆除的钢架

3. 缆式起重机（Cable Crane）

平移式缆索起重机有首尾两个可移动的钢塔架。在首尾塔架顶部凌空架设承重缆索。行驶于承重索上的起重小车靠牵引索牵引移动，另用起重索起吊重物。机房和操纵室均设在首塔内，用工业电视监控操纵。尾塔固定、首塔沿弧形轨道移动者，称为辐射式缆机；两端固定者，称为固定式缆机，俗名“走线”。平移式缆机工作控制面积为一矩形；辐射式缆机的控制面积为一扇形。前者运行灵活，控制面积大，但设备投资、基建工程量、能源消耗和运行费用都大于后者。

缆机的起重量通常为 10～30t，最高达 50t，我国大型工程塔机常用 30t。其跨度和塔架高度视建筑物的外形尺寸和缆机所在位置的地形情况经专门设计而定。要确定塔架高度 H_t 就应先确定塔顶控制高程 H，其关系如图 5-38 所示。

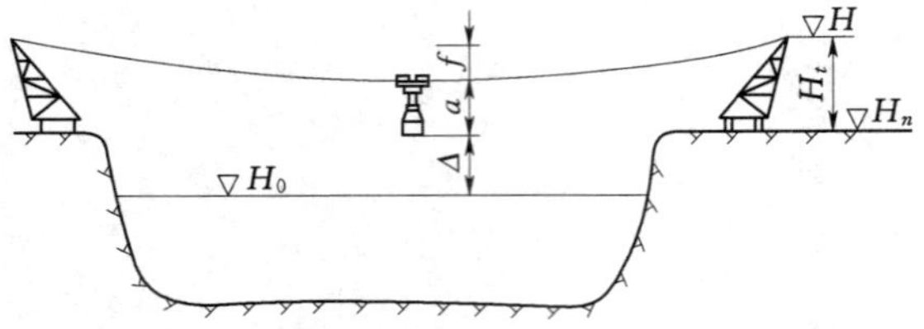

图 5-38 缆机控制高程计算图

塔架高度 H_t：

$$H_t = H - H_n \tag{5-7}$$

塔顶控制高程 H：

$$H = H_0 + \Delta + a + f \tag{5-8}$$

上二式中：H_0 为缆机浇筑部位的最大高程，m；Δ 为吊物最低安全裕度，不小于 1m；a 为吊罐底至承重索的最小距离，可取 6～10m；f 为满载时承重索的垂度，一般取跨度 L 的 5%；H_n 为轨道顶面高程，m。

缆机质量要求最高的部件是承受载重小车移动的承重索，它要求用光滑、耐磨、抗拉强度很高的高强钢丝制成，价格高昂。缆机的跨度一般为 600～1000m，跨度太大不仅垂度大，且承重索和塔架承受的拉力过大。缆机起重小车的行驶速度可达 360～670m/min，起重提升速度一般为 100～290m/min。通常缆机吊运混凝土每小时 8～12 罐。20t 缆机月浇筑强度最高可达 5 万～8 万 m^3/月。伊泰普水电站（Itaipu Dam）采用的平移式缆机吊重 20t，跨度 1365m，缆索直径 108mm，重罐平移速度 7.5m/s，提升速度 1.74m/s，下降速度 2.5m/s。为提高其生产率，当今多采用高速缆机，仓面无线控制操作，定位准确，卸料迅速。为缩短吊运循环时间，尽可能将混凝土拌和楼布置靠近缆机，以便料罐不脱钩，直接从拌和楼接料；若拌和楼不在缆机控制范围内，可采用特制的运料小车，向不脱钩的料罐供料。运料小车从拌和楼接混凝土料后，由机车拖运至缆机控制范围内，对准不脱钩的料罐，将混凝土经倾斜滑槽卸入料罐，省去了装料的脱钩和挂钩时间，如图 5-39 所示。

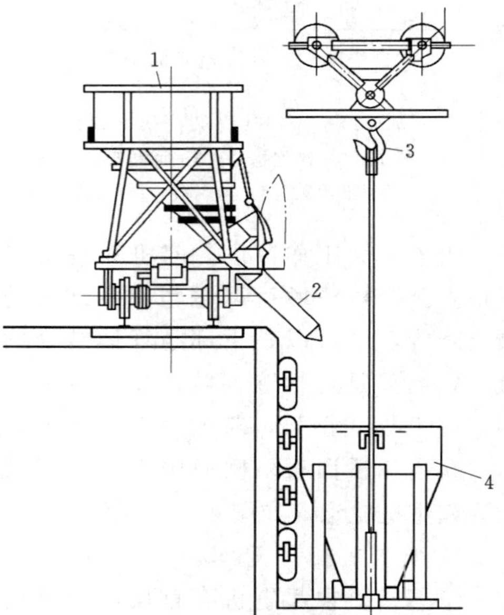

图 5-39 东风电站卸料小车

1—运料小车；2—卸料滑槽；3—起重钩；4—装料料罐

4. 履带式起重机（Crawler Crane）

将履带式挖掘机的工作机构改装，即成为履带式起重机。若将 $3m^3$ 挖掘机改装，当起重 20t，起重幅度 18m 时，相应起吊高度 23m；当要求起重幅度达 28m 时，起重高度 13m，相应起重量为 12t。这种起重机起吊高度不大，但机动灵活，常与自卸汽车配合浇筑混凝土墩、墙或基础、护坦、护坡等。

5. 塔带机（Tower - Mounted Concrete Conveyor）

早在 20 世纪 20 年代带式运输机就曾用于混凝土运输，由于用带式运输机输送，混凝土易产生分离和砂浆损失，因而影响了它的推广应用。

近些年来，国外一些厂商研制开发了各种专用的混凝土带式运输机，从以下三方面来满足运输混凝土的要求：

（1）提高整机和零部件的可靠性。

（2）力求设备轻型化，整套设备组装方便、移动灵活、适应性强。

（3）配置保证混凝土质量的专用设备。

墨西哥惠特斯（Huites）大坝第一次成功地用3台罗泰克（ROTEC）塔带机为主要设备浇筑混凝土，用2年多时间浇筑了280万m^3混凝土，高峰年浇筑强度达210万m^3，高峰月浇筑强度达24.8万m^3。长江三峡工程用6台塔（顶）带机，1999—2000年共浇筑了330万m^3混凝土，单台最高月产量5.1万m^3，最高日产量3270m^3。三峡工程采用的美国ROTEC公司制造的TC2400型塔带机如图5-40所示。

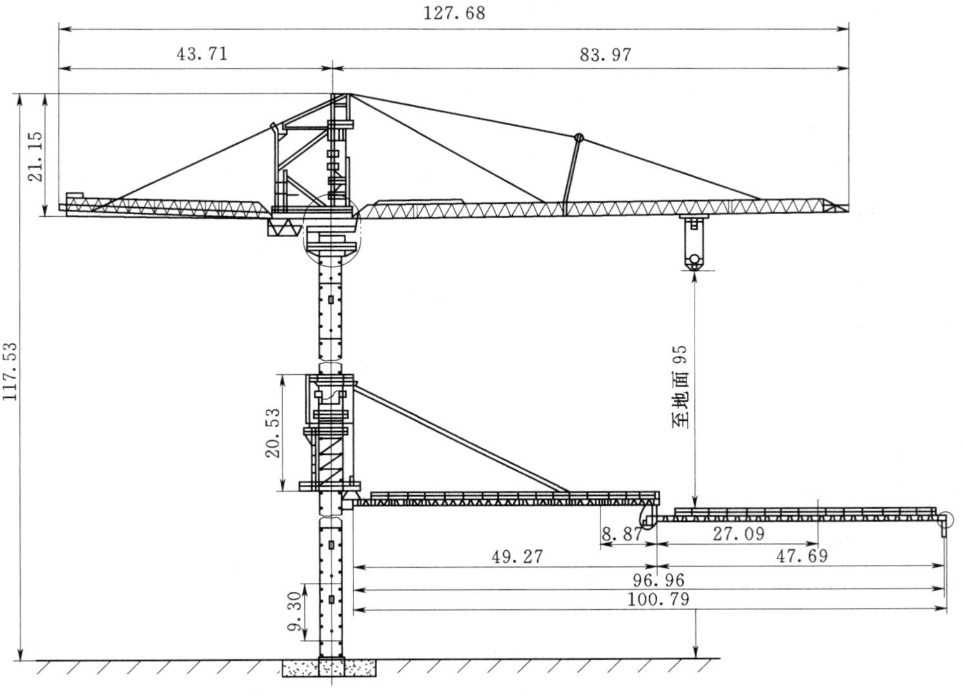

图5-40 罗泰克公司TC2400型塔带机（单位：m）

塔带机是集水平运输和垂直运输于一体，将塔机和皮带运输机有机结合的专用皮带机，要求混凝土拌和、水平供料、垂直运输及仓面作业一条龙配套，以提高效率。塔带机布置在坝内，要求大坝坝基开挖完成后快速进行安装、调试和运行，尽早投入正常生产。输送系统直接从拌和厂受料，拌和机兼作给料机，全线自动连续作业。机身可沿立柱自升，施工中无需搬迁，不必修建多层、多条上坝公路，汽车可不出仓面。塔带机在简化施工设施、节省运输费用、提高浇筑速度、保证仓面清洁等方面，具备显著的优越性。

塔带机一般为固定式，专用皮带机有移动式的，移动式分轮胎式和履带式两种，以轮胎式应用较广，最大皮带长度为32～61m，以CC200型胎带机为目前最大规格，布料幅度达61m，浇筑范围50～56m，一般较大的浇筑块可用一台胎带机控制整个浇筑仓面。

塔带机是一种新型混凝土浇筑运输设备，它具有连续浇筑、生产率高、运行灵活等明显优势。随着胶带机运输浇筑系统的不断完善，在未来大坝混凝土施工中将会获得愈益广泛的应用。

6. 混凝土泵（Concrete Pump）

混凝土泵可进行水平和垂直运输，能将混凝土输送到难以浇筑的部位，运输过程中混凝土拌和物受周围环境因素的影响较小，运输浇筑的辅助设施及劳力消耗较少，是具有相当优越性的运输浇筑设备。然而，由于它对于混凝土坍落度和最大骨料粒径有比较严格的要求，限制了它在大坝施工中的应用。

（三）混凝土的运输浇筑方案

大坝及其他建筑物的混凝土运输浇筑方案常见的有如下几种。

1. 门、塔机运输浇筑方案

采用门、塔机浇筑混凝土可分为有栈桥和无栈桥两种方案。所谓栈桥就是行驶起重运输机械，直接为施工服务的临时桥梁。

（1）门、塔机栈桥运输浇筑方案。设栈桥的目的在于扩大起重机的工作范围，增加浇筑高度，为起重、运输机械提供行驶线路，避免干扰，以利安全高效施工。根据建筑物的外形，断面尺寸，栈桥可以平行坝轴线布置一条、二条或三条，可设于同一高程，也可分设于不同高程；栈桥墩可设于坝内，也可设在坝外；可以是贯通两岸的全线栈桥，也可以是只通一岸的栈桥。

栈桥和起重机的布置方案，实质是就是如何使起重机在平面和高程上控制整个建筑物的浇筑部位，使起重机械不仅能完成更多浇筑任务，而且能完成模板、钢筋以及金属结构吊装等辅助工作，最大限度地提高整个工程的施工机械化程度。对于兼有运输任务的栈桥，尚应与拌和楼的出料高程协调一致，实现重车下坡。

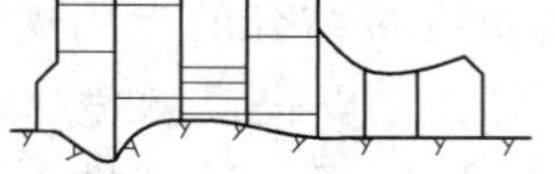

图 5-41　单线栈桥布置图
1—栈桥墩；2—浇筑坝体；3—塔机

栈桥（Trestle）布置有如下几种方式：

1）单线栈桥。对宽度不太大的建筑物，将栈桥布置在建筑物轮廓中部，控制大部分浇筑部位，边角部位由辅助浇筑机械完成。单线栈桥可一次到顶，也可分层加高。后者有利于简化桥墩结构，使栈桥及早投入运行，避免料罐下放过深，有利于提高起重机的生产率。但分层加高时，要移动运输路线，对施工进度有一定影响（见图 5-41）。

2）双线栈桥。通常是一主一辅，主栈桥承担主要的浇筑任务，辅助栈桥主要承担水平运输任务，故应与拌和楼的出料高程协调一致。辅助栈桥也可布置少量起重机，配合主栈桥全面控制较宽的浇筑部位。图 5-42 是重力坝坝后式厂房双线栈桥布置情况。

3）多线多高程栈桥。对于高坝，轮廓尺寸特大的建筑物，采用门、塔机浇筑方案时，常需设多高程栈桥才能完成任务，其布置如图 5-43 所示。显然，这样布置栈桥工作量很大，必然会对运输浇筑造成一定影响。利用高架门机和巨型塔机可减少栈桥的层次和条数。

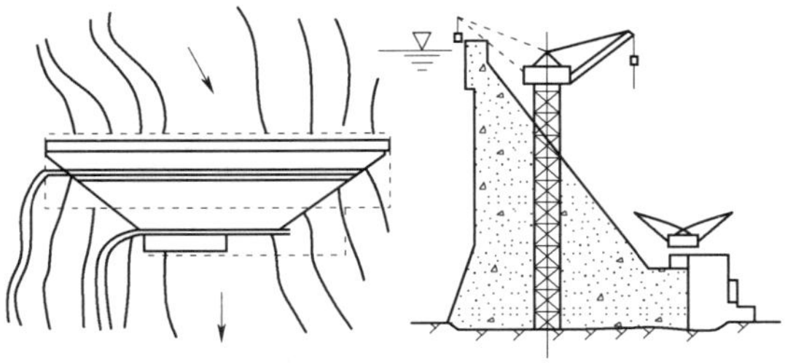

图 5-42　双线栈桥布置图

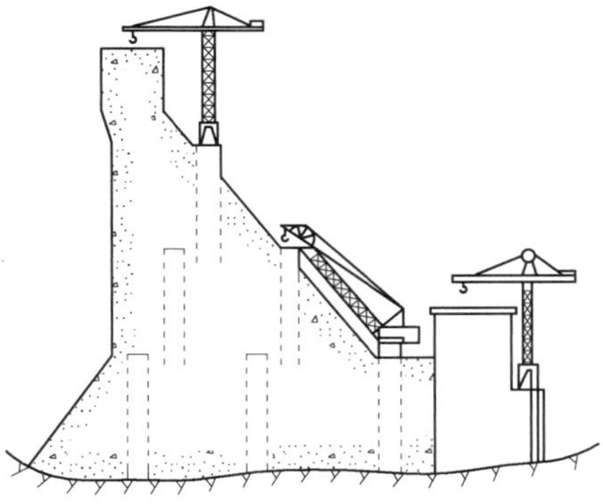

图 5-43　多线多高程栈桥布置图

(2) 门、塔机无栈桥方案。这种方案不仅可以节约栈桥，而且可使门塔机及早投产，及早浇筑混凝土。对于中低水头工程，其布置情况有：放在围堰顶上，如图 5-44 (a)；放在基坑内的地面上，如图 5-44 (b)；放在已浇好的部分建筑物上，如图 5-44 (c)、(d)；放在浇好的浇筑块上，如图 5-44 (e) 和图 5-45 所示。这种布置的特点是省去了栈桥，机械随浇筑块的上升而上升，故增多了设备搬迁次数，机械的拆迁可借正在运行的机械吊装。门机拆迁一次至少要花 3 天时间，塔机则更长。下层起重机所压浇筑块，可由上层起重机浇筑。

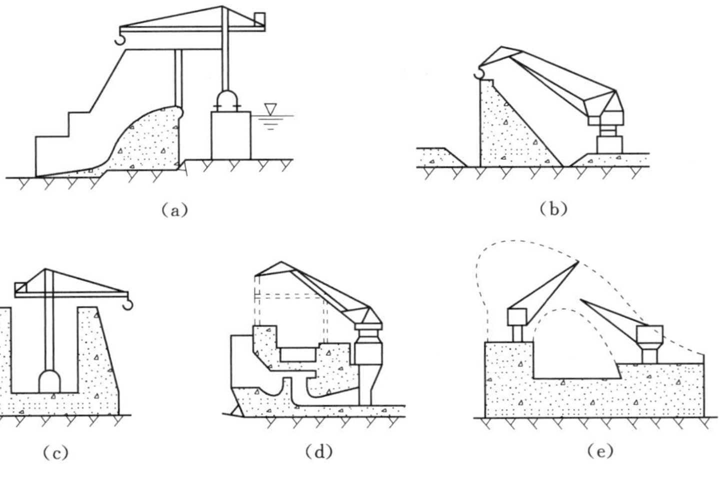

图 5-44　无栈桥门、塔机布置图

(a) 塔机放在上游围堰顶上；(b) 门机放在基坑内的地面上；(c) 塔机放在已浇好的船闸底板上；(d) 门机放在已浇好的厂房尾水平台上；(e) 门机放在待加高的坝块上

2. 缆机运输浇筑方案

缆机的塔架常安设于河谷两岸，通常布置在所浇建筑物外，故可提前安装，一次架设，在整个施工期间长期发挥作用。有时为了缩小跨度，可将坝肩岸边块提前浇好，然后敷设缆机轨道。在施工中因无须架设栈桥，故与主体工程各个部位的施工均不发生干扰。

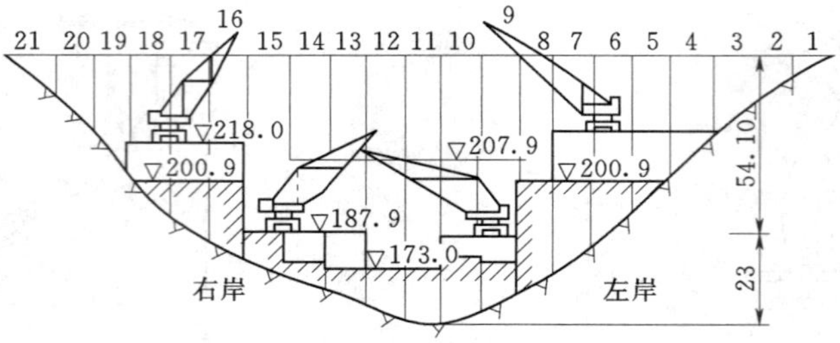

图 5-45　门机压块浇筑下游立视图（单位：m）

缆机运输浇筑布置有如下几种情况：

（1）缆机同其他起重机组合的浇筑系统。当河谷较宽、河岸较平缓，可让缆机控制建筑物的主要部位，用辅助机械浇筑坝顶和边角地带。例如巴西和巴拉圭联合修建的伊泰普水电站（Itaipu Dam）坝高 196m，1976—1977 年采用 7 台跨度 1360～1365m 的 20t 平移式缆机，完成了坝体 $12.57\times10^6m^3$ 中的 $10.775\times10^6m^3$ 混凝土浇筑任务。大坝上部则用 12 台 20t 的塔机浇筑，其布置如图 5-46 所示。

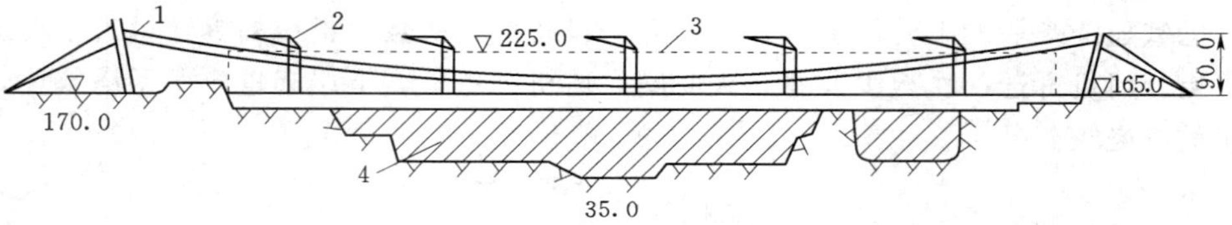

图 5-46　伊泰普大坝缆机和塔机组合浇筑方案（单位：m）

1—快速缆机；2—塔机；3—塔机浇筑部位；4—缆机浇筑部位

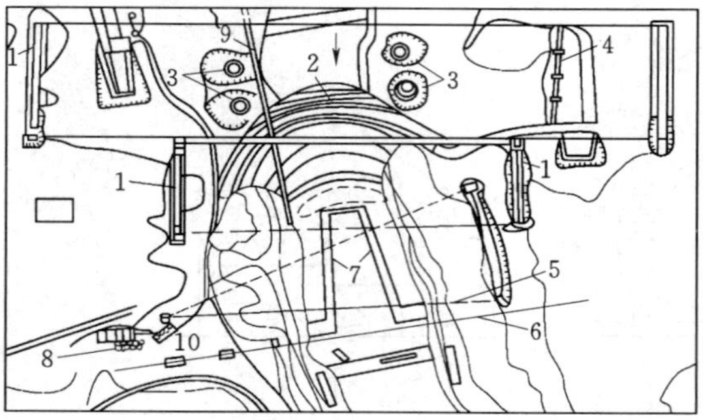

图 5-47　胡佛坝综合缆机方案布置图

1—平移式缆机轨道；2—重力拱坝；3—进水塔；4—溢流堰；5—辐射式缆机；6—固定式缆机；7—水电站厂房；8—水泥仓库；9—供料栈桥；10—混凝土拌和楼

（2）平移式缆机浇筑系统。在深山峡谷筑高坝，且要求兼顾枢纽的其他工程，可分高程设置缆机轨道，组成高度机动的立体浇筑系统。为了减小干扰，常用共享轨道的多台平移式缆机浇筑施工系统。如小湾拱坝、溪洛渡拱坝、锦屏一级拱坝等。在地形条件允许的情况下，可设置多层缆机轨道，增强缆机的机动性，如拟建的白鹤滩拱坝。也有根据枢纽施工要求采用多种类型缆机组合的，如图 5-47 所示为美国胡佛坝的缆机系统布置，该坝高 226m，两岸有进水塔、岸边式厂房，在不同高程分设 4 台平移式、2 台辐射式和 1 台固定式缆机，组成了一个立体交叉缆机浇筑系统。

（3）辐射式缆机浇筑系统。在浇筑覆盖范围要求不高，而坝肩地形条件有限时，多用辐射式缆机浇筑系统。据国外 50 个缆机浇筑的工程统计，采用辐射式缆机约占 60%。国内也有不少工程采用辐射式缆机，特别是修筑拱坝。图5-48是乌江东风水电站拱坝的辐射式缆机布置图，它的固定端锚固在岩壁上，供料系统布置在尾塔一侧。图5-49是雅砻江二滩水电站拱坝辐射式缆机布置图。在地形合适的情况下，也有采用辐射式缆机进行重力坝的浇筑，如图5-50所示，其固定端是首塔，供料系统则布置在首塔一侧。也有共用一固定首塔，尾塔则布置在不同高程的轨道上，如图5-51所示。国内贵州乌江渡浇筑拱形重力坝有2台辐射式缆机采用了类似的布置。

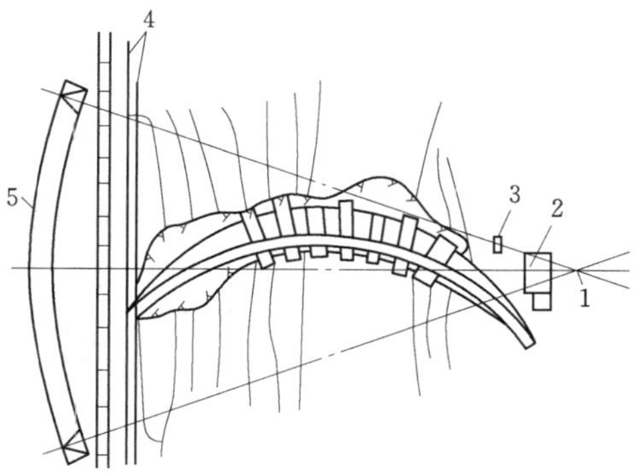

图5-48　乌江东风水电站拱坝辐射式缆机布置图

1—岩壁锚固；2—机房；3—操作房；4—运料轨道；5—缆机轨道

3. 辅助运输浇筑方案

通常一个混凝土坝枢纽，很难用单一的运输浇筑方案完成，总要辅以其他浇筑方案配合施工，有主有辅，相互协调。常用的辅助浇筑方案有如下几种：

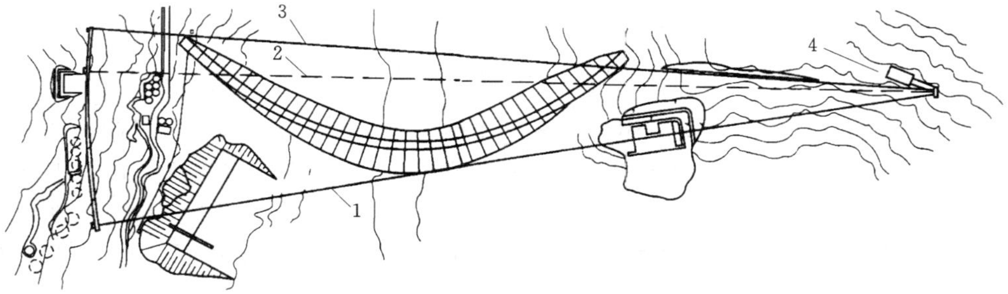

图5-49　雅砻江二滩水电站拱坝辐射式缆机布置图

1—1号缆机；2—2号缆机；3—3号缆机；4—机器房

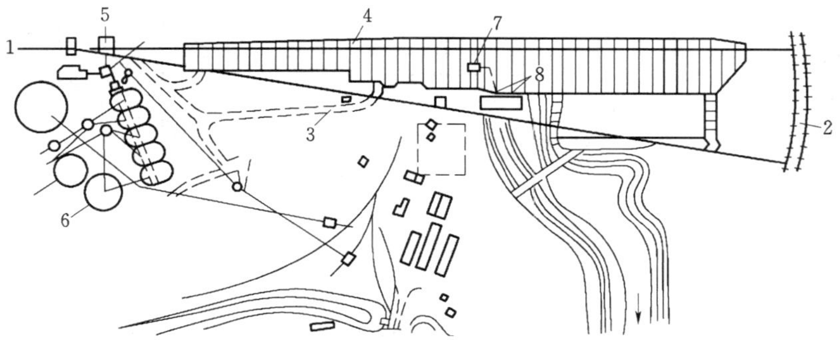

图5-50　辐射式缆机浇筑重力坝的布置图

1—固定首塔架；2—尾塔轨道；3—运输线路；4—重力坝；5—拌和楼；6—料堆；7—移动料斗；8—分料装置

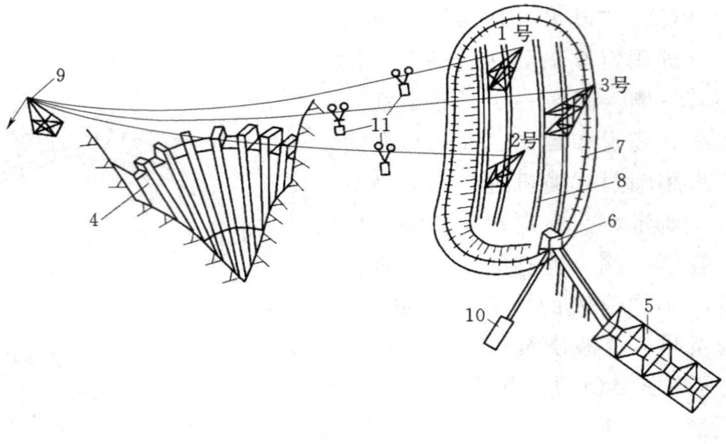

图 5-51 共用一塔架的多台辐射式缆机布置图

1～3—辐射式缆机及其编号；4—拱坝；5—骨料堆；6—拌和楼；7—混凝土运输环形线路；8—缆机轨道；9—共用一固定端塔架；10—水泥料仓；11—移动起重小车和料罐

(1) 履带式起重机浇筑方案。用自卸汽车装料运至仓前，卸入由履带机起吊的不脱钩的卧罐里，再吊运入仓。一般用于浇筑起吊高度较低或吊深较浅的建筑物，如水闸、厂房、船闸、护坦和消能工等。图 5-52 表示履带起重机浇筑主体工程的基础。这样可以使主体工程在主要浇筑系统形成以前及早进行浇筑。这种浇筑方案准备工作量少，方便灵活。

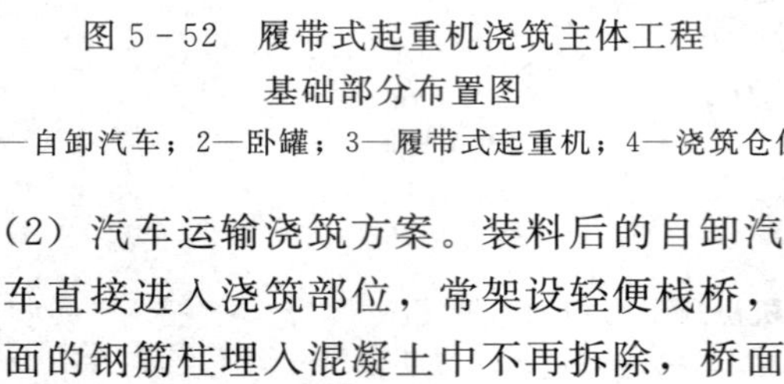

图 5-52 履带式起重机浇筑主体工程基础部分布置图

1—自卸汽车；2—卧罐；3—履带式起重机；4—浇筑仓位

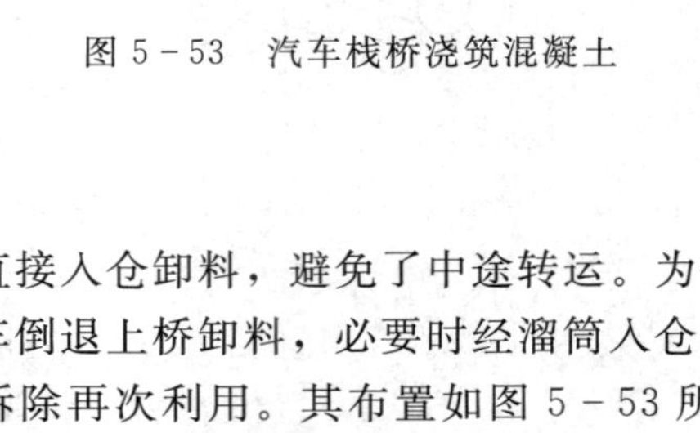

图 5-53 汽车栈桥浇筑混凝土

(2) 汽车运输浇筑方案。装料后的自卸汽车直接入仓卸料，避免了中途转运。为使自卸汽车直接进入浇筑部位，常架设轻便栈桥，汽车倒退上桥卸料，必要时经溜筒入仓。支承桥面的钢筋柱埋入混凝土中不再拆除，桥面可拆除再次利用。其布置如图 5-53 所示。为节省栈桥，国内外有的工程采用自卸汽车由已浇混凝土面上倒退入仓卸料。此时，要求行驶汽车的混凝土，龄期在 12h 以上，在覆盖上层混凝土前需冲毛，每层铺厚约 0.7m。汽车入仓前应用冲洗设备将车轮上的污泥洗净。

汽车入仓浇筑，施工简便。取样证明，车轮的碾压并不影响混凝土质量。同时薄层铺筑，有利于散热。但应注意卸料过高引起混凝土分离及对模板、钢筋的冲击，故不宜用于结构复杂多筋的部位。福建池潭水电站和葛洲坝工程都试用过这种浇筑方案。采用这种浇筑方案如何提高混凝土质量，还有待进一步研究解决。

(3) 皮带运输机浇筑方案。当浇筑部位距拌和楼（站）不远、地形平缓时，可用皮带运输混凝土直接入仓。皮带机架设在轻便栈桥上，其支柱可用钢筋或钢筋混凝土，浇后不再拆除。布料的横向皮带机可设在栈桥上，也可以置于分料小车两侧，形成双悬臂式，如图5-54所示。为避免卸料时混凝土产生分离，皮带机的卸料口可悬挂缓降溜筒或溜管。溜管由铁皮制成锥台状的管节套串悬挂，其出口距浇筑面应不大于1.5m。卸料时可用绳牵拉溜管使之均匀卸料，且始终让溜筒出口段与浇筑面保持正交，尽量减少分离。溜管的卸料高度一般不大于10m，当卸料高度过大，可在溜管内设缓降装置，外部加振动器，成为振动溜管。

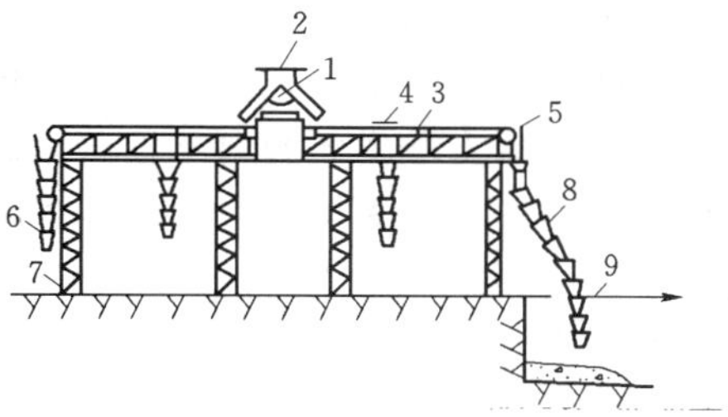

图5-54　皮带运输机浇筑方案

1—进料皮带；2—分料小车；3—横向分料皮带机；4—卸料刮板；5—挡板；6—卸料溜筒；7—钢筋骨架柱；8—溜管；9—拉绳

皮带机运输浇筑混凝土，设备简单，管理方便，能耗较小，浇筑强度高，但运输中容易漏浆、分离，且受气温影响大。为此，应控制皮带机倾角，向上不大于20°，向下不大于10°，运行速度不大于1.2m/s。机架上应加盖，防雨、防晒、防风、保温。皮带行驶途中设弧形卸料刮刀，并与皮带运行方向呈45°的夹角。机头卸料处加橡皮挡板刮浆，防止黏结皮带表面。

三峡工程二期混凝土施工采用了4台TC塔带式起重机2400型固定式塔带机和2台MD-2000型固定式塔带机，塔带机理论生产率为350～400m^3/h，在三峡工程输送常态混凝土平均生产率为100m^3/h。

(四) 混凝土运输浇筑方案的选择及起重机械数量的确定

1. 混凝土运输浇筑方案的选择

混凝土运输浇筑方案的选择通常应考虑如下原则：

(1) 运输效率高，成本低，转运次数少，不易分离，质量容易保证。

(2) 起重设备能够控制整个建筑物的浇筑部位。

(3) 主要设备型号单一，性能良好，配套设备能保证主要设备的产能充分发挥。

(4) 在保证工程质量前提下能满足高峰浇筑强度的要求。

(5) 除满足混凝土浇筑要求外，同时能最大限度地承担模板、钢筋、金属结构及仓面小型机具的吊运工作。

(6) 在工作范围内能连续工作，设备利用率高，不压浇筑块，或不因压块而延误浇筑工期。

需要指出的是，在整个施工过程中，运输浇筑方案常随工程形象进度的变化而变化。导流方案及施工的分期均对浇筑运输方案有影响，但建筑物尺寸、工程规模往往起主导作用。

对于高大建筑物，垂直运输应以门、塔机栈桥方案和缆机方案作为主要的比较方案；而以履带式起重机、汽车、皮带机运输为辅助方案。门、塔机方案适合河谷较宽的坝址；中偏低或低坝可不设栈桥；高坝则设栈桥。狭窄河谷首先考虑缆机方案；当顺流向建筑物尺寸大或有多个建筑物时，则应考虑平移式缆机或平移、辐射式缆机的组合方案；对结构物尺寸单薄，例如拱坝，则多采用以辐射式缆机为主的方案；浇筑强度较大时，可采用一固定塔架、多台辐射式缆机方案；对中等高度、结构单薄的坝，如薄拱坝、支墩坝，在缺乏大型起重机械时，可采用固定式缆机或固定钢塔配合小车转运的方案，起重钢塔可竖直架立，也可沿支墩斜面倾斜布置。对高度较低的建筑物，例如低坝、厂房、水闸、船闸、护坦及各种墩、墙零星分散的小型建筑物，则常以履带式起重机、汽车、皮带机为主要浇筑手段。

对大中型工程，应根据不同的部位，不同的施工时段采用不同的运输浇筑方案。一座建筑物沿高度方向可分为底部、中部和顶部，沿轴线方向可分为河槽部位和岸边部位。从施工阶段划分又有初期、中期和后期。不同时期工程的形象也在发生变化。现以分期导流为例，说明不同时期的浇筑方案选择。

图 5－55 将坝体浇筑划分为Ⅰ、Ⅱ、Ⅲ、Ⅳ四个阶段，Ⅰ、Ⅱ阶段为浇筑前期，Ⅲ阶段为浇筑中期，Ⅳ阶段为浇筑后期。

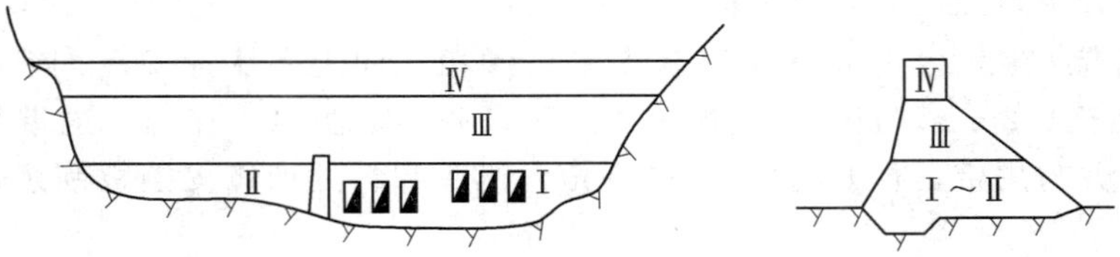

图 5－55　分期导流混凝土坝浇筑时段的划分

前期施工部位高程较低，此时主要浇筑系统一般尚未形成或未完全形成。尽管工作面比较狭窄，浇筑总量不是很大，但由于度汛要求，浇筑进度要求高。此时，水平运输占主导地位，故可采用皮带机运输、履带起重机配合汽车运输或汽车直接入仓浇筑，并以部分形成或刚刚形成的门塔机浇筑系统组成综合运输浇筑方案。

中期浇筑的主要特点是施工高度较高、工程量大、工作面已全面铺开，可以充分布置机械，浇筑强度较高，高峰强度多出现在这个时期。此时，垂直运输占主导地位，多采用门、塔机栈桥或缆机浇筑方案为主，辅以其他运输浇筑方式，或采用门、塔机栈桥与缆机的组合方案。

后期的特点是工作前沿长，提升高度大，但工程量和强度均较小。通常只需部分利用中期的设备，并辅以少量轻便灵活设备便能完成。后期常要考虑部分大型设备的搬迁和撤退。

2. 混凝土浇筑设备数量及其生产率

混凝土起吊设备数量可根据高峰浇筑、吊罐容量、设备小时循环次数，可供浇筑的仓面数和辅助吊运工作量等经计算或用工程类比法确定，其中辅助吊运工作量可按吊运混凝土当量时间的百分比计算：重力坝可采用 10％～20％，轻型坝可采用 20％～30％，厂房可采用30%～50%。对于混凝土起吊设备的小时循环次数，可根据设备运行速度、取料点至卸料点的水平及垂直运输距离、设备配套情况、施工管理水平和工人技术熟练程度分析计算或用工程类比法确定。对控制工期的大型工程的混凝土坝施工设计可利用计算机仿真混凝土浇筑全过程，并进行多方案比较，确定拌和、运输起吊设备数量及其生产率、利用率，预测各期浇筑部位、高程、浇筑强度、坝体上升高度和整个浇筑工期。下面介绍起重机数量的确定。

（1）月实用生产率。任何一台起重机的月实用生产率 P_m 可按下式计算：

$$P_m = P_t mnK_1K_2K_3 \tag{5-9}$$

$$P_t = N_0 q$$

式中：P_t 为起重机的技术生产率，m^3/h；N_0 为每小时吊运罐数；q 为每罐的有效容积，m^3；P_m 起重机的月实用生产率，m^3/月；m 为每月有效工作天数，可取25d；n 为每天有效工作时数，可取20h；K_1 为吊罐有效容积利用系数，考虑混凝土损耗，取 $K_1=0.98$；K_2 为时间利用系数，与起重机台数、供料方式、班内时间利用情况有关，在0.62～0.80范围内选择；K_3 为综合利用系数，宜考虑吊运钢筋构架、大型模板、金属结构等辅助工作量而定，可取0.60～0.85，对于缆机若只浇混凝土则取1。

（2）小时浇筑强度 Q_h（m^3/h）。按下式计算：

$$Q_h = \frac{\overline{Q}_m}{nm} K_m K_d K_h \tag{5-10}$$

式中：$\overline{Q}_m$ 为浇筑高峰年或高峰时段的月平均强度，m^3/月；K_m 为月不均衡系数，按高峰年计算时参照表5-10取值，按高峰时段计算时则一般取1.1～1.2；K_d 为浇筑的日不均匀系数，按表5-10取值；K_h 为浇筑的小时不均匀系数，视工程规模、施工组织、机械配套等情况而定，一般取1.2～1.6。

表5-10　混凝土浇筑高峰年的月、日不均匀系数

坝　型	重力坝	轻型坝	河床式闸坝	坝　型	重力坝	轻型坝	河床式闸坝
月不均匀系数 K_m	1.2～1.5	1.3～1.7	1.5～1.8	日不均匀系数 K_d	1.1～1.3	1.2～1.4	1.3～1.5

（3）起重机需用数量。起重机需用数量 N 按式（5-11）计算后取整。

$$N = \frac{Q_m}{P_m} K_0 \tag{5-11}$$

式中：Q_m 为施工进度要求的月浇筑强度，可依据式（5-10）中 $\overline{Q}_m$ 并考虑相应不均衡系数而定，m^3/月；P_m 为起重机实际台月生产率，m^3/台月，见式（5-9）；K_0 为备用系数，对大型专用机械，因时间利用系数或年工作台班定额中已考虑了多种影响因素，故取 $K_0=1.0$。

三、混凝土的浇筑方式

由于建筑物结构、混凝土材料、施工强度等条件的限制，不可能将整个坝体连续不断地一次浇筑完毕，需要采取分缝分块的方式，将坝体划分成许多浇筑块进行混凝土浇筑。

混凝土坝的分缝分块，首先沿坝轴线方向，将坝的全长划分为15～20m的若干坝段。坝段之间的缝统称为横缝。重力坝的横缝一般与伸缩沉陷缝结合，是不需要接缝灌浆处理的结构缝，又称为永久缝。拱坝的横缝由于有传递应力的要求，需要进行接缝灌浆处理，称为临时缝。其次，每个坝段又常用纵缝划分成若干坝块，也有整个坝段不再设缝而进行通仓浇筑的。在坝体高度方向，常因不可能一次从基础浇到坝顶，需要分块上升，上下块之间就形成了水平施工缝。非结构性的横缝、坝段纵缝、浇筑块之间的垂直缝和水平缝都是临时缝，又称施工缝，都需要进行处理，否则会影响坝的整体性。常见的坝段分缝分块类型如图 5－56 所示。

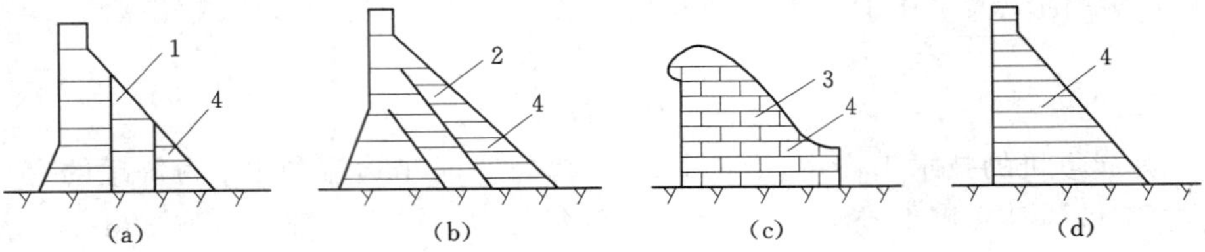

图 5－56 分缝分块型式

(a) 竖缝分块；(b) 斜缝分块；(c) 错缝分块；(d) 通仓浇筑

1—竖缝；2—斜缝；3—错缝；4—水平施工缝

1. 竖缝分块

竖缝分块是用平行于坝轴线的铅直缝把坝段分成为若干柱状体，所以又称为柱状分块。在施工中习惯于将一个坝段的几个柱状体从上游到下游依次编号为：1 仓、2 仓、……。这种分缝分块型式始于 20 世纪 30 年代末美国胡佛坝的施工，因而被称为传统的分缝分块型式，也是我国使用最广泛的一种分缝分块型式。

为了恢复因竖缝而破坏的坝体整体性，需进行接缝灌浆处理，或用膨胀混凝土回填宽缝。预留的宽缝又称预留宽槽，槽宽一般 1m 左右。宽槽两侧的柱状体可各自单独上升而不必限制相邻块高差。宽槽的缝面处理及混凝土回填的劳动条件差，从而限制了这种分缝方式的应用。普遍应用的是灌浆竖缝。

沿竖缝方向存在着剪应力，而灌浆形成的接缝面的抗剪强度较低，需设置键槽以增强缝面抗剪能力。键槽的两个斜面应尽可能分别与坝体的两组主应力相垂直，从而使两个斜面上的剪应力接近于零，如图 5－57 所示。键槽的形式有不等边直角三角形和不等边梯形等。为了施工方便，各条竖缝的键槽往往做成统一的型式。

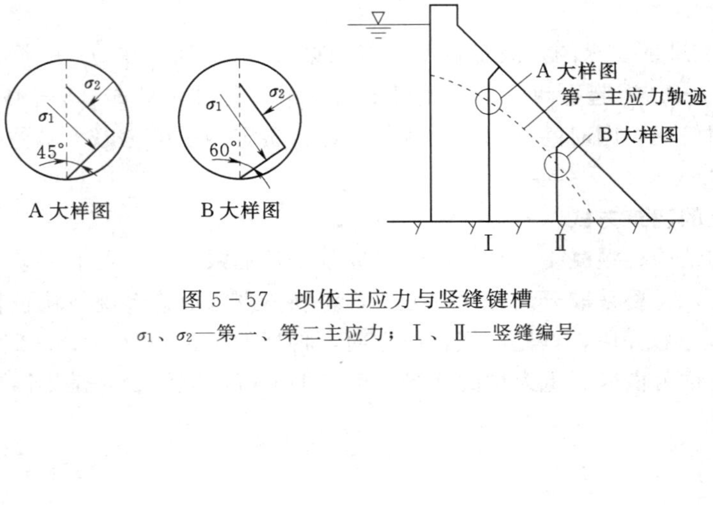

图 5－57 坝体主应力与竖缝键槽

σ_1、σ_2—第一、第二主应力；Ⅰ、Ⅱ—竖缝编号

如图 5-58 所示，为了便于键槽模板安装并使先浇块拆模后不形成易受损的突出尖角，三角形键槽模板总是安装在先浇块的铅直模板内侧面上，直角的对边是铅直的。为了使键槽面与主应力垂直，若上游块先浇，则应使键槽直角的短边在上、长边在下。反之，下游块先浇，则应长边在上、短边在下。施工中应注意这种键槽长短边随浇筑顺序而变的关系。

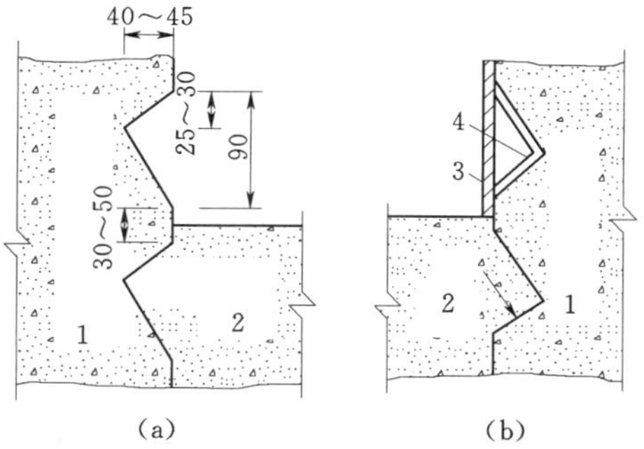

图 5-58　键槽模板（单位：cm）

（a）上游块先浇；（b）下游块先浇

1—先浇块；2—后浇块；3—铅直模板；4—键槽模板

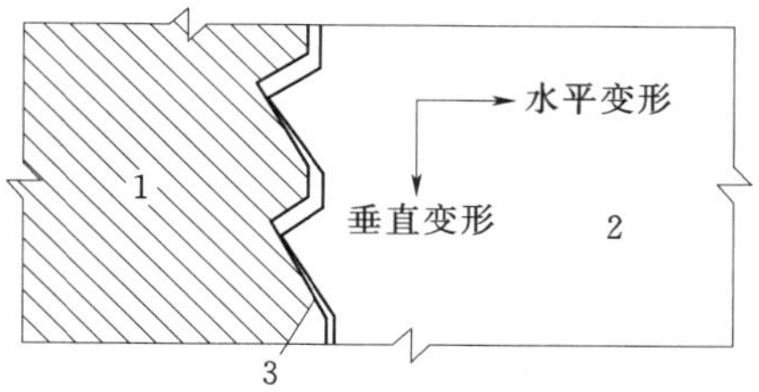

图 5-59　键槽面的挤压

1—先浇块；2—后浇块；3—键槽挤压面

在施工中由于各种原因常出现相邻块高差。混凝土浇筑后会发生冷却收缩和压缩沉降导致的变形。如果相邻块高差过大，当后浇块浇筑后，因为先浇块的变形已大部分完成而后浇块的变形才刚刚开始发生，于是在相邻块之间出现了较大的变形差，使得键槽的突缘及上斜边拉开，下斜边挤压，如图 5-59 所示。

键槽面挤压可能引起两种不利：一是接缝灌浆时浆路不通，影响灌浆质量；二是键槽被剪断。所以，相邻块高差要作适当控制。我国相关规范规定，相邻坝块的高差一般不超过 10～12m。高差限制除了与坝块温度及分缝间距等有关以外，还与先浇块键槽下斜边的坡度密切相关。当长边在下，坡度较陡，对避免挤压有利；当短边在下，坡度较缓，容易形成挤压。所以，有些工程施工时，把相邻块高差区分为正高差和反高差两种。上游块先浇（键槽长边在下）形成的高差称为正高差，一般按 10～12m 控制。下游块先浇（键槽短边在下）形成的高差称为反高差，从严控制为 5～6m。

采用竖缝分块时，分缝间距越大，块体水平断面越大，竖缝数目和缝的总面积越小，接缝灌浆及模板作业工作量越少；但温度控制要求越严。如何处理它们之间的关系，要视具体条件而定。从混凝土坝施工发展趋势看，明显地朝着尽量减少竖缝数目，直至取消纵缝进行通仓浇筑的方向发展。

关于浇筑块高度，我国和加拿大曾经采用过高块浇筑，块高达到 10m 甚至 20m 以上。高块浇筑的优点是减少了水平施工缝及其处理工作量。但立模困难，对温控不利，所以没有推广应用。目前浇筑块高度多在 3m 及 3m 以下。

2. 斜缝分块

斜缝分块是大致沿两组主应力之一的轨迹面设置斜缝，缝是向上游或下游倾斜的。斜缝分块的主要优点是缝面上的剪应力很小，使坝体能保持较好的整体性。按理说，斜缝可以不进行接缝灌浆。如柘溪大头坝倾向上游的斜缝只作了键槽，加插筋和凿毛处理；但也有灌浆的，如桓仁大头坝的斜缝。

斜缝不能直通到坝的上游面，以避免库水渗入缝内。在斜缝终止处应采取并缝措施，布置骑缝钢筋或设置并缝廊道，以免因应力集中导致斜缝沿缝端向上发展。

斜缝分块同样要注意均匀上升和控制相邻块高差。高差过大则两块温差过大，容易在后浇块上出现温度裂缝。

斜缝分块的主要缺点是坝块浇筑的先后顺序受到限制，如倾向上游的斜缝就必须是上游块先浇、下游块后浇，不如竖缝分块那样灵活。

3. 错缝分块

错缝分块，是用沿高度错开的竖缝进行分块，又叫砌砖法。浇筑块不大（通常块长20m左右，块高1.5～4m），对浇筑设备及温控的要求相应较低。因竖缝不贯通，也不需接缝灌浆。然而施工时各块相互干扰，影响施工速度；浇筑块之间相互约束，容易产生温度裂缝，尤其容易使原来错开的竖缝变为相互贯通。20世纪50年代以前，前苏联在低坝中采用较多。目前这种分块方式已很少采用。

4. 通仓浇筑

通仓浇筑是不设纵缝，一个坝段只有一个仓。由于不设纵缝，纵缝模板、纵缝灌浆系统以及为达到灌浆温度而设置的坝体冷却设施都可以取消，是一种先进的分缝分块方式。由于浇筑块尺寸大，对于浇筑设备能力，尤其对于温度控调的水平提出了更高的要求。第一个通仓浇筑坝是美国的布尔肖斯坝（Bull Shoals Dam），该坝高度为87m，建成于1951年，并且它首次采用骨料预冷技术来降低混凝土浇筑温度。迄今采用通仓浇筑建成的典型工程是美国德沃歇克坝（Dworshak Dam，1972年建成），该坝高219m，最大坝底宽153m。它进行通仓浇筑的主要做法如下：

（1）基础部位从最高温度下降到稳定温度不允许超过16.7℃，为此要求基础混凝土最高温度不超过24℃。

（2）对不同高程提出不同的设计强度，从基础部位的90d龄期19.9MPa变化到顶部10.3MPa，严格控制水泥用量，掺粉煤灰54～41kg/m^3。

（3）混凝土浇筑温度限制在4.4～7.2℃之间，为此采用以预冷骨料为主的混凝土降温措施。

（4）浇筑块厚度1.5m，最大间歇期短于14d。

（5）基础部位埋水管进行初期通水冷却。

（6）严格限制相邻坝段高差：3月1日至11月30日，不超过6m；其余各月不超过4.5m。

（7）注意表面保护。

我国已有铜街子坝（高82m）和五强溪坝（高87.5m）采用了通仓浇筑，近年的拱坝施工多用通仓浇筑，如二滩拱坝（高240m）、小湾拱坝（高292m）、锦屏一级拱坝（高305m）和溪洛渡拱坝（高277m）等。随着施工水平的提高，会有更多的通仓浇筑坝出现。

四、混凝土浇筑的施工过程

混凝土浇筑的施工过程包括：浇筑前的准备作业，浇筑时入仓铺料、平仓振捣和浇筑后的养护。

（一）浇筑前的准备作业

浇筑前的准备作业包括基础面的处理，施工缝处理，立模、钢筋及预埋件安设等。

1. 基础面处理

对于砂砾地基，应清除杂物，整平建基面，再浇10～20cm低强度混凝土做垫层，以防漏浆；对于土基应先铺碎石，盖上湿砂，压实后，再浇混凝土；对于岩基，在爆破后用人工清除表面松软岩石、棱角和反坡，并用高压水枪冲洗，若粘有油污和杂物，可用金属丝刷刷洗，直至洁净为止，最后，再用压风吹至岩面无积水，经质检合格，才能开仓浇筑。

2. 施工缝处理

施工缝系指浇筑块间临时的水平和垂直结合缝，也是新老混凝土的结合面，在新混凝土浇筑前，必须采用高压水枪或风砂枪将老混凝土表面含游离石灰的水泥膜（乳皮）清除，并使表层石子半露，形成有利于层间结合的麻面。对纵缝表面可不凿毛，但应冲洗干净，以利灌浆。采用高压水冲毛，视气温高低，可在浇筑后5～20h进行；当用风砂枪冲毛时，一般应在浇后一两天进行。施工缝面凿毛或冲毛后，应用压力水冲洗干净，使其表面无渣、无尘，才能浇筑混凝土。

3. 立模、钢筋和预埋件的安设

这道工序应做到规格、数量无误，定位准确，连接牢靠。前面钢筋、模板作业中已有讨论，不再赘述。

4. 开仓前全面检查

仓面准备就绪，风、水、电及照明布置妥当后，经质检部门全面检查，发给准浇证后，才允许开仓浇筑。一经开仓则应连续浇筑，避免因中断而出现冷缝。

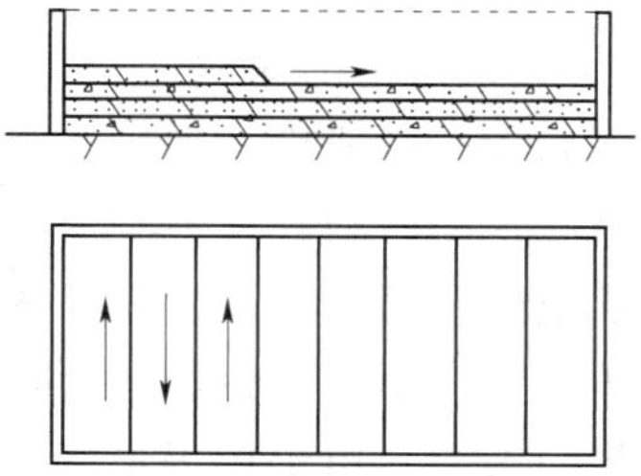
图5-60　平浇法示意图

（二）入仓铺料

混凝土入仓铺料多用平浇法。它是沿仓面某一边逐条逐层有序连续铺填，如图5-60所示。铺料层厚与振动设备性能、混凝土稠度、来料强度和气温高低有关。为保证浇筑层间不出现冷缝，且有利于迅速振捣密实，层厚一般为30～60cm，当采用振捣器组振捣时，层厚可达70～80cm。

层间间歇超过混凝土初凝时间，会出现冷缝，使层间的抗渗、抗剪和抗拉能力明显降低。如气温一定，仓面尺寸和浇筑铺层厚度应与混凝土运输浇筑能力相适应。换言之，当允许层间间隔时间 t（h）已定后，不出现冷缝应满足以下条件：

$$KP(t-t_1)\geqslant BLh$$

或

$$P\geqslant\frac{BLh}{K(t-t_1)} \tag{5-12}$$

式中：K 为混凝土运输效率系数，取0.8～0.85；P 为浇筑仓要求的混凝土运浇能力，m^3；

t_1 为混凝土从出机到入仓的时间，h；B、L 为浇筑块的宽度和长度，m；h 为铺料层厚度，m。

显然，分块尺寸和铺层厚度受混凝土运输浇筑能力的限制。若分块尺寸和铺层厚度已定，要使层间不出现冷缝，应采取措施增大运输浇筑能力。若设备能力难以增加，则应考虑改变浇筑方法，将平浇法改变为斜层浇筑或阶梯浇筑，如图 5－61 所示，以避免出现冷缝。阶梯浇筑法的前提是薄层浇筑；根据吊运混凝土设备能力和散热的需要，浇筑块高宜在 1.5m 以内，阶梯宽不小于 1.0m，斜面坡度不小于 1∶2；当采用 $3m^3$ 吊罐卸料时，在浇筑前进方向卸料宽不小于 2.8m。对斜层浇筑，层面坡度不宜大于 10°。以上两种浇筑法，为避免砂浆流失，骨料分离，宜采用低坍落度混凝土。

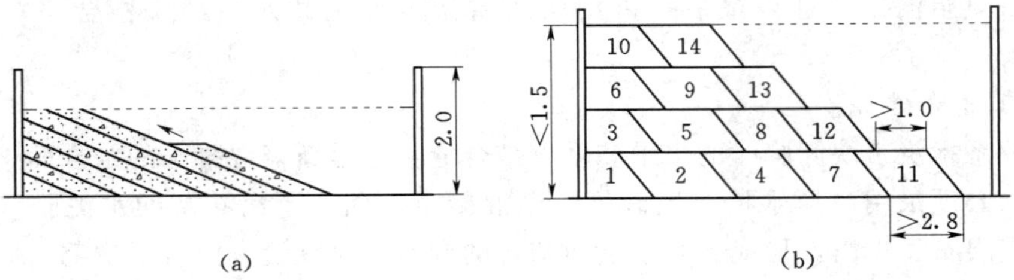

图 5－61　斜层浇筑法和阶梯浇筑法（单位：m）
（a）斜层浇筑法；（b）阶梯浇筑法
1、2、3、…—阶梯浇筑顺序

（三）平仓与振捣

卸入仓内成堆的混凝土料，按规定要求均匀铺平称为平仓。平仓可用插入式振捣器插入料堆顶部振动，使混凝土液化后自行摊平，也可用平仓振捣机进行，平仓振捣机类似小型推土机，其推土刀片用于平仓，尾部装有 3～8 个振捣器用于振捣，如图 5－62 所示。它适用于仓面大，钢筋和埋件少的仓内，振捣干硬性混凝土效率更高。振捣是保证混凝土密实的关键。由于振捣器能够产生高频低振幅的振动，使塑性混凝土液化，骨料相互滑移，砂浆充填骨料间的空隙，排出其中的空气，使混凝土达到密实。

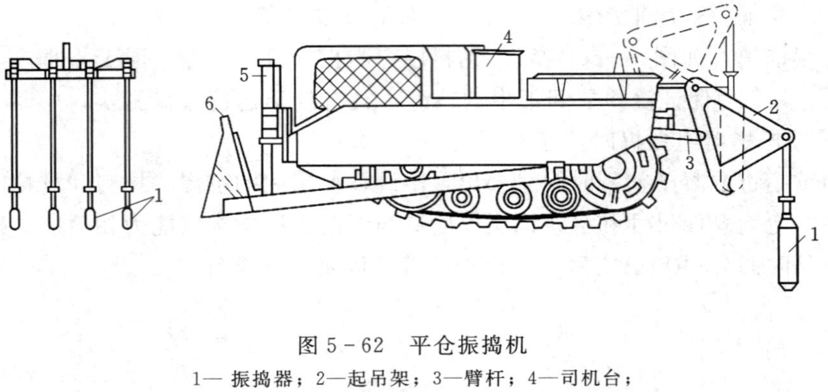

图 5－62　平仓振捣机
1— 振捣器；2—起吊架；3—臂杆；4—司机台；
5—活塞缸；6—推土刀片

插入式振捣器应用最广泛，而又以电动硬轴式在大体积混凝土振捣中应用较普遍，其振动影响半径大，捣实质量好，使用较方便；软轴式应用在钢筋密集，结构单薄的部位，有 B50 型、Φ63 型等，频率分别为 6000 次/min 和 11560 次/min 两种。风动式是借助高压风驱动带有偏心块的主轴旋转而产生偏心振动，国产 HZ5X80、CFZ10 型，其振动频率为 8400～17400 次/min，耗风量为 1.1～1.3m^3/min，风压 6×10^5Pa。由 0.8～1.2kW 的电动机驱动的电动硬轴插入式振捣器，国产 HZ6P80D、HZ6X30 型，自重分别为 11kg 和 26.4kg，前者使用电压 42V，安全灵活，其结构如图 5-63 所示。

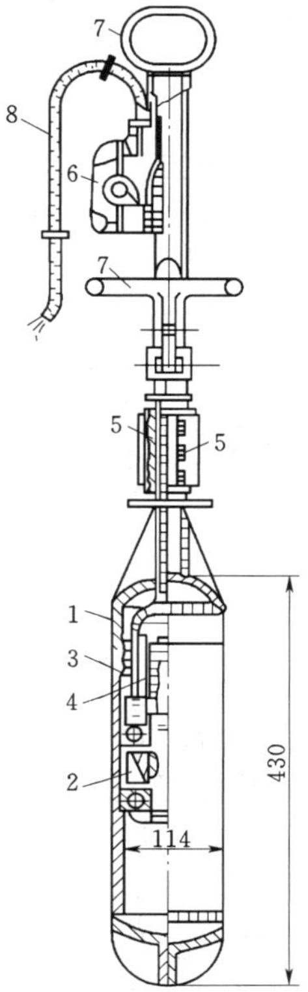

图 5-63　电动硬轴插入式振捣器（单位：mm）

1—振动棒外壳；2—偏心块；3—电动机定子；4—电动机转子；5—橡皮弹性连接器；6—电动机开关；7—把手；8—外接电缆

振动影响半径与振动力大小和混凝土的坍落度有关，一般为 30～50cm，须通过试振确定。为了避免漏振，应使振点均匀排列，有序进行振捣。振点间距约为影响半径的 1～1.5 倍，并应使振捣器插入下层混凝土约 5cm，以利上下层结合。振动过程中不应使振捣器碰钢筋，还应与模板保持 1/2 影响半径的距离。

为了减轻振动作业的体力消耗，可采用机械手或平仓振捣机操作振捣器组。

五、混凝土的养护

养护是保证混凝土强度增长，不发生开裂的必要措施。通常采用洒水养护或安管喷雾，效果更好。模板对混凝土表面有保护作用，故确定拆模时间应考虑养护的要求。养护时间与浇筑结构特征和水泥发热特性有关。正常养护约 2～3 周，有时时间更长。对于已经拆模的混凝土表面，应用草垫、锯末或保温板覆盖。近些年来，国内外采用在混凝土表面喷洒一层化学防护膜进行养护，效果很好。混凝土的冬夏季作业，还应制定专门的养护措施计划。

第五节　碾压混凝土施工

采用碾压土坝的施工方法修建混凝土坝，是混凝土坝施工技术的重大变革。1974 年，巴基斯坦塔贝拉首先用碾压混凝土进行消力池的修复，共浇筑了 34.4 万 m^3。1978 年，日本岛地川应用碾压混凝土开始修建高 89m 的拦河坝，在总方量 32 万 m^3 中，碾压混凝土量占 50%。美国柳溪坝（Willow Creek Dam）坝高 58m，混凝土总量 30.7 万 m^3，从 1982 年 5 月开始浇筑，用 5 个月完成了大坝混凝土的碾压工作。我国 1978 年开展碾压混凝土筑坝技术的研究，1986 年 5 月建成了我国第一座碾压混凝土坝—福建坑口重力坝（坝高 58.6m）。2007 年 216.5m 世界第一高的红水河龙滩碾压混凝土重力坝投产发电，标志着我国碾压混凝土坝筑坝技术已处于世界先进行列。

一、碾压混凝土的施工特点

碾压混凝土坝通常的施工程序是先在下层块铺砂浆，汽车运输入仓，平仓机平仓，振动压实机压实，在拟切缝位置拉线，机械对位，在振动切缝机的刀片上装铁皮并切缝至设计深度，拔出刀片，铁皮则留在混凝土中，切完缝再沿缝无振碾压两遍。这种施工工艺在国内具有普遍性，其主要过程如图 5-64 所示。

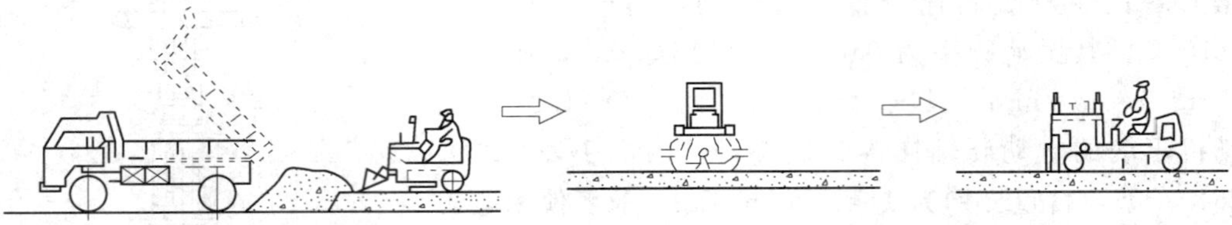

图 5-64　碾压混凝土坝施工工艺流程图

(a) 自卸汽车供料；(b) 平仓机平仓；(c) 振动碾压实；(d) 切缝机切缝

碾压混凝土施工的主要特点如下：

(1) 采用 *VC* 值为 10～30s 的干贫混凝土。振动压实指标 *VC* 值是指按试验规程，在规定的振动台上将碾压混凝土振动达到合乎标准的时间（以 s 计）。试验证明，当 *VC* 值小于 40s 时，碾压混凝土的强度随 *VC* 值的增大而提高；当 *VC* 值大于 40s 时，混凝土强度则随 *VC* 值增大而降低。龙滩工程碾压混凝土坝 *VC* 值根据施工时的气象条件和仓面的实际情况及时调整，动态控制。仓面 *VC* 值按 3～5s 控制，取得了很好的压实度和层面结合质量。

(2) 大量掺加粉煤灰，减少水泥用量。由于碾压混凝土是干贫混凝土，要求掺水量少，水泥用量也很少。为保持混凝土有足够的胶凝材料，必须掺入大量粉煤灰。这样不仅可以减少混凝土的初期发热量，增加混凝土的后期强度，简化混凝土的温控措施，而且有利于降低工程成本。通常，日本掺加粉煤灰量较少，少于或等于胶凝材料总量的 30%。我国和有些国家掺粉煤灰较多，高达 60%～80%。美国则多用贫混凝土，如柳溪坝胶凝材料用量为 66kg/m^3，其中水泥为 47kg/m^3。我国岩滩和天生桥二级水电站的用量均约为 55kg/m^3。实践表明，碾压混凝土的单价较常态混凝土可降低 15%～30%。碾压混凝土胶凝材料中还可掺 16%～20% 岩粉（粒径 $d \leqslant 0.16$mm），可改善拌和物的和易性、混凝土密实性和抗渗性等性能。

(3) 采用通仓薄层浇筑。碾压混凝土坝不采用传统的柱状浇筑法，而采用通仓薄层浇筑。这样，可增加散热效果，取消冷却水管，减少模板工程量，简化仓面作业，有利于加快施工进度。碾压层的厚度不仅与碾压机械性能有关，而且与采用的设计准则和施工方法密切相关。日本碾压层厚通常为 70cm，切缝，间歇上升，层面需作处理；而美国则采用层厚 30cm，不切缝，严格控制层间间歇不超过初凝时间，故层间可不作处理，连续上升。我国福建坑口水库，层厚 50cm，层间间歇为 16～24h。浇筑层太薄，无异增加了坝体的薄弱环节；但间歇上升，层面处理，不仅增加工期，而且增加施工费用。反之，浇筑层过厚，压实质量又难以保证。故现在趋向于适当增加层厚的连续上升方法。压实前的平仓作业多采用分层平仓，平仓层厚多为 25cm 左右，以避免混凝土分离。从温控的角度来看，层薄散热效果好，坝体温度分布均匀，层间约束小；但由于层薄，坝内温度受外界温度影响大。当气温高于浇筑温度时，吸热后导致温升值高于厚层混凝土的内温，故应根据季节调整层厚。龙滩工程通过仿真计算，优化温控措施，采用 30cm 铺层连续施工，实现了大仓面（13520m^2）、6m 升程、全年连续施工，混凝土内部实测温度低于 35℃，在保证质量的前提下，加快了施工进度。

通仓浇筑要求尽量减少坝内孔洞，不设纵缝，坝段的横缝用切缝机切割，以尽量增大仓面面积，减少仓面作业的干扰。铜街子水电站最大仓面面积达 7000m^2。为了防止坝体横向开裂或因地形变化引起开裂，通常在顺水流方向设置伸缩横缝，用振动切缝机成缝。图 5－65 是铜街子水电站采用杭州机械研究所设计，夹江水工厂制造的 HZQ65 型振动切缝机。当切深达 90cm 时，切缝速度为 24.3cm/min。

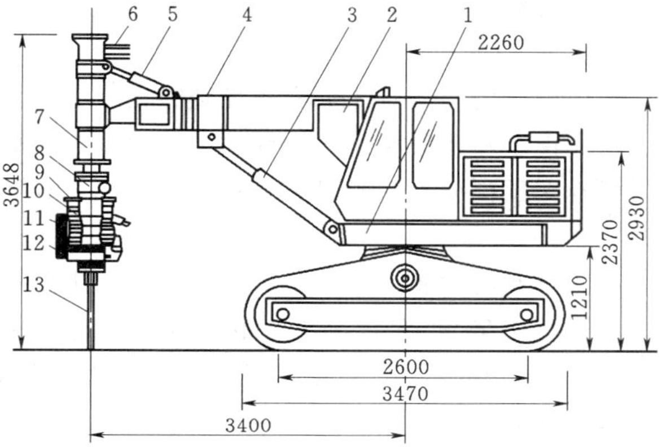

图 5－65　HZQ65 型切缝机结构图（单位：mm）

1—底盘；2—动臂支架；3—动臂升降油缸；4—动臂；5—倾斜油缸；6—液压管路系统；7—刀片升降机构；8—回转机构；9—内外弹簧组；10—油马达组；11—减振弹簧；12—振动器；13—刀片装置

（4）碾压混凝土的温控措施和表面防裂。由于碾压混凝土坝不设纵缝，采用通仓薄层浇筑，大面积振动压实，不仅要求坝体结构尽可能简单，仓内不采用冷却水管通水降温。又因加水量少，除采用低热大坝水泥，多掺粉煤灰外，还可用冷水拌和及骨料预冷的方式降低浇筑温度，同时利用层面散热降温，并尽可能安排在低温季节浇筑基础层。有时为了加强散热效果，采用冷水喷雾的表面降温措施，日本玉川坝采用这种方式降温，可使浇筑层温度比气温低 2.5℃，保持良好的散热效果。龙滩工程在高气温环境条件下，采用仓面喷雾，可使混凝土表层温度保持比外界气温低约 3～5℃，增大了混凝土散热的速率，同时也起到混凝土表面保湿的效果。

碾压混凝土坝的上下游面直接与水或大气接触，表面防裂仍不容忽视。若表面为常态混凝土，其保护措施与常态混凝土无异；若为碾压混凝土，虽然由于水化热温升低，内外温差小，但因碾压混凝土早期强度低，仍有导致表面裂缝出现的可能。对于浇筑层顶面防裂，通常采用尽量缩短层间间歇的方法，在下层顶面未出现拉应力前就及时覆盖新浇混凝土。

二、碾压混凝土的运输方式

与常态混凝土相似，碾压混凝土入仓方式也分为水平与垂直运输。但碾压混凝土运输的特点是要有连续性，要求速度快，所以常采用自卸汽车和胶带机，也可用负压溜管转运混凝土入仓。

1. 自卸汽车直接入仓

利用自卸汽车运输碾压混凝土直接入仓是简单可靠的办法，但需随坝面上升不断改建道路，适用于河谷较宽阔、便于施工道路布置的工程或部位。为了防止仓面污染，要求冲洗轮胎，仓面进口处还需注意排水。自卸汽车入仓后要注意碾压混凝土卸料方式，防止骨料分离。岩滩工程围堰施工采用自卸汽车边卸料边行驶的方法，可有效防止骨料分离。另外要限制卸料下落高度，避免骨料分离。普定工程在摊铺碾压混凝土时，注意把底层集中的大颗粒骨料铲起撤匀，避免骨料架空。

2. 胶带机入仓

利用胶带机输送碾压混凝土比较方便，主要原因如下：

（1）由于碾压混凝土是干硬性的，沿程损失砂浆较少。

（2）碾压混凝土在胶带上骨料不易分离，在料斗转向或下落时也能基本保持拌和后的良好状态。

我国试制的深槽胶带机于 1995 年 12 月在石漫滩进行输送碾压混凝土试验，带宽 600mm，最大仰角 17°，试生产取得成功。美国 ROTEC 高速皮带机，带宽 650～900mm，带速 3.5～4.0m/s，最大角度 25°。采用胶带运输机可以省去道路工程量，但必须有足够的塔架随仓面上升。另外，必须与拌和机配套，才能连续运料。在采用胶带机转向料斗时，需注意防止料斗出口被堵塞。龙滩水电站大坝工程采用高速皮带机配塔式布料机的入仓方式，生产率最高 $350m^3/h$，平均生产率 $250m^3/h$，在浇筑中创造了单线 $346m^3/h$、双线日产 $13050.5m^3$、双线月产 27 万 m^3 的高峰强度。

3. 负压溜管转料

当拌和楼位置较高，并有道路通过坝肩时，碾压混凝土垂直运输可采用负压溜管转料。负压溜槽是我国水电建设中的发明创造，经广州抽水蓄能电站下库、水东、普定、江垭和龙滩等工程实际应用，效果很好。负压溜管的优点是设备简单，投资省。通常是先用自卸汽车或胶带机将碾压混凝土运到坝肩处，倒入开放性料斗，下连溜管至仓面缓冲料斗，自卸汽车在料斗下接料，再运往坝面布料。

如普定碾压混凝土拱坝初期用自卸汽车直接入仓浇筑，大坝升高 30m 后，在右岸坝肩处顺坡设两条负压溜管。受料斗布置在重力墩上，距拌和楼 670m，由 4.5t 和 15t 自卸汽车将碾压混凝土自拌和楼运至右坝肩处，倾入受料斗，通过负压溜管入仓。溜管长 52m，直径 0.6m，用自然抽排形成真空，当稠度 $VC=(10\pm5)$ s 时，平均下滑速度为 4～5m/s，输送的碾压混凝土均匀性好。普定工程利用负压溜管输送碾压混凝土 4.5 万 m^3（占总量 42%），既简单，又经济可靠。

在靠近坝顶部分，因碾压混凝土量已不多，可采用缆机或门机吊运碾压混凝土入仓，这种运输方式与常态混凝土的运输无大差别。

1997 年，江垭碾压混凝土重力坝一期施工采用的负压溜管布置于左岸，溜管直径 0.6m，长 71.2m，落差为 56.9m 和 72m，其中两条溜管设有中间转料漏斗；另两条溜管从高程 230.0m 直接卸料到高程 178.9m，转运碾压混凝土达 80 万 m^3。碾压混凝土从拌和楼到集料斗采用长 294m、宽 65cm 的深槽胶带直接运输，带速为 3.4m/s，输送能力 $250m^3/h$，能满足碾压强度要求。

沙牌碾压混凝土拱坝采用负压溜管转运混凝土 27.1 万 m^3，超过总量的一半（图 5-66）。

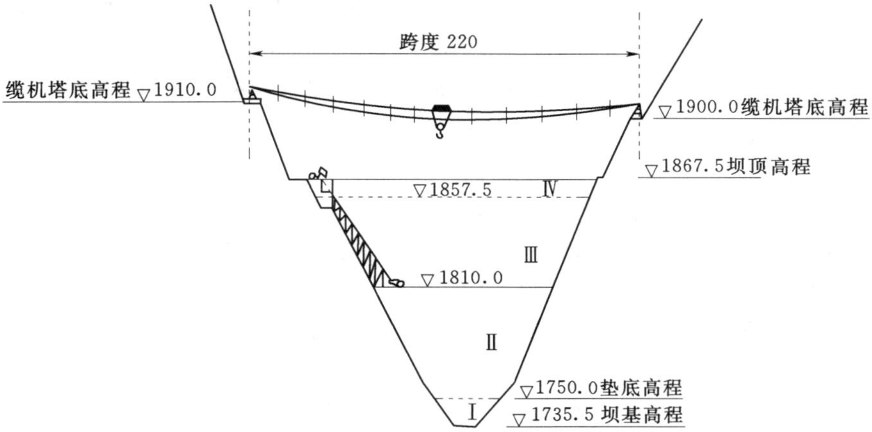

图 5-66　沙牌碾压混凝土拱坝负压溜管浇筑部位示意图（单位：m）
Ⅰ—自卸汽车入仓；Ⅱ、Ⅳ—缆机吊罐入仓；Ⅲ—负压溜管入仓

三、碾压混凝土的摊铺与碾压

1. 摊铺

在摊铺碾压混凝土前，通常先在建基面上铺一层常态垫层混凝土找平，其厚度根据坝高、坝址地质及建基面起伏状态而定，一般厚 1.0～2.0m，在常态混凝土中可布置灌浆廊道和排水廊道。但由于垫层混凝土受岩基约束过大，极易开裂，宜尽可能减薄。例如大朝山工程，建基面上仅用 0.5m 厚常态混凝土找平，即开始碾压混凝土铺筑。

碾压混凝土入仓虽可用不同的运输工具，但摊铺方法基本相同。不论采用自卸汽车直接入仓，或负压溜管入仓，或斜坡运输车通过集料斗再用自卸汽车入仓，摊铺时都要注意防止骨料分离。

我国常采用碾压层厚为 30cm，最大骨料粒径为 80mm 的三级配碾压混凝土。碾压混凝土仓面施工常采用平层通仓法，该法具有在大仓面条件下、高效、快速施工的特点，施工质量好。为了在大仓面条件下，减小浇筑作业面积，缩短层间间隔时间可采用斜层平推法、台阶法。工程实践表明，斜层平推法可以用较小的浇筑能力浇筑较大面积的仓面，达到减少投入、提高工效、降低成本。特别是在气温较高的季节，采取这种施工方法效果更为明显。如江垭碾压混凝土坝首次应用斜层平推铺筑法，1997 年 11 月的浇筑量达 12 万 m^3，为江垭工程施工最高纪录。此前采用通仓平层铺筑法施工的月最高浇筑量为 9.95 万 m^3。

仓面常用推土机摊铺找平，宜平行坝轴线方向摊铺，其宽度与自卸汽车相近。为了保证推平后没有凹凸不平现象，普定碾压混凝土拱坝对 D85 推土机履带板进行了削齿处理，台班产量达 600m^3。较小仓面曾用 D35 平仓推土机，效果较好。江垭碾压混凝土重力坝采用湿地推土机 3 台，其中重 19t 的 D65P8 两台，重 7t 的 D31P 一台。卸料时如发现大骨料滚落集中，需用人工及时将其铲开，铺在砂浆较多处，以免碾压后大骨料集中于层面，形成漏水通道。

岸坡、边角及碾压混凝土与常态混凝土的过渡区等部位，重型碾压机械覆盖困难，混凝土密实度难以保证。由此在已摊铺的碾压混凝土拌和物中加入适量的水泥灰浆，改善其可振性，可用小型设备振捣密实，这种混凝土称为变态混凝土，灰浆量一般为变态混凝土总量的4%～7%。变态混凝土已经成为碾压混凝土拌和物向外过渡的重要手段，得到广泛的应用。

2. 碾压

碾压混凝土施工最重要的环节是碾压。碾压混凝土特别干硬，骨料间阻力很大，仅靠自重不能克服。在振动作用下骨料颗粒周围虽出现局部液化现象，仍必须增加压重使骨料在不同位置产生不等的位移，此时骨料表面胶凝材料暂时出现分离，使封闭的气泡在连续振动和碾压下随渗液排出，仓面有时会出现少量泌水，促使骨料与砂浆进一步密实，达到设计要求的密度。

根据碾压层厚、仓面尺寸、碾压混凝土和易性、骨料最大粒径和性质，振动碾的机动性、压力、碾的尺寸、频率、振幅、速度等，以及其他方面的因素选择碾压设备。采用人工骨料，由于骨料间阻力较大，宜选择较重的振动碾。

摊铺平整后的仓面宜向上游倾斜，以利坝体稳定。

我国碾压混凝土多采用 BOMAG BW 系列振动碾压实。这种碾有各种不同重量，重型碾用于坝体内部，在靠近模板特别是上游面二级配碾压混凝土防渗区，用轻型或其他手扶小型振动碾。

在推土机平仓后，先无振碾压2遍，然后再有振碾压6～8遍，达到设计密度后，再无振碾压2遍。靠近模板处用轻碾（重1.5t）有振碾压10～20遍。在碾压过程中，一般都是顺坝轴线方向纵向碾压，每次压边15cm，以防漏压，保证碾压后碾压混凝土的密度都能达到标准。

当上下游有常态混凝土时，交界处要形成45°交错斜坡，保证结合良好。但由于异种混凝土的胶凝材料不同，温升、收缩都有显著差别，交界处容易产生裂缝，所以在碾压和振捣时必须注意保证密实。在坝肩斜坡上采用常态混凝土垫层时，应与碾压混凝土顺序交叉上升，先填筑碾压混凝土，然后再填常态混凝土，常态混凝土面宜低于碾压混凝土面，再用高频振捣器从基岩侧向碾压混凝土侧方向振捣，并插入下层混凝土5cm左右。

四、碾压混凝土的层面处理

我国碾压混凝土采用的碾压层厚多为30cm。对于高坝，特别是高100m以上的坝，多达数百层面，如果处理不好，会成为坝体的薄弱环节，轻者成为渗漏通道，影响碾压混凝土的耐久性，严重时甚至会影响大坝的安全运行。因此，层面结合良好，提高层面抗剪强度成为高碾压混凝土重力坝的关键课题之一。

碾压混凝土坝一般有两种层面：一种是正常的间歇面，层面处理采用刷毛或冲毛清除乳皮，露出无浆膜的骨料，再铺厚1～1.5cm砂浆或灰浆，可继续铺料碾压。特别是采用二级配全断面碾压混凝土做防渗层时，这层浆能起相当重要的作用。

另一种是连续碾压的临时施工层面，一般不进行处理，但在全断面碾压混凝土坝上游面防渗区，必须铺砂浆或水泥浆，防止层面漏水。

在高坝建设上，为保证抗剪断强度，龙滩工程在设计阶段对层面胶结强度作了10种工况的现场碾压混凝土和相应的抗剪断试验，试验成果表明采用以下措施可以提高层间结合强度：

(1) 适当提高胶凝材料含量。

(2) 尽量缩短上层铺料碾压时间，保证在下层碾压混凝土初凝前完成。

(3) 在配合比中适当增加缓凝剂。

(4) 切实防止骨料分离和骨料中掺杂软弱颗粒。

(5) 在层面上铺一薄层砂浆或水泥粉煤灰浆。

(6) 防止仓面污染。

如下层混凝土已初凝，上层才开始铺料，会影响层间黏结强度，所以判断碾压混凝土拌和物的初凝时间相当重要。我国研制的混凝土拌和物初凝时间测定仪（贯入阻力仪，图5-67），可在现场测试碾压混凝土的初凝时间。

测定拌和物贯入阻力时，将测定仪置于待测砂浆试样上，调整支架升降螺丝，使测杆竖直。转动卡环把滑杆锁住，调整测杆螺丝使测杆端部与试样表面接触。转动卡环松开滑杆，观察卡环上方滑杆上的红线下落距离，此距离即为测杆的贯入深度。从混凝土拌和加水起至贯入深度为25mm所经历的时间，即为混凝土拌和物的初凝时间。贯入深度小于25mm时，说明混凝土尚未初凝，施工层面可以不处理而连续上升。

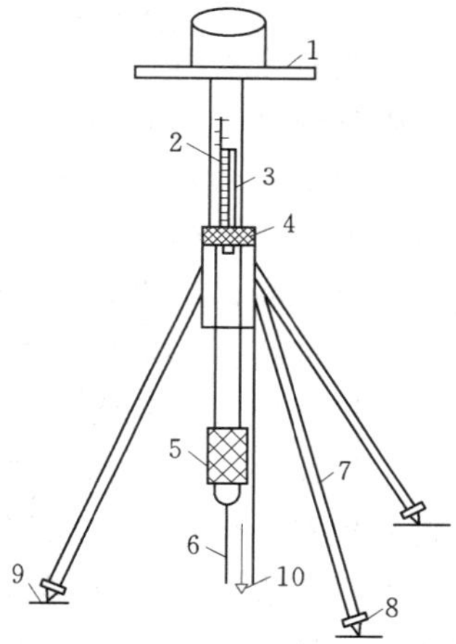

图5-67　碾压混凝土初凝时间现场测定仪示意图

1—承重盘；2—刻度尺；3—滑杆；4—卡环；5—测杆螺丝；6—测杆；7—三角架；8—支架升降螺丝；9—支架垫板；10—垂球

为了保证层面胶结处于最佳状态，务必在下层碾压混凝土初凝前完成上层铺料碾压，以便上层的骨料有可能嵌入到下层，形成犬牙交错，提高层间抗剪强度。在高温季节，碾压混凝土初凝时间缩短，需要在碾压混凝土中掺缓凝外加剂，以延长初凝时间。特别是仓面面积较大，上层碾压混凝土拌和物铺满一层需时较长，如果气温过高，还需要采用特殊的高温缓凝外加剂。

五、碾压混凝土的施工质量控制

碾压混凝土施工过程中的质量控制包括原材料的质量控制、混凝土配料拌和的质量控制、浇筑仓面的质量控制、硬化混凝土试样及钻芯取样测试等。

碾压混凝土拌和生产过程的质量控制首先要求衡量的准确。由于碾压混凝土含水量较低，水的衡量应当比常态混凝土要求更严。同时必须保证足够的拌和时间，以利拌和物充分拌和均匀。

仓面质量控制的主要内容有：卸料、平仓、碾压各项作业的控制；碾压时拌和物*VC*值的控制；碾压密实度的控制等。

在卸料平仓过程中，应减轻或防止碾压混凝土拌和物骨料分离，严格控制铺料厚度，减少碾压层面的扰动破坏和污染。连续上升铺筑的碾压混凝土，层面允许间隔时间（下层混凝土拌和物拌和加水时起至上层混凝土碾压完毕止），应控制在混凝土初凝时间以内，且混凝土拌和物从拌和到碾压完毕的历时应不大于 2h。

碾压时拌和物合适的 *VC* 值是碾压密实的先决条件。为了掌握仓内拌和物的 *VC* 值，可以在仓面设置 *VC* 值测试仪，也可采用核子水分密度仪测定拌和物的含水率。碾压混凝土 *VC* 值波动范围，以控制在±5s 为宜，当超出控制界限时，应调整碾压混凝土的用水量，并保持水胶比不变。

碾压混凝土现场压实质量的检测采用表面核子水分密度仪或压实密度计。每铺筑 100～200m^2 碾压混凝土至少应有一个检测点，每层应有 3 个以上检测点。测试在压实后 1h 内进行。

与碾压式土石坝类似，碾压混凝土坝填筑碾压施工中也可利用实时监控技术，实现大坝浇筑碾压质量实时监控，实时监控碾压机械行走速度、碾压遍数、压实厚度以及激振力等质量参数，同时还可实时采集与分析混凝土温度与仓面施工小气候信息，为混凝土施工质量控制提供技术支持。

六、碾压混凝土的养护

和常态混凝土一样，碾压混凝土浇筑后必须养护，并采取恰当的防护措施，保证混凝土强度迅速增长，达到设计强度。在施工中应尽量避免不利的早期干缩裂缝和其他有害影响。浇筑混凝土时，当降雨强度达 4mm/h 并持续 1h，则应停止浇筑。对于无模板靠近表层未能碾压的混凝土，应防止撞击脱落，影响表面的平整度。对有抗冲耐磨要求的混凝土，应采取措施使表面密实。

从施工组织安排上应尽量避免夏季和高温时段施工。由于碾压混凝土主要采取薄层浇筑，靠自然散热冷却，加之采用干硬性混凝土，本身用水量就少，夏季高温施工，表面水分极易蒸发，一方面容易干燥开裂，另一方面危害更大的是难以充分压实，造成表层疏松，形成漏水通道。显然，碾压混凝土受气候条件的限制较常态混凝土更加严格。在夏季作业中，施工组织安排和施工技术要求上，应制订更周密的措施。

第六节　特殊季节的混凝土施工

一、混凝土低温季节施工

混凝土在低温时，水化反应速度明显减缓，强度增长较慢。实践证明，当气温在－3℃以下时，混凝土易受早期冻害，其内部水分开始冻结成冰，使混凝土疏松，强度和防渗性能降低，甚至会丧失承载能力。规范规定“日平均气温稳定在 5℃以下或最低气温稳定在－3℃以下时”作为低温季混凝土施工的气温标准。另从保证混凝土施工质量和经济效果考虑，规定“当日平均气温低于－20℃或日最低气温低于－30℃时，一般应停止浇筑”混凝土。

实验表明，塑性混凝土料受冰冻影响，强度发展有如下变化规律：受冻后的混凝土，若在正温中融解并重新硬结时，强度可继续增长。不少工程因偶然事故使混凝土受冻，甚至早期受冻，当恢复加热养护后强度继续增长，其 28d 强度仍接近标准养护强度。然而，混凝土受冻越早，对其强度增长越不利。此外，混凝土的坍落度越大，水灰比越大，受冻对其强度和抗渗性能影响越大。

1. 混凝土允许受冻的标准

目前，国际上已广泛使用“成熟度”检验混凝土是否允许受冻的标准。“成熟度”系英国绍尔根据其试验，发现混凝土在低于−10℃时，强度停止增长，得到成熟度计算式。

用普通硅酸盐水泥

$$R=\sum(T+10)\Delta t \tag{5-13}$$

用矿渣大坝水泥

$$R=\sum(T+5)\Delta t \tag{5-14}$$

式中：R 为成熟度，℃·h；T 为混凝土在养护期内的温度，℃；Δt 为养护期的时间，h。

上两项试验中如系掺加化学外加剂，该常数值应通过试验确定。

DL/T 5144《水工混凝土施工规范》对混凝土允许受冻的临界强度规定为：“大体积混凝土应不低于7MPa”，相应混凝土强度可达到在标准养护28d强度的40%以上。如现按1800℃·h的成熟度为标准，对普通硅酸盐水泥拌制的混凝土强度，也可达40%R_{28}以上。两项衡量标准较接近。

2. 低温季节混凝土施工

低温季节混凝土施工要做好保温防冻措施，其气温标准、保温防冻措施要根据施工总进度及技术经济比较论证后确定。低温季节进行混凝土施工作业通常采取如下措施：

（1）施工组织上合理安排。将混凝土浇筑安排在有利的时期进行，保证混凝土的成熟度达到1800℃·h后再受冻。

（2）创造混凝土强度快速增长的条件。冬季作业中采用高热或快凝水泥，减少水灰比，加速凝剂和塑化剂，加速凝固，增加发热量，以提高混凝土的早期强度。当气温在−5～5℃之间，可掺2%～3%的氯化钙，但对钢筋混凝土结构，氯化钙的含量不应超过2%。

（3）增加混凝土拌和时间。冬季作业混凝土的拌和时间一般应为常温的1.5倍。在拌和时要求对拌和机进行预热，且对拌和温度作如下限制：对大体积混凝土一般不大于12℃，对薄壁结构不大于17～25℃。同时要求在各种情况下拌和温度应保证入仓浇筑温度不低于5℃。

（4）减少拌和、运输、浇筑中的热量损失。应采取措施尽量缩短运输时间，减少转运次数。装料设备应加盖，侧壁应保温。配料、卸料、转运及皮带机廊道等处应增加保温措施。此外，应使老混凝土面及模板在浇筑混凝土前加温到5～10℃，混凝土表面加热深度应大于10cm。

（5）预热拌和材料。当气温在3～5℃以下时可加热水拌和，但水温不宜高于60℃，否则会使混凝土产生假凝。若加热水尚不能满足要求，再加热干砂和石子。加热后的温度，砂子不能超过60℃，石子不能高于40℃。水泥只是在使用前一两天置于暖房内预热，升温不宜过高。骨料通常采用蒸气加热。有用蒸气管预热的，也有直接将蒸气喷入料仓的骨料中。这时蒸气所含水量应从拌和加水量中扣除。但在现场实施中难以控制，故一般不宜采用蒸气直接预热骨料或水浸预热骨料。预热料仓与露天料堆预热相比具有热量损耗小，防雨雪条件好，预热效果也好的优点。但土建工程量较大，工期长，投资多，只有在最低月平均气温在－10℃以下的严寒地区，混凝土出机口温度要求高时才采用料仓预热方式。而最低月平均气温在－10℃以上的一般寒冷地区，采用露天料堆预热已能基本满足预热要求，这是国内若干实际工程的经验总结。

（6）增加保温、蓄热和加热养护措施。

3．低温季节混凝土养护的方法

低温季节混凝土可以采用以下几种养护方法：

（1）蓄热法。将混凝土内部水化热保存起来，保证混凝土在结硬过程中强度不断增长。通常采用锯末、稻草、芦席或保温模板严密覆盖。保温模板是双层木板，中间填塞锯末隔热。蓄热法是一种不另采取加热措施的简单而经济的养护方法，应优先采用。只有采用蓄热法不满足要求时，才增加其他养护措施。

（2）暖棚法。对体积不大、施工集中的部位可搭建暖棚，棚内安设蒸气管路或暖气包加温，使棚内温度保持在15～20℃以上。搭建暖棚费用很高，包括采暖费，可使混凝土单价提高50%以上，故规范规定，只有“当日平均气温低于－10℃时”，才必须在暖棚内浇筑。吉林白山水电站混凝土冬季作业采用暖棚法养护取得了良好的施工效果。

（3）电热法。在浇筑块内插上电极，利用交流电通电到混凝土内部，以混凝土自身作为电阻，把电能转变成加热混凝土的热能。当采用外部加热时可用电炉或电热片，在表面铺一层被盐水浸泡的锯末，并在其中通电加热。电热法耗电量大，每立方米混凝土耗电70～200kW·h，故只有在电价低廉，小构件混凝土冬季作业中使用。

（4）蒸气法。采用蒸气养护，适宜的温度和湿度可使混凝土的强度迅速增长，甚至1～3d后即可拆模。常压下养护效果视送入温度而定。温度低于60℃效果不够好，在60℃养护两昼夜可达常温下28d强度的70%，在80～90℃养护效果最理想，但施工现场的保温条件，很难保持这个温度。

蒸气模板兼有保温蓄热和加热升温的效果。这种模板把模板板面间的棱角削去，在模板内壁形成三角形沟槽，然后在内壁钉铁皮覆盖沟槽形成蒸气通道。构件在通气养护前，最好先在常温下养护数小时，使混凝土逐步适应温度的变化，有利于强度的增长。另外，温度升降要匀缓，最大升温速率不超过25℃/h，最大降温速率不超过35℃/h。由于热损大，通蒸气约需三昼夜，使构件混凝土强度达到设计强度的70%以上后，再降温冷却到15～20℃方可拆模。蒸气养护成本较高，一般只适用于预制构件的养护。

二、混凝土高温季节施工

夏季气温较高，如气温超过30℃不采取冷却降温措施，便会对混凝土质量产生不良影响。其不良后果主要表现在混凝土容易产生假凝，工作度降低，初凝过快，混凝土内部水化热难以散发，当气温骤降或水分蒸发过快，易引起表面裂缝。浇筑块体冷却收缩时因基础约束会引起贯穿裂缝，破坏了坝的整体性和防渗性能。所以规范规定，当气温超过30℃时，混凝土生产、运输、浇筑等各个环节应按夏季作业施工。如前所述，混凝土的夏季作业，就是采取一系列的预冷降温、加速散热以及充分利用低温时刻浇筑等措施来实现的。

必须指出的是，混凝土温度控制措施的费用很高，宜以满足降温要求为约束条件，以混凝土降温冷却及浇筑总费用最低为目标来确定夏季作业降温冷却的最佳组合。另外，根据实际气温，实时确定经济降温方式的组合，以及提供必要的供冷量，这样既可保证混凝土的施工质量，又达到经济节约的目的。系统优化和计算机仿真技术为混凝土温度的实时控制提供了可能。

第七节　大体积混凝土的温度控制与防裂

一、混凝土的温度变化过程及其裂缝特性

为了明确混凝土温度控制的技术标准、控制方法及其实现途径，应首先弄清混凝土的温度变化过程及与温度变化密切相关的裂缝问题。

（一）混凝土的温度变化过程

混凝土在凝固过程中，由于水泥水化，释放大量水化热，使混凝土内部温度逐步上升。对尺寸小的结构，由于散热较快，温升不高，不致引起严重后果；但对大体积混凝土，最小尺寸也常在3～5m以上，而混凝土导热性能随热传导距离呈线性衰减，大部分水化热将积蓄在浇筑块内，使块内温度升达30～50℃，甚至更高。由于内外温差的存在，随着时间的推移，坝内温度逐渐下降而趋于稳定，与多年平均气温接近。大体积混凝土的温度变化过程，可分为如图5－68所示的三个阶段，即温升期、冷却期（或降温期）和稳定期。显然，混凝土内的最高温度T_{max}等于混凝土浇筑入仓温度T_p与水化热温升值T_r之和。由T_p到T_{max}是温升期，由T_{max}到稳定温度T_f是降温期，之后混凝土体内温度围绕稳定温度随外界气温略有起伏。T_{max}与T_f之差称混凝土体的最大温差，记为ΔT。

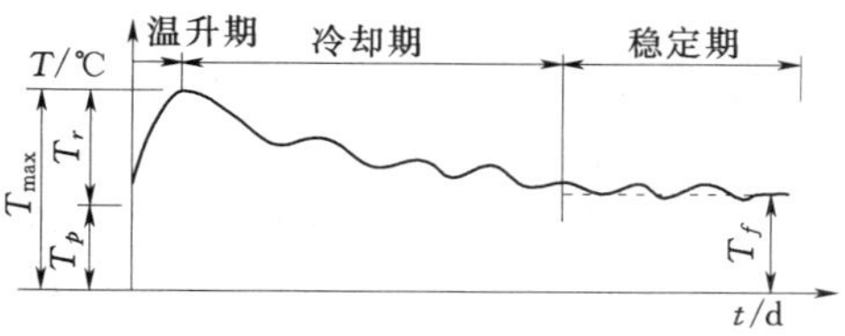

图5－68　大体积混凝土的温度变化过程线

很明显，要确定T_{max}，须先根据水泥品种和用量，确定水泥水化热引起的温升T_r，同时还须确定混凝土的入仓温度T_p。T_p值为

$$T_p = T_b + \Delta t \tag{5-15}$$

$$T_b = \frac{\sum C_i G_i T_i}{\sum C_i G_i}$$

式中：Δt为混凝土出拌和机到入仓的温度变化值,℃；T_b为混凝土的拌和温度,℃；i为混凝土组成材料的编号；C_i为混凝土中材料i的比热，kJ/(kg・℃)，水和水泥的比热分别为4.2kJ/(kg・℃）和0.8kJ/(kg・℃)，骨料的比热约为0.8～0.96kJ/(kg・℃)；G_i为混凝土中材料i的用量，kg/m^3；T_i为拌和混凝土时材料i的温度,℃。

当拌和温度与气温相近时，可取$\Delta t=0$；当气温高于拌和温度时，温度有回升，Δt取正值；当气温低于拌和温度，有热量损失，Δt取负值。Δt绝对值的大小主要取决于混凝土拌和温度与气温的差值，以及盛料容器的隔热措施、运输时间和转运次数。其值约为拌和温度与气温差绝对值的15％～40％。

水温可用当地月平均水温；水泥温度视运输和储存条件而定，可取30～60℃；骨料温度通常接近月平均气温，当使用前数周内受阳光照射，其温度约比月平均气温高3～5℃。

（二）混凝土的温度裂缝

混凝土的温度变化过程与裂缝产生关系密切。大体积混凝土的温度变化必然引起温度变形，温度变形若受到约束，势必产生温度应力。由于混凝土的抗压强度远高于抗拉强度，在温度压应力作用下不致破坏的混凝土，当受到温度拉应力作用时，常因抗拉强度不足而产生裂缝。随着约束情况的不同，大体积混凝土温度裂缝有如下两种。

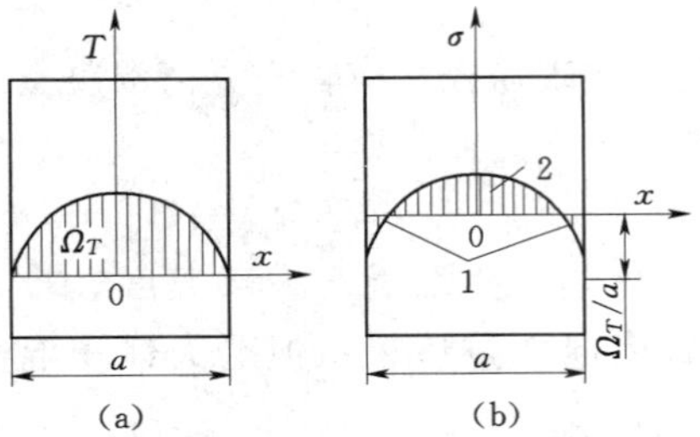

图5-69　混凝土浇筑块自身约束的温度应力
(a) 温度分布；(b) 温度应力分布
1—拉力区；2—压力区

1. 表面裂缝

混凝土浇筑后，其内部由于水化热温升，体积膨胀，如遇寒潮，气温骤降，表层降温收缩。内胀外缩，在混凝土内部产生压应力，表层产生拉应力。各点温度应力的大小，取决于该点温度梯度的大小。在混凝土内处于内外温度平均值的点应力为零，高于平均值的点承受压应力，低于平均值的点为拉应力，如图5-69所示。

混凝土的抗拉强度远小于抗压强度。当表层温度拉应力超过混凝土的允许抗拉强度时，将产生裂缝，形成表面裂缝。这种裂缝多发生在浇筑块侧壁，方向不定，数量较多。由于初浇的混凝土塑性大，弹模小，限制了拉应力的增长，故这种裂缝短而浅，随着混凝土内部温度下降，外部气温回升，有重新闭合的可能。

图5-69中Ω_T为浇筑块内温度分布线的包络面积，a为结构物或浇筑块的宽度，故Ω_T/a是平均温度。设一横坐标通过这一平均温度线，则横坐标上下的正负温度应力包络的面积彼此相等。沿结构物或块宽方向温度应力σ的变化可按下式计算：

$$\sigma=\alpha E\left(T_x-\frac{\Omega_T}{a}\right) \tag{5-16}$$

式中：α为混凝土的线膨胀系数，一般取1×10^{-5}～8×10^{-6}；E为混凝土的弹性模量；T_x为横坐标x点的温度，℃。

2. 贯穿裂缝和深层裂缝

变形和约束是产生应力的两个必要条件。由温度变化引起温度变形是普遍存在的，有无温度应力关键在于有无约束。人们不仅把基岩视为刚性基础，也把已凝固、弹模较大的下部老混凝土视为准刚性基础。这种基础对新浇不久的混凝土产生温度变形所施加的约束作用，称为基础约束（图5-70）。这种约束在混凝土升温膨胀期引起压应力，在降温收缩时引起拉应力。当此拉应力超过混凝土的允许抗拉强度时，就会产生裂缝，称为基础约束裂缝。由于这种裂缝自基础面向上开展，严重时可能贯穿整个坝段，故又称为贯穿裂缝（图5-71）。此种裂缝切割的深度可达3～5m以上，故又称为深层裂缝。裂缝的宽度可达1～3mm，且多垂直基面向上延伸，既可能平行纵缝贯穿，也可能沿流向贯穿。

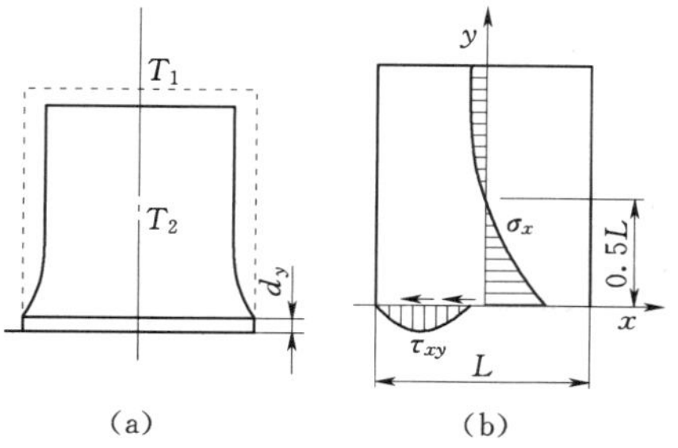

图 5-70　混凝土浇筑块的温度变形和基础约束应力

(a) 基础约束变形；(b) 基础约束应力

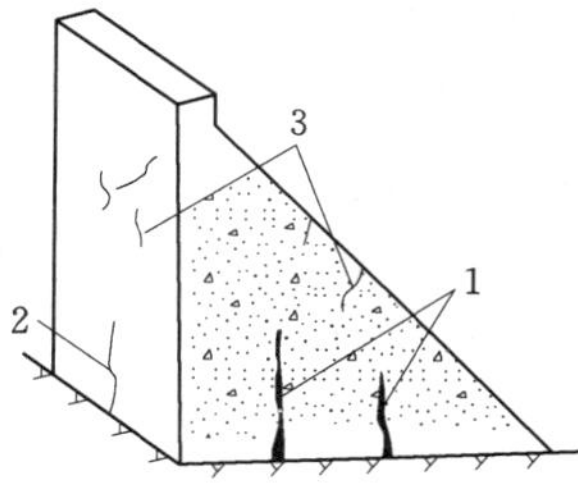

图 5-71　混凝土坝温度裂缝

1—贯穿裂缝；2—深层裂缝；3—表面裂缝

新浇筑的浇筑块其内温呈均匀分布，温度为 T_1，由于基础对塑性混凝土的变形无约束，故无应力发生。由于温升过程时间不长，可将浇筑块温升视为绝热温升，其内温均匀上升至 T_2，温度发生了 T_2-T_1 的变化，记为 ΔT，相应的温度应变为 $\varepsilon_T=\alpha\Delta T$。由于升温过程浇筑块尚处于塑性状态，变形自由，故无温度应力发生。事实上只有降温结硬的混凝土在接近基础面部分才受到刚性基础的双向约束，难以变形。冷却收缩时浇筑块对基础产生挤压，基础对混凝土则产生大小相等、方向相反的拉应力，当此拉应力大于混凝土的抗拉强度，则将引起贯穿裂缝。温度变化引起变形 ε_T 为基础的约束应力产生的变形 ε_σ 所抵消，表现为紧贴基础部位无变形发生，根据变形相容条件有

$$\varepsilon_T+\varepsilon_\sigma=a\Delta T+\frac{(1-\mu)\sigma}{E}=0$$

得

$$\sigma=-\frac{E\alpha\Delta T}{1-\mu} \tag{5-17}$$

式中：σ 为温度应力；ε_T、ε_σ 分别为浇筑块温升引起的应变和基础约束产生的应变；μ 为混凝土的泊桑比，可取为 0.16～0.2；其余符号意义同前。

显然，对于浇筑块混凝土，E、α、μ 均为常量，温度应力的大小只决定于温度变差 ΔT。

式（5-17）是将混凝土浇筑块视为弹性体，对紧贴基础表面一层混凝土推导出来的约束应力值。其实混凝土是弹塑性材料，在应力持续作用下将产生徐变，会引起应力松弛，即徐变应力将抵消部分弹性应力。此外，离基础面越高，约束影响越小，加之老混凝土和基岩均非绝对刚体，综合以上影响因素对式（5-17）加以修正，可以表达为

$$\sigma=-\frac{E\alpha\Delta TRK_p}{1-\mu} \tag{5-18}$$

式中：K_p 为混凝土的松弛系数，通常取 0.5；R 为约束影响系数，离基础面越远 R 值越小，其值除与混凝土和基础的弹性模量之比 E/E_r 有关外，也与混凝土浇筑块高度与其边长比 h/L 有关，取值大小可查表 5-11。

因此，大体积混凝土紧靠基础产生的贯穿裂缝，无论对坝的整体受力还是防渗效果的影响比之浅层表面裂缝的危害都大得多。表面裂缝虽然可能成为深层裂缝的诱发因素，对坝的抗风化能力和耐久性有一定影响，但毕竟其深度浅，长度短（图 5-71），一般不形成危害坝体安全的决定因素。

表 5-11　基础约束影响系数

E/E_r \ h/L	0.1	0.2	0.5
2	0.57	0.44	0.42
5	0.37	0.30	0.28

二、大体积混凝土温度控制的标准

大体积混凝土温度控制要根据坝址区水文和气象资料、混凝土原材料的热、力学指标、混凝土配合比及施工条件，计算坝体温度场和应力场确定坝体混凝土温度控制标准、基础允许温差、坝体设计允许最高温度，提出坝体混凝土的分缝分块、相邻坝块坝段的高差、混凝土浇筑层厚和间歇期、混凝土浇筑温度及坝内初、中、后期通水冷却标准等温度控制措施。有条件时宜用系统分析方法确定各种措施的最优组合。高混凝土坝可采用计算机仿真浇筑分析施工期各混凝土浇筑块的温度变化和温度应力分布情况，确定温度控制措施。

温度控制标准实质上就是将大体积混凝土内部和基础之间的温差控制在基础约束应力 σ 小于混凝土允许抗拉强度以内，即

$$\sigma \leqslant \frac{\sigma_p}{K} \tag{5-19}$$

式中：σ_p 为混凝土的抗拉强度，Pa；K 为安全系数，一般取 1.3～1.8，工程等级高的取大值，等级低的取小值。

用基础约束应力作为控制标准，则式（5-18）可改写为

$$T_p + T_r - T_f = \Delta T \leqslant \frac{(1-\mu)\sigma_p}{KK_pRE\alpha} \tag{5-20}$$

当用混凝土的拉伸应变 ε_p 来控制，则有

$$T_p + T_r - T_f = \Delta T \leqslant \frac{(1-\mu)\varepsilon_p}{KK_pR\alpha} \tag{5-21}$$

例：若取 $\varepsilon_p=1.0\times10^{-4}$，$R=0.6$，$K=1.5$，$K_p=0.5$，$\mu=1/6$，$\alpha=1.0\times10^{-5}$时，$\Delta T\leqslant18.5$℃；若取 $\varepsilon_p=0.85\times10^{-4}$，$K=1.8$，$R=0.57$，余同上，则得 $\Delta T\leqslant13.8$℃。

应当指出：在确定大体积混凝土温度控制标准时，须把理论分析同已建工程的经验紧密结合起来。温度控制的理论分析，忽略了不少实际因素，诸如混凝土材料的非均质性，浇筑块各向温度变化的非均匀性，骨料的性质和类型，基岩面的起伏程度和基岩的吸热作用等。基础温差 ΔT 的控制标准可根据现行设计标准，并结合工程的实际情况确定。表 5-12是基岩与混凝土弹模相近的基础允许温差控制标准。

实践证明，控制混凝土的极限拉伸值，对于防止大体积混凝土产生裂缝具有同等重要的意义。设计部门对施工单位提出基础温差控制标准的同时，也提出混凝土允许的极限拉伸值的限制。和表 5-12 相对应的允许极限拉伸值，对 C10～C15 混凝土为（0.65～0.75）$\times10^{-4}$，对 C15～C20 混凝土为（0.75～0.85）$\times10^{-4}$，且离差系数宜小于 0.15。

表 5-12　　基础允许温差 ΔT　　单位：℃

控制部位离基础面高度	浇筑块长边的长度 L/m				
	≤16	17～20	21～30	31～40	通仓长块
(0.0～0.2) L	26～25	24～22	22～19	19～16	16～14
(0.2～0.4) L	28～27	26～25	25～22	22～19	19～17

此外，考虑到下层降温冷却结硬的老混凝土对上层新浇混凝土的约束作用，通常需要对上下层混凝土的温差进行控制，要求上下层温差值不大于 15～20℃。要满足以上要求，在施工中一般通过限制上层块体覆盖下层块体的间歇时间来实现。过长的间歇时间是使上下层块体温差超标的重要原因之一。

确定灌浆温度是温控的又一标准。由于坝体内部混凝土的稳定温度随具体部位而异，一般情况灌浆温度并不恰好等于稳定温度。通常在确定灌浆温度时，将坝体断面的稳定温度场进行分区，对灌浆温度进行分区处理，各区的灌浆温度取各区稳定温度的平均值。但对某些特殊部位，例如底孔周围、空腹坝的空腹顶部，灌浆后可能出现自然超冷，灌浆温度宜低于稳定温度。在严寒地区，经论证，灌浆温度可高于稳定温度一定值。

由此可见，无论灌浆温度如何定，都以稳定温度为依据，都必须首先确定坝体内的稳定温度场。坝体稳定温度场系指混凝土坝经长期散热后，浇筑时的初始温差和水化热影响趋于消失，坝内各点温度趋于稳定，基本上不再随时间有大的变化。一般当混凝土的温度变幅小于外部水温或气温变幅的 10%，即可视为温度场基本稳定，坝内温度场由变温场转变为常温场——稳定温度场。对坝而言，稳定温度场是个三维空间的场，场内的温度分布可由热传导理论，建立热传导方程，经推导可得

$$\frac{\partial^2 T}{\partial x^2}+\frac{\partial^2 T}{\partial y^2}+\frac{\partial^2 T}{\partial z^2}=0 \tag{5-22}$$

式中：T 为混凝土的坝体温度，℃；x、y、z 分别为三维的自变量。

鉴于坝体沿坝轴线方向的长度远大于其高度和宽度。若令坝轴向为 z，其尺寸过大热传导可忽略不计，故可将式（5-22）转化为平面问题：

$$\frac{\partial^2 T}{\partial x^2}+\frac{\partial^2 T}{\partial y^2}=0 \tag{5-23}$$

以上两个稳定温度场的表达式都是拉普拉斯微分方程。求解稳定温度场就是在确定的边界条件下，求解拉普拉斯微分方程。

对于平面问题，上游坝面以设计水位为边界，按不同高程分区，取年平均水温作为边界温度；下游坝面则以多年平均气温加日照升温值作为边界温度。当坝的边界温度值确定后，可用流网法或电模拟试验绘制稳定温度场。图 5-72（a）、（b）分别是国内某重力坝和某重力拱坝的稳定温度场。图中实线表示等温线，虚线表示热流线，它表示不同点的热传导方向。

在确定灌浆温度时，为了施工方便，常对稳定温度场进行分区简化。分区时既要考虑浇筑分块和纵缝位置，也应考虑工作特征高程，如死水位、底孔高程、正常水位等，如图 5-73 所示，大体上取各区稳定温度的平均值作为分区灌浆温度。

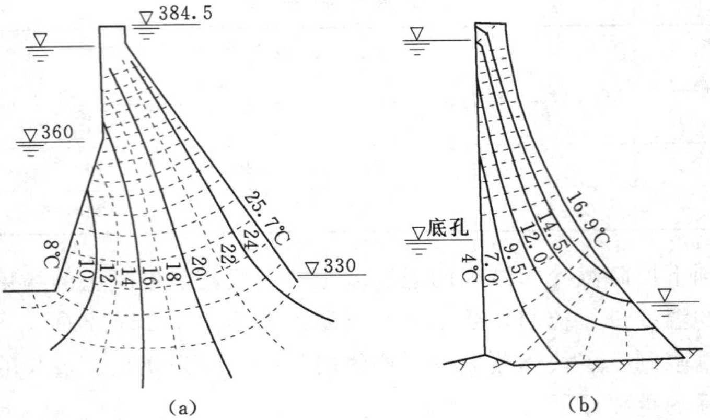

图 5-72 混凝土坝的稳定温度场（高程单位：m）
(a) 重力坝；(b) 重力拱坝

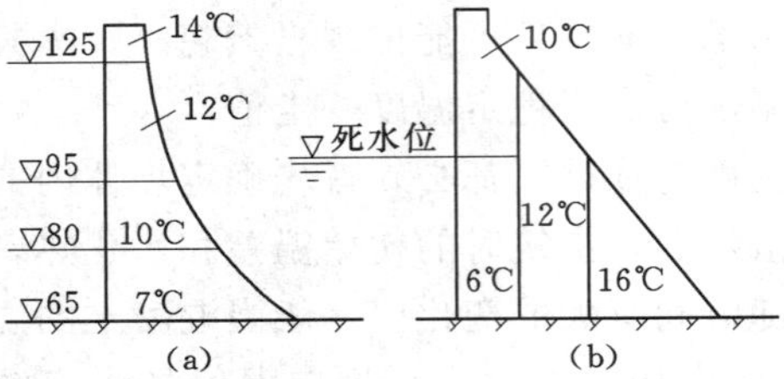

图 5-73 坝体稳定温度的分区（高程单位：m）
(a) 重力拱坝；(b) 重力坝

三、大体积混凝土的温度控制措施

为了施工方便和温控散热要求坝体所设的纵缝，在坝体完建时应通过接缝灌浆使之结合成为整体，方能蓄水安全运行。若坝体内部的温度未达到稳定温度就进行灌浆，灌浆后坝体温度进一步下降，又会将胶结的缝重新拉开。因此，将坝体温度迅速降低到接近稳定温度的灌浆温度是接缝灌浆和坝体蓄水受益的重要前提。

大体积混凝土温度控制是通过控制混凝土的拌和温度来控制混凝土的入仓温度，通过一期冷却降低混凝土内部的水化热温升，从而降低混凝土内部的最高温升，使温差降低到允许范围；通过二期冷却，使坝体温度从最高温度降到接近稳定温度，以便在达到灌浆温度后及时进行纵缝灌浆。

温度控制的具体措施常从混凝土的减热和散热两方面着手。所谓减热就是减少混凝土内部的发热量，如降低混凝土的拌和出机温度，以降低入仓浇筑温度 T_p；减少混凝土的水化热温升 T_r，以降低混凝土可能到达的最高温度 $T_{\max}$。所谓散热就是采取各种散热措施，如增加混凝土的散热面，在混凝土温升期采取人工冷却降低其最高温升，当到达最高温度后，采取人工冷却措施，缩短降温冷却期，将混凝土块内的温度尽快地降到灌浆温度，以便进行接缝灌浆。

（一）减少混凝土的发热量

1. 减少每立方米混凝土的水泥用量

其主要措施如下：

（1）根据坝体的应力场对坝体进行分区，低应力区采用低强度的混凝土。

（2）采用低流态或无坍落度干硬性贫混凝土。

（3）改善骨料级配，增大骨料粒径，对少筋混凝土可埋放大块石，以减少每立方米混凝土的水泥用量。

(4) 大量掺粉煤灰，掺合料的用量可达水泥用量的25%～40%。

(5) 采用高效外加减水剂不仅能节约水泥用量约20%，使28d龄期混凝土的发热量减少25%～30%，且能提高混凝土早期强度和极限拉伸值。常用的减水剂有酪木素、糖蜜、MF复合剂等。

2. 采用低发热量的水泥

过去采用的低热硅酸盐水泥，因早期强度低，成本高，已逐步被淘汰。当前多用中热水泥。近年已开始生产低热微膨胀水泥，它不仅水化热低，且有微膨胀作用，对降温收缩可以起到补偿作用，减小收缩引起的拉应力，有利于防止裂缝的发生。吉林白山水电站，因采用低热水泥，起到防止裂缝发生的显著作用。

(二) 降低混凝土的入仓温度

1. 合理安排浇筑时间

在施工组织上安排春、秋季多浇；夏季早晚浇，高温时段不浇，这是最经济有效降低入仓温度的措施。

2. 采用加冰或加冰水拌和

混凝土拌和时，将部分拌和水改为冰屑，利用冰的低温和冰融解时吸收潜热的作用，这样，最大限度可将混凝土温度降低约20℃。规范规定加冰量不大于拌和用水量的80%。加冰拌和，冰与拌和材料直接作用，能量利用率高，降温效果显著。但加冰越多，拌和时间有所增长，相应会影响混凝土拌和生产能力。若采用冰水拌和或地下低温水拌和，则可避免这一弊端。

3. 对骨料进行预冷

当加冰拌和不能满足要求时，通常采取骨料预冷的办法。骨料预冷的方法有以下几种：

(1) 水冷。使粗骨料浸入循环冷却水中30～45min，或在通入拌和楼料仓的皮带机廊道、地弄或隧洞中装设喷洒冷却水的水管。喷洒冷却水皮带段的长度，由降温要求和皮带机运行速度而定。

(2) 风冷。可在拌和楼料仓下部通入冷气，冷风经粗骨料的空隙，由风管返回制冷厂循环。细骨料砂难以采用冰冷，若用风冷，又由于砂的空隙小，效果不显著，故只有采用专门的风冷装置吹冷。

(3) 真空气化冷却。利用真空气化吸热原理，将放入密闭容器的骨料，利用真空装置抽气并保持真空状态约半小时，使骨料中的可气化物质（水）气化降温冷却。

以上预冷措施，需要设备多，费用高。不具备预冷设备的工地，宜采用一些简易的预冷措施，例如在浇筑仓面上搭凉棚，料堆顶上搭凉棚，限制堆料高度，由底层经地垅取低温料，采用地下水拌和，北方地区尚可利用冰窖储冰，以备夏季混凝土拌和使用等。

(三) 加速混凝土散热

1. 采用自然散热冷却降温

采用低块薄层浇筑可增加散热面，并适当延长散热时间，即适当增长间歇时间。在高温季节已采用预冷措施时，则应采用厚块浇筑，缩短间歇时间，防止因气温过高而热量倒流，以保持预冷效果。

2. 在混凝土内预埋水管通水冷却

在混凝土内预埋蛇形冷却水管，通循环冷水进行降温冷却。水管通常采用直径 20～25mm 的薄钢管或薄铝管。现在多用高密聚乙烯（HDPE）塑料管埋入混凝土内，仅在大坝基础等部位沿用钢管，冷却结束后封孔灌浆。冷却水管布置，平面上呈蛇形，断面上呈梅花形，如图 5－74 所示，也可布置成棋盘形。

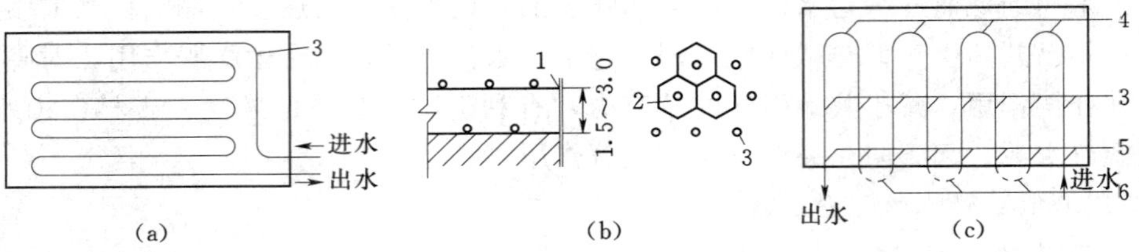

图 5－74　冷却水管平面布置图（单位：m）

(a) 蛇形水管平面布置；(b) 冷却水管分层排列；(c) 塑料拔管平面布置

1—模板；2—每一根冷却水管冷却的范围；3—冷却水管；4—钢弯管；5—钢管（l＝20～30cm）；6—胶皮管

一期通水冷却目的在于削减温升高峰，减小最大温差，防止贯穿裂缝发生。一期通水冷却通常在混凝土浇后几小时便开始，持续两到三周甚至更长，达到预定降温值方停止。

二期通水冷却可以充分利用一期冷却系统。二期冷却时间的长短，一方面取决于实际最大温差，又受到降温速率不应大于 1.5℃/d 的影响，且与通水流量大小、冷却水温高低密切相关。通常二期冷却应保证至少有 10～15℃的温降，使接缝张开度有 0.5mm，以满足接缝灌浆对灌缝宽度的要求。冷却用水量尽可能利用低温地下水和库内低温水，只有当采用天然水不符要求时，才辅以人工冷却水。通水冷却应自下而上分区进行，通水方向可以一昼夜调换一次，以使坝体均匀降温。通水的进出口一般设于廊道内、坝面下游侧、宽缝坝的宽缝中或空腹坝的空腹中。

随着感知技术和信息技术的发展，利用数字温度测量和无线网络通讯技术，可实现智能混凝土温控系统。浇筑仓内温度由预埋的数字测温仪（如：溪洛渡大坝采用的分布式光纤测温仪）采集，拌和楼出机口温度、混凝土入仓温度和浇筑温度由红外温度测量仪采集。各测温仪配备的无线网络通信终端（如 GSM 通信终端）利用定制的通信规约（如 SMS 短信）将温度信息和测点位置传送到上层主控站，经解析后转存到大坝施工信息数据云端服务器。混凝土浇筑后，实时采集通水水温、流量、混凝土内部温度等信息。混凝土实时温控系统根据天气实况和预报、温控计划、混凝土实际温度等信息，智能调整通水量和通水温度等温控策略，实现混凝土温度的自动监测和智能控制。该技术应用于锦屏一级大坝混凝土和鲁地拉大坝导流缺口浇筑混凝土温控中，实现混凝土温度控制的预警、预报和自动控制。

第八节　混凝土施工质量控制

为了获得符合设计要求的混凝土，必须从原材料开始，到新拌混凝土以及硬化混凝土进行全过程的质量检测和控制。按施工过程先后顺序考虑，混凝土施工质量检测和控制主要包括：原材料的质量检测和控制，新拌混凝土的检测与控制，浇筑过程中混凝土的检测与控制，硬化混凝土试样和芯样的检测。

一、原材料的质量检测和控制

混凝土原材料的质量应满足国家颁发或部颁发的水泥、混合材料、砂石骨料和外加剂的质量标准。必须对原材料的质量进行检测与控制，并建立一套科学的质量管理方法。对原材料进行检测的目的是检查原材料的质量是否符合标准，并根据检测结果调整混凝土配合比和改善生产工艺，评定原材料的生产控制水平。根据有关规范并参考施工经验，原材料的检测项目和抽样频数列于表 5-13。

表 5-13　原材料检测项目一览表

材料名称	检测项目	取样地点	抽样频数	检测目的	控制目标
水　泥	强度，凝结时间，安定性，稠度，细度	水泥库	1/(200～400) t	检定出厂水泥质量是否符合国家标准	
	快速检定标号	拌和厂	1/浇筑块，或 1/400t	验证水泥活性	
混合材料	细度，需水量比，烧失量，密度，强度比	仓库	1/(200～400) t，1/d	检定活性，评定均匀性	
砂	表面含水率	拌和厂	1/2h	调整混凝土加水量筛分厂生产控制，调整配合比	±0.5%
	细度模数	拌和厂，筛分厂	1/班		±0.2%
	含泥量	拌和厂，筛分厂	必要时		
石	超逊径	拌和厂，筛分厂	1/班	筛分厂生产控制，调整配合比	
	含泥量	拌和厂，筛分厂	必要时	筛分厂生产控制	
	表面含水率	拌和厂	1/2h	调整混凝土加水量	
外加剂	有效物含量（或密度）	拌和厂	1/班	调整加入量	

二、拌和混凝土质量的检测与控制

表 5-14　混凝土各组分称量的允许偏差

材　料	允许偏差 /%
水泥、混合材	±1
砂、石	±2
水、外加剂溶液	±1

混凝土质量检测与控制的重点是出拌和机后未凝固的新拌混凝土的质量，目的是及时发现施工中的失控因素，加以调整，避免造成质量事故。同时也制成一定数量的强度检测试件，用以评定混凝土质量是否满足设计要求和评定混凝土施工质量控制水平。

混凝土各组成材料称量准确与否，是影响混凝土质量的重要因素。因此应对仪器定期进行检验。水泥、砂、石和混合材料应按重量计，水和外加剂可按重量折成体积计，称量误差不应超过表 5-14 的规定。混凝土检测项目和抽样次数见表 5-15。

表 5-15　混凝土检测项目和抽样次数

检测对象	检测项目	取样地点	抽样频数	检测目的
新拌混凝土	坍落度 水灰比 含气量 湿度	拌和机口	1 次/2h 1 次/2h 1 次/2h 根据需要	检测和易性 控制强度 调整剂量 冬夏季施工及温度控制
硬化混凝土	抗压强度（以 28d 龄期为主，适量 7d、90d 强度）	拌和机口	1 次/4h 或 1 次/（150～300m^3）	验收混凝土强度，评定混凝土生产控制水平

为了使抽样能真实反映混凝土质量情况，在抽样时必须注意以下两点：

（1）检测人员应严格遵守操作规程，把试验误差控制在允许范围内，否则将因增大试验操作的变异而影响正确的统计评定。

（2）随机抽样是获得正确统计评价的首要一环。检测人员应完全避免有选择的抽样。在决定抽样方案时应把人为因素减至最低限度。目前一般多采用定时定点抽样。

三、浇筑过程中混凝土的检测与控制

混凝土出拌和机以后，经运输到达仓内，不同环境条件和不同运输工具对于混凝土的和易性产生不同的影响。由于水泥水化作用的进行，水分的蒸发以及砂浆损失等原因，会使混凝土坍落度降低。如果坍落度降低过多，超出了所用振捣器性能范围，则不可能获得振捣密实的混凝土。因此，仓面应进行混凝土坍落度检测，每班至少两次，并根据检测结果，调整出机口坍落度，为坍落度损失预留余地。

混凝土振捣以后，上层混凝土覆盖以前，混凝土的性能也在不断发生变化。如果混凝土已经初凝，则会影响与上层混凝土的结合。因此，检查已浇混凝土的状况，判断其是否初凝，从而决定上层混凝土是否允许继续浇筑，是仓面质量控制的重要内容。

混凝土温度的检测也是仓面质量控制的项目，在温控要求严格的部位则尤为重要。

为了与机口取样作比较，在浇筑仓面也取一定数量的试样。

四、硬化混凝土的检测

混凝土硬化以后，是否符合设计要求，可进行以下各项检查：

（1）用物理方法（超声波、γ 射线、红外线等）检测裂缝、孔隙和弹模等。

（2）钻孔压水，并对芯样进行抗压、抗拉、抗渗等各种试验。

（3）钻孔取样，把芯样加工后进行各种试验。800mm 或更大直径的钻孔可直接进入检查。龙滩大坝钻孔芯样层缝面折断率 2.5%以下；直径 250mm 的二级配碾压混凝土芯样最长达 15.03m；直径 150mm 的三级配常态混凝土芯样最长达 11.8m。

（4）由坝内埋设的仪器（如温度计、测缝计、渗压计、应力应变计、钢筋计等）观测建筑物运行时各种性状的变化。

五、混凝土施工质量的评定

混凝土的施工质量好坏，最终反映在它的抗压、抗拉、抗渗及抗冻等指标上。由于其余各项指标与抗压指标均有一定联系，同时抗压强度又便于在工地试验室测定，所以评定混凝土的施工质量，统一以抗压强度作为主要指标，具体指标参见有关施工规范。

混凝土施工质量评定的标准主要有两个：一是设计强度是否有足够的保证率；二是强度的均匀性是否良好。

大量实测资料表明，混凝土抗压强度的变化规律符合正态分布。为了分析方便，常将正态分布变换为标准型正态分布。标准型正态分布的表达式为

$$y=\frac{1}{\sqrt{2\pi}}e^{-\frac{t^2}{2}} \tag{5-24}$$

式中：y 为概率密度；e 为自然对数的底；t 为概率参数。

正态分布与标准型正态分布的坐标对应关系如图 5-75 所示。图中 R 为正态分布横坐标，t 为标准型正态分布的横坐标。

超过某一抗压强度 R 以上所有强度出现的几率，称为该抗压强度 R 的保证率，为 R 以右全部积分面积，如图 5-76 所示。其相互关系的表达式为

$$R=m+\sigma t$$

式中：R 为混凝土抗压强度，MPa；m 为混凝土平均抗压强度，MPa；σ 为混凝土抗压强度的标准离差，MPa；t 为概率参数。

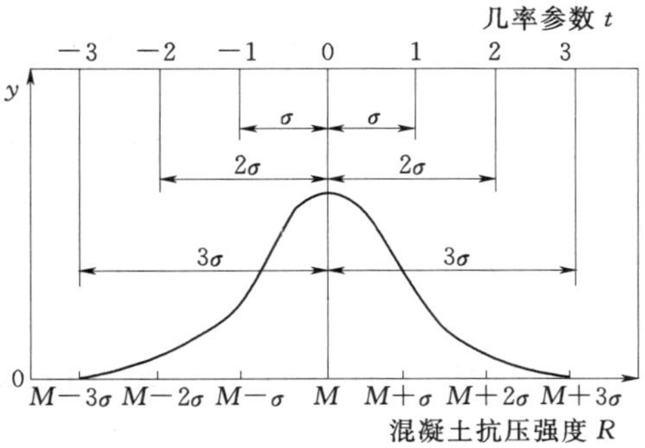

图 5-75 正态分布与标准型正态分布

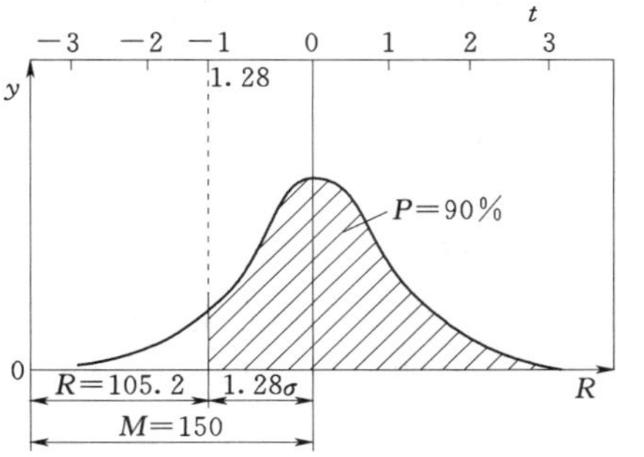

图 5-76 R 的保证率

几率参数 t 与 R 的保证率的关系见表 5-16。

表 5-16 几率参数 t 与 R 的保证率

几率参数 t	−0.50	−0.84	−1.00	−1.04	−1.28	−1.50	−2.00	−2.33	−3.00
$R=M+\sigma t$	$M-0.5\sigma$	$M-0.84\sigma$	$M-\sigma$	$M-1.04\sigma$	$M-1.28\sigma$	$M-1.5\sigma$	$M-2\sigma$	$M-2.33\sigma$	$M-3\sigma$
R 的保证率 P/%	69.00	80.00	84.15	85.20	90.00	93.30	97.70	99.00	99.90

现场混凝土试件 28d 龄期的强度，可按月按标号作为一个统计单位，进行以下统计计算。

（1）平均强度。

$$M=\frac{\sum_{i=1}^{n}R_i}{n} \tag{5-25}$$

式中：R_i 为每组（3个）试件的抗压强度平均值；n 为试件的组数。

（2）标准离差 σ。

$$\sigma=\sqrt{\frac{1}{n-1}\sum_{i=1}^{n}(R_i-M)^2} \tag{5-26}$$

（3）离差系数 C_v。

$$C_v=\frac{\sigma}{M} \tag{5-27}$$

（4）强度保证率 P。强度保证率的确定参见有关混凝土施工规范。

思考题

5-1 概念：超径与逊径；混凝土冷缝与施工缝；出机温度与浇筑温度；混凝土骨料预冷与预热；混凝土骨料风冷与水冷；混凝土初凝、终凝。

5-2 混凝土骨料生产的基本过程及骨料加工厂的工艺流程。

5-3 如何进行骨料料场的规划？料场规划应考虑哪些原则和因素？

5-4 确定混凝土骨料的生产能力应考虑什么原则和因素？采用什么方法确定骨料的生产能力？

5-5 模板有哪些质量要求？按使用特点，模板分为几类？各类模板的适用条件如何？

5-6 模板设计有哪些荷载？承重模板和竖向模板在强度和刚度计算时，其基本荷载组合有什么不同？如何降低模板在混凝土工程中的费用？

5-7 什么叫出料系数？确定国产拌和机的生产能力是否都要考虑出料系数？为什么？

5-8 混凝土的水平和垂直运输一般采用哪些设备？有何优缺点？

5-9 混凝土运输及浇筑方案的选择应考虑哪些因素？各种方案适用于哪些情况？

5-10 混凝土运输和浇筑过程中容易出现哪些质量问题？应如何防止？

5-11 混凝土浇筑有哪些工序？各工序的主要技术要求是什么？

5-12 简述碾压混凝土施工的特点。

5-13 说明碾压混凝土坝的施工工艺流程，以及每道工序采用的施工机械设备。

5-14 碾压混凝土压实质量控制采用什么指标？该指标的物理意义是什么？

5-15 确定大体积混凝土浇筑块的尺寸应考虑哪些因素？

5-16 为什么大体积混凝土基础约束贯穿裂缝发生在后期，表面裂缝发生在早期，前者危害较大，后者危害较小？

5-17 大体积混凝土温度变化分几个阶段？每个阶段的温度变化与哪些因素有关？

各阶段的温控任务是什么？

5－18　降低大体积混凝土内部的最高温升有哪些措施？哪些降温措施效果较显著？降低浇筑温度有何限制？如何限制？

5－19　重力坝采用柱状分块为何要进行接缝灌浆？何时进行接缝灌浆？灌浆温度如何确定？

5－20　混凝土冬季作业可采取哪些措施？哪种措施费用低而效果好？

5－21　混凝土冬季有哪几种养护方法？各种养护方法适用于什么情况？

第六章　地 下 建 筑 施 工

水利水电工程中的地下建筑物，一般可分为过水和不过水两大类。前者包括引水隧洞、导流隧洞、泄洪隧洞、排沙隧洞、尾水洞及调压井等；后者包括交通运输洞、地下厂房、变压器室、母线室、地下洞库等。地下建筑物的施工，主要包括岩体开挖、出渣、临时支护、混凝土衬砌、洞室灌浆及质量检查等，同时还须妥善解决施工动力供应、洞内外交通运输、通风、散烟、除尘、排水和照明等问题。

地下建筑物施工具有以下特点：施工场地受到限制，施工干扰大，施工组织比较复杂；地质条件复杂多变，围岩安全稳定性问题突出；地下通风、采光、除尘等施工条件相对较差，劳动强度大。随着我国近年来大型水利水电工程的高速发展，地下厂房等地下建筑物的规模及施工难度不断增大，对地下建筑物的施工技术提出了更高的要求。

本章主要介绍地下建筑工程施工中的洞室开挖、锚喷支护和衬砌施工等主要问题。

第一节　地下建筑工程的施工程序

施工程序问题涉及整个地下建筑物的施工全过程，要求在总体规划的基础上，安排各部位、各工种的先后施工顺序，以保证均衡、连续、有节奏地完成各项作业。现以地下洞室开挖过程中常用的钻孔爆破法开挖过程为例，阐述地下工程施工的主要内容。

一、平洞的施工程序

开挖和衬砌（支护）是平洞施工的两个主要施工过程。平洞施工程序的选择，主要取决于地质条件、断面尺寸、平洞轴线长短以及施工机械化水平等因素；要处理好平洞开挖与初期支护、二次支护或衬砌的关系，以便各项工作在相对狭小的工作面上有条不紊地进行。

（一）平洞的施工工作面

平洞施工工作面，不仅影响到施工进度的安排，而且与施工布置也有密切关系。一般说来，平洞开挖至少有进、出口两个工作面。如果洞线较长，工期紧迫，仅靠进、出口两个工作面不能按期完工，则应考虑开挖施工支洞或竖井等来增加工作面。

工作面的数目可按下式进行估算：

$$\left(\frac{L}{NV}+\frac{l_{\max}}{\nu}\right)\leqslant[T] \tag{6-1}$$

式中：$[T]$ 为平洞施工的限定工期，月；L 为平洞的全长，m；N 为工作面的数目；V 为平洞施工的综合进度指标，m/月；$l_{\max}$为施工支洞（或竖井）的最大长度（或高度），m；ν 为施工支洞（或竖井）的综合进度指标，m/月。

在确定工作面的数目和位置时，还应结合平洞沿线的地形地质条件、洞内外运输道路和施工场地布置、支洞或竖井的工程量和造价，通过技术经济比较来选择。如果有永久性支洞或竖井，如交通洞、通风洞、调压井可以利用时，应优先考虑，以节省临时工程的费用。至于临时性的支洞与竖井，应尽量选在施工、运行比较方便的位置。

（二）平洞的开挖程序

平洞开挖有全断面开挖、断面分部开挖和导洞开挖等方法。不同的开挖方法，其程序也有所不同，它们的主要特征和适用条件如下所述。

1. 全断面开挖

全断面开挖是将平洞整个断面一次开挖成洞，如图 6-1 所示。支护或衬砌施工，须待掘进相当距离以后或全洞贯通以后进行，并视围岩开挖后允许暴露时间和总的施工安排而定。

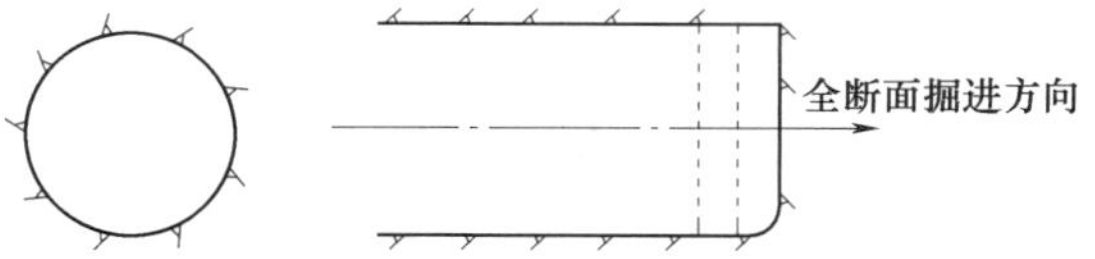

图 6-1　全断面开挖

全断面开挖一般适用于围岩坚固稳定，对应 $f \geqslant 8 \sim 10$，有大型开挖衬砌设备的情况。目前国内外的全断面开挖高度一般为 8～10m，主要由使用的多臂钻机的工作高度控制。

采用全断面开挖方法，洞内工作场面比较大，施工组织因工作面宽而比较容易安排，施工干扰也较易解决，有利于提高平洞施工速度。

2. 断面分部开挖

断面分部开挖是将整个断面分成若干层和块，分层分块开挖推进。分部开挖适用于围岩较差或洞径过大的平洞开挖。

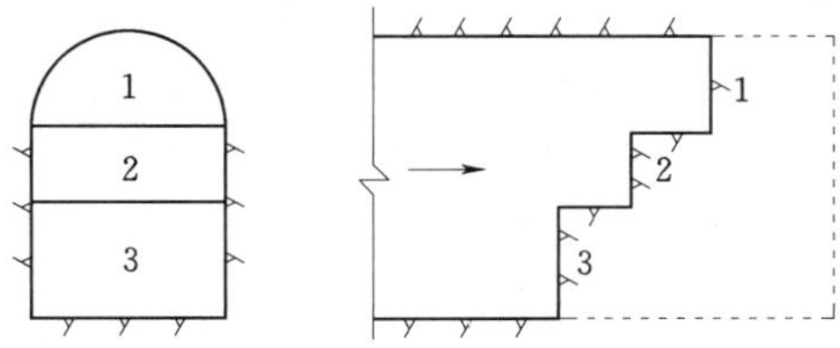

图 6-2　正台阶法开挖
1，2，3—台阶序号

如果围岩比较稳定，洞线又不太长，可先分部开挖掘进，贯通以后再进行衬砌。在地质条件较差，围岩允许暴露时间不宜过久条件下，可以采用上部开挖一段以后，将顶拱衬砌支护好，再进行下部开挖，以策安全。

分部开挖的主要优点是不一定需要大型设备，就能进行大断面洞室的开挖，比较机动灵活，能适应地质条件的变化。缺点是分部开挖、分部支护衬砌的措施，使施工组织比较复杂，施工速度受到影响。

断面分部开挖从开挖形态上通常分为台阶法开挖和导洞法开挖。

（1）台阶法开挖。当洞径或洞高在 10m 以上，基本上都采用台阶法开挖。按开挖程序不同，台阶法开挖又分正台阶法和反台阶法。开挖程序为自上而下的正台阶法在大型平洞中使用普遍，其上层开挖高度一般为 6～8m，如图 6-2 所示。上部断面掌子面钻爆布孔与全断面法基本相同，下部台阶的钻爆因有两个临空面，爆破效果较好。当隧洞的断面尺寸较大时，其下部台阶的开挖可以采用露天深孔梯段爆破方法，以提高施工效率。

（2）导洞法开挖。导洞法开挖是在隧洞断面中开挖一个导洞，然后再在导洞的基础上扩大至整个断面的开挖方法。导洞的形状和尺寸应根据导洞的位置、围岩的工程地质条件、出渣运输、通风和排水等要求来确定。导洞断面较小，有利于围岩的稳定；同时通过导洞的开挖，可进一步探明地质情况，并可利用导洞解决排水问题；导洞贯通以后还有利于改善洞内通风条件。

按照导洞在设计断面中的相对位置，导洞法开挖可分为上导洞、下导洞和上下导洞等不同方式，见图 6－3（a）、（b）和（c）。下导洞法适用于围岩比较稳定的情况；围岩稳定性差时，多采用上导洞法或上下导洞法。对于大断面隧洞，若地下水丰富，又缺少大型开挖设备，常采用上下导洞法，其中上导洞用来扩大，下导洞则用来出渣和排水，上下导洞用斜洞或直井连通。

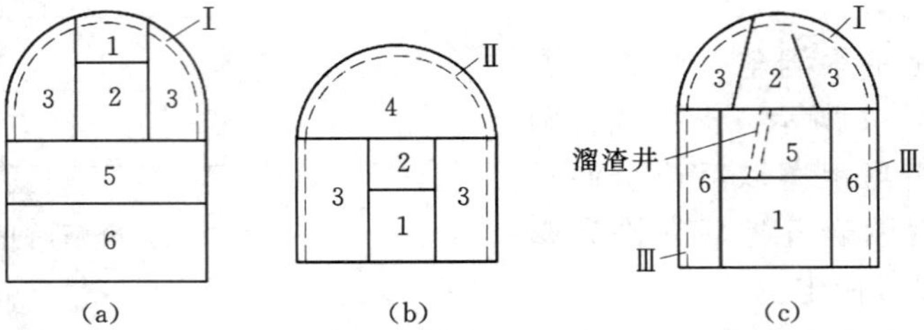

图 6－3　导洞法开挖

（a）上导洞开挖法；（b）下导洞开挖法；（c）上下导洞法

1，2，…，6—开挖顺序；Ⅰ，Ⅱ，Ⅲ—衬砌顺序

（三）平洞的支护或衬砌施工

平洞开挖以后，一般都要进行支护或衬砌。洞室支护应根据地质条件、洞室结构、开挖方法、断面尺寸、支护荷载等进行支护设计，也可采用工程类比法进行支护设计。支护型式要适应围岩的变形要求，特殊地段应优先采用锚喷支护。为了确保施工期岩体稳定和安全施工，开挖过程中需进行初期支护。初期支护是永久支护的有机组成部分，包含锚、喷和钢结构支撑，支护后不再拆除。支护与开挖的间隔时间、间隔距离及施工程序，应根据围岩类别、支护类型、爆破参数等因素确定，并应在围岩出现有害松弛变形前支护完成，为保证平洞施工期围岩的稳定性，一般优先支护围岩顶拱部位。

断面衬砌，原则上待平洞贯通后进行为好。但往往由于地质或其他施工条件的原因，为了保持围岩稳定，施工安全，要求在平洞贯通以前，对挖好的地段进行衬砌，甚至要求开挖一段衬砌一段或边开挖边衬砌，开挖和衬砌交叉作业。这样会不可避免地造成施工干扰。

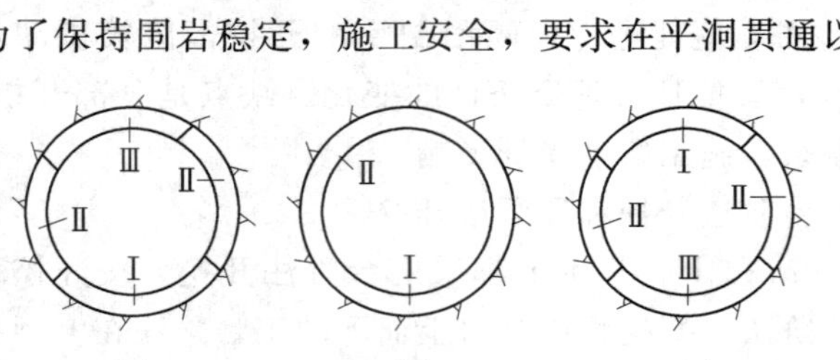

图 6－4　断面衬砌顺序

（a）自下而上边顶拱分部衬砌；（b）自下而上边顶拱一次衬砌；（c）自上而下衬砌

Ⅰ，Ⅱ，Ⅲ—衬砌顺序

就衬砌本身来说，若地质和设备条件允许，应尽量减少断面衬砌的分缝分块数目。断面衬砌的顺序，常见的有自下而上、自上而下两种方式。前者先衬砌底拱（底板），后衬砌边拱（边墙）、顶拱，或边顶拱一次衬砌，见图 6－4（a）、（b）；后者先衬砌顶拱，在顶拱保护下衬砌边拱（边墙）、底拱（底板），见图 6－4（c）。自下而上衬砌多用于地质条件较好的情况，自上而下衬砌适合于围岩自承能力较差的情况。

一般说来，当平洞沿线地质条件较好，断面不大、洞线不长时，多采用一次开挖或分部开挖成洞，然后进行衬砌支护的方式。如果开挖时遇到局部危岩，可用锚杆、挂网、喷混凝土等措施进行初期支护。对于围岩较差的平洞，通常是按先拱后墙，先分部开挖拱部，随即在拱部断面中修筑拱圈，然后在拱圈的防护下开挖中部断面，修筑边拱（边墙）和底拱（底板）。

二、地下厂房的施工程序

通常情况下，地下厂房的断面很大，如雅砻江二滩水电站的地下厂房断面积达 $1620m^2$，其开挖尺寸为 280.29m×25.5m×65.58m。红水河龙滩水电站的地下厂房总长 388.50m，厂房上部开挖跨度 30.70m，下部开挖跨度 28.90m，最大开挖高度达 87.3m，是目前世界上最大的地下厂房。

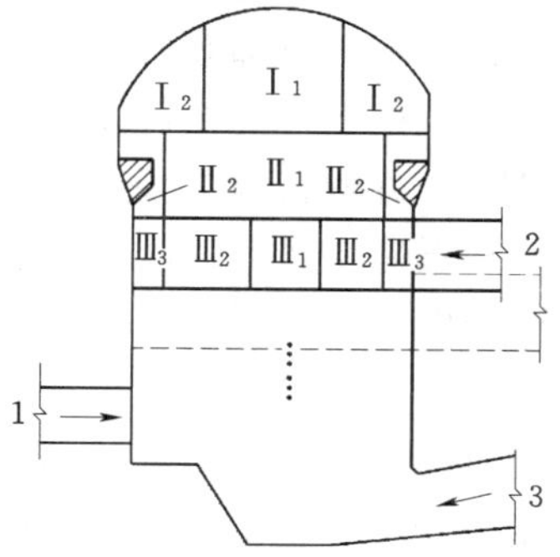

图 6-5　典型的地下厂房分层施工示意图

1—引水洞；2—运输洞；3—尾水洞；Ⅰ₁，Ⅰ₂，Ⅱ₁，Ⅱ₂，Ⅲ₁，Ⅲ₂，Ⅲ₃，…—开挖顺序

大断面洞室的施工，一般都采用“变高洞为低洞，变大跨度为小跨度”的原则，采取先拱部后底部，先外缘后核心，自上而下分部开挖与衬砌支护的施工方法，以保证施工过程中围岩的稳定。20 世纪 70 年代以前，大断面地下厂房开挖多采取多导洞分层施工方法。自鲁布革水电站地下厂房施工开始，大都采用喷锚支护技术、岩锚吊车梁结构和大型施工机械，简化了分部开挖程序，加快了施工进度，图 6-5 为典型的地下厂房分层施工示意图。

地下厂房施工通常可分为顶拱、主体和交叉洞等三大部分。

顶拱的开挖应根据围岩条件和断面大小，可采用全断面法开挖或先开挖中导洞两侧跟进的分部开挖，如图 6-6（a）所示。若围岩稳定性较差，则采取开挖两侧导洞，中间岩

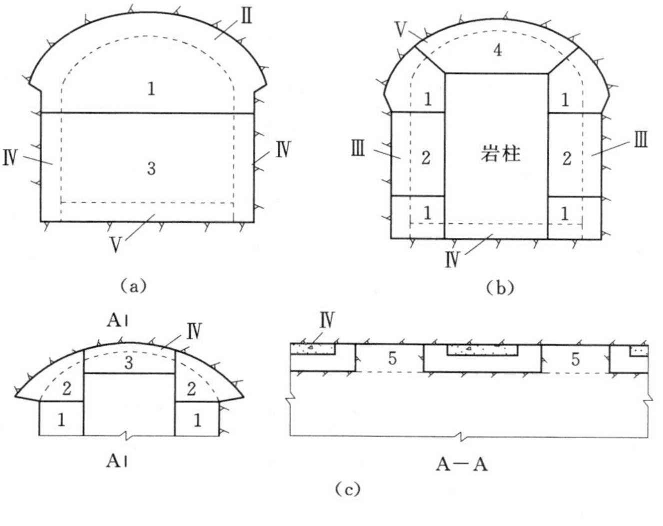

图 6-6　地下厂房顶拱部分的施工程序

（a）全断面分部开挖法；（b）先墙后拱法；（c）肋墙肋拱法

1，2，3，4，5—开挖顺序；Ⅱ，Ⅲ，Ⅳ，Ⅴ—衬砌顺序

柱起支撑作用的先墙后拱法，如图 6-6（b）所示。若围岩稳定性很差，则可采用肋墙肋拱法施工，即先开挖上下侧壁导洞，沿导洞跳格开挖并衬砌边墙（肋墙）；然后利用上部侧壁导洞，跳格开挖并衬砌顶拱（肋拱）；最后再挖除拱肋墙之间的岩体，完成肋拱、肋墙之间的衬砌。如图 6-6（c）所示。

在松散破碎的不良地层中施工时，宜采用插钎、插板、喷锚支护或预灌浆等方法，先加固以后，再分部开挖，分部衬砌，并注意尽量减少对岩体的扰动。

关于地下厂房高边墙所在各层的岩体开挖程序和工艺，如图 6-5 所示。一般首先在边墙轮廓处进行预裂爆破，然后中部拉槽爆破（$Ⅲ_1$），再次进行两侧扩挖（$Ⅲ_2$），最后进行缓冲爆破（$Ⅲ_3$）。预裂爆破能在主体部分起爆前形成预裂缝，起到减震和防止主爆区产生的裂缝延伸到保留岩体的作用，能有效减小主爆区的爆破对保留岩体的影响。因此针对高边墙层的开挖，国内以往较多采用这种开挖程序，降低爆破振动的影响。

然而二滩、瀑布沟等高地应力地区的地下厂房开挖实践发现，由于岩体侧向地应力的挟制作用，即使增大预裂爆破的线装药密度，仍无法有效地在岩体中形成预裂缝。导致先预裂、后开挖的传统施工程序无法实施。采用先中间拉槽（$Ⅲ_1$），再扩挖（$Ⅲ_2$）、最后采用光面爆破（$Ⅲ_3$）的开挖程序，则取得了良好的开挖效果。

三、竖井和斜井的施工程序

水利水电工程中的竖井和斜井包括调压井、闸门井、出线井、通风井、压力管道和运输井等。

1. 竖井

竖井施工的主要特点是竖向作业，竖向开挖、出渣和衬砌。

一般水工建筑物的竖井均有水平通道相连，先挖通水平通道，可以为竖井施工的出渣和衬砌材料运输等创造有利条件。

竖井施工有全断面法和导井法。

（1）全断面法。竖井的全断面施工方法一般按照自上而下的程序进行，该法施工程序简单，但施工时要注意：①做好竖井锁口，确保井口稳定；②起重提升设备应有专门设计，确保人员、设备和石渣等的安全提升；③涌水和淋水地段要做好井内外防水排水设施；④围岩稳定性较差或在不良地层中修筑竖井，宜开挖一段衬砌一段，或采用预灌浆方法加固后再进行开挖、衬砌；⑤井壁有不利的节理裂隙组合时，要及时进行锚固。

（2）导井法。导井法施工是在竖井的中部先开挖导井，其断面面积一般为 $4\sim5m^2$，然后再扩大开挖。扩大开挖时的石渣，经导井落入井底，由井底水平通道运出洞外，以减轻出渣的工作量。

导井开挖亦可采用自上而下或自下而上作业。前者，常采用普通钻爆法、一次钻爆分段爆破法或大钻机钻进法；后者，常需要用钻机钻出一个贯通的小口径导孔，然后再用爬罐法、反井钻机法或吊罐法开挖出断面面积满足溜渣需要的导井，如图 6-7 所示。

钻爆法、大钻机钻进法和吊罐法由于工作条件较差、钻孔偏差大，一般只适用于深度不大的导井开挖。爬罐法所需劳动力少，开挖进度快，是目前开挖导井的主要方法。反井钻机法具有精度高、施工质量高等优点，较适合于中等硬度岩石。

扩大开挖可以自上而下逐层下挖，也可以自下而上采用溜渣蹬渣作业，逐层上挖。前者，自竖井周边至导井口，应留有适当的坡度，以便出渣，但要控制渣面高于导井井口，保证井内人员的安全；后者，多用于围岩稳定性较好的小断面竖井。

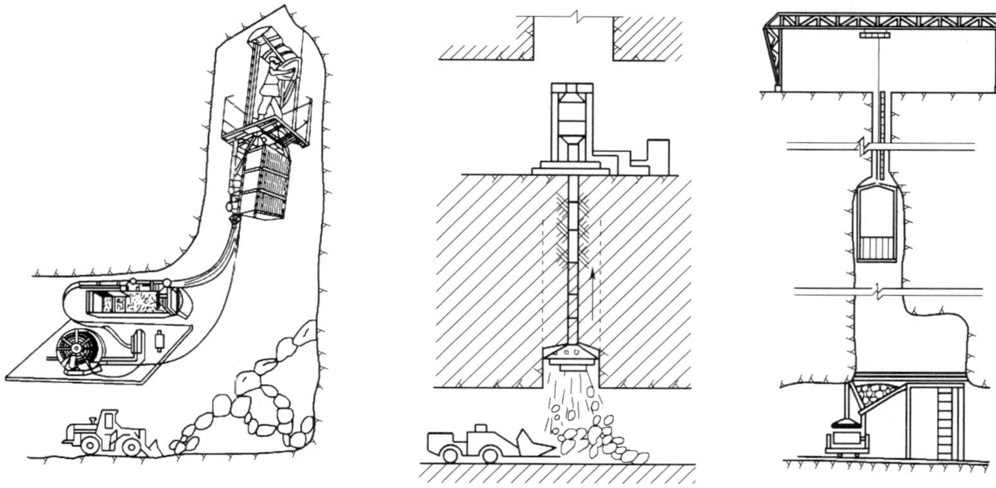

(a) (b) (c)

图 6-7 自下而上的导井开挖方法

(a) 爬罐法；(b) 反井钻机法；(c) 吊罐法

2. 斜井

斜井是指倾角为 6°～48°的斜洞。倾角小于 6°的洞室，其施工条件与平洞相近，可按平洞的方法施工；倾角大于 48°的洞室，施工条件与竖井相近，可按竖井的要求考虑。

倾角在 6°～35°的斜井，一般采用自上而下的全断面开挖方法，用卷扬机提升出渣，挖通后再进行衬砌。

倾角在 35°～48°的斜井，可采用自下而上挖导井，自上而下扩大的开挖方法，尽可能利用重力溜渣，不能自动溜渣时，应辅以电动扒渣机扒渣，以减轻扩大出渣的劳动强度。

第二节 钻孔爆破法开挖

钻孔爆破法一直是地下建筑物岩石开挖的主要施工方法。这种方法对岩层地质条件适应性强、开挖成本低，尤其适合岩石坚硬、长度相对短的洞室施工。

与露天开挖爆破比较，地下洞室岩石开挖爆破施工有如下主要特点：

(1) 因照明、通风、噪声及渗水等影响，钻爆作业条件差；钻爆工作与支护、出渣运输等工序交叉进行，施工场面受到限制，增加了施工难度。

(2) 爆破自由面少，岩石的夹制作用大，增大了破碎岩石的难度，使岩石爆破的单位耗药量提高。

(3) 爆破质量要求高。对洞室断面的轮廓形成一般均有严格的标准，控制超挖、不允许欠挖；必须防止飞石、空气冲击波对洞室内有关设施及结构的损坏；应尽量控制爆破对围岩及附近支护结构的扰动与质量影响，确保洞室围岩的安全稳定。

地下建筑物中各类洞室的钻爆设计与施工，其基本原理和方法相通。本节主要介绍平洞的钻孔爆破方法。

一、炮孔类型及作用

为了克服围岩的夹制作用、改善岩石破碎条件、控制隧洞开挖轮廓以及提高掘进效率，在进行地下洞室的爆破开挖时，按作用原理、布置方式及有关参数的不同，将开挖断面上布置的炮孔分成三类：掏槽孔、周边孔、崩落孔。

掏槽孔通常布置在开挖断面的中下部。掏槽孔是整个断面炮孔中必须首先起爆的炮孔，由于其密集的布孔与装药，先在开挖面（只有一个自由面）上炸出一个槽腔，为后续炮孔的爆破创造新的自由面。

周边孔是沿断面设计边线布置的炮孔，一般在断面炮孔中最后起爆。其作用是爆出较为平整的洞室开挖轮廓。

崩落孔布置在掏槽孔与周边孔之间。在掏槽孔起爆后，崩落孔由中心往周边逐层顺序起爆。其作用是扩大掏槽孔炸出的槽腔，崩落开挖面上的大部分岩石，同时也为周边孔爆破创造自由面。

这三类炮孔可以通过微差网路实现毫秒延迟间隔的顺序起爆，先起爆的炮孔为后起爆的炮孔减小岩石的夹制作用，并增大自由面。图 6－8 为某工程导流洞全断面爆破开挖的炮孔布置与起爆顺序情况。

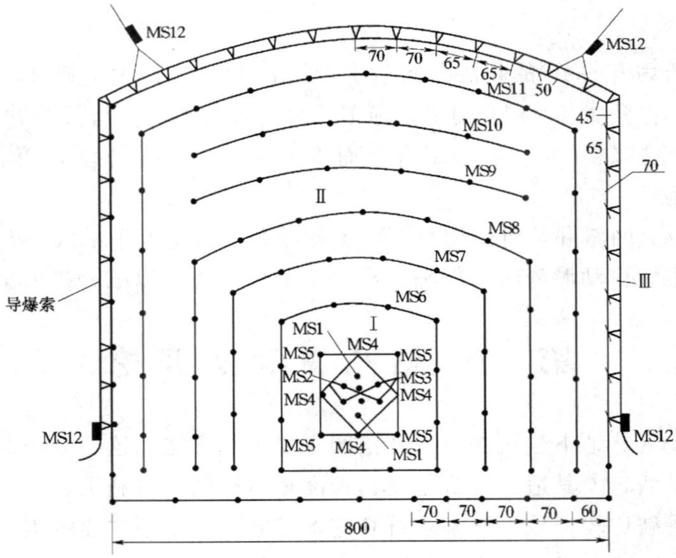

图 6－8　炮孔布置与起爆顺序（单位：cm）

Ⅰ—掏槽孔（1～5）；Ⅱ—崩落孔（6～11）；Ⅲ—周边孔（12）

MS1，MS2，…，MS12—毫秒雷管段别

二、掏槽爆破的形式

掏槽孔的爆破效果是影响隧洞开挖循环进尺的关键。按布孔形式，一般可分为楔形掏槽、锥形掏槽和直孔掏槽等三类。楔形掏槽与锥形掏槽的钻孔方向与开挖断面是斜交的，

故又称为斜孔掏槽；直孔掏槽的钻孔方向则与开挖断面正交。如图 6－9 所示。

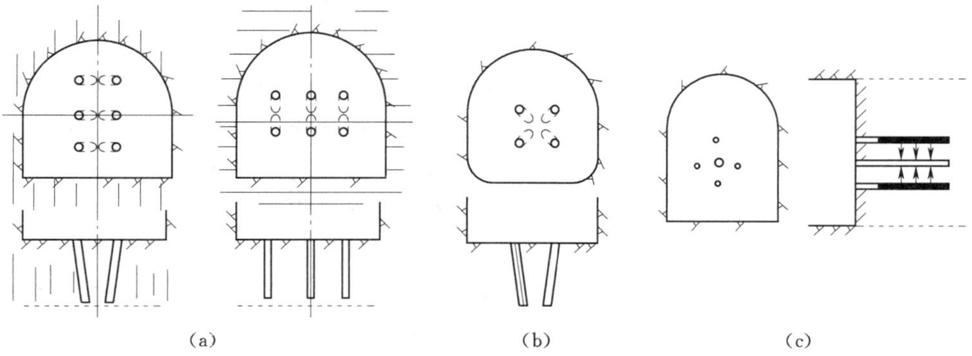

图 6－9　常见掏槽孔布置简图

(a) 楔形掏槽；(b) 锥形掏槽；(c) 直孔掏槽

1. 楔形掏槽

由 2～4 对对称的相向倾斜的掏槽炮孔组成，爆破后能形成楔形槽。楔形掏槽孔的孔底夹角一般在 60°左右。对于层理大致垂直或倾斜的岩层，往往采用垂直楔形掏槽。水平楔形掏槽比较适用于岩层层理接近于水平的围岩或整体均匀的围岩，但因向上倾斜钻孔作业较困难，运用较少。

2. 锥形掏槽

由数个掏槽炮孔呈角锥形布置，各孔以大体相同角度向中心轴线倾斜，孔底趋于集中，但不贯通，爆破后形成锥形槽。炮孔倾斜角度（与开挖断面的最小夹角）一般为 60°～70°，岩质越硬，倾角越小。按炮孔数目的不同，分三角锥、四角锥、五角锥等。

楔形与锥形掏槽均具有所需掏槽炮孔较少、掏槽体积大、容易将爆渣抛出、炸药耗量低等优点。但由于掏槽有效深度受到开挖断面尺寸大小和岩层硬度的限制，难以提高每一循环的实际进尺，同时钻孔倾斜角度的精度对掏槽效果有较大的影响。

3. 直孔掏槽

由若干个垂直于开挖面的彼此距离很近的炮孔组成，有时其中有一个或几个不装药的空孔。由于直孔掏槽的炮孔深度不受开挖断面尺寸的限制，较之斜孔掏槽可以获得更深的槽腔，可提高单循环的开挖进尺；同时，在钻直孔时多台凿岩机可同时作业而相互干扰小，有利于提高钻机效率。因此，直孔掏槽爆破已成为当前广泛采用的掏槽方式。自 20 世纪 60 年代以来，许多国家发展了形式多样的直孔掏槽技术，并形成了一套较成熟的直孔掏槽爆破设计理论与技术。

直孔掏槽的形式较多，常用的有桶形掏槽和螺旋掏槽等。桶形掏槽是充分利用大直径（75～100mm）空孔或数个与装药孔直径相同的空孔，作为岩石爆破后的膨胀空间，爆破后形成桶状槽腔。

由桶形掏槽发展而来的螺旋掏槽，其特点是各装药孔至中心空孔的距离依次递增，其装药孔连线呈螺旋状，并按螺旋线顺序微差起爆，这种方法能够充分利用临空面，提高掏槽效果。后来，又发展了按螺旋装药孔成对布置、至空孔距离逐渐加大的双螺旋掏槽法，

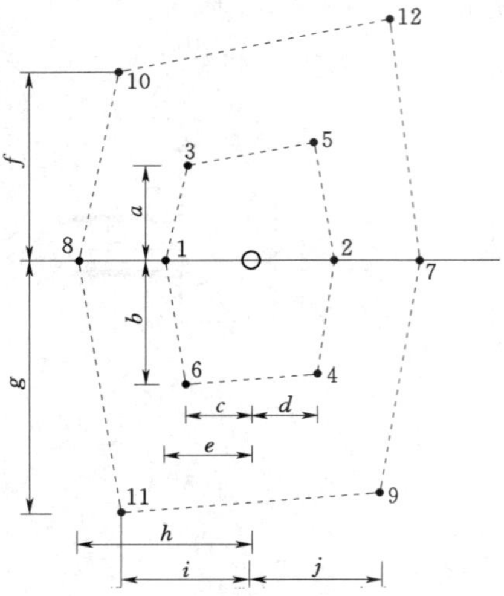

图 6-10　螺旋掏槽示意图
a～j—孔距参数；1～12—起爆顺序

如图 6-10 所示。许多工程实践表明，采用双螺旋掏槽法，由于掏槽效果好，对于提高炮孔利用率及洞室循环掘进的有效进尺具有明显效果。

直孔掏槽适用于各种岩层的隧洞爆破开挖。一般来说，直孔掏槽法所需的炮孔数量及装药消耗量更多，对钻孔的位置与方向要求更高。

三、周边孔光面爆破

采用钻孔爆破法开挖，洞室的轮廓控制主要取决于周边孔的布置及其爆破参数的选择。当周边轮廓控制质量差时，出现严重的超、欠挖，洞壁起伏差异大。其后果是：有衬砌的地下洞室，增加了混凝土的回填量和整修时的二次爆破量；无衬砌的过流隧洞，因糙率增大，将大大降低泄流能力，对围岩的稳定也极为不利。因此，开挖断面上的周边孔，要解决好轮廓控制爆破技术的相关问题，即光面爆破或预裂爆破。

1. 光面爆破的原理与特点

光面爆破是一种能够有效控制洞室开挖轮廓的爆破技术。其基本原理是：在断面设计开挖线上布置间距较小的周边孔，采用特定的减弱装药结构（不耦合装药与间隔装药）等一系列施工工艺，于崩落孔爆破后起爆周边孔内的装药，炸除沿洞周留下的厚度为周边孔爆破最小抵抗线的岩体（光爆层），从而获得较为平整的开挖轮廓。

光面爆破的运用，不仅可以实现洞室断面轮廓成型规整、减少围岩应力集中和局部落石现象、减少超挖和混凝土回填量，而且能够最大限度地减轻爆破对围岩的扰动和破坏，尽可能保存围岩自身原有的承载能力，改善支护结构的受力状况。光面爆破与锚喷支护相结合，能节省大量混凝土，降低工程造价，加快施工进度。光面爆破已成为“新奥法”施工的三大支柱之一。

评价光面爆破效果的主要标准为：开挖轮廓成型规则，岩面平整；围岩壁上的半孔壁保存率不低于50%，且孔壁上无明显的爆破裂隙；超欠挖符合规定要求，围岩上无危石等。

2. 光面爆破的主要参数

光面爆破的主要参数包括：周边炮孔的间距 a、光爆层厚度（或最小抵抗线）W、周边孔密集系数 m、炮孔线装药密度 Q_x、炮孔装药不耦合系数 k 等。

影响光面爆破参数选择的因素很多，主要包括地质条件、岩石特性、炸药品种、一次爆破的断面大小、断面形状、凿岩钻孔机具配置等。光面爆破设计参数通常是采取简单的计算并结合工程类比初步确定后，再通过施工生产性试验加以调整和完善。表 6-1为国内部分水工隧洞开挖的光面爆破参数。表 6-2 是隧洞光面爆破参数设计的一般参考值。

表 6-1 国内部分水工隧洞开挖的光面爆破参数

工程名称	岩性	不耦合系数 k	线装药密度 Q_x /(g/m)	炮孔间距 a /cm	最小抵抗线 W /cm	密集系数 m
隔河岩引水隧洞	石灰岩 页岩	2.25	150～200 50～100	40～50	60～70	0.65～0.75
天生桥一级引水隧洞	泥岩 砂岩	1.56	250～300	40～50	50～60	0.67～0.83
广东抽水蓄能引水隧洞	花岗岩 片麻岩	1.92	289	60	70	0.86
鲁布革水电站引水洞	石灰岩 白云岩	2.0	425	60	100	0.6
东江水电站导流洞	花岗岩	2.0	485	56	70	0.8
太平驿水电站引水洞	中硬岩		360	50～60	50～60	1.0
察尔森水库输水洞	软岩		300	40～50	50～60	0.8～1.0

表 6-2 隧洞光面爆破参数的设计参考值

钻爆参数 / 围岩条件	炮孔间距 a /cm	最小抵抗线 W /cm	线装药密度 Q_x /(g/m)	适用条件
坚硬岩	55～70	60～80	300～350	炮孔直径 D 为 40～50mm，药卷直径为20～25mm，炮孔深为 1.0～3.5m
中硬岩	45～65	60～80	200～300	
软岩	35～50	40～60	80～120	

光面爆破装药量以线装药密度 Q_x(g/m) 表示。恰当的装药量应是既具有破岩所需的能量，又不造成围岩的过度破坏。施工中应根据孔距、光爆层厚度、岩质及炸药种类等综合考虑确定装药量。光爆层厚度是由断面最外圈的崩落孔（通常称二圈孔）决定的。因为二圈孔邻近光爆炮孔，所受夹制作用较大，在爆破中如果装药量过大，这些孔爆破所产生的裂缝，可能会扩展到最终形成的断面以外，因此需要进行减弱装药，实际施工中装药一般控制在其他崩落孔的 1/2～1/3。

3. 光面爆破的技术措施

（1）钻孔精度对获得良好光面爆破效果具有关键作用。在施工中，要采取适当措施确保周边孔达到准、正、平、直、齐的设计要求。

（2）采用不耦合装药结构。光面爆破的不耦合系数 k 一般在 1.25～2.50 范围内。水工隧洞光面爆破的不耦合系数在 2.0 左右比较合适。

（3）严格控制装药集中度。装药过于集中或炮孔全长均匀装药都将影响光爆质量。在有条件时，应优先考虑选用光爆专用炸药卷进行连续装药，并在孔底部位适当加强装药；或者选用导爆索加自制小药卷，用竹片加工成串状装药结构。

（4）在不耦合系数较大并用光爆专用炸药连续装药情况下，应在炮孔内装入一根导爆索，以免由于管道效应而引起熄爆现象。同时，周边孔应尽量同时起爆；若同时起爆引起的爆破地震效应过大，可适当分段起爆。

四、隧洞的钻爆参数设计

隧洞开挖中的爆破参数设计与多种因素有关，如围岩条件、断面尺寸大小、爆破器材质量、凿岩爆破的技术水平等。要根据客观要求，选取适宜的爆破参数，取得最佳爆破效果。

1. 炮孔直径

炮孔直径对凿岩生产率、炮孔数目、单位体积耗药量和洞壁的平整程度均有影响。必须根据岩性、凿岩设备和工具、炸药性能等综合分析，合理选用孔径。一般隧洞掘进开挖爆破的炮孔直径在32～50mm之间。

2. 炮孔深度

炮孔深度是指炮孔底至开挖面的垂直距离。合适的炮孔深度有助于提高掘进速度和炮孔利用率。随着凿岩、装渣运输设备的改进，目前普遍有加长炮孔深度以减少作业循环次数的趋势。炮孔深度一般根据下列因素确定：①围岩的岩性；②凿岩机的允许钻孔长度、操作技术条件和钻孔技术水平；③掘进循环的作业安排。

一般可根据经验和工程类比确定钻孔深度。对于大中断面水工隧洞的开挖，Ⅰ～Ⅱ类围岩，钻孔深度为3～4.5m；Ⅲ～Ⅳ类围岩，钻孔深度为2～3m；对于小断面隧洞，钻孔深度一般为1.2～2.0m。

3. 单位体积耗药量

单位体积耗药量 q 取决于岩性、断面大小、炮孔直径和炮孔深度等多种因素，目前尚无完善的理论计算方法。一般可根据工程类比进行初步估算。表6-3给出了隧洞开挖爆破单位耗药量一般参考值。

$$Q=qLS \tag{6-2}$$

式中：Q 为一个循环的总装药量，kg；q 为爆破每立方米岩石所需的炸药量，kg/m^3；L 为炮孔深度或设计循环进尺，m；S 为开挖断面面积，m^2。

4. 总装药量的分配

根据类比法或工程经验，及各类炮孔的不同要求，初步确定各类炮孔数目，然后根据用药平衡的原则，将上述每一循环总的装药量 Q 分配到各个炮孔中去，并在爆破开挖过程中加以检验和修正。由于各类型炮孔的作用目的及受到岩石夹制情况不同，单孔的装药量会有较大的不同。各类炮孔的装药量可根据表6-4炮孔装药系数 α（装药长度与炮孔全长的比值）进行分配。当采用直孔掏槽时，掏槽孔可适当增加10%～20%，以保证掏槽效果。

表6-3　隧洞开挖爆破所需的单位耗药量 q 参考值　　单位：kg/m^3

开挖断面面积/m^2	围岩类别				开挖断面面积/m^2	围岩类别			
	Ⅰ	Ⅱ～Ⅲ	Ⅲ～Ⅳ	Ⅳ～Ⅴ		Ⅰ	Ⅱ～Ⅲ	Ⅲ～Ⅳ	Ⅳ～Ⅴ
4～6	2.9	2.3	1.7	1.6	13～15	2.1	1.7	1.4	1.2
7～9	2.5	2.0	1.6	1.3	16～20	2.0	1.6	1.3	1.1
10～12	2.25	1.8	1.5	1.2	40～43	1.4	1.1		

表 6-4　　炮孔装药系数 α 值

炮孔名称＼围岩类别	Ⅰ	Ⅱ	Ⅲ	Ⅳ，Ⅴ	炮孔名称＼围岩类别	Ⅰ	Ⅱ	Ⅲ	Ⅳ，Ⅴ
掏槽孔	0.65～0.80	0.60	0.55	0.50	周边孔	0.60～0.75	0.55	0.45	0.40
崩落孔	0.55～0.70	0.50	0.45	0.40					

五、隧洞开挖爆破施工

采用钻孔爆破法进行地下洞室的开挖，其施工工序包括钻孔、装药、堵塞、起爆、通风散烟、安全检查与处理、初期支护、出渣运输等，这通常称为地下洞室掘进的一次循环作业。按此工序，洞室施工一个循环接一个循环，周而复始，直至掘进开挖完成。

1. 钻孔

钻孔是隧洞爆破开挖中的主要工序，工作强度较大，所花时间约占循环时间的 1/4～1/2。目前广泛采用的钻孔设备为凿岩机和钻孔台车。为保证达到良好的爆破效果，施钻前应由专门人员标出掏槽孔、崩落孔和周边孔的设计位置，最好采用激光系统定位，严格按照标定的炮孔位置及设计钻孔深度、角度和孔径进行钻孔。国外在钻凿掏槽孔时，通常使用带轻便金属模板的掏槽钻孔夹具来保证掏槽孔钻孔的准确性。

2. 装药

装药前应对炮孔参数进行检查验收，测量炮孔位置、炮孔深度是否符合设计要求。然后对钻好的炮孔进行清孔，可用风管通入孔底，利用风压将孔内的岩渣和水分吹出。

确认炮孔合格后，即可进行装药及起爆网路联线工作。应严格按照预先计算好的每孔装药量和装药结构进行装药，如炮孔中有水或潮湿时，应采取防水措施或改用防水炸药。

3. 堵塞

炮孔装药后孔口未装药部分必须用堵塞物进行堵塞。良好的堵塞能阻止爆轰气体产物过早地从孔口冲出，提高爆炸能量的利用率。

常用堵塞材料有砂子、黏土、岩粉等。而小直径炮孔则常用炮泥，它是用砂子和黏土混合配制而成的，其重量比是 3∶1，再加上 20%的水，混合均匀后再揉成直径稍小于炮孔直径的炮泥段。堵塞时将炮泥段送入炮孔，用炮棍适当挤压捣实。堵塞长度与抵抗线有关，一般来说，堵塞长度不能小于最小抵抗线。

4. 起爆

爆破指挥人员要确认周围安全警戒工作完成，方可发出起爆命令；警戒人员应按规定警戒点进行警戒，在未确认撤除警戒前不得擅离职守；要有专人核对装药、起爆炮孔数，并检查起爆网路、起爆电源开关及起爆主线；起爆后，确认炮孔全部起爆，经检查后方可发出解除警戒信号，撤除警戒人员。如发现盲炮，要采取安全防范措施后，才能解除警戒信号。

5. 通风散烟

参见本章第六节。

6. 安全检查与处理

在通风散烟后，应检查隧洞周围特别是拱顶是否有粘连在围岩母体上的危石。对这些危石以前常采用长撬棍处理，但不安全；条件许可时，可以采用轻型的长臂挖掘机进行危石的安全处理。

7. 初期支护

当围岩质量或自稳性较差时，为预防塌方或松动掉块，产生安全事故，必须对暴露围岩进行临时的支撑或支护。

临时支撑的形式很多，有木支撑、钢支撑、预制混凝土或钢筋混凝土支撑、喷混凝土和锚杆支撑等，可根据地质条件、材料来源及安全经济等要求来选择。

喷混凝土和锚杆是一种临时性和永久性结合起来的支护形式，在有条件时，应优先采用。这对于有效控制围岩的松弛变形，发挥围岩的自承能力，具有很好的效果。本章第五节中有专门介绍。

8. 出渣运输

出渣运输是隧洞开挖中费力费时的工作，所花时间约占循环时间的1/3～1/2。它是控制掘进速度的关键工序，在大断面洞室中尤其突出。因此，必须制订切实可行的施工组织措施，规划好洞内外运输线路和弃渣场地，通过计算选择配套的运输设备，拟定装渣运输设备的调度运行方式和安全运行措施。

第三节 掘进机开挖

全断面隧道掘进机（Tunnel Boring Machine，TBM）是一种专用的隧洞开挖设备。它利用机械破碎岩石的原理，完成开挖、出渣及混凝土（钢）管片安装的联合作业，连续不断地进行掘进。

掘进机从20世纪50年代开始在世界范围内得到应用，我国从60年代开始，曾先后在西洱河一级电站、引滦工程新王庄隧洞、天生桥二级引水隧洞、甘肃引大入秦30A隧洞、山西引黄入晋隧洞、万家寨引水工程和秦岭铁道Ⅱ线等工程中应用，四川锦屏二级水电站四条引水隧洞其中两条选用直径12.4m开敞式TBM开挖，施工排水洞选用一台直径7.2m开敞式TBM开挖，带式输送系统出渣，为我国TBM施工积累了宝贵的经验。

一、掘进机的类型和工作原理

掘进机根据破碎岩石的方法，大致可分为挤压式和切削式两种类型。挤压式主要是通过水平推进油缸，使刀盘上的滚刀强行压入岩体，并在刀盘旋转推进过程中，用挤压和剪切的联合作用破碎岩体。切削式利用岩石抗弯、抗剪强度低的特点（仅为抗压强度的1/10～1/20），靠铣削（即剪切）加弯断破碎岩体。

按照掘进机的作业面是否封闭可分为开敞式、单护盾和双护盾掘进机。开敞式掘进机适用于围岩稳定性好的场合，护盾式掘进机适合于围岩较软弱、需进行混凝土（钢）管片安装的场合。

掘进机一般由刀盘、机架、推进缸、套架、支撑缸、皮带机及动力间等部分组成。掘进时，通过推进缸给刀盘施加压力，滚刀旋转切碎岩体，由装在刀盘上的集料斗转至顶部通过皮带机将岩渣运至机尾，卸入其他运输设备运走。为了避免粉尘危害，掘进机头部装有喷水及吸尘设备，在掘进过程中连续喷水、吸尘。图6-11为掘进机的工作循环图，其中：图（a）为机器用支撑板撑住，前后下支撑回缩，推进缸推压刀盘钻掘开始；图（b）

为掘进一个行程，钻掘终止；图（c）为前后下支撑伸出到洞底部、支撑板回缩；图（d）为外机体前移，用后下支撑调整机器方位；图（e）为支撑板撑住洞壁，前后下支撑回缩，为下一个工作循环做好准备。

掘进机开挖方向的控制，多采用激光制导。

二、掘进机的应用及其优缺点

目前已生产的掘进机大多适用于圆形断面，地质条件良好、岩石硬度适中、岩性变化不大的隧洞。对于非圆形断面隧洞的开挖，通常通过调整刀盘倾角来实现。掘进机一般多用于平洞的全断面开挖。对大型隧洞的开挖，也可先采用掘进机开挖导洞，而后采用传统的钻爆方法扩挖。

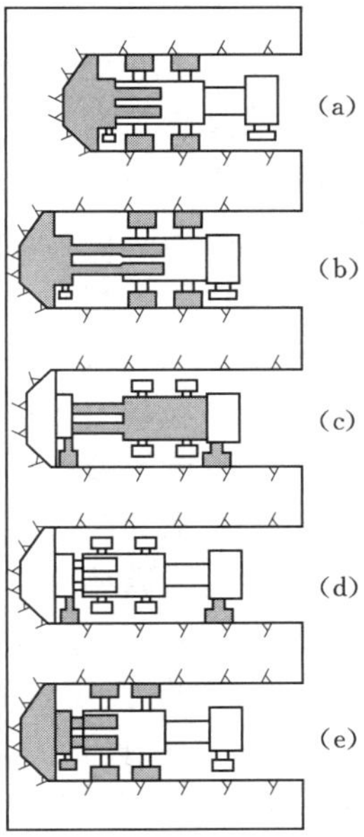

图 6－11　掘进机的工作循环图

掘进机开挖与传统钻爆法比较，具有许多优点：

（1）利用机械切割、挤压破碎，能使掘进、出渣、衬砌支护等作业平行连续地进行，工作条件比较安全，节省劳力，整个施工过程能较好地实现机械化和自动控制。

（2）在地质条件单一、岩石硬度适宜的情况下，可以提高掘进速度；掘进机挖掘的洞壁比较平整，断面均匀，超欠挖量少，围岩扰动少，对衬砌支护有利。

掘进机开挖的主要缺点有：

（1）设备复杂昂贵，安装费工费时。当隧洞长度较短时，采用掘进机并不经济。实践经验表明，当洞径为 3～4m 时，使用掘进机的洞长不宜短于 2～3km；洞径若为 4～7m 时，洞长则不宜短于 4～5km。

（2）掘进机不能灵活适应洞径、洞轴线走向、地质条件与岩性等方面的变化。对于选定的掘进机，其允许的洞径变化不能超过±10%。由于掘进机机身长度的限制，隧洞的转弯半径不能小于 150～450m。对于断层、破碎带等不良地质条件，掘进机的掘进速度将大大降低。对坚硬岩石，刀具磨损很快。

（3）刀具更换、风管送进、电缆延伸、机器调整等辅助工作等占用时间较长。若掘进机发生故障，会影响全部工程的施工。

（4）掘进机掘进时释放大量热量，工作面上环境温度较高，因此要求有较大的通风设备。

由此可见，选择掘进机掘进方案，必须结合工程具体条件，通过技术经济比较确定。

第四节　施工期围岩稳定与锚喷支护

地下洞室的开挖及形成，改变了围岩的原有应力场及边界条件，并在一定程度上影响围岩的力学性能，导致洞室变形，严重时出现掉块甚至坍塌等现象。因此，围岩的稳定是决定地下工程施工成败的关键问题之一。

锚喷支护是地下工程施工中对围岩进行保护与加固的主要技术措施。对于不同地层条件、断面大小和不同用途的地下洞室都表现出较好的适用性。在 DL/T 5099—2011《水工建筑物地下开挖工程施工技术规范》中，明确规定了要优先采用锚喷支护。

锚喷支护技术有很多类型，包括单一的喷混凝土或锚杆支护，喷混凝土、锚杆（索）、钢筋网、钢拱架等分别组合而成的多种联合支护。锚喷支护具有显著的技术经济优势，根据大量工程的统计，锚喷支护较之传统的模注混凝土衬砌，混凝土用量减少 50%，用于支承及模板的材料可全部节省，出渣量减少 15%～25%，劳动力节省 50%，造价降低 50%左右，施工速度加快一倍以上，同时因其良好的力学性能与工作特性，对围岩的支护更合理更有效。

一、围岩压力理论与围岩稳定

地下洞室开挖后产生的围岩失稳，与围岩压力密切相关。围岩在围岩压力的作用下，发生的变形或破坏效应称为围岩失稳。

围岩压力理论的发展大致可以分为 3 个阶段：

（1）20 世纪 20 年代以前主要是古典的压力理论阶段。这类理论认为，作用在支护结构上的压力等于上覆岩层的重量。代表性理论有海姆（Haim，A）、郎金（Rankine，W. J. M）等，其不同之处在于他们对水平压力的侧压系数有不同的理解。

（2）20 实际 20 年代至 60 年代的松散体理论阶段。随着开挖深度的增加，越来越多地发现，古典压力理论不符合实际情况，于是又出现了散体压力理论。这一理论是把岩体视作松散体，认为作用在支护结构上的荷载是围岩塌落拱内的松动岩体重量。有代表性的是泰沙基和普氏理论。

（3）20 世纪 60 年代以后发展起来的支护与围岩共同作用的现代支护理论。这一理论一方面是由于锚喷支护等现代支护型式的出现，保证了围岩不发生坍塌；另一方面是由于岩体力学的发展，由此逐渐形成了以岩体力学原理为基础的，以锚喷支护为代表的，考虑支护与围岩共同作用的现代支护理论。

由于围岩本身的工程地质条件各异，围岩在围岩压力的作用下失稳的形式也有很大的不同，主要由如下几种类型：

（1）破裂。洞室开挖以后，在完整的硬脆性围岩中，当重分布应力超过了岩体的强度，则在应力不利位置将发生开裂、剪断或剥离等互补破坏现象，称为破裂。

（2）掉块或滑移。在裂隙发育或较发育的硬脆性围岩中，岩体常常被分化性结构面分割成大大小小、形态各异、空间位置和方向不同的块体。这些块体在不利因素的作用下发生滑移或坠落，从而围岩失稳。

（3）岩爆。在高应力地区的完整、硬脆性围岩中开挖洞室时，围岩中储存了大量的应变能。完整的岩石在开挖或其他因素的诱导下岩体应变能集中释放，突然爆裂或弹射，发出巨大声响，即为岩爆。岩爆是一种剧烈的围岩失稳现象。

（4）大变形。在软岩、膨胀性岩层或夹有软岩的层状岩层中进行洞室开挖时，围岩在地应力的作用下发生塑性变形，向临空面膨胀或挤出。大变形是一种明显的围岩失稳现象。

（5）坍塌。当洞室在松散的堆积土层中施工时，或隧洞穿过断层破碎带、岩溶等碎裂松散岩层时，围岩发生松动、垮塌或坍塌的现象称为坍塌。坍塌是一种严重的围岩失稳现象，大规模的坍塌即为塌方。

二、新奥法与锚喷支护的原理

20 世纪 50 年代开始发展起来的新奥地利隧道工程法（简称新奥法），特别强调锚喷支护措施的应用。现代意义的锚喷支护技术就是建立在新奥法核心思想或理论基础上的，以此为基础，开展支护方案的选择、支护结构的设计、支护顺序的安排、支护工艺的实施，特别是支护时机的确定，将有利于全面发挥锚喷支护的作用，确保地下洞室围岩的安全稳定。

新奥法的核心思想是“在充分考虑围岩自身承载能力的基础上，因地制宜地搞好地下洞室的开挖与支护”。作为一个完整的概念，它强调运用光面爆破（或其他破坏围岩最小的开挖方法）、锚喷支护和施工过程中的围岩稳定状况监测，此亦称为新奥法的三大支柱。

新奥法运用锚喷支护，是基于如下支护原理：把围岩视为具有弹性、塑性及黏性的连续介质，利用岩体开挖中洞室变形的时间效应与空间效应，适时采用既有一定刚度又有一定柔性的支护结构主动加固近壁围岩，使围岩的变形受到抑制，同时与围岩共同形成具有抵抗外力作用的承载拱圈或称广义的复合支护系统，从而有效增加洞室围岩的稳定性。

锚喷支护特别强调合适的支护时机。过早了，支护结构要承担围岩向着洞室变形而产生的形变压力，这样不仅不经济，而且可能导致支护结构破坏；过迟了，围岩会因过度松弛而使岩体强度大幅度下降，甚至导致洞室破坏。正确的做法是：在洞室开挖后，先让其产生一定的变形，再施作一定的柔性支护，使围岩与支护在加以限制的情况下共同变形，不致发展到有害的程度。

锚喷支护的正确运用，必须特别重视支护结构、支护构筑时机、围岩应力状态及围岩变形过程四者的相互关系，图 6－12 体现了它们之间的相互作用关系。

洞室的开挖使围岩产生向内空间的变形，为保持围岩的稳定，必须向围岩施加一个约束力即支护反力，以限制这种变形的自由发展。若允许的围岩变形量较大时，对围岩施加的约束力（支护力）可以小些，反之，则需要较大的约束力。在图 6－12 中的 1 号线，反映了围岩变形量 Δ 与约束力 P_i 的关系。若围岩支护过迟或支护的约束力不够，围岩的变形就会继续发展，达到 Δ_k 时，围岩将出现坍塌失稳，岩体松塌所形成的压力作用在支护结构上（3 号线）。由图可知，变形超过 Δ_k 后，所需的支护力将越来越大。因此，支护结构的施作，应该在围岩出现 Δ_k 或相应时间 T_k 之前完成并发挥作用。

理论上，在 T_k 时提供支护反力 P_{ik} 是最小的，即支护是最经济的。由于支护结构的强度增长有一个发展过程（4 号线为强度增长曲线），在实际工程中还必须留有余地，因此支护结构宜在 T_k 之前施作并发挥作用。于是，往往要提前在 T_0 开始进行支护，T_0 就是新奥法强调的“适时支护”的时刻。

图中 2 号线表示未进行支护时洞室围岩变形率随时间的发展过程。正常情况下，在成洞初期，围岩变形率最大，其后，变形率逐渐减小。对于一般情况的围岩，其绝大部分的变形均在 3～7d 内完成的。因此在 T_0 时开始施作支护结构，便可有效地抑制围岩的变形，使围岩变形按 5 号线的规律发展，并控制在设计允许的变形 Δ_A 以内（小于 Δ_k），其支护力达到 P_{iA}。当然，对于围岩特性、断面尺寸、开挖方法及技术和结构要求不同的地下洞室，P_{iA} 值及 T_0 值是不一样的，因而其支护结构设计与支护时机均会有较大不同。

新奥法施工中，锚喷支护一般分两期进行：①初期支护，在洞室开挖后，适时采用薄层的喷混凝土支护，建立起一个柔性的“外层支护”，必要时可加锚杆或钢筋网、钢拱架等措施，同时通过量测手段，随时掌握围岩的变形与应力情况。初期支护是保证施工早期洞室安全稳定的关键；②二期支护，待初期支护后且围岩变形达到基本稳定时，进行二期支护，如复喷混凝土、锚杆加密，也可采用模注混凝土衬砌，进一步提高其耐久性、防水性、安全系数及表面平整度等。

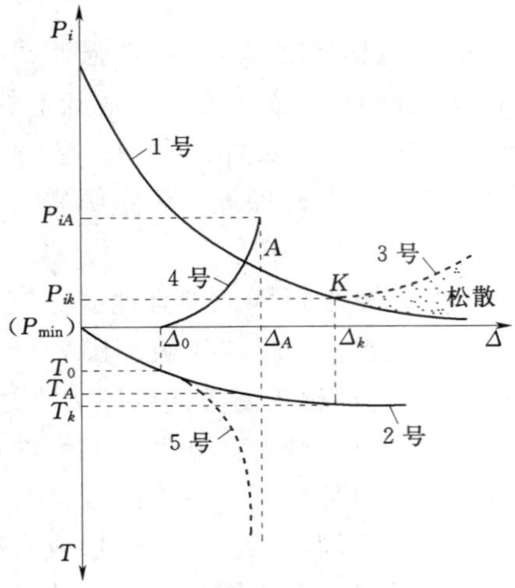

图 6-12 支护与围岩变形的关系曲线

三、锚喷支护的作用与选型

锚喷支护的作用是加固与保护围岩，确保洞室的安全稳定。由于围岩条件复杂多变，其变形、破坏的形式与过程多有不同，各类支护措施及其作用特点也就不相同。在实际工程中，尽管围岩的破坏形态很多，但总起来看，可以归纳为局部性破坏和整体性破坏两大类。

1. 局部性破坏

局部性破坏的表现形式包括开裂、错动、崩塌等，多发生在受到地质结构面切割的坚硬岩体中。这种破坏有时是非扩展性的，即到一定限度不再发展；有时是扩展性的，即个别岩块首先塌落，然后由此引起连锁反应而导致邻近较大范围甚至是整个断面的坍塌。

对于局部性破坏，只要在可能出现破坏的部位对围岩进行支护就可有效地维持洞体的稳定。实践证明，锚喷支护是处理局部性破坏的一种简易而有效的手段。利用锚杆的抗剪与抗拉能力，可以提高围岩的 c、φ 值及对不稳定块体进行悬吊。而喷混凝土支护，其作用则表现在：①填平凹凸不平的壁面，以避免过大的局部应力集中；②封闭岩面，以防止岩体的风化；③堵塞岩体结构面的渗水通道、胶结已经松动的岩块，以提高岩层的整体性；④提供一定的抗剪力。

2. 整体性破坏

整体性破坏也称强度破坏，是大范围内岩体应力超限所引起的一种破坏现象。常见的形式为压剪破坏，多发生在围岩应力大于岩体强度的场合，表现为大范围塌落、边墙挤出、底鼓、断面大幅度缩小等破坏形式。出现应力超限后，再任围岩变形自由发展，将导致岩体强度大幅度下降。在这种情况下应采取整体性加固措施，对隧洞整个断面进行支护，而且某些部位的加固措施还要到达稳定岩层的一定深度。为达到这一目的，常采用初复式喷混凝土与系统锚杆支护相结合的方法，这样不仅能够加固围岩，而且可以调整围岩的受力分布。另外，喷混凝土锚杆钢筋网支护和喷混凝土锚杆钢拱架支护等不同支护复合型式，对处理整体性破坏也有很好的效果。

由于围岩状况的复杂性及锚喷支护理论尚处在发展中，对于具体的地下洞室支护结构型式选择与参数设计，目前一般采用工程类比和现场测试相结合的方法。根据大量工程实践的分析与总结，表 6-5 为不同类别围岩条件下建议的支护类型与设计参数。

表 6-5　　地下洞室锚喷支护的型式和设计参数

围岩类别	围岩特征	毛洞跨度/m	支护型式和设计参数
Ⅰ	稳定 围岩坚硬，致密完整，不易风化的岩层	2～5 5～10 10～15 15～25	不支护 不支护或拱部5cm厚喷混凝土 5～8cm厚喷混凝土，2.0～2.5m长锚杆 8～15cm厚喷混凝土，2.5～4.0m长锚杆
Ⅱ	稳定性较好 坚硬、有轻微裂隙的岩层	2～5 5～10 10～15 15～25	3～5cm厚喷混凝土 5～7cm厚喷混凝土，1.5～2.0m长锚杆 8～12cm厚喷混凝土，2.0～2.5m长锚杆 喷12～20cm厚喷混凝土，2.5～4.0m长锚杆
Ⅲ	中等稳定 节理裂隙中等发育，易引起小块掉落的火成岩、变质岩；中等坚硬的沉积岩	2～5 5～10 10～15 15～20	5cm厚喷混凝土，1.5～2.0m长锚杆 8～10cm厚喷混凝土，2.0～2.5m长锚杆，必要时配置钢筋网 10～15cm厚钢筋网喷混凝土，2.5～3.0m长锚杆 15～20cm厚钢筋网喷混凝土，3.0～4.0m长锚杆
Ⅳ	稳定性较差 节理裂隙发育的强破碎岩层；裂隙明显张开、夹杂较多黏土质充填物的岩层或其他稳定性较差的岩层	2～5 5～10 10～20	8～10cm厚喷混凝土，1.5～2.0m长锚杆 10～15cm厚钢筋网喷混凝土，2.0～2.5m长锚杆 15～20cm厚钢筋网喷混凝土，2.5～3.5m长锚杆
Ⅴ	不稳定 严重的构造软弱带、大断层，易风化解体剥落的松软岩层或其他不稳定岩层	2～5 5～10	12～15cm厚钢筋网喷混凝土，1.5～2.0cm长锚杆，必要时加仰拱 15～20cm厚钢筋网喷混凝土，2.0～3.0m长锚杆，加仰拱，必要时采用钢拱架

四、锚杆支护及其施工工艺

锚杆是用金属（主要是钢材）或其他高抗拉性能材料制作的杆状构件，配合使用某些机械装置、胶凝介质，按一定施工工艺，将其锚固于地下洞室围岩的钻孔中，起到加固围岩、承受荷载、阻止围岩变形的目的。

在工程中，按锚杆与围岩的锚固方式，基本上可分为集中锚固和全长锚固两类。

楔缝式锚杆和胀壳式锚杆是属于集中锚固的两种锚杆，如图 6-13（a）、（b）所示。它们是由锚杆端部的楔瓣或胀圈扩开以后所提供的嵌固力而得到锚固的。

全长锚固的锚杆有砂浆锚杆和树脂锚杆等，如图 6-13（c）、（d）、（e）、（f）、（g）所示，它们是由水泥砂浆或树脂在杆体和锚孔间所提供的摩擦力和黏结力而得到锚固的。全长锚固的锚杆由于锚固可靠耐久（这在松软岩体中效果尤为显著），工程建设中运用较多。

其中，由水泥砂浆胶结的螺纹钢筋锚杆，由于施工简便，经济可靠，使用更为普遍。

随着我国基本建设速度的加快，有许多大跨度、大断面的地下洞室在十分复杂的岩体中修建，对锚杆材料及锚固介质有更高的要求。如采用高强度或超高强度的金属作为杆件材料，并对杆体进行冷拉、滚丝处理，可大大提高支护效果。树脂是一种高分子材料，具有优越的黏结性能，较之以快硬水泥为主要材料的砂浆锚固，在施工中具有较好的操控性和可靠性。

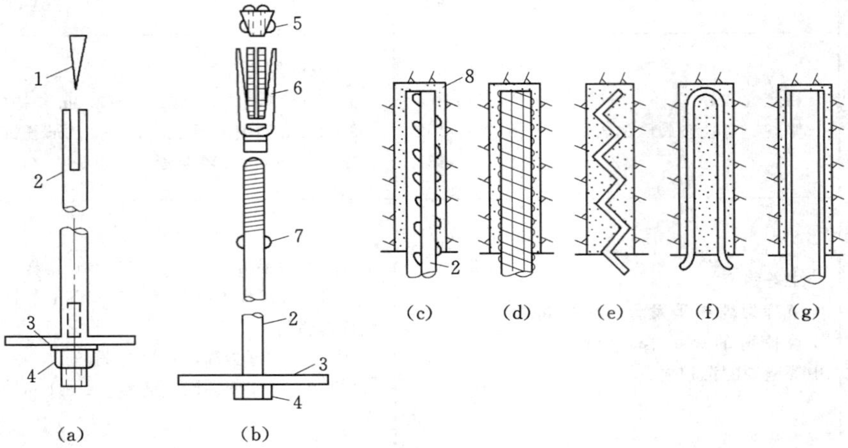

图 6-13 锚杆的类型

(a) 楔缝式锚杆；(b) 胀壳式锚杆；(c) 螺纹或竹节钢筋砂浆锚杆；(d) 中空螺纹或竹节钢筋砂浆锚杆；(e) 波浪形钢筋砂浆锚杆；(f) 倒 U 形钢筋砂浆锚杆；(g) 钢管砂浆锚杆

1—楔块；2—锚杆；3—垫板；4—螺帽；5—锥形螺帽；6—胀圈；7—突头；8—水泥砂浆或树脂

根据围岩变形与破坏的特性，从发挥锚杆不同作用考虑，锚杆在洞室的布置有局部（随机）锚杆和系统锚杆。

1. 局部（随机）锚杆

主要用来加固危石，防止掉块。锚杆参数按悬吊理论计算。悬吊理论认为不稳定岩体的重量（或滑动力）应全部由锚杆承担，即

$$n\frac{\pi d^2}{4}R_g \geqslant \gamma V g \tag{6-3}$$

式中：n 为锚杆根数；d 为锚杆的计算直径，cm；R_g 为锚杆的设计抗拉强度，N/cm^2；γ 为危岩密度，kg/m^3；V 为危岩的体积，m^3；g 为重力加速度，m/s^2。

对于洞室侧壁有滑动倾向的危岩，上式右边项应为危岩的滑动力和抗滑力的代数和。

为了保证危岩的有效锚固，锚杆应锚入稳定岩体，锚入深度应满足下式要求：

$$L_1 \geqslant \frac{dR_g}{4\tau} \tag{6-4}$$

式中：L_1 为锚杆锚入稳定岩体的深度，cm；τ 为砂浆与锚杆的黏结强度，N/cm^2；其余符号意义同式（6-3）。

因此，加固危岩的锚杆总长度应为

$$L=L_1+L_2+L_3 \tag{6-5}$$

式中：L 为锚杆的总长度，cm；L_2 为锚杆穿过危岩的长度，cm；L_3 为锚杆外露的长度，一般取 5～15cm。

2. 系统锚杆

一般按梅花形排列，连续锚固在洞壁内。它们将被结构面切割的岩块串联起来，保持和加强岩块的联锁、咬合和嵌固效应，使分割的围岩组成一体，形成一连续加固拱，提高围岩的承载能力。

系统锚杆不一定要锚入稳定岩层。当围岩破碎时，用短而密的系统锚杆，同样可取得较好的锚固效果。

锚杆施工应按施工工艺严格控制各工序的施工质量。下面主要介绍水泥砂浆锚杆的施工方法。

水泥砂浆锚杆的施工，可以先压注砂浆后安设锚杆，也可以先安设锚杆后压入砂浆。其施工顺序主要包括：钻孔、钻孔清洗、压注砂浆和安设锚杆等。

钻孔时要控制孔位、孔向、孔径、孔深符合设计要求。一般要求孔位误差不大于20cm，孔向尽可能垂直岩层的结构面，孔径比锚杆直径大 10mm 左右，孔深误差不大于 5cm。

钻孔清洗要彻底，可用高压风将孔内岩粉积水冲洗干净，以保证砂浆与孔壁的黏结强度。

压注砂浆要密实饱满，不允许有气泡残留。先注砂浆后设锚杆时，注浆管宜插入孔底，随砂浆的注入徐徐匀速拔出，拔管过快会使砂浆脱节。砂浆应拌和均匀，随拌随用，砂浆配合比应符合设计要求，一般水泥和砂的重量比为 1：1～1：2，水灰比 0.38～0.45。砂子要洁净过筛，控制粒径不大于 3mm，以防堵管。

安设锚杆应徐徐插入，插至孔底后，立即在孔口楔紧，待砂浆凝固再拆除楔块。

先设锚杆后注砂浆的施工工艺，基本要求同上。

五、喷混凝土的施工

喷混凝土是将水泥、砂、石和外加剂（速凝剂）等材料，按一定配比拌和后，装入喷射机中，用压缩空气将混合料压送到喷头处，与水混合后高速喷到作业面上，快速凝固在被支护的洞室壁面，形成一种薄层支护结构。

这种支护结构在凝固初期，有一定强度和柔性，能适应围岩的松弛变形，减少围岩的变形压力。喷混凝土不但与围岩表面有一定黏结力，而且能充填围岩的缝隙，将分离的岩面黏结成整体，提高围岩的自身强度，增强围岩抵抗变形和松动的能力；喷凝土还能封闭围岩，防止风化，缓和应力集中，是一种高效、早强、经济的轻型支护结构。

1. 喷混凝土材料

喷混凝土的原材料与普通混凝土基本相同，但在技术要求上有一些差别。

（1）水泥。喷混凝土的水泥以选用普通硅酸盐水泥为好，等级应不低于 C45 号，以使喷射混凝土在速凝剂的作用下，早期强度增长快，干硬收缩小，保水性能好。

（2）砂子。一般采用坚硬洁净的中、粗砂，平均粒径 0.35～0.5cm。砂子过粗，容易产生回弹；过细，不仅会增加水泥用量，而且会增加混凝土的收缩，降低混凝土的强度。砂子的含水率对喷射工艺有很大影响。含水率过低，混合料在管路中容易分离，造成堵管，喷射时粉尘较大；含水率过高，集料有可能发生胶结。工程实践证明中砂或中粗砂的含水率以4%～6%为宜。

(3) 石料。碎石、卵石都可以用作喷混凝土的粗骨料。石料粒径为5～20mm，其中大于15mm的颗粒宜控制在20%以下，以减少回弹，保证输料管路的畅通。石料使用前应经过筛洗。

(4) 水。喷混凝土用水与一般混凝土对水的要求相同。地下洞室中的混浊水和一切含酸、碱的侵蚀水不能使用。

(5) 速凝剂。为加快喷混凝土凝结硬化过程，提高早期强度，增加一次喷射的厚度，提高喷混凝土在潮湿含水地段的适应能力，需在喷混凝土中掺加速凝剂。速凝剂应符合国家标准，其初凝时间不大于5min，终凝时间不大于10min。

2. 主要施工工艺

喷混凝土的施工方法主要有干喷、湿喷及裹砂法三种。

(1) 干喷法。将水泥、砂、石和速凝剂加微量水干拌后，用压缩空气输送到喷嘴处，再与适量水混合，喷射到岩石表面。也可以将干混合料压送到喷嘴处，再加液体速凝剂和水进行喷射。这种施工方法，便于调节加水量，控制水灰比，但喷射时粉尘较大。

(2) 湿喷法。将集料和水拌匀后送到喷嘴处，再添加液体速凝剂，并用压缩空气补给能量进行喷射。湿喷法主要改善了喷射时粉尘较大的缺点。

为了进一步改善喷混凝土的施工工艺，控制喷射粉尘，在工程实践中还研究出如水泥裹砂法（SEC法）、双裹并列法和潮料掺浆法等喷混凝土新工艺。

图6-14分别介绍了干喷法、湿喷法及水泥裹砂法的喷射工艺流程。

3. 施工技术要求

为了保证喷混凝土的质量，必须严格控制有关的施工参数，注意以下施工技术要求。

(1) 风压。正常作业时喷射机工作室内的风压，一般为0.2MPa。风压过大，喷射速度高，混凝土回弹量大，粉尘多，水泥耗量大；风压过小，则混凝土不密实。

(2) 水压。喷头处的水压必须大于该处风压，并要求水压稳定，保证喷射水具有较强的穿透集料的能力。水压不足时，可设专用水箱，用压缩空气加压，以保证集料能充分湿润。

(3) 喷射方向和喷射距离。喷头与受喷面应尽量垂直，偏角宜控制在20°以内，利用喷射料束抑阻集料的回弹，以减少回弹量。喷头与受喷面的距离，与风压和喷射速度有关。据试验，当喷射距离为1.0m左右时，对于提高喷射质量、减少集料回弹都比较理想。

(4) 喷射区段和喷射顺序。喷射作业应分区段进行，区段长度一般为4～6m。喷射时，通常先墙后拱，自下而上，先凹后凸，顺序进行，以防溅落的灰浆粘附于未喷岩面，影响喷混凝土的黏结强度。

(5) 喷射分层和间歇时间。当喷混凝土设计厚度大于10cm时，一般应分层喷射。一次喷射厚度，边墙控制在6～10cm，顶拱3～6cm，局部超挖处可稍厚2～3cm，掺速凝剂时可厚些，不掺时应薄些。一次喷射太厚，容易因自重而引起分层脱落或与岩面脱开；一次喷射太薄，若喷射厚度小于最大骨料粒径，则回弹率又会迅速提高。

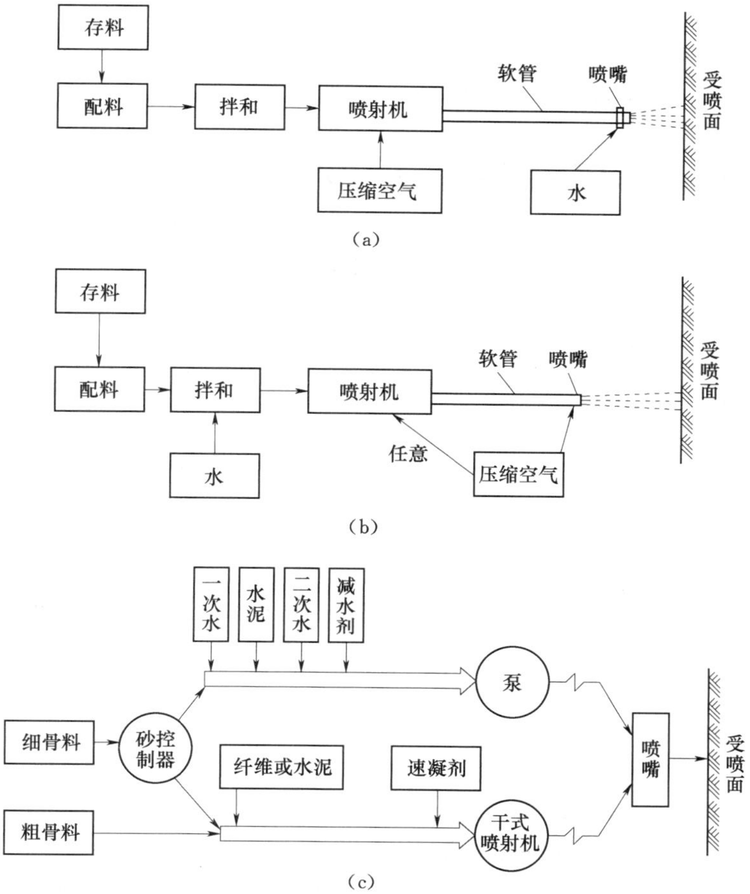

图 6-14 不同喷射方式的工艺流程图

(a) 干喷法；(b) 湿喷法；(c) 水泥裹砂法

分层喷射时，后一层喷射应在前一层混凝土终凝后进行，但也不宜间隔过久，若终凝1～2h 后再进行喷射，应用风水清洗混凝土表面，以利层间结合。

当喷混凝土紧跟开挖面进行时，从混凝土喷完到下一次循环放炮的时间间隔，一般不小于 3h，以保证喷混凝土强度有一定增长，避免引起爆震裂缝。

(6) 喷混凝土的养护。喷混凝土单位体积的水泥用量比较大，凝结硬化快，为使混凝土强度均匀增长，减少或防止不正常的收缩，必须加强养护。一般喷完后 2～4h 开始洒水养护，并保持混凝土的湿润状态，养护时间不少于 14d。

第五节 衬 砌 施 工

隧洞混凝土和钢筋混凝土衬砌的施工，有现浇、预填骨料压浆和预制安装等方法。

现浇衬砌施工，与一般混凝土及钢筋混凝土施工基本相同。下面仅就地下洞室施工的特点，作一些说明。

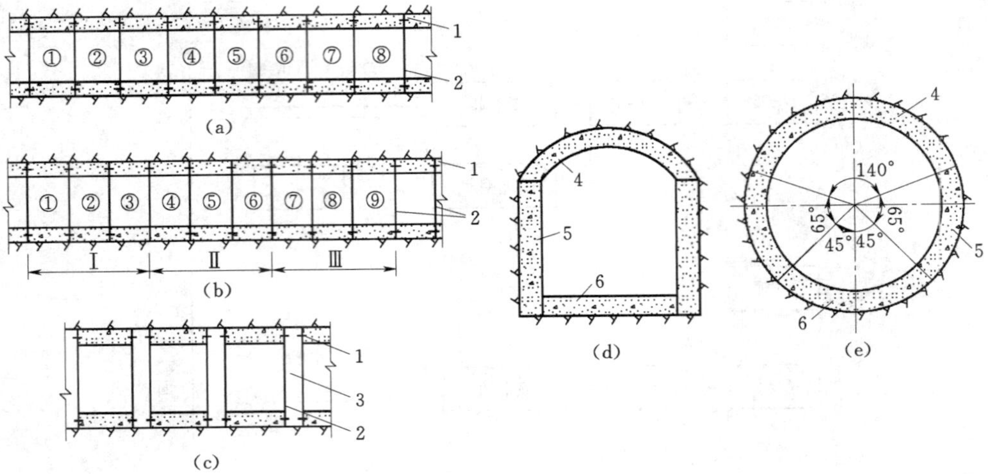

图 6-15　平洞衬砌施工中的分缝分块

(a) 跳仓浇筑（先浇①，③，⑤，…段，后浇②，④，⑥，…段）；(b) 分段流水浇筑（在大段Ⅰ，Ⅱ，Ⅲ，…之间进行流水作业）；(c) 分段留空当浇筑（空当约宽 1m、最后浇筑）；(d) 在结构转折点设施工缝；(e) 在内力较小部位设施工缝

1—止水；2—分缝；3—空当；4—顶拱；5—边拱（边墙）；6—底拱（底板）

①，②，…，⑨—分段序号；Ⅰ，Ⅱ，Ⅲ—流水段号

1. 平洞衬砌的分缝分块及浇筑顺序

平洞的衬砌，在纵向通常分段进行浇筑。当结构上设有永久伸缩缝时，可以利用永久缝分段。当永久缝间距过大或无永久缝时，则应设施工缝分段。分段长度一般为 4～18m，视平洞断面大小、围岩约束特性以及施工浇筑能力等因素而定。

分段浇筑的顺序有：①跳仓浇筑；②分段流水浇筑；③分段留空当浇筑等不同方式，如图 6-15 (a)、(b)、(c) 所示。当地质条件较差时，采用肋拱肋墙法施工，这是一种开挖与衬砌交替进行的跳仓浇筑法。对于无压平洞，结构上按允许开裂设计，可采用滑动模板连续施工方法进行浇筑，以加快衬砌施工，但施工工艺必须严格控制。

衬砌施工在横断面上也可分块进行。一般分成底拱（底板）、边拱（边墙）和顶拱三块，如图 6-15 (d)、(e) 所示。横断面上浇筑的顺序，正常情况是先底拱（底板），后边拱（边墙）和顶拱，其中边拱（边墙）和顶拱，可以连续浇筑，也可以分块浇筑，视模板型式和浇筑能力而定。在地质条件较差时，可以先浇筑顶拱，再浇筑边拱（边墙）和底拱（底板）；有时为了满足开挖与衬砌平行作业的要求，隧洞底板还未清理成形以前，先浇好边拱（边墙）和顶拱，最后浇筑底拱（底板）。

后两种浇筑顺序，由于在浇筑顶拱、边拱（边墙）时，混凝土体下方无支托，应注意防止衬砌的位移和变形，做好分块接头处反缝的处理，必要时反缝要进行灌浆。

2. 平洞衬砌模板

平洞衬砌模板的型式依隧洞洞型、断面尺寸、施工方法和浇筑部位等因素而定。

对底拱而言，当中心角较小时，可以像底板浇筑那样，不用表面模板，只立端部挡板，混凝土浇筑后用型板将混凝土表面刮成弧形即可。当中心角较大时，一般采用悬挂式弧形模板，如图 6－16 所示。目前，使用牵引式拖模连续浇筑或底拱模板台车分段浇筑底拱也获得了广泛应用。

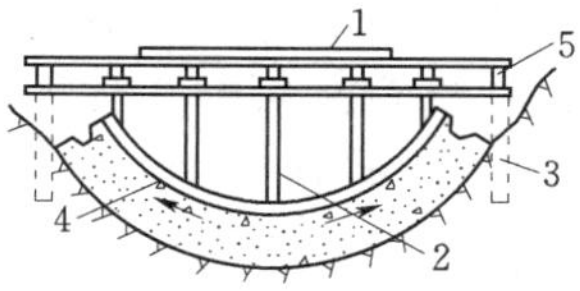

图 6－16　底拱模板

1—仓面板；2—模板桁架；3—桁架支柱；4—弧形模板；5—纵梁（架在仓面板支撑上）

浇筑边拱（边墙）、顶拱时，常用桁架式或钢模台车。

桁架式模板，由桁架和面板组成，如图 6－17 所示。通常是在洞外先将桁架拼装好，运入洞内就位后，再随着混凝土浇筑面的上升，逐次安设模板。

钢模台车是一种可移动的多功能隧洞衬砌模板车。根据需要，它可作顶拱钢模、边拱（墙）钢模以及全断面模板使用，如图 6－18 所示。

圆形隧洞衬砌的全断面一次浇筑，可采用针梁式钢模台车。其施工特点是不需要铺设轨道，模板的支撑、收缩和移动，均依靠一个伸出的针梁，如图 6－19 所示。

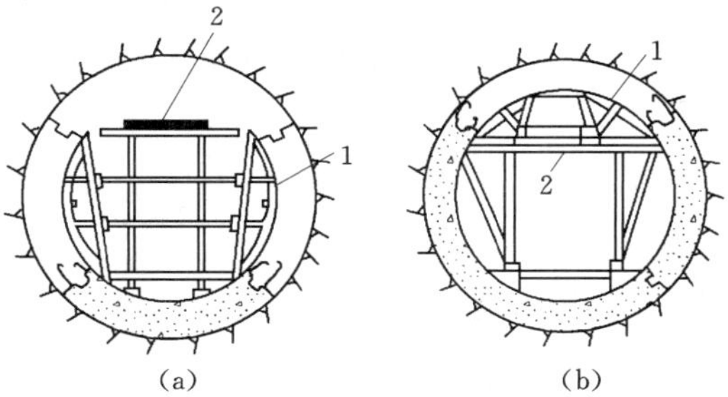

图 6－17　桁架式模板

(a) 边拱桁架式模板；(b) 顶拱桁架式模板

1—桁架式模板；2—工作平台或脚手架

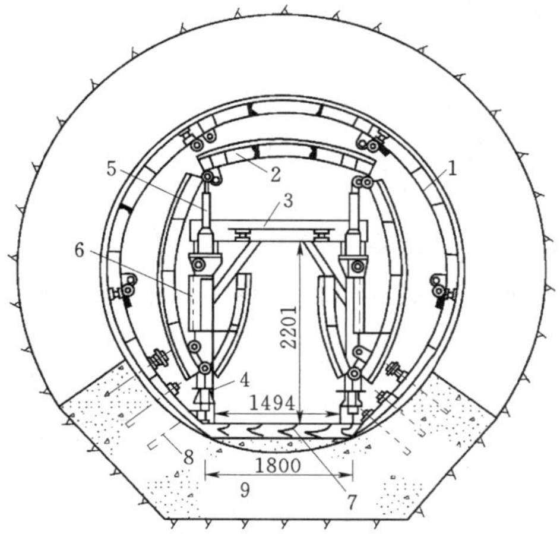

图 6－18　钢模台车简图（单位：mm）

1—架好的钢模；2—移动时的钢模；3—工作平台；4—台车底梁；5—垂直千斤顶；6—台车车架；7—枕木；8—拉筋；9—已浇底拱

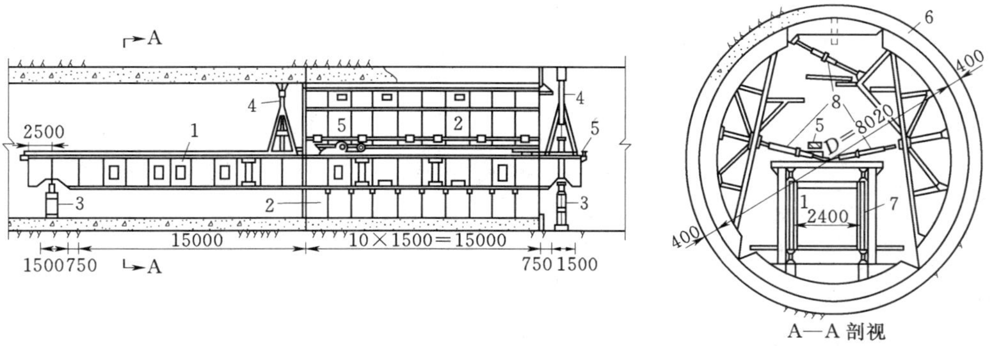

图 6－19　针梁式钢模台车简图（单位：mm）

1—针梁；2—钢模；3—支座液压千斤顶；4—抗浮液压千斤顶；5—行走系统；6—混凝土衬砌；7—行走梁框；8—手动螺栓千斤顶

模板台车使用灵活，周转快，重复使用次数多。用台车进行钢模的安装、运输和拆卸时，一部台车可配几套钢模板进行流水作业，施工效率高。

3. 衬砌的浇筑

隧洞衬砌多采用二级配混凝土。对中小型隧洞，混凝土一般采用斗车或轨式混凝土搅拌运输车，由电瓶车牵引运至浇筑部位；对大中型隧洞，则多采用 3～6m^3 的轮式混凝土搅拌运输车运输。在浇筑部位，通常用混凝土泵将混凝土压送并浇入仓内。

常用的混凝土泵有柱塞式、风动式和挤压式等工作方式。它们均能适应洞内狭窄的施工条件，完成混凝土的运输和浇筑，能够保证混凝土的质量。

泵送混凝土的配合比，应保证有良好的和易性和流动性，其坍落度一般为 8～16cm。

4. 衬砌的封拱

平洞的衬砌封拱是指顶拱混凝土即将浇筑完毕前，将拱顶范围内未充满混凝土的空隙和预留的进出口窗口进行浇筑、封堵填实的过程。封拱工作对于保证衬砌与围岩紧密接触，形成完整的拱圈是非常重要的。

封拱方法多采用封拱盒法和混凝土泵封拱。

封拱盒封拱，如图 6－20 所示。在封拱前，先在拱顶预留一小窗口，尽量把能浇筑的四周部分浇好，然后从窗口退出人和机具，并在窗口四周立侧模，待混凝土达到规定强度后，将侧模拆除，凿毛之后安装封拱盒。封堵时，先将混凝土料从盒侧活门送入，再用千斤顶顶起活动封门板，将盒内混凝土压入待封部位。

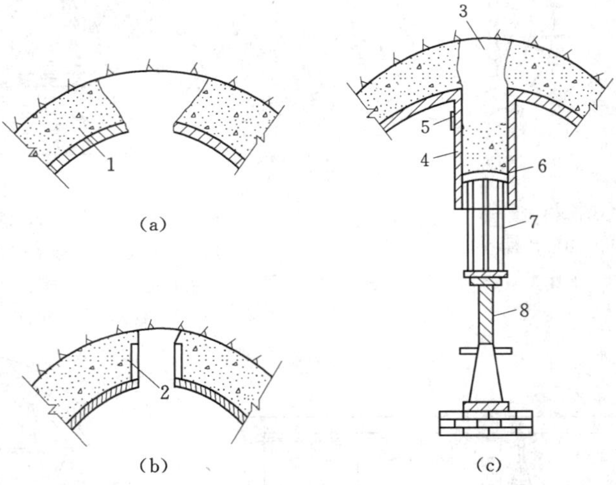

图 6－20　封拱盒封拱示意图

(a) 人工退出窗口时的混凝土浇筑面；(b) 装侧模后预留方孔；(c) 用封拱盒封拱

1—已浇混凝土；2—模框；3—封拱部位；4—封拱盒；5—进料活门；6—活动封门板；7—顶架；8—千斤顶

混凝土泵封拱，如图 6－21 所示。通常在导管的末端接上冲天尾管，垂直穿过模板伸入仓内。冲天尾管的位置应根据浇筑段长度和混凝土扩散半径来确定，其间距一般为 4～6m，离浇筑段端部约 1.5m。尾管出口与岩面的距离，原则上是越贴近越好，但应保证压出的混凝土能自由扩散，一般为 20cm 左右。封拱时应在仓内岩面最高的地方设置排气管，在仓的中央部位设置进人孔，以便入仓进行必要的辅助工作。

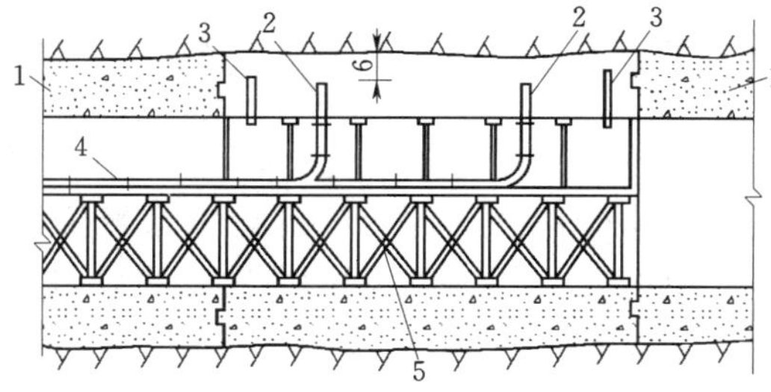

图 6-21　混凝土泵封拱示意图

1—已浇段；2—冲天尾管；3—排气管；4—导管；5—脚手架；6—尾管出口与岩面距离

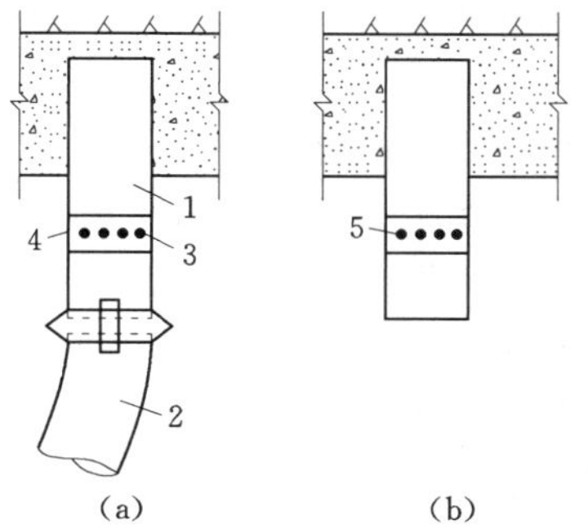

图 6-22　尾管孔眼布置

(a) 浇筑混凝土时的情况；(b) 拆除导管后的情况

1—尾管；2—导管；3—直径 2～3cm 的孔眼；4—薄铁皮铁箍；5—插入孔眼的钢筋

混凝土泵封拱的施工程序是：①当混凝土浇至顶拱仓面时，撤出仓内各种器材，尽量筑高两端混凝土；②当混凝土达到与进人孔齐平时，仓内人员全部撤离，封闭进人孔，同时增大混凝土的坍落度（达 14～16cm），加快混凝土泵的压送速度，连续压送混凝土；③当排气管开始漏浆或压入的混凝土量已超过预计方量时，停止压送混凝土；④去掉尾管上包住预留孔眼的铁箍，从孔眼中插入防止混凝土塌落的钢筋；⑤拆除导管；⑥待顶拱混凝土凝固后，将外伸的尾管割除，并用灰浆抹平，如图 6-22 所示。

5. 压浆混凝土施工

压浆混凝土又称预填骨料压浆混凝土，它是将组成混凝土的粗骨料预先填入立好的模板中，振捣密实后，再利用灌浆泵把水泥砂浆压入，凝固而成结石。这种施工方法适用于钢筋密布、预埋件复杂、不容易浇筑和捣固的部位。洞室衬砌封拱或钢板衬砌回填混凝土时，用这种方法施工，可以明显减轻仓内作业的工作强度和干扰。

【例 6-1】　龙滩水电站地下厂房开挖与支护

龙滩水电站位于广西天峨县境内，是红水河梯级开发中的大（1）型骨干工程。工程以发电为主，兼有防洪、航运等综合效用。引水发电系统的主要建筑物均布置在左岸地下岩体中，设置 9 台机组，装机总容量为 6300MW。该系统的地下洞室包括 9 条引水洞、主副厂房、主变洞、9 条母线洞、3 个调压井、尾水洞、进场交通洞和其他辅助洞室等共有 119 条，形成一个纵横相贯、规模庞大和结构复杂的洞室群，其中地下厂房的尺寸长 388.5m，宽 28.9～30.7m，高 77.3m，是当今世界上最大的地下厂房之一。

地下厂房具有“大跨度、高边墙和多交叉”的结构特点，其围岩由中厚层砂岩、粉砂岩和薄层泥板岩夹少量凝灰岩、硅泥质灰岩组成，对洞室围岩稳定、施工开挖与支护和安全监控均带来挑战。鉴于其工程量大、技术复杂、工序多、干扰大等施工特性，制定了“立面多层次，平面多工序”的平行交叉作业施工方案，自上而下分九层进行施工（图 6-23）。各层的分层特点、施工程序及爆破开挖与支护方法如下。

顶拱层（第Ⅰ层），因其跨度大、周边轮廓质量要求高、喷锚支护与仪埋工程量大，确定顶层的开挖高度为 8.9m 和 9.79m。为有效减缓层状岩体结构造成洞室过快变形及错动，采用两侧导洞（宽 9.0m）超前，支护后再进行中间岩柱扩挖（宽 12.7m）的先墙后拱施工方法。

分别利用右端母线排风兼施工支洞和左端 3 号施工支洞作为施工通道形成多头工作面，以利于爆破开挖与锚喷支护的平行施工。具体施工中，采用三臂凿岩台车造孔，周边轮廓进行光面爆破，PC200 反铲安全处理，两侧导洞出碴用 $3m^3$ 侧装机配 15t 自卸汽车，中部出碴用 $4m^3$ 正铲配 25t 自卸汽车。导洞的支护延后开挖约 30～80m 跟进，系统锚杆孔采用凿岩钻车及喷锚台车造孔、人工配合平台车安插、注浆机注浆的方法，并采用湿喷工艺进行喷射混凝土的支护。

在中间岩柱开挖时，因其断面宽度大、顶拱矢高小（1.5m）及层状岩体的变形特点，对于Ⅱ、Ⅲ类围岩区，采用全断面光面爆破，周边光爆孔的间距为 50cm，线装药密度 110g/m；进入Ⅳ类围岩区，则需采用超前锚杆支护、减弱爆破的方法，开挖进尺控制在 2m 以内，半幅间隔开挖，周边光爆孔的间距减至 40cm。这些措施有效保证了厂房顶拱的开挖质量。

第Ⅱ层，位于岩锚吊车梁区域，对岩锚梁的岩壁和岩台开挖施工质量要求很高。从方便岩壁和岩台的精细施工，两侧开挖高度定为 8.2m，中间高度为 11.3m。

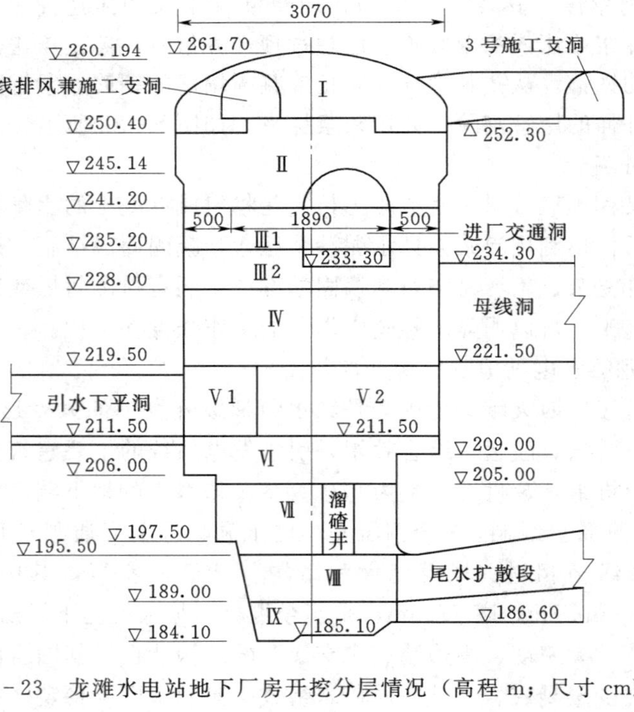

图 6-23　龙滩水电站地下厂房开挖分层情况（高程 m；尺寸 cm）

施工前期可利用Ⅰ层的两条通道在厂房开挖区内以 10%降至Ⅱ层底部进行开挖，后期利用进厂交通洞升坡进行支护及岩锚梁混凝土施工。

第Ⅱ层的开挖，采用两侧预留保护层（5m）、中部开槽（宽度 18.9m）深孔梯段爆破的方法。为有效控制爆破振动对顶拱及边墙的影响，分别在边墙及保护层边界进行预裂爆破。中部开槽超前50～100m，两侧预留保护层则采用台车水平扩挖跟进。

进入岩锚梁的岩台（90cm）开挖时，先对岩台上下方边墙出露围岩进行锚杆和施喷5cm钢纤维混凝土预支护，然后采用手风钻造浅孔、加密周边（间距25cm）光面爆破孔及短进尺多循环的方式进行。为确保岩台及壁面成型质量，施工放样采用红外线激光定位技术，由熟练钻手施钻，炮孔要求“平、直、齐”，精心进行爆破设计，岩台部分及岩台上、下设置不装药的减震孔（导向孔）。

为防止围岩顺层变形，在边墙进行锚索支护，其施工采用MA52－CB和KQJ潜孔钻造孔，人工配合台车安装，滞后开挖面50m与锚杆、喷混凝土平行交叉作业。

第Ⅲ层，由进厂交通洞及联系洞水平进入，层高为10.5m。

该层的开挖方法是：先在保护层边界及边墙处分别进行预裂爆破，再进行中部（宽16.9m）的深孔梯段爆破拉槽，最后两边保护层（6.0m）梯段扩挖跟进。为了减少深孔爆破的振动影响，在岩锚梁混凝土浇筑前，先进行Ⅲ1层（6m）的爆破，爆后不出渣，待混凝土达到28d龄期后，再对Ⅲ1层出渣及余下Ⅲ2层开挖。

锚索施工及锚杆、喷砼作业可平行交叉进行。

第Ⅳ层至第Ⅵ层，可利用进厂交通洞、联系洞以及位于Ⅴ层的引水下平洞提前进入厂房等多个施工通道，从而形成多个开挖和出碴工作面。

这三层的开挖均采用潜孔钻进行深孔梯段钻爆，边墙则进行预裂。为了避免爆破振动对岩锚梁质量及高边墙稳定造成影响，按安全质点振速［V］＝7cm/s来进行安全校核，施工中采用合理的毫秒微差起爆网路，严格控制单响最大药量。

由于引水洞、母线洞等与之主厂房相通，洞室交叉口众多，在开挖至交叉口时提前做好锁口及喷锚支护，个别部位还要求进行洞口混凝土衬砌。

第Ⅶ层为水轮机机窝，层高为9.5m。在其开挖前，下部的厂房Ⅷ、Ⅸ层已通过尾水洞作为通道先期施工，因而第Ⅶ层各基坑的开挖可以分两次进行：先用潜孔钻在基坑内开挖（一次爆通）出一溜渣井（2.0m×2.0m），然后沿导井分段进行扩挖（潜孔钻打孔，一次爆通），钻爆后的弃渣可自然溜至Ⅷ、Ⅸ层，并通过尾水洞运出。

第Ⅷ层和第Ⅸ层，层高分别为6.5m和4.9m，分别由尾水扩散段上层平入和下层斜入。采用液压台车钻爆，基坑四周预留保护层，采用手风钻自上而下开挖，周边进行光面爆破，爆碴通过尾水洞运出。

第六节 地下工程施工的辅助作业

通风、散烟、除尘、排水、照明和风水电供应等，是地下工程施工中的辅助作业。做好这些辅助作业可以改善施工人员作业环境，为加快地下工程施工，创造良好的条件。

一、通风、散烟及除尘

通风、散烟及除尘的目的是为了控制因凿岩、爆破、装渣、喷射混凝土和内燃机运行等而产生的有害气体和岩石粉尘含量，及时供给工作面充足的新鲜空气，改善洞内的温度、湿度和气流速度等状况，创造满足卫生标准的洞内工作环境。这在长隧洞施工中尤为重要。

1. 卫生标准

地下工程施工过程中，洞内空气质量应符合洞内作业的卫生标准，如表 6-6 所示。同时，要求洞内的气温不能超过 28℃，洞内风速满足表 6-7 中的规定。此外，要求工作面附近的最小风速不得低于 0.25m/s；最大风速：平洞、竖井、斜井工作面不得超过 4m/s，在运输洞与通风洞内不得超过 6m/s。

2. 通风方式

洞内通风方式有自然通风和机械通风两种。自然通风只适用在长度不超过 40m 的短洞。实际工程中多采用机械通风。

机械通风的基本形式有压入式、吸出式和混合式三种。

(1) 压入式通风。压入式通风是通过风管将新鲜空气直接送到工作面附近，使污浊空气冲淡，并经由洞身排至洞外，如图 6-24 (a) 所示，图中 S 为开挖面面积。此法的优点是施工人员比较集中的工作面附近能够很快地获得新鲜空气；缺点是污浊空气容易扩散到整个洞室。

(2) 吸出式通风。吸出式通风是通过风管将工作面前的污浊空气吸走并排至洞外，新鲜空气则由洞口流入洞内，如图 6-24 (b) 所示。此法的优点是工作面处的污浊空气能在较短时间内经由管路吸出，避免了沿整个洞室流通扩散；缺点是新鲜空气流到工作面比较缓慢，且易遭污染，对较长的平洞尤为明显。

表 6-6　　洞内空气卫生标准

气体名称	要求（允许）浓度		有害气体最高容许浓度与对应的作业时间	
	体积 /%	重量 /(mg/m³)	最高容许浓度 /(mg/m³)	对应的作业时间
氧气（O_2）	≥20			
二氧化碳（CO_2）	≤0.5			
甲烷（CH_4）	≤1		50	≤1h
一氧化碳（CO）	≤0.0024	≤30	100	≤0.5h
氮氧化合物换算成二氧化氮（NO_2）	≤0.00025	≤5	200	15～20min
二氧化硫（SO_2）	≤0.00050	≤15		反复作业时间的间隔应大于 2h
硫化氢（H_2S）	≤0.00066	≤10		
醛类（丙烯醛）		≤0.3		
含有 10%以上游离二氧化硅的粉尘		≤2	含有 80%以上游离 SiO_2 的生产粉尘不宜超过 1mg/m³	
含有 10%以下游离二氧化硅的水泥粉尘		≤6		
含有 10%以下游离二氧化硅的其他粉尘		≤10		

表 6-7　洞内温度与风速的关系

温　度 /℃	<15	15～20	20～22	22～24	24～28
风速 /(m/s)	<0.5	0.5～1.0	1.0～1.5	1.5～2.0	>2.0

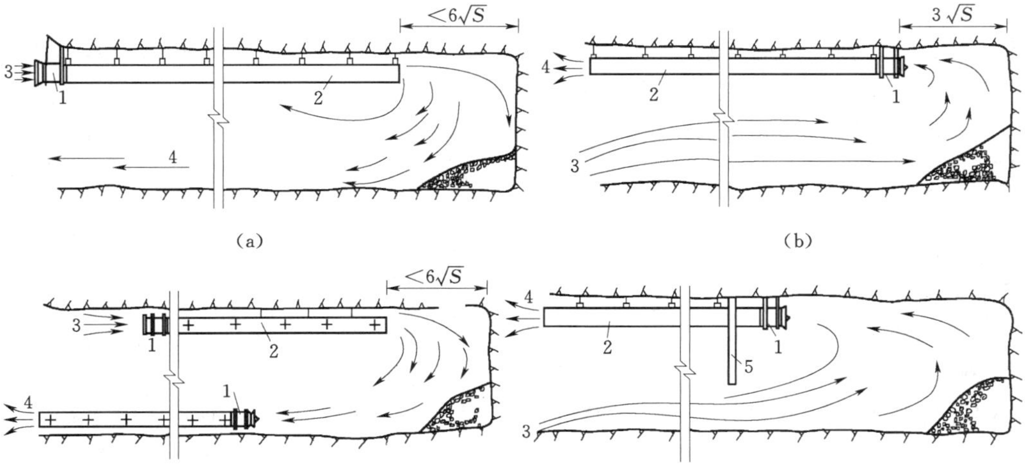

图 6-24　机械通风方式

(a) 压入式；(b) 吸出式；(c) 混合式；(d) 带帘幕的通风方式

1—风机；2—风筒；3—新鲜空气；4—污浊气体；5—帘幕

(3) 混合式通风。混合式通风是在经常性供风时用压入式，爆破后进行定期通风时用吸出式，通过上述两种通风方式的结合可以充分发挥它们各自的优点，如图 6-24 (c) 所示。

有时为了充分发挥风机效能，加快换气速度，施工中常利用帆布、塑料布或麻袋等制成帘幕，防止炮烟扩散，使排除污浊气体的范围缩小。帘幕设在靠近工作面处，但要有一定的防爆距离，一般为 12～15m。有条件时也可以设置水幕或压气水幕来代替帆布一类的帘幕，如图 6-24 (d) 所示。

机械通风方式的选择，取决于洞室型式、断面大小和隧洞长度。竖井、斜井和短洞开挖，可采用压入式通风；小断面长洞开挖时，宜采用吸出式通风；大断面长洞开挖时，宜采用混合式通风。

在改善通风的同时，还要重视粉尘和有害气体的控制。湿钻凿岩、爆破后喷雾降尘、出渣前对石渣喷水防尘等都是降低空气中粉尘含量行之有效的措施。洞内施工严禁使用汽油发动机，使用柴油机时，宜加设废气净化装置，降低有害尾气的排放。

3. 通风量计算

通风量的计算，可根据下列三种情况分别计算，取其中最大者，并应根据通风方式和长度考虑漏风增加值，漏风系数一般取 1.2～1.5。

（1）施工人员所需的通风量为

$$Q=mp \tag{6-6}$$

式中：Q为通风量，m^3/min；m为同时在洞内工作的最多人数；p为每人所需的通风量，一般取$3m^3/min$。

（2）冲淡有害气体的通风量为

$$Q=\frac{AB}{(1000\times 0.02\%)t}=\frac{5AB}{t}=10A \tag{6-7}$$

式中：A为工作面上同时爆破的最大炸药量，kg；B为每千克炸药产生的一氧化碳气体量，按$B=40L/kg$计算；t为通风时间，可采用20min。

式（6-7）中，1000表示$1m^3$等于1000L；0.02%表示爆破后连续通风使一氧化碳浓度降至0.02%时，施工人员可进入工作面工作。此外，在开挖过程中若有其他有害气体时，应保证将其冲淡至表6-6规定的浓度。

（3）洞内使用柴油机械施工时的通风量按每马力$3m^3/min$风量，并与同时工作人员所需风量相加计算。

计算的通风量应按最大、最小容许风速和洞室温度所需的风速进行校核。

【例6-2】 锦屏二级水电站地下厂房系统施工期通风方案

锦屏二级水电站总装机容量4800MW。工程枢纽主要由首部拦河闸、引水系统和地下厂房三大部分组成。厂区枢纽主要由上游调压室、高压管道、地下厂房系统、尾水隧洞、尾闸室以及尾水出口等建筑物组成。其中地下厂房系统主要由主副厂房洞、主变洞、出线场、母线洞、进厂交通洞、通风兼安全洞、厂顶排风排烟洞、主变进风洞、主变排风洞以及排水廊道等建筑物组成。

该工程地下洞室密集，并且直接对外的洞口较少，交通运输主要集中在进厂交通洞内，且开挖运输高峰强度高。根据类似地下工程施工经验，通风散烟、除尘的影响是连续性的，结合此工程地下洞群施工程序及施工进度安排，施工通风总体上分为三期布置：

一期通风：主厂房开工时，厂房上层施工通道已经贯通，同时也已具备厂顶排风排烟洞施工条件，尽早贯通厂房、主变洞中导洞及厂顶排风排烟竖井，并增设两条通风竖井，使工程前期就形成较好的通风环境。因此厂房一期通风采用两端正压进风，主变一期通风采用单向正压进风，通过永久通风竖井（通风竖井根据洞外气温，采用自然和机械排风相结合的方式）排烟。尾水隧洞、引水系统前期均为独头工作面，洞室之间互不关联，一期主要采用正负压机械通风的方式。

二期通风：厂房及主变洞通风竖井及两端的中层施工支洞均已形成，厂房及主变洞的二期通风均采用厂右端中层施工支洞正压进风，厂左端上层施工支洞负压排烟，竖井配合排烟的通风方式（竖井根据洞外的气温，采用自然和机械排烟相结合的方式）。根据引水系统及尾水系统在施工总体程序安排上，利用各洞室之间在平面布置及高程差异上的特点，尽快将联系各主体洞室的高压竖井、尾闸井贯通，创造自然通风和机械通风相结合的条件，各井口布置通风机，一期布置的正压风筒或改为负压风筒或拆除转移至其他作业面。

三期通风：施工区开挖基本结束，进入混凝土浇筑、灌浆和压力管道及金结安装阶段，引水系统、厂房系统、尾水系统均已贯通连成一片，所有通至地面的洞（井）都起到排风效果。此时段保留二期中部分正压通风机辅助通风，部分负压通风机及竖井井口的通风机拆除，整个地下施工区通风主要采用自然通风为主，机械通风为辅的方式。

二、风水电供应及排水

在洞室开挖过程中，对于供风（压缩空气）、供水、供电、照明及排水等辅助作业，虽不像钻孔爆破、出渣运输等工作那样，直接影响开挖掘进的速度、质量和安全，但它们对于保证钻爆和运输作业的正常进行，都有影响，在整个开挖循环作业中，必须统筹考虑，不能疏漏。

对所有必要的辅助作业，不仅在循环作业图表中要安排一定的时间，使风水电管线的延长或拆移有切实的保证，而且在制订开挖施工技术规程和措施计划时，对于各项辅助作业都要提出相应的技术标准和要求。

所有辅助作业都应与开挖掘进工作密切配合。输送到工作面的压缩空气，不仅风量要充足，而且风压不应低于0.5MPa。施工用水的数量、质量和压力，应满足钻孔、喷水、喷锚作业、混凝土衬砌、灌浆、消防和生活等方面的要求。洞内的供电线路，宜按动力、照明、电力起爆的不同需要，分开架设，并注意防水和绝缘的要求。洞内照明，为保证安全应采用36V或24V的低压电，保证洞室沿线和工作面的照明亮度。洞内排水系统必须畅通，保证工作面和路面没有积水。

思　考　题

6-1　地下建筑工程施工与地面工程施工比较有哪些特点？

6-2　平洞施工工作面是如何规划确定的？

6-3　平洞开挖方式有哪些？各有什么特点？

6-4　大断面地下洞室施工的特点。

6-5　钻爆法开挖洞室时的炮孔类型、各类炮孔的作用和布置要求。

6-6　掘进机应用的范围及其优缺点。

6-7　在隧洞衬砌施工中，什么叫封拱？如何进行封拱？

6-8　锚喷支护与混凝土衬砌所依据的原理有什么不同？

6-9　喷混凝土的方法有哪些？它们的优缺点是什么？

6-10　地下建筑工程施工时的辅助作业包括哪些内容？

第七章　施工总组织

水利水电建设是国家基本建设的一个组成部分，从项目策划、着手规划到建成投产、发挥效益，要经历若干阶段，投入多方面的力量，动用大量人力、物力和资金，完成一系列的工作。

组织工程施工是实现水利水电建设的重要环节。从系统观点来分析，工程施工的组织是工程建设的一个子系统。为使工程施工的组织充分发挥自身的作用，推动工程建设的进展，提高工程建设的效益，必须明确施工组织的主要任务及其相互之间的关系，使工程施工按计划有条不紊地实现。

第一节　施工组织设计

一、概述

施工组织设计是根据工程地形、地质条件及枢纽布置和建筑物结构设计特点，为实现工程安全、优质、快速、经济的目标，综合研究施工条件、建筑材料、施工技术、施工机械、施工管理以及环境保护、水土保持、劳动安全与健康卫生等因素，确定相应的施工洪水标准、施工方法、技术措施、资源配置等施工方案的设计工作。

施工组织设计是水电工程设计文件的重要组成部分，是编制工程投资估算、概算及招、投标文件的重要依据，是工程建设和施工管理的指导性文件。施工组织设计对选定坝址、坝型、枢纽布置、整体优化设计方案、合理组织工程施工、保证工程质量与安全、满足移民安置、环境保护和水土保持要求、合理利用土地资源、缩短建设周期、降低工程造价都有十分重要的作用。

在基本建设活动中，以建筑安装工程为主体的工程建设是实现基本建设的重要环节。工程建设一般要经过规划、设计、施工等阶段以及试运转和验收等过程，才能正式投入生产。工程建成投产以后，还需要进行观测、维修和改进。

工程项目施工是工程建设由蓝图转变为实体的一个过程。当初步设计及总概算已获批准，工程项目已列入国家年度基本建设计划，意味着工程建设的总体方案已经确定。当建设单位通过招标程序与施工单位签订了工程承发包合同，施工单位就可组建机构进入施工现场，进行施工准备。在准备就绪的基础上，施工单位提出开工报告，经建设单位同意，就正式转入主体工程施工。

施工准备和主体工程施工的各项活动，应在施工组织设计的指导下，按设计图纸和施工计划保质保量地进行。在施工过程中，为保证施工计划的实施，应适时做好设备材料的供应，及时进行中间验收和隐蔽工程的验收。建筑安装工程结束以后，应由建设单位负责组织设计、施工和生产管理人员，对整个工程进行竣工验收。验收合格的工程，经过一段时间试运行检验，正式投入运行。

不同环节所研究的施工组织问题，由于工作深度和资料条件的限制，其内容详略和侧重点虽不尽相同，但研究的范围是大同小异的。在可行性研究中，要根据工程施工条件，从施工角度提出可行性论证；在初步设计中，要编制施工组织设计，全面论证工程施工技术上的可能性和经济上的合理性；在招标投标活动中，参加招投标的单位都要从各自的角度，分析施工条件，研究施工方案，提出安全、质量、环保、工期、施工布置等方面的要求，对工程的投资或造价进行合理的估计；在工程施工过程中，要针对各单项工程或专项工程的具体条件，编制单项工程或专项工程施工措施设计，从技术组织措施上具体落实施工组织设计的要求。由于篇幅的限制，本节不可能逐一详加讨论，下面仅对初步设计中的施工组织设计进行介绍。

在进行水利水电工程初步设计时，要配合选坝工作，从施工导流、场内外交通、建筑材料、施工场区布置、主体工程施工方案、施工总进度安排等方面，对不同坝址不同坝型的枢纽方案进行技术经济论证，提出工程总量、施工期限、施工强度、工程费用、劳动力、主要建筑材料、主要施工机械设备、施工动力需用量等估算指标。坝址选定以后，要研究枢纽主要建筑物的施工方案，通过技术经济比较，提出合理方案的推荐意见。由此所构成的施工组织设计，是整个设计文件的一个组成部分。

随着二滩、长江三峡、溪洛渡、小湾、锦屏一级等一大批大型、特大型水电项目的相继建成投产，水利水电工程施工组织设计与管理取得了长足的进步。特别是以计算机仿真技术为代表，以系统工程理论为指导，综合应用数学、人工智能和信息化技术，在合理进行施工进度计划编制，优化施工场地布置，提高工程建设与管理水平等方面发挥了积极的作用。

二、施工组织设计的内容

施工组织设计内容主要包括施工导流、料源选择与开采、主体工程施工、施工交通运输、施工工厂设施、施工总布置、施工总进度等。

1. 施工条件分析

施工条件包括工程条件、自然条件、物质资源供应条件以及社会经济条件等，主要有：工程所在地点，对外交通运输，枢纽建筑物及其特征；地形、地质、水文、气象条件；主要建筑材料来源和供应条件；当地水源、电源情况，施工期间通航、过鱼、供水、环保等要求；对工期、分期投产的要求；施工用地、居民安置以及与工程施工有关的协作条件等等。

施工条件分析需在简要阐明上述条件的基础上，着重分析它们对工程施工可能带来的影响和后果。

2. 施工导流

施工导流设计应在综合分析导流条件的基础上，确定导流标准，划分导流时段，明确施工分期，选择导流方案、导流方式和导流建筑物，进行导流建筑物的设计，提出导流建筑物的施工安排，拟定截流、排水、建筑物拆除、度汛、拦洪、排冰、通航、下闸封堵、供水、蓄水、发电等措施。

3. 主体工程施工

主体工程包括挡水、泄水、引水、发电、通航等主要建筑物，应根据各自的施工条件，对施工程序、施工方法、施工强度、施工布置、施工进度和施工机械等问题，进行分析比较和选择。必要时，对其中的关键技术问题，如特殊的基础处理、大体积混凝土温度控制、坝体临时度汛、拦洪及特殊爆破、喷锚等，做出专门的设计和论证。

对于有机电设备和金属结构安装任务的工程项目，应对主要机电设备和金属结构，如水轮发电机组、升压输变电设备、闸门、启闭设备等的加工、制作、运输、拼装、吊装以及土建工程与安装工程的施工顺序等问题，做出相应的设计和论证。

4. 施工交通运输

施工交通运输分为对外交通运输和场内交通运输。

对外交通运输在厘清现有对外水陆交通和发展规划的要求条件下，根据工程对外运输总量、运输强度及重大部件的运输需求，确定对外交通运输方式，选择线路及线路标准，规划沿线重大设施与国家干线的连接，并提出场外交通工程的施工进度安排。

场内交通运输应根据施工场区的地形条件和分区规划要求，结合主体工程的施工运输，选定场内交通主干线路的布置和标准，提出相应的工程量。施工期间，若有船过坝问题，应做出专门的分析论证，提出解决方案。

5. 施工工厂设施和大型临建工程

施工工厂设施，如混凝土骨料开采加工系统、土石料场和土石料加工系统、混凝土拌和及制冷系统、机械修配系统、汽车修配厂、钢筋加工厂、预制构件厂、风、水、电、通信、照明系统等，均应根据施工的任务和要求，分别确定各自位置、规模、设备容量、生产工艺、工艺设备、平面布置、占地面积、建筑面积和土建安装工程量，提出土建安装进度和分期投产的计划。

大型临建工程，如施工栈桥、过河桥梁、缆机平台等，要做出专门设计，确定其工程量和施工进度安排。

6. 施工总布置

施工总布置的主要任务是根据施工场区的地形地貌、环境保护和土地利用、枢纽主要建筑物的施工方案、各项临建设施的布置要求，对施工场地进行分期、分区和分标规划，确定分期分区布置方案和各承包单位的场地范围，对土石方的开挖、堆料、弃料和填筑进行综合平衡规划，对渣场进行规划布置及防护，提出各类房屋分区布置一览表，估计用地和施工征地面积，提出用地计划，研究施工期间的环境保护和植被恢复的可能性。

7. 施工总进度

施工总进度的安排必须符合国家对工程投产所提出的要求。为了合理安排施工进度，必须仔细分析工程规模、导流程序、对外交通、资源供应、临建准备等各项控制因素，拟定整个工程，包括准备工程、主体工程和结束工作在内的施工总进度，确定项目的起讫日期和相互之间的衔接关系；对导流截流、拦洪度汛、封孔蓄水、供水发电等控制环节，工程应达到的形象面貌，需做出专门的论证；对土石方、混凝土等主要工程的施工强度，对劳动力、主要建筑材料、主要机械设备的需用量，要进行综合平衡；要分析施工工期和工程费用的关系，提出合理工期的推荐意见。

8. 主要技术供应计划

根据施工总进度的安排和定额资料的分析，对主要建筑材料（如钢材、钢筋、木材、水泥、粉煤灰、油料、炸药等）和主要施工机械设备，列出总需要量和分年需要量计划。

9. 施工质量控制

确定施工质量方针和目标、设置质量管理机构和责权、制定质量控制程序、配备质量检测设备仪器等。抓好施工过程中的每一个环节和每一道工序的质量控制，严格控制关键因素、施工环境和工序的质量，尤其是主体及关键部位工程质量控制和管理，如基坑开挖、地基注浆加固、钢筋工程、混凝土浇筑等分项工程，制定相应的质量保证措施。

10. 施工安全管理

为确保施工期安全，应设立安全控制体系和安全控制目标，建立安全生产管理机构和制度，加强安全技术管理，遵守生命、健康与卫生的安全规范，提供安全装置、设备与保护器材，制定切实可行的安全技术措施。例如：施工现场安全、夜间作业、爆破安全、雨季施工及防火安全等措施。

11. 环境保护、水土保持及文明施工

施工期间，严格遵守国家和地方有关环境保护及水土保持的法律法规。对施工中产生的生产生活污水、废气、粉尘、噪音、施工弃渣，施工中造成的植被破坏和水土流失做好防止、治理和恢复工作。工程完工后，对环保、水保情况进行监测与反馈。文明施工应遵守国家和地方有关文明施工的法律法规，保持施工现场良好的工地环境和施工秩序，尊重当地居民的风俗习惯，树立良好的企业形象。

此外，在施工组织设计中，必要时还需提出进行试验研究和补充勘测的建议，为进一步深入设计和研究提供依据。

在完成上述设计内容时，还应提出相应的设计文件和图纸。

以上介绍了初步设计中施工组织设计的主要内容。

必须指出的是，施工组织设计的内容虽然各有侧重、自成体系，但密切关联、相辅相成。弄清施工组织设计各部分内容之间的内在联系，对于搞好施工组织设计，做好现场施工的组织和管理，都有重要意义。

三、施工组织设计文件的编制原则

（1）执行国家有关法律、法规和政策。

（2）结合实际，因地制宜，力求工程与自然环境和谐。

（3）统筹安排、综合平衡、妥善协调各分部、分项工程。

（4）合理推广新技术、新材料、新工艺和新设备。

（5）充分考虑施工阶段的节能降耗控制。

四、施工组织设计工作的依据

（1）（预）可行性研究报告及审批意见、设计任务书、相关部门对本工程建设的要求或批件。

（2）工程所在地区有关基本建设的法规或条例、地方政府对本工程建设的要求。

（3）国家各有关部门（国土、铁道、交通、林业、水利、环境保护、水土保持、安全生产、旅游等）对本工程建设期间有关要求及协议。

(4) 项目法人对本工程建设的合理要求。

(5) 工程所在地区和河流的自然条件（地形、地质、水文、气象特征和当地建材情况)、施工电源、水源及水质、交通、环境保护、旅游、防洪、灌溉、航运、供水等现状和近期发展规划。

(6) 施工导流及通航等水工模型试验、各种原材料试验、混凝土配合比试验、重要结构模型试验、岩土物理力学试验等成果。

(7) 工程有关工艺试验或生产性试验成果。

(8) 勘测、设计各专业有关成果。

第二节　施 工 进 度 计 划

一、概述

(一) 各设计阶段施工总进度的任务

施工总进度的任务包括：分析工程所在地区的自然条件、社会经济条件、工程施工特性和可能的施工进度方案，研究确定关键性工程的施工分期和施工程序，协调平衡安排其他工程的施工进度，使整个工程施工前后兼顾、互相衔接、均衡生产，最大限度地合理使用资金、劳力、设备、材料，在保证工程质量和施工安全前提下，按时或提前建成投产、发挥效益，满足国家经济发展的需要。

1. 可行性研究阶段

根据本阶段枢纽建筑物布置及其工程量、可能的导流方式和各单位工程施工条件，采用类比法初步选定施工总工期目标，再根据国内外相应的施工方法达到的施工强度指标，按合理施工程序安排关键工程项目进度，反馈证明原定施工总工期的可行性，经优化平衡，提出施工的合理工期，并提出准备工程和主体工程的施工控制性进度以及相应的施工强度，估计工程的主要材料的数量和劳动力。

2. 初步设计阶段

根据国家对工程可行性报告的批复意见，以工程投入运行期限的要求作为工期控制目标，进一步分析研究枢纽主体工程、对外交通、施工导流与截流、场内交通及其他施工临时工程等建筑安装任务及其控制进度的因素，编制工程筹建期、施工准备期、主体工程施工期以及工程完建期等四个阶段的施工进度计划，确定各期施工关键项目及控制工期，施工强度和工程形象面貌。应尽可能缩短工程筹建期和施工准备期，工程筹建期与施工准备期的工程项目内容与任务应安排落实，并注意两者的衔接与协调。

3. 技术设计（招标设计）阶段

在初步设计施工总进度计划的基础上，根据设计的最新成果进一步落实优化，本阶段施工总进度仍应按工程筹建期、施工准备期、主体工程施工期和工程完建期四个阶段进行整体优化，编制网络进度总工期、各单项合同的控制工期和相应的施工天数，提出施工强度曲线，劳动力、主要资源、机械设备需用量曲线和土石方平衡，并根据主要关键控制点编制简明的横道图进度表。

（二）施工总进度的编制原则

编制施工总进度时，应根据工程条件、工程规模、技术难度，国家施工组织管理水平和施工机械化程度，合理安排筹建及准备时间与建设工期，并分析论证项目业主对工期提出的要求。水电工程项目实施一般划分为：

1. 筹建及准备期

为主体工程施工全面开展创造条件所需的必要时间。一般应完成的工作内容如下：

（1）对外交通、施工供电、施工通信、施工区征地移民、招投标等筹建工程项目。

（2）场地平整、场内交通、导流工程、施工工厂及临时建房等准备工程项目。

2. 主体工程施工期

从关键线路上的主体工程项目施工开始起至第一台（批）机组发电或工程开始受益为止的期限。主要完成永久挡水建筑物、泄水建筑物和引水发电建筑物等土建工程及其金属结构和机电设备安装调试等主体工程施工。

3. 工程完建期

自第一台（批）机组投入运行或工程开始受益为起点，至工程竣工为止的工期。主要完成后续机组的安装调试、挡水建筑物、泄水建筑物和引水发电建筑物的剩余工作以及导流泄水建筑物的封堵拆除等。

工程建设总工期为主体工程施工期与工程完建期之和。主体工程施工期起点以控制总进度的关键线路上的项目的施工起点计算。当控制工期的项目是拦河坝时，考虑到主河床实现截流是工程项目实施的重要里程碑，截流后工程施工全面展开，时间要求紧、需要和洪水作斗争，质量要求也很高，故此类水电工程主体工程施工起点确定为主河床截流。当控制工期的项目为发电厂房系统时，尤其是抽水蓄能电站的地下厂房，地质条件复杂，支护处理量大，工期长，故主体工程起点以厂房主体土建工程施工或地下厂房顶拱开挖为起点。输水系统中长引水工程，尤其是长引水隧洞工程，在进度关键线路上，以输水系统主体工程施工为起点。有些抽水蓄能电站的上（下）水库工程量大，在进度关键线路上，则以上（下）水库工程施工为起点。

编制施工总进度的原则如下：

（1）执行基本建设程序，遵照国家政策、法令和有关规程规范。

（2）采用先进、合理的指标和方法安排工期。对复杂地质、恶劣气候条件或受洪水制约的工程，宜适当留有余地。

（3）系统分析受洪水威胁的关键项目的施工进度计划，采取有效的技术和安全措施。

（4）单项工程施工进度与施工总进度相互协调，做到资源配置均衡，各项目施工程序前后兼顾、衔接合理、减少施工干扰、均衡施工。

（5）在保证工程质量与建设总工期的前提下，应研究提前发电和使投资效益最大化的施工措施。

（三）进度计划的表示方法

施工进度计划常以图表的形式来表述，主要有以下几种类型：

1. 横道图

横道图总进度是传统的表述形式。图上标有各单项工程主要项目的工程量、施工时段、施工工期、施工强度，并经比较分析、调整与平衡后汇总的施工强度曲线和劳动力需要量曲线，必要时还可表示各期施工导流方式。其优点是图面简单明了，直观易懂。缺点是不能表示各分项工程之间的逻辑关系和整个工程的主次工作。

2. 网络图

网络图采用网络的结构形式表示工程项目的活动内容及其相互关系。优点是能明确表示分项工程之间的逻辑关系，能标出控制工期的关键路线，确定某项工程的浮动时间；缺点是进度状况不能一目了然，绘图的难度和修改的工作量大，使用要求较高，识图较困难。

3. 里程碑图

里程碑法是在横道图上或网络图上标示出一些关键事项，这些事项能够被明显地确认，一般是反映进度计划执行中各个阶段的目标。通过这些关键事项在一定时间内的完成情况可反映项目进度计划的进展情况，因而这些关键事项被称之为“里程碑”。

4. 进度曲线图

进度曲线图是以时间为横轴，以完成累计工作量（该工作量的具体表示内容可以是实物工程量的大小、工时消耗或费用支出额，也可以用相应的百分比来表示）为纵轴，按计划时间累计完成任务量的曲线作为预定的进度计划。从整个项目的实施进度来看，由于项目的初期和后期速度比较慢，因而进度曲线大体呈S形。

5. 时标网络图

时标网络图是横道图与网络图的结合，既是一个网络计划，又是一个水平进度计划，能够清楚地标明计划的时间进程，明确项目之间的逻辑关系，并且可以根据网络图确定同一时间对材料、机械、设备以及人力的需要量，特别适合大型复杂项目的进度编制需要。

（四）施工进度的分析与优化

施工进度的分析与优化以缩短工期、节省资源、提高效率为目标。一方面，可采用关键路线法（CPM）、计划评审技术（PERT）和蒙特卡洛（Monte-Carlo）方法等网络计划技术，梳理工程的关键工序，对于关键度较大的非关键工序，进行合理调配，降低完工风险；另一方面，采用计算机仿真技术对混凝土坝、土石坝和地下工程的施工过程进行模拟，通过调整机械配置和布置方式，对施工方案进行优选。此外，在优化过程中，还需要兼顾施工过程的资源均衡问题，采用削峰填谷的方法，均衡资源强度。

二、施工进度计划的编制

（一）编制施工进度计划

1. 收集基本资料

编制进度计划一般要具备以下资料：①上级主管部门对工程建设开竣工投产的要求，有关工程建设的合同协议；②工程勘测和技术经济调查的资料，如水文、气象、地形、地质、水文地质和当地建筑材料等，以及工程所在地区和库区的工矿企业、矿产资源、水库淹没和移民安置等资料；③工程规划设计和概预算方面的资料，包括工程规划设计的文件和图纸，主管部门关于投资和定额等资料；④国民经济各部门对施工期间防洪、灌溉、航运、生态、供水等方面的要求；⑤施工组织设计其他部分对施工进度的限制和要求，如交通运输能力、技术供应条件、施工分期、施工强度限制等；⑥施工单位施工能力方面的资料等。

2. 编制轮廓性施工进度

在可行性研究阶段初期，一般基本资料不全，但设计方案较多。有些项目尚未进行工作，不可能对主体建筑物的施工分期、施工程序进行详细分析，在这一阶段的施工进度，属轮廓性的，称为轮廓性施工进度。

轮廓性施工进度在可行性研究阶段，是编制控制性施工进度的中间成果，其目的是为了配合拟定可能成立的导流方案，其次也可据此对关键性工程项目进行粗略规划，拟定工程的受益日期和总工期，并为编制控制性进度做好准备。在初步设计阶段，不编制轮廓性施工进度。

3. 编制控制性施工进度

控制性施工进度在可行性研究阶段，是施工总进度的最终成果；在初步设计阶段，是编制施工总进度的重要步骤，并作为中间成果，提供给施工组织设计有关专业，作为设计工作的初步依据。

控制性施工进度与施工导流、施工方法设计等有密切的联系。在编制过程中，应根据工程建设总工期的要求，确定施工分期和施工程序。以拦河坝为主要主体建筑物的工程，应解决好施工导流和主体工程施工方法设计之间在进度安排上的矛盾，协调各主体工程在施工中的衔接关系。因此，控制性施工进度的编制必然是一个反复调整的过程。

4. 施工进度方案比较

在可行性研究阶段或初步设计的前期，一般常有几个枢纽布置方案，对于具有代表性的枢纽方案，都应编制控制性施工进度表，提出施工进度指标和对枢纽方案的评价意见，作为枢纽布置方案比较的依据之一，同时对一个枢纽方案可能做出几种不同的施工方案。以拦河坝为主要主体建筑物的工程可有几种不同的导流方案，可编制出多个相应的施工进度方案，需要对施工进度方案进行比较和优选。

5. 编制施工总进度表

在初步设计的后期，即选定枢纽总体布置方案之后，对以拦河坝为主要主体建筑物的工程，在导流方案确定之后，编制选定方案的施工总进度表。

在编制施工总进度表时，以控制性施工进度为基础，列入非控制性的工程项目，进一步修改、完善控制性施工进度表，编制各阶段施工形象进度图，绘制劳动力需要量曲线，提出准备工程施工进度表。

6. 编写施工总进度研究报告

在施工总进度研究报告中，应列出基本资料，阐明总进度编制的依据，各方案主体建筑物的施工条件、施工程序、主要施工方法、方案比较。以拦河坝为主要主体建筑物的工程，阐明导流方案和相应的施工程序、方案比较意见，最后阐明选定方案的施工进度安排及主要技术经济指标。

（二）编制轮廓性施工进度

轮廓性施工进度表，可根据初步掌握的基本资料和枢纽布置方案，结合其他专业设计的工作，对关键性工程的分期、施工程序进行粗略研究，参考已建同类工程的施工进度指标，粗估工程受益的日期和总工期。编制轮廓性施工进度的方法如下：

（1）配合枢纽设计研究，选定代表性枢纽方案，了解主要建筑物的施工特性，初步选定关键性的工程项目。

（2）对初步掌握的基本资料进行粗略分析，根据对外交通和施工总布置的规模和难易程度，拟定准备工程的工期。

（3）对以拦河坝为主要主体建筑物的工程，根据初步拟定的导流方案，对主体建筑物进行施工分期规划，确定截流和主体工程下基坑的施工日期。

（4）根据已建工程的施工进度指标，结合本工程的具体条件，规划关键性工程项目的施工期限，确定工程受益的日期和总工期。

（5）对其他主体建筑物施工进度做粗略的分析，绘制轮廓性施工进度表。

（三）编制控制性施工进度

编制控制性施工进度，首先要选定关键性工程项目，根据工程特点和施工条件，拟定关键性工程项目的施工程序（以拦河坝为主要主体建筑物的工程，关键性工程项目的施工程序应配合导流方案的选择拟定）。在此基础上，初拟控制性施工进度表，然后由施工方法设计等专业进行施工方法设计，论证初拟的施工进度，经过反复修改、调整，最后确定控制性施工进度。

控制性施工进度表应列出控制性施工进度指标的主要工程项目，明确工程的开工、截流日期，反映主体建筑物的施工程序和开工、竣工日期，标明大坝各期上升高程、工程受益日期和总工期，以及主要工种的施工强度。

1. 分析选定关键性工程项目

水利水电工程项目繁多，编制控制性施工进度时应以关键性工程项目为主线，慎重研究其施工分期和施工程序，其他非控制性的工程项目，则可围绕关键性工程项目的工期要求，考虑节约资源和施工强度平衡的原则进行安排。选定关键性工程项目的方法如下：

（1）分析工程所在地区的自然条件。即研究水文、气象、地形、地质等基本资料对工程施工的影响。

（2）分析主体建筑物的施工特性。根据枢纽建筑物图纸，研究大坝坝型、高度、宽度和施工特点，研究地下厂房跨度、高度和可能的出渣通道、引水隧洞的洞径、长度、可能开挖方式，可否有施工支洞等。

（3）分析主体建筑物的工程量。例如河床水上部分或水下部分，右岸和左岸，上游和下游，以及在某些特征高程以上或以下的工程量。

（4）选定关键性工程。通过以上分析，用施工进度参考指标，粗估各项主体建筑物的控制工期，即可初步选定控制工程受益工期的关键性工程。

随着控制性施工进度编制工作的深入，可能发现新的关键性工程，则控制性施工进度应相应调整。

2. 初拟控制性施工进度表

选定关键性工程之后，首先分析研究关键性工程的施工进度，而后以关键性工程的施工进度为主线，安排其他单项工程的施工进度，拟定初步的控制性施工进度表。

以拦河坝为关键性工程项目时，初拟控制性施工进度的步骤和方法如下：

（1）拟定截流时段。

（2）拟定底孔（导流洞）封堵日期和水库蓄水时间。

（3）拟定大坝施工程序。

（4）拟定坝基开挖及基础处理工期。

（5）确定坝体各期上升高程。

（6）安排地下工程进度。

（7）确定机组安装工期等。

3. 编制控制性进度表

编制控制性进度表，可按以下步骤进行：

（1）以导流工程和拦河坝工程为主体，明确截流日期、不同时期坝体上升高程和封孔（洞）日期、各时段的开挖及混凝土浇筑（或土石料填筑）的月平均强度。

（2）绘制各单项工程的进度，计算施工强度（土石方开挖和混凝土浇筑强度）。

（3）安排土石坝施工进度时，考虑利用有效开挖料上坝的要求，尽可能使建筑物的开挖和大坝填筑进度互相配合，充分利用建筑物开挖的石料直接上坝。

（4）计算和绘制施工强度曲线。

（5）反复调整，使各项进度合理，施工强度曲线平衡。

（四）编制施工总进度表

施工总进度表是施工总进度的最终成果，它是在控制性进度表的基础上进行编制的，其项目较控制性进度表全面详细。在绘制总进度表的过程中，可以对控制性进度作局部修改。

总进度表应包括准备工程的主要项目，而详细的准备工程进度，则应专门编制准备工程进度表。对于控制发电的主要工程项目，先按已完成的控制性进度表排出；对于非控制性的工程项目，主要根据施工强度和土石方、混凝土平衡的原则安排。

（五）坝体施工进度安排应注意的问题

坝体施工进度的安排首先结合导流设计，研究坝体在纵断面上的分段和横断面上的分期，安排一个轮廓进度。其次确定坝的拦洪高程和达到拦洪高程的日期，确定坝体各期上升高程，根据有效工日定出各时段的施工强度和坝体上升速度，再由施工设计对此强度和上升速度进行分析论证，经过反复比较修正，最后确定坝的施工进度。

1. 拦洪高程和拦洪日期的确定

（1）拦洪高程。首先根据拦洪时的坝高及相应的库容，按照规范要求，确定设计拦洪挡水标准。由导流设计进行水力学计算，初步确定大坝拦洪高程。经施工进度研究后，如果不能达到此高程时，则应加大导流的泄水能力，以降低拦洪高程，或者采取特殊的泄水和保坝措施，以保证大坝拦洪的安全。需要经过反复的方案比较，才能确定一个经济上合理、技术上可行的拦洪高程。

（2）拦洪日期。所谓拦洪日期，是指施工进度规定的坝体达到拦洪高程的日期。

拦洪日期的确定是安排土石坝施工进度的一个重要问题，安排过早则减少了抢修拦洪坝体的工期，人为地制造紧张局面，加大了施工强度和机械设备数量；安排过迟，万一洪水提前到来，将造成坝体漫顶，引起大坝失事，给工程和下游人民生命财产造成重大损失。

2. 拦洪过渡期坝体上升高程的确定

由枯水期末到设计的拦洪日期这一段时间称为拦洪过渡期。过渡期坝体上升高程有两种方法确定。

(1) 按水文特性划分时段法。将过渡期按水文特性分若干时段，计算各时段不同频率的洪水及其相应的坝前水位（库容大时应调洪），坝体上升高度在各时段末应达到下一时段设计洪水之上。

(2) 按月划分时段法。按月计算不同频率的流量及相应水位，从而确定月末的坝体上升高程，确保下月的坝体挡水要求。

3. 施工强度论证

施工强度论证主要用于对施工方案的可行性评价，一般从工程经验角度，需要重点论证以下三个方面：

(1) 坝体填筑强度论证。根据填筑机械的配置方案，在确定了月高峰填筑强度以后，应综合考察物料运输、上坝方式、施工方法、坝面流水作业分区等因素，论证能否达到预定的施工强度。

(2) 坝体上升速度论证。根据坝体各期上升高程和该时段的有效工日，按照填筑机械的生产率确定坝体的日平均上升速度。大中型土石坝的上升速度，主要是由塑性心墙或斜墙的上升速度来控制。

(3) 控制性节点的施工面貌论证。通过坝体高程和工程量关系查询该高程以下的工程量，在坝体填筑强度和坝体上升速度论证的基础上来验证工程的里程碑面貌。

此外，近些年随着计算机仿真技术的发展，按照给定的机械配置方案，在综合考虑天气、运输系统、物料供应能力等多种约束条件的基础上，通过模拟坝体的填筑过程，得出施工强度，已经越来越成为施工强度论证的重要参考。

三、施工的网络进度计划

（一）网络进度计划的编制步骤

1. 收集基本资料

同前，此处不再赘述。

2. 工程项目分解

为了有效组织实施网络进度计划，明确项目责任方和资源配置，一般采用先粗后细的原则，按照工程项目的性质、组织结构、运行方式进行项目分解。工程列项的粗细程度应与进度计划的内容范围相适应，须按施工先后顺序和相互关联密切程度依次一一列表填明。例如，在总进度计划中，若按扩大单项工程列项，可以有：准备工程、导流工程、拦河坝工程、溢洪道工程、引水工程、水电站、升压变电站、水库清理工程、结束工作等；对于单项工程进度，若按分部分项工程列项，以拦河坝工程为例有：准备工作、基础开挖、基础处理、河床坝段、岸坡坝段、坝顶工程等；对于施工措施计划，若按结构部位分项，以混凝土坝为例，可按浇筑部位列项，如坝身、溢流面、挑流坎、闸墩、工作桥、公路桥等；若按工种工程分项，还可按浇筑部位细分为安装模板、架设钢筋、埋设冷却水管、层间处理、混凝土浇筑及养护、模板拆除等。

3. 计算工程量及施工延续时间

根据列出的项目，分别计算工程量和工作时间。

工程量的计算应根据设计图纸，按工程性质考虑工程分期和施工顺序等因素，分别按土方、石方、水上、水下、开挖、回填、混凝土等进行计算。有时，为了分期、分段组织施工的需要，要计算不同高程（如对拦河坝）不同桩号（如对渠道）的工程量，并做出累积曲线。

根据计算的工程量，应用相应的定额资料，可以计算或估算各项目的施工延续时间 t。

$$t=\frac{V}{kmnN} \tag{7-1}$$

式中：V 为项目的工程量；m 为日工作班数，实行一班制时 m 等于 1；n 为每班工作的人数或机械设备台数；N 为人工或机械台班产量定额；k 为考虑不确定因素而计入的系数，$k<1$。

定额资料的选用，视工作深度而定，并与工程列项相一致。一般说来，对总进度计划可用概算定额或扩大指标，对单项工程进度计划用预算定额，对施工措施计划用施工定额或生产定额。

有时为了便于对施工进度进行风险分析和比较调整，需要定出施工延续时间可能变动的幅度，常用三值估计法进行估计：

$$t=\frac{t_a+4t_m+t_b}{6} \tag{7-2}$$

式中：t_a 为最乐观的估计时间；t_m 为最可能的估计时间；t_b 为最悲观的估计时间。

根据概率理论，还可据以估计各项目完工时间的标准差 σ_t：

$$\sigma_t=\frac{t_b-t_a}{6} \tag{7-3}$$

于是整个工程完工的总工期 T 为

$$T=\sum_i t_i \tag{7-4}$$

式中：i 为关键项目序号；t_i 为关键项目的延续时间。

总工期 T 的标准差为

$$\sigma_r=\sqrt{\sum_i \sigma_{ti}^2} \tag{7-5}$$

式中：σ_{ti} 为关键项目延续时间的标准差。

4. 分析确定项目之间的依从关系

项目之间的依从关系，通常又称逻辑关系，决定于施工组织、施工技术等许多因素，概括起来可分为两类：

(1) 工艺关系，即由施工工艺决定的逻辑顺序关系。例如，先土建，后安装，再调试；先地下，后地上；先基础，后上部；先开挖，后衬砌以及混凝土浇筑中的安装模板、架立钢筋、浇注混凝土、养护和拆模；土方填筑中的铺土、平土、洒水、压实、刨毛等顺序，它们在施工工艺上，都有必须遵循的逻辑顺序，违反这种顺序，一般是不允许的，否则，将付出额外的代价，造成不必要的损失。

(2) 组织关系，即由施工组织安排决定的衔接关系。例如，由导流方案所形成的导流程序，决定了各控制环节所控制的工程项目，从而也就决定了这些项目的衔接顺序。例如，采用一次拦断隧洞导流的导流方案，就截流这个控制环节来说，通常要求在截流以前完成隧洞施工、围堰预进占、库区清理、截流备料等工作；由此形成了相应的衔接关系。又如由于劳动力的调配、施工机械的转移、建筑材料的供应和分配、机电设备进场等原因，安排一些项目在先，另一些项目滞后，均属组织关系所决定的顺序关系。由组织关系所决定的衔接顺序，一般是可以改变的，只要改变相应的组织安排，有关项目的衔接顺序就会有相应的变化。

5. 初拟施工进度

通过项目之间逻辑关系的分析，掌握了工程进度的特点，理清了工程进度的脉络，可以初步拟出一个施工进度方案。对于堤坝式水电枢纽工程的施工总进度计划，其关键项目一般均位于河床，故常以导流程序为主要线索，先将施工导流、围堰截流、基坑排水、坝基开挖、基础处理、施工度汛、坝体拦洪、下闸蓄水、机组安装和引水发电等关键性控制进度安排好，其中应包括相应的准备、结束工作和配套辅助工程的进度。这样，构成了总的轮廓进度，然后再配合安排不受水文条件控制的其他工程项目，形成整个枢纽工程施工总进度计划草案。

6. 优化、调整和修改

初拟施工进度以后，要配合施工组织设计其他部分的分析，对一些控制环节、关键项目的施工强度、资源需用量、投资过程等重大问题，进行分析计算，优化论证，以期对初拟的进度进行修改和调整，使之更加完善合理。必须指出的是，施工进度的优化调整往往要反复进行，工作量比较大，其具体方法将在后面介绍。

7. 提出施工进度成果

经过优化调整修改之后的施工进度计划，可以作为设计成果，整理以后提交审核。

施工进度计划的成果可以用进度表（又称横道图、条线图）的形式表示，也可以用网络图的形式表示，或两者结合起来，用横道网络图来表示。此外，还应提交有关主要工种工程施工强度、主要资源需用强度和投资费用动态过程等方面的成果。

【例 7-1】 在图 7-1 中，列出了一个截流单项工程的施工进度成果，表 7-1 以横道进度表示，图 7-1 (a)、(b) 分别以单代号网络进度和双代号网络进度表示，它们以不同方式反映了同一截流工程的进程。整个截流过程综合成 11 个工程项目，项目之间的逻辑关系参见表 7-2。

在项目划分和列项分析时，为了简化，有些项目可合并，如导流隧洞进口开挖、出口开挖和洞身开挖，归并为隧洞开挖；有些项目，考虑其服务对象不同，进行适当分解，如施工道路分为两项，其中施工道路Ⅱ为隧洞出渣专线，单列一项；又如施工工厂分成为土石方开挖服务和混凝土生产服务两项。

确定项目之间先后关系的基本思路是：按照工艺关系和组织关系所提出的要求，根据“先行项目为后续项目创造条件”或“后续项目需要先行项目提供保证”的原则，逐项分析，逐项确定。例如，在表 7-1 中，为了保证截流合龙的成功，截流围堰必须按要求预先进占；为了使围堰顺利进占，应备好截流进占的材料，做好截流后淹没高程以下的库区清理撤退工作，做好导流隧洞的过水准备等，于是得到表 7-2 中有关各个项目横道线的

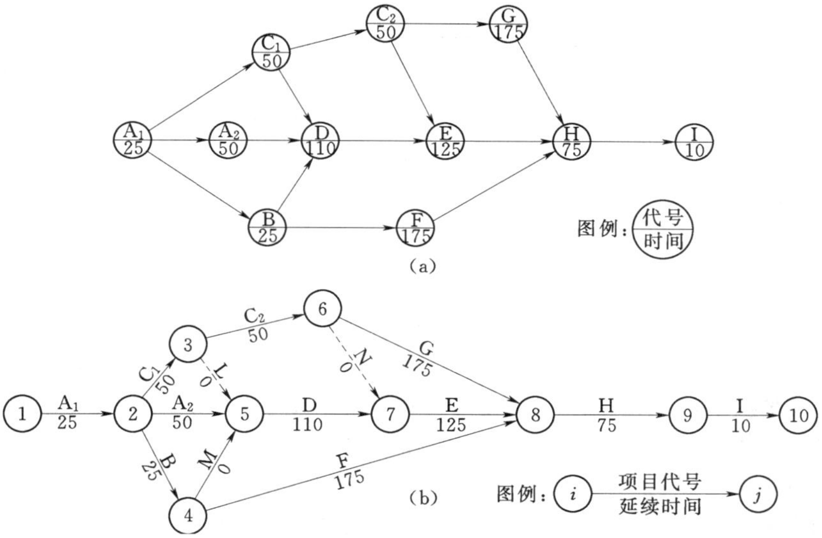

图 7-1　网络施工进度

(a) 单代号网络进度；(b) 双代号网络进度

依从关系，图 7-1 所示的网络关系。

表 7-1　　　　项目横道进度表

序号	工程项目	代号	延续时间/d	工程量 单位	工程量 数量	施工进度/d 25	50	75	100	125	150	175	200	225	250	275	300	325	350	375	400
1	施工道路	A	75																		
2	临时房屋	B	25																		
3	辅助企业	C	100																		
4	隧洞开挖	D	110																		
5	隧洞衬砌	E	125																		
6	水库清理	F	175																		
7	截流备料	G	175																		
8	围堰预进占	H	75																		
9	截流	I	10																		

注　1. 实线代表项目及其起止时间。

2. 虚线指出项目间的逻辑关系。

3. 延续时间一栏数据，系根据工程量和施工能力结算而得的结果，未列出计算过程。

表 7-2　　　　项目划分和项目逻辑关系

工程项目	代　号	紧后项目	备　　注
施工道路Ⅰ	A_1	A_2、B、C_1	
施工道路Ⅱ	A_2	D	A_2 系为导流隧洞施工服务的道路
临时房屋	B	D、F	
施工工厂Ⅰ	C_1	C_2、D	C_1 系为土石方施工服务的工厂
施工工厂Ⅱ	C_2	E、G	C_2 系为混凝土施工服务的工厂

续表

工程项目	代号	紧后项目	备注
隧洞开挖	D	E	
隧洞衬砌	E	H	
水库清理	F	H	
截流备料	G	H	
围堰预进占	H	I	
截流	I		

(二) 网络进度计划的计算

用网络图来反映施工进度，它的逻辑关系明确，便于分析计算和优化调整。根据施工项目之间的依从关系所绘制的网络图，可以用单代号表示也可以用双代号表示，参见图7-1 (a)、(b)，它们都是由节点和箭线所组成的有向网络，反映的逻辑关系是等价的。

单代号网络图，以一个节点代表一个项目，节点之间的箭线只代表项目之间的逻辑顺序关系；双代号网络图，用箭线两端的两个节点代表一个项目，箭尾节点表示该项目开工，箭头节点表示该项目完工，一根箭线既代表一个项目，又体现了该项目与其他项目的依从关系。

网络进度计划的编制方法和计算方法可参考相关的著作及规程。

(三) 施工进度的调整

施工进度计划的优化调整，应在时间参数计算的基础上进行，其目的在于使工期、资源（人力、物资、器材、设备等）和资金取得一定程度的协调和平衡。根据优化目标的不同，人们提出了各种优化理论、方法和计算程序。

1. 资源冲突的调整

所谓资源冲突是指在计划时段内，某些资源的需用量过大，超出了可能供应的限度。为了解决这类矛盾，可以增加资源的供应量，但往往要花费额外的开支；也可以调整导致资源冲突的某些项目的施工时间，使冲突缓解，这可能会引起总工期的延长。如何取舍，要权衡得失而定。

2. 工期压缩的调整

当网络计划的计算总工期 T 与限定的总工期 $[T]$ 不符时，或计划执行过程中实际进度与计划进度不一致时，需要进行工期调整。

工期调整分压缩调整和延长调整。工程实践中经常要处理的是工期压缩问题。

当 $T<[T]$ 或计划执行超前时，说明提前完成施工项目，有利于工程经济效益的实现。这时，只要不打乱施工秩序，不造成资源供应方面的困难，一般可不必考虑调整问题。

当 $T>[T]$ 或计划执行拖延时，为了挽回延期的影响，需进行工期压缩调整或施工方案调整。

第三节 施工总体布置

一、概述

施工总体布置是施工场区在施工期间的空间规划。它是根据场区的地形地貌、枢纽布置和临时设施布置的要求，研究施工场地的分期分区分标布置方案，对施工期间所需的交通运输设施、施工辅助工厂、仓库房屋、动力能源、给排水管线及其他施工设施做出平立面布置，从场地安排上为保证施工安全、工程质量，加快施工进度、降低工程造价和节省能源消耗创造条件。

施工总体布置是施工组织设计的重要内容。在可行性研究阶段，应着重就对外交通、场内主干线以及它们之间的衔接、主要料场、主要场区划分等问题做出评价。在初步设计阶段，应分别就施工场地的划分，生产、生活设施的分区布置，料场、主要施工工厂、大型临时设施和场内主要交通运输线路的布置以及场内外交通的衔接等，拟定各种可能的布局方案，进行论证比较，选择合理的方案。招标设计和工程施工时，主要是在初步设计的基础上，对主要施工工厂进行工艺布置设计，对大型临建工程做出结构设计。

1. 可行性研究阶段

合理选择对外运输方案，选择场内运输及两岸交通联系方式；初步选择合适的施工场地，进行分区布置，主要交通干线规划，提出主要施工设施的项目，估算建筑面积、占地面积、主要工程量等技术指标。

2. 初步设计阶段

(1) 落实选定对外运输方案及具体线路和标准，落实选定场内运输及两岸交通联系方式，布置线路和渡口、桥梁。

(2) 确定主要施工设施的项目，计算各项设施建筑面积和占地面积。

(3) 选择合适的施工场地，确定场内区域规划，布置各施工辅助企业及其他生产辅助设施、仓库站场、施工管理及生活福利设施。

(4) 选择给水排水、供电、供气、供热及通信等系统的位置，布置干管、干线。

(5) 确定施工场地的防洪及排水标准，布置排水、防洪、管道系统。

(6) 规划弃渣、堆料场地，做好场地土石方平衡以及土石方调配方案。

(7) 提出场地平整工程量、运输设备等技术经济指标。

(8) 研究和确定环境保护措施。

3. 招标设计阶段

(1) 在初步设计确定的施工总体布置方案的基础上，根据整个工程的分标情况，分别规划出各个合同的施工场地与合同责任区。

(2) 对于共用场地设施、道路等的使用、维护和管理等问题做出合理安排，明确各方的权利和义务。

(3) 在初步设计施工交通规划的基础上，进一步落实和完善，并从合同实施的角度，确定场内外工程各合同的划分及其实施计划，对外交通和场内交通干线、码头、转运站等由业主组织建设，至于各作业场或工作面的支线，由辖区承包商自行建设。

(4) 在初步设计总体布置方案基础上，核定全场平整工程量及全工地范围的土石方平衡，最终确定土石料场，堆、弃渣场的位置、数量及规模。

二、施工总布置的设计

水利水电工程的枢纽布置和地形条件，直接影响到施工场地的布局，对于堤坝式水电站枢纽，由于电站厂房靠近大坝，工程比较集中，如果下游比较平坦开阔，常在枢纽轴线下游的一岸或两岸设立施工场地。当施工场地设在一岸时，则这一岸的选择常受电站厂房位置和对外交通线路引入的影响。若分设在两岸，其主要场地的确定，也受上述因素的影响，如湖北丹江口工程由于对外铁路、公路都自左岸引入，就采取了左右结合以左岸为主的布置方案。长江三峡工程对外交通采用左岸高等级公路为主、水运为辅，左右岸结合并以左岸为主的布置方案。如果坝址位于峡谷地区，两岸地形陡峻，则施工场地常沿河流一岸或两岸的冲沟连绵分布，形成所谓“一条龙”的布置方式。影响工程施工的临时设施，随着影响程度的减弱，逐渐向下游延伸，如江西上犹江、浙江新安江、青海李家峡、四川锦屏一级等都是这样布置的。对于引水式水电站，由于电站厂房远离取水枢纽，施工场地常分设在厂房和取水枢纽两处；当引水建筑物较长时，有时还在两者之间设立辅助施工场地，如四川的映秀湾工程。

在规划施工场地时，要十分注意场内运输干线的布置，主要有：两岸交通联系的线路，混凝土、水泥和粉煤灰等的运输线路，土石方上坝线路，砂石骨料运输线路，金属结构与机电设备的进厂线路，联系上下游的过坝线路等。两岸联系最好在坝址下游修建永久性跨河桥，以保证全年运输畅通。当对外交通采用标准轨专用线时，宜将专用线引入混凝土系统和水电站厂房，作为运送水泥、机电设备的运输线路。砂石骨料运输线路取决于料场、加工厂和混凝土系统的相对位置。场内外交通干线要避免平面交叉，如无法避免时，其交角以在90°左右为宜。

在进行布置规划时，对于严重不良地质区，滑坡体危害区，泥石流、沙暴、雪崩可能危害区，重点文物、古迹、名胜或自然保护区以及对重要资源开发有干扰的地区，均不应设置施工设施，以确保施工安全，避免发生不可挽回的损失。

一般说来，施工总布置规划要与水利水电工程建设管理要求相适应，主要考虑以下因素：

（1）综合分析水工枢纽布置、主体建筑物规模、型式、特点、施工条件以及工程所在地区社会与自然条件。

（2）考虑建设管理模式、工程施工分标因素及其对施工总布置的影响。

（3）合理确定并统筹规划布置为工程施工服务的各种临时设施。

（4）妥善处理各施工区、段之间关系和施工场地内外关系。

（5）研究施工临时设施与永久建筑相结合以及利用工程区附近地方现有设施的可能性。

（6）为保障工程施工质量、有利于施工安全和工程管理、加快施工进度、提高经济效益创造条件。

（7）满足环境保护、水土保持要求，少占耕地，适应移民安置要求。

施工总布置要解决以下主要问题：

（1）施工临时设施项目的划分、组成、规模和布置。

（2）对外交通衔接方式、站场位置、主要交通干线及跨河设施的布置。

（3）可利用场地的相对位置、高程、面积和征地费用。

（4）供生产、生活设施布置的场地。

（5）临建工程和永久设施的结合。

（6）前后期结合和重复利用场地的可能性。

（7）施工期对环境保护、水土保持的影响，提出渣场防护以及噪声、粉尘、生产生活废水等处理的必要措施。

随着计算机可视化技术和信息技术的发展，结合地理信息系统（GIS）、遥感（RS）和全球卫星导航系统（GNSS）组成的3S技术，对坝址区域建立三维数字模型，为不同施工布置方案的比选提供定量化的数据支持，例如挖填方统计和道路长度统计，极大方便了施工方案的科学决策，并且为后期施工阶段的管理，乃至水电工程项目的全生命周期管理提供了基础。

三、施工场地的区域规划

1. 区域划分

大中型水利水电工程施工场地内部，可分为下列主要区域：

（1）主体工程施工区。

（2）施工工厂区。

（3）当地建材开采区。

（4）仓库、站、场、厂、码头等储运系统。

（5）机电、金属结构和大型施工机械设备安装场地。

（6）工程渣料堆（弃）存区。

（7）施工管理及生活区。

（8）工程建设管理区。

2. 区域规划方式

各施工区域在布置上并非截然分开的，它们的生产工艺和布置是相互联系的，应构成一个统一的、调度灵活的、运行方便的整体。在区域规划时，按主体工程施工区与其他各区域互相关联或相互独立的程度，分为集中布置、分散布置、混合布置三种方式，水电工程一般多采用混合式布置。

3. 分区布置

在施工场地区域规划后，进行各项临时设施的具体布置。其内容包括：场内交通线路布置、施工辅助企业及其他辅助设施布置、仓库站场及转运站布置、施工管理及生活福利设施布置，风、水、电等系统布置、施工料场布置和永久建筑物施工区的布置。分区布置的原则是：

（1）以混凝土建筑物为主的枢纽工程，施工区布置宜以砂石料开采、加工、混凝土拌和、浇筑系统为主；以当地材料坝为主的枢纽工程，施工区布置要以土石料开挖、加工、堆料场和上坝运输线路为主；枢纽工程施工要形成最优工艺流程。

（2）机电设备、金属结构安装场地要靠近主要安装地点，并方便装卸和场内运输。

（3）施工管理及生活区要设在主体工程施工区、施工工厂和仓库区的适中地段。

（4）工程建设管理区要结合电厂生产运行和工程建设管理需要统筹规划，场地选择应符合交通方便，远离施工干扰和具有良好环境的要求。

（5）主要物资仓库、站（场）等储运系统要布置在场内外交通干线衔接处或沿线附近区，并适应主体工程施工需要。

(6) 生活设施要考虑风向、日照、噪声、绿化、水源水质等因素，其生产、生活设施应有明显界限。

(7) 施工分区规划布置要考虑施工活动对环境的影响，避免振动、噪声、粉尘等对周边环境的危害。

(8) 特种材料仓库（火工材料、油料）布置要符合有关安全规程、规范要求。

4. 现场布置的总体规划

施工现场总体规划是解决施工总体布置的关键，要着重研究解决一些重大原则问题。例如，施工场地是布置在一岸还是布置在两岸？是集中布置还是分散布置？如果是分散布置，则主要场地设在哪里？如何分区？哪些临时设施要集中布置？哪些可以分散布置？主要交通干线设几条？它们的高程、走向如何布置？场内交通与场外交通如何衔接？以及临建工程和永久设施的结合、前期和后期的结合等等。在工程施工实行分项承包的情况下，尤其要做好总体规划，明确划分各承包单位的施工场地范围，并按总体规划要求进行布置，使得既有各自的活动区域，又能避免互相干扰。

四、施工场地的选择

在水利水电枢纽工程附近，有多处可供选择作为施工场地时，应进行技术经济比较，选择最为有利的施工场地。一般堤坝式水电站枢纽布置比较集中，常在坝址下游的一岸或两岸设置施工场地；引水式水电站或大型输水工程，常在取水枢纽、引水建筑物中间地段和厂房（或输水建筑末端）设置施工场地；如果枢纽建筑物两岸谷深坡陡，常将施工场地选在高处的较为平坦宽阔的地段，或者利用开挖弃渣对冲沟的回填，形成布置施工设施的场地。

1. 施工场地选择的步骤

施工场地选择一般遵循下列步骤：

(1) 根据枢纽工程施工工期、导流分期、主体工程施工方法、能否利用当地企业为工程施工服务等状况，确定临时建筑项目，初步估算各项目的建筑物面积和占地面积。

(2) 根据对外交通线路的条件、施工场地条件、各地段的地形条件和临时建筑的占地面积，按生产工艺的组织方式，初步考虑其内部的区域划分，拟定可能的区域规划方案。

(3) 对各方案进行初步分区布置，估算运输量及其分配，初选场内运输方式，进行场内交通线路规划。

(4) 布置方案的供风、供水、供电系统。

(5) 研究方案的防洪、排水条件。

(6) 初步估算方案的场地平整工程量、主要交通线路、桥梁隧道等工程量及造价、场内主要物料运输量及运输费用等技术经济指标。

(7) 进行技术经济比较，选定施工场地。

2. 施工场地选择的基本原则

(1) 一般情况下，施工场地不宜选在枢纽上游的水库区。如果不得已必须在水库区布置施工场地时，其高程应不低于场地使用期间最高设计水位，并考虑回水、涌浪、浸润、坍岸的影响。

(2) 利用滩地平整施工场地，尽量避开因导流、泄洪而造成的冲淤、主河道及两岸沟谷洪水的影响。

(3) 位于枢纽下游的施工场地，其整平高程应能满足防洪要求。如地势低洼，又无法填高时，应设置防汛堤和排水泵站、涵闸等设施，并考虑清淤措施。

(4) 施工场地应避开不良地质地段，考虑边坡的稳定性。

(5) 施工场地地段之间、地段与施工区之间，联系简捷方便。

(6) 研究与地方经济发展规划相结合的可能性。

五、施工总布置的步骤

施工总体布置图的设计，由于施工条件多变，不可能列出一种一成不变的格局，只能根据实践经验，因地制宜，按场地布置优化的原理和原则，创造性地予以解决。施工总体布置程序图如图 7-2 所示。

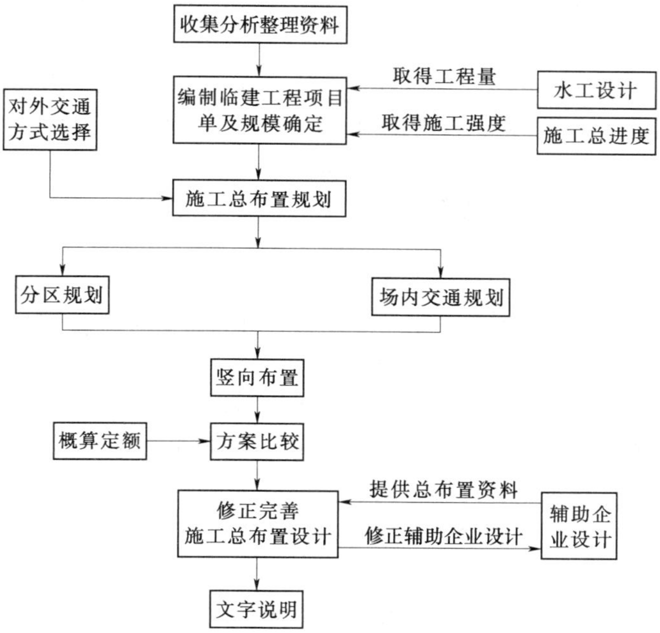

图 7-2 施工总体布置程序图

1. 收集和分析基本资料

所需的基本资料包括：施工场区的地形图，比例尺 1/10000～1/1000；拟建枢纽的布置图；已有的场外交通运输设施、运输能力和发展规划；施工场区附近的居民点、城镇和工矿企业，特别是有关建筑标准、可供利用的住房、当地建筑材料、水电供应以及机械修配能力等情况；施工场区的土地状况；料场位置和范围；河流水文特征，包括在自然条件下和施工导流过程中不同频率上下游水位资料；施工地区的工程地质、水文地质及气象资料；施工组织设计中的有关成果，如施工方法、导流程序和进度安排等。

2. 列出临建工程项目清单

在掌握基本资料的基础上，根据工程的施工条件，结合类似工程的施工经验，编拟临建工程项目单，估算它们的占地面积、敞棚面积、建筑面积，明确它们的建筑标准、使用期限以及布置和使用方面的要求，对于施工工厂还要列出它们的生产能力、工作班制、水电动力负荷以及服务对象等情况。

3. 具体布置各项临时建筑物

在做出现场布置总体规划的基础上，通常是根据对外交通方式，按实际地形地貌，依一定顺序布置各项临时建筑物和施工设施。

当对外交通采用标准轨铁路或水路时，宜首先确定车站或码头的布置，以满足站台停车线、泊岸航深和线路设计等方面的专门要求，然后布置场内外交通的衔接和场内交通干线，再沿干线布置各项施工工厂和仓库等设施，最后布置办公、生活设施以及水、电和动力供应系统等。

如果对外交通采用公路时，则可与场内交通联成一个系统来考虑，再据以确定施工工厂、仓库、办公、生活以及水、电、动力系统的布置。在具体布置各项临建工程时，以下意见可供参考：

（1）对外运输专用线的铁路车站或汽车基地，宜布置在施工场区入口附近。铁路车站的地面坡度最好不超过2‰，有足够的临时堆场，机车库和检修支线宜在车站附近引出。

（2）工地的一般器材仓库可以靠近车站布置，而油库、炸药库等危险物品仓库应单独布置，设立一定的警戒线，并和场内外交通联系起来。

（3）混凝土工厂应设在主要浇筑对象附近，并和混凝土运输线路相协调。水泥仓库、掺合料仓库、骨料仓库、预制构件厂、钢筋加工厂、模板加工厂，在场地宽敞时都可以靠近混凝土工厂布置。如果地形条件不允许，至少应使水泥仓库、掺合料仓库、骨料仓库和混凝土工厂布置在一起，形成运输流水线。

（4）机械修配厂的布置要考虑重型机械进出方便，最好设在交通干线侧旁。

（5）码头、停泊处、工厂、供水抽水站均可布置在枢纽下游河边，但要考虑河岸稳定、河水流速、水位变化等条件的影响。

（6）空压机站、修配厂等多分散布置在石方开挖地点附近，布置时要考虑爆破的安全距离和压缩空气的输送距离。

（7）闸门和金属结构安装基地常靠近主要安装地点，施工用金属结构和设备、钢管加工厂等，可以和它靠近，以便统一使用人力和物力。

（8）水电站设备安装基地宜布置在水电站厂房附近。

（9）中心变电站常设在比较僻静便于警戒的地方，临时发电厂或低压变电站应布置在电能需要量比较集中的地点，如混凝土系统、机械修配厂附近。对隧洞，地下厂房等施工场区，需要布置由220V降至36V的变电设备。

（10）骨料加工厂应布置在料场附近，以免运输废弃料，并减轻现场干扰。

（11）弃料场的布置，不能影响各项永久工程和导流工程的施工和运行，弃料要一次到位，避免转运；尽可能利用开挖料渣，填筑围堰，开拓施工场地等。

4. 调整、修改和选定合理方案

布置了各项临时建筑物和施工设施以后，应对整个施工场地布置进行协调和修正，检查临建工程与主体工程之间、各项临建工程之间有无矛盾干扰？生产和施工工艺是否协调？能否满足安全防火和环境卫生方面的要求？占用农田是否合理？如有不协调的地方，进行适当调整。通常要提出若干个布置方案，进行综合评价，以供选择，并对选定方案绘制施工总体布置图。

六、施工总体布置的评价

1. 总布置方案综合比较的内容

（1）场内主要交通线路的可靠性、修建线路的技术条件、工程数量和造价。

（2）场内交通线路的技术指标（弯道、坡度、交叉等），场内物料运输是否产生倒流现象。

（3）场地平整的技术条件、工程量、费用及建设时间，场地平整、防洪、防护工程量。

（4）区域规划及其组织是否合理，管理是否集中、方便，场地是否宽阔，有没有扩展的余地等；施工临时设施与主体工程施工之间、临时设施之间的干扰性；场内布置是否满足生产和施工工艺的要求。

（5）施工给水、供电条件。

（6）场地占地条件、占地面积，尤其是耕地、林木、房屋等。

（7）施工场地防洪标准能否满足要求，安全、防火、卫生和环境保护能否满足要求。

2. 方案的评价

施工总体布置方案的优劣，涉及许多因素，可以从不同的角度来进行评价，其评价因素大体有两类，一类是定性因素，一类是定量因素。

属于定性因素的指标主要有：①有利生产，易于管理，方便生活的程度；②在施工流程中，互相协调的程度；③对主体工程施工和运行的影响；④满足保安、防火、防洪、环保方面的要求；⑤临建工程与永久工程结合的情况等。

属于定量因素的指标主要有：①场地平整土石方工程量和费用；②土石方开挖利用的程度；③临建工程建筑安装工程量和费用；④各种物料的运输工作量和费用；⑤征地面积和费用；⑥造地还田的面积；⑦临建工程的回收率或回收费等。

选择施工总体布置方案时，就一个或几个因素进行评价，虽然比较便捷，但容易以偏概全，造成错觉，只有对以上因素做出综合评价，才能体现总体择优的原则。

综合评价的方法很多，其原理多源于系统分析的多目标规划。其中，经常用来对定性、定量因素进行综合评价的方法有：层次分析法、效用函数法、模糊分析法、专家评分法等。这些综合评价方法，因篇幅所限，在此不予具体介绍，可参阅有关著作和文献。

【例 7-2】 红水河龙滩水电站混凝土施工布置及其优化

龙滩水电站是红水河梯级开发中的骨干工程，工程以发电为主，兼有防洪、航运等综合效益。本工程为Ⅰ等工程，工程规模为大（1）型，工程枢纽布置为：碾压混凝土重力坝（泄洪建筑物布置在河床坝段，由 7 个表孔和 2 个底孔组成）；地下引水发电系统（装机 9 台）；通航建筑物（采用二级垂直提升式升船机）。工程按正常蓄水位 400m 设计，初期按 375m 建设，电站装机容量 4200MW。

龙滩电站工程碾压混凝土大坝是国内外目前在建和已建工程中最高的同类型大坝，最大坝高为 192m。初期 375m 建设方案时坝轴线长 761.258m，坝顶高程 382.0m。大坝混凝土总量 560 多万 m^3，其中碾压混凝土约 385 万 m^3，占混凝土总量的 69%。

龙滩水电站混凝土生产系统包括右岸生产系统和左岸高程 382.0m 生产系统。系统布置方案是在投标阶段施工布置方案的基础上，根据施工场地的条件，在布置场地、布置方案、设备选型等方面进行优化比选与调整。优化后的生产系统的布置更紧凑，距离坝轴线更近，节省系统投资，很好地满足施工需要。

（一）招标阶段布置方案

1. 右岸混凝土生产系统工艺流程

右岸混凝土生产系统成品砂石料由大法坪砂石系统加工，然后经长距离胶带机、回转给料器运至右岸混凝土生产系统骨料罐储存。骨料罐内的粗骨料按拌和楼需求混合放料，经胶带机送入筛洗脱水车间，筛洗脱水后的粗骨料分级进入预冷调节料仓，然后由胶带机送入混凝土搅拌楼，砂则直接经胶带机送入混凝土搅拌楼。

水泥、粉煤灰经散装水泥罐车由广西南丹火车中转站运至右岸混凝土生产系统后，气送入罐储存，然后采用单仓泵气送进入搅拌楼。

根据温控要求，高温季节碾压混凝土的出机口温度为12℃，采用二次风冷粗骨料、加片冰和适量加低温水搅拌的方式对混凝土进行预冷。常态混凝土的出机口温度为10℃，采用二次风冷粗骨料、加冰及低温水搅拌的方式对混凝土进行预冷。

2. 右岸混凝土生产系统工艺布置

按照坝区右岸地形和地质条件，结合大坝混凝土浇筑、运输技术要求，在坝址右岸下游约350m处的高程360.00～403.00m平台和高程308.50～320.00m平台分别布置2个混凝土生产系统。

根据工艺流程设计，右岸混凝土生产系统由三大部分组成。即混凝土骨料运输线、高程360.00m混凝土生产系统及高程308.50m混凝土生产系统。

右岸混凝土生产系统所需骨料均由大法坪砂石加工系统供应，骨料设计输送能力为3000t/h。从大法坪砂石系统成品堆场下部的给料机给料，到2个混凝土生产系统成品骨料罐顶部的卸料小车胶带机卸料。骨料在长距离胶带机头部通过回转漏斗，可分别经胶带机上运至高程360.00m混凝土生产系统的成品骨料罐，或下运至高程308.50m混凝土生产系统的成品骨料罐。

（二）施工阶段优化后的布置方案

1. 混凝土骨料运输线

从大法坪到右岸混凝土生产系统的骨料供应设计为一条长约4km的胶带机进行供料，如长距离胶带机发生故障，将造成右岸整个混凝土生产系统的停产。为了增加运行的可靠性，在高程308.50m混凝土生产系统的B-1、B-2胶带机之间增设了骨料受料坑和回车场作为备用方案，解决了在长距离胶带机发生故障或检修时系统无法供料造成的高、低系统全部停产的问题，使高程308.50m混凝土生产系统通过增设的骨料受料坑和回车场可进行持续生产。将投标阶段中长距离胶带机机头的分叉斗分料方案更改为回转漏斗，更利于供料系统的自动切换和自动控制。

2. 高程308.50m混凝土生产系统

(1) 系统边界线的扩展。在进场后对施工地形进行了复测，扩展了系统边界线。使2号拌和楼具备环形通车辆能力，避免了高峰期水泥、粉煤灰车辆与混凝土运输车辆间的相互干扰。

(2) 拌和楼位置的调整。招标布置方案中1号拌和楼距离高挡墙只有约2m。在施工布置方案比选时，将拌和楼位置向下游方向移动了5m，降低了基础建设处理费用。

（3）制冷楼位置的优化。原制冷楼布置在调节料仓上游，调整后制冷楼距离拌和楼更近，且将冷却塔也集中布置，便于氨、水和输冰管路的布置，安装更为方便。

（4）水泥罐位置的调整。根据现场放样，原方案的水泥罐布置在高程308.50m平台靠边坡侧。考虑到水泥罐自重较大及边坡的稳定性，调整方案的水泥罐布置在开挖后渠道新鲜的基岩上，保证了水泥罐安全运行。

3. 高程360m混凝土生产系统

（1）拌和楼位置调整。系统布置两座拌和楼。受场地限制，投标阶段的系统布置无法形成环形车道。鉴于$4\times3m^3$拌和楼主要生产常态混凝土且为汽车受料，施工阶段调整了拌和楼的布置，便于使用汽车运输；同时调整了上楼胶带机位置和调节料仓胶带机出料方向。结合系统场地调整$2\times6m^3$拌和楼的布置后，能同时满足汽车受料和胶带机受料，加大了系统供应的保障能力。

（2）制冷楼位置调整。招标阶段的制冷楼布置在高程360.00m平台上，且拌和楼安装完成后才建制冷楼。为方便施工，调整了制冷楼的位置，使主楼布置在高程365m平台上、副楼布置在360.00m平台上。在2号公路上就可以进行制冷楼安装施工，避免了制冷楼安装与拌和楼安装、运行间的相互干扰。

（3）调节料仓位置调整。招标方案中调节料仓布置在高程390m平台上。而搞成390m平台一半是开挖形成的台地、一半是砌浆砌石挡墙回填形成的台地，基础承载力不同。为避免基础的不均匀沉降，结合现场实际情况并与拌和楼的调整相协调、满足拌和楼进料的需要，将调节料仓调整布置在开挖形成的基础上。

（三）优化方案与投标阶段方案的对比分析

（1）通过对右岸两个混凝土生产系统的分析研究，调整布置后避免了不良地段基础的处理，节约了投资，确保了系统的运行安全。

（2）通过调整布置，避免了系统建设中拌和楼和制冷楼等的施工干扰，更利于系统的快速建设。

（3）优化方案的右岸混凝土生产系统具备6条汽车出料线，3条胶带机供料线，比原设计多了4条汽车出料线，优化部分生产工艺，提高了系统供应混凝土的连续性、保证率和生产系统的可靠性。

【例7-3】 雅砻江锦屏一级水电站混凝土骨料生产系统布置

1. 工程概况

锦屏一级水电站是建成投入运行的世界第一高双曲拱坝，坝顶高程1885m，建基面高程1580m，最大坝高305m，顶拱中心线弧长552.23m。坝址位于四川省凉山彝族自治州木里县和盐源县交界处的雅砻江大河湾干流河段上。工程以发电为主，兼顾防洪拦沙，属于大（1）型工程，是雅砻江干流中下游水电开发规划梯级开发的控制性工程。电站枢纽主要由混凝土双曲拱坝（坝身设4个表孔和5个深孔）、水垫塘和二道坝、右岸泄洪洞、右岸引水发电系统及地面出线场等组成。水库正常蓄水位1880m，电站装机总容量3600MW（6×600MW），多年平均发电量166.2亿度，已经全部投产发电，是国家“西电东送”的骨干电源点。

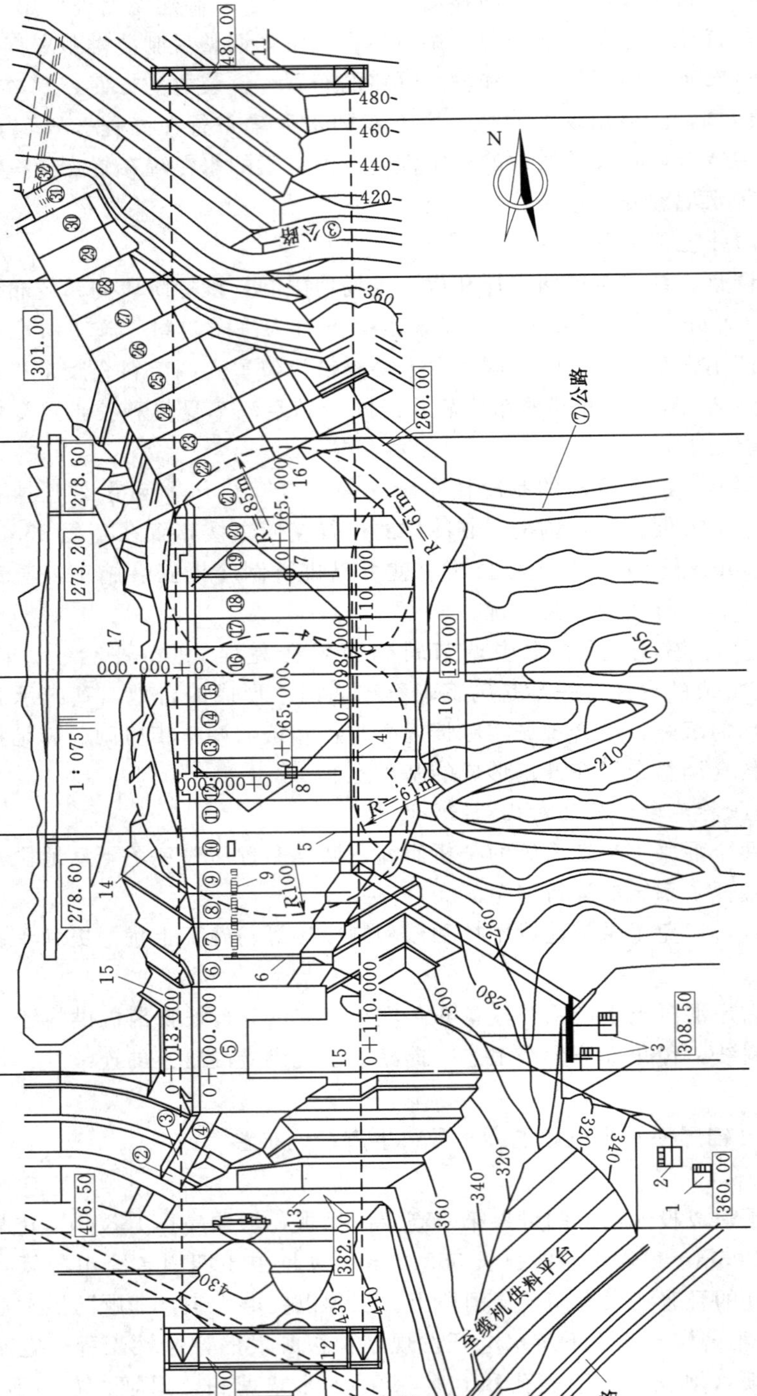

图 7-3　龙滩碾压混凝土施工优化方案布置图

1—4×3m³ 拌和楼；2—2×6m³ 拌和楼；3—2×6m³ 拌和楼 2 座；4—2号供料线；5—②号供料线；6—③号供料线；7—1号塔带机；8—2号塔带机；9—真空溜槽；10—胎带机布置平台；11—左岸缆机平台；12—右岸缆机平台；13—缆机供料平台；14—塔带机覆盖范围边线；15—缆机覆盖范围边线；16—左右岸分界线；17—上游碾压混凝土围堰

大坝设置 25 条横缝，分 26 个坝段，平均坝段宽度为 22.6m，施工不设纵缝，大坝混凝土总量 536.73 万 m^3，主要由大坝右岸坝肩 1885m 高程附近的高线混凝土生产系统供应。该系统配置有二座拌和楼（各配 2×7.0 m^3 强制式搅拌机），系统生产能力 600m^3/h，满足浇筑高峰期月平均强度约 16 万 m^3 的预冷混凝土生产需求。大坝的混凝土骨料主要由位于下游的印把子沟砂石加工系统生产系统提供，共需生产成品骨料约 1585.5 万 t，其中粗骨料约 1435 万 t，细骨料约 150.6 万 t。料源采用大奔流沟砂岩料场的开挖料。成品料生产能力约 1600t/h，毛料处理能力约 2000t/h。

工程坝址区所在的上、下游约 30km 河段，为雅砻江的深切峡谷地貌，地形高陡狭窄。两岸山体雄厚，基岩裸露，岸坡陡峻，除坝址附近谷坡底部、冲沟出口的沿江两岸有零星的小块缓坡地带外，坝区附近可供利用的平缓山坡与滩地很少，为施工场地布置和场内交通布置带来了极大的困难。锦屏一级水电站混凝土骨料生产系统的布置简图如图 7-4 所示。

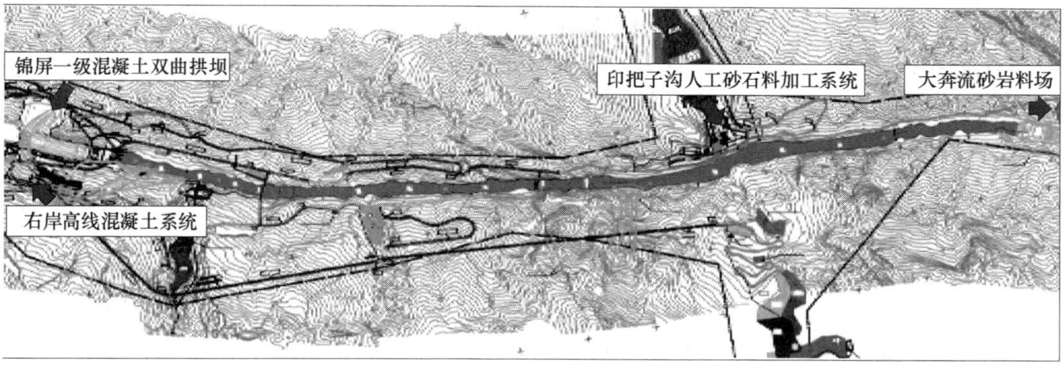

图 7-4　锦屏一级水电站混凝土骨料生产系统布置简图

2. 布置特点

锦屏一级水电站混凝土骨料生产系统的主要构成和物料转运方式如图 7-5 所示。下面按照混凝土骨料开采、加工和运输的顺序介绍骨料生产系统的特点。

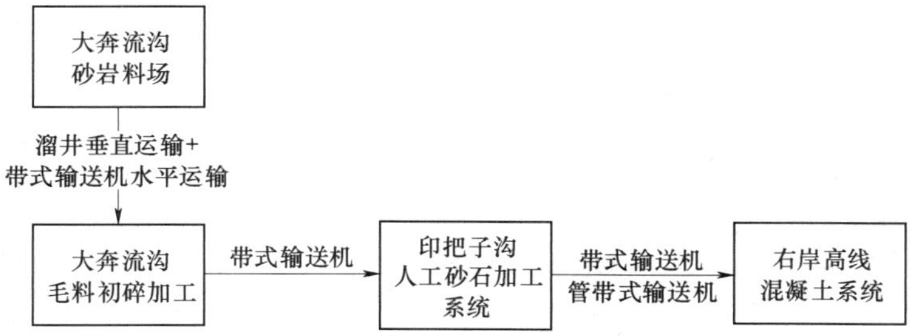

图 7-5　混凝土骨料生产系统的主要构成和物料转运方式简图

（1）三面临空条件下的混凝土骨料开采。大奔流沟料场开采总量 1100 万 m^3，垂直高差约 450m，自然岸坡为倾角 55°～65°的顺向边坡，料场地形陡峻，采区三面临空，且下部有进场公路，紧邻雅砻江和二级导流洞出口。采用传统的开采方式向外爆破，将无法避免石料在开采过程中落入江中，对下部建筑物和交通运输的安全造成极为不利的影响。为此，采取从上往下开采的方式，在料场内部修建上行洞和下行洞两条隧洞进行开采。料场开采运输道路位于料场开采终了后的边坡内，基本平行于马道布置，每个梯段的开采需从相应高程的料场交通洞接出施工支洞出露至溜槽处，再将该施工支洞沿洞轴线与上层顶部打穿，以施工支洞为临空面进行爆破。工程采用的将施工支洞两侧的石料爆破至施工支洞形成的堑沟内逐渐扩大开采强度的施工方案。大奔流料场开采如图 7－6 所示。

（2）毛料初碎加工的地下洞室布置。大奔流沟料场开采得到的毛料，粗碎加工可分为露天布置和洞室布置两个方案。由于受施工场地限制，粗碎露天布置只能安排在印把子沟或大奔流沟，但是印把子沟布设地点岩质边坡表部岩层倾倒变形明显，岩体松弛破碎，稳定性较差，与大奔流沟料场间直线距离约 3km，运距比较长，运输成本高，不适合在此处布置粗碎设施；如果布置在大奔流沟两侧，开采时石料不可避免地会滚入沟内，不利于该区域内车辆和设备的安全，故采用粗碎加工的洞室布置方案：在开采区设置三个溜井，由自卸汽车经料场运输隧洞卸入溜井，井下布置旋回破碎机，破碎后的石料由平洞胶带机水平运输至印把子沟半成品料仓，解决了毛料加工系统的布置问题。溜井布置和井下破碎设备的布置分别如图 7－7 和图 7－8 所示。

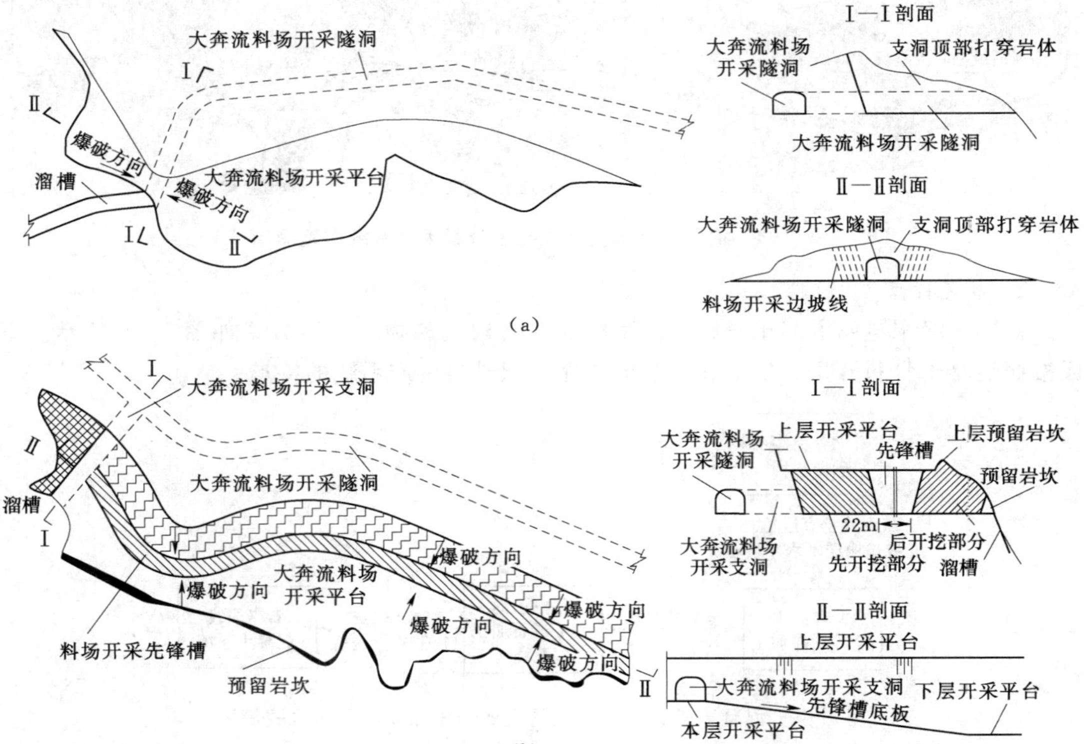

(b)

图 7－6　大奔流沟料场开采示意图

（a）低强度；（b）高强度

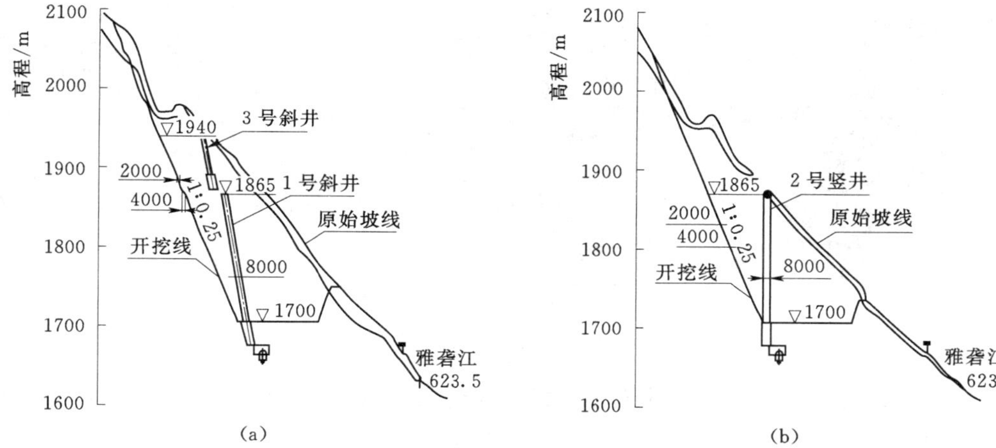

图 7-7 大奔流沟料场溜井布置示意图

(a) 上游；(b) 下游

(3) 成品骨料的管带式皮带机运输。工程首次在水电行业内采用 500mm 级管径，带速为 4m/s，设计输送能力为 2500t/h 的管带式输送机作为主要的运输方式，有效解决了高陡狭窄地形环境下混凝土骨料长距离运输问题。以印把子沟人工砂石料加工系统到右岸高线混凝土系统的骨料运输为例：全程采用 6 个转载站和 6 条带式输送机，其中包括 2 条管带式输送机（2738m）和 4 条带式输送机（2767m），中间跨江栈桥为长约 110m 的悬索桥，输送距离约 5.4km，总运输提升高度约 265m，系统输送能力为 2500t/h 。骨料输送系统线路图和转运站布置如图 7-9 所示。

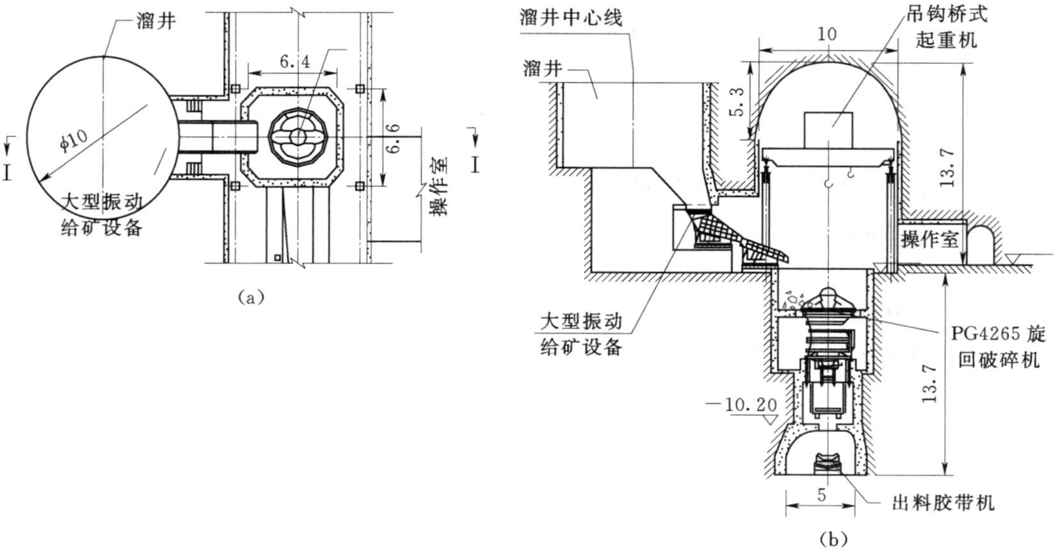

图 7-8 大奔流沟料场井下旋回破碎机布置示意图（单位：m）

(a) 高程 0.00m 平面图；(b) Ⅰ—Ⅰ

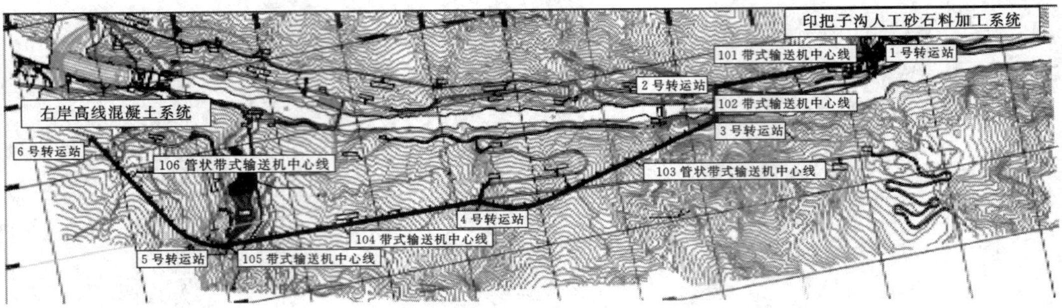

图 7-9 骨料运输系统输送线路简图

与公路运输方案相比，带式输送机方案在运输保障能力上，避免了骨料运输车辆所导致的场内公路交通量超限问题，降低了山区公路交通安全的隐患；在经济性方面，虽然一次性的设备采购和土建工程投入较大，但运行费用大大低于公路运输方案。此外，对于普通带式输送机，管带式输送机还具有小半径拐弯能力、封闭性好和大角度倾斜能力，大大提升了骨料的运输效率。

锦屏一级水电站的混凝土骨料生产系统采用三面临空条件下的开挖方式，利用地下空间布置施工辅助设施、大口径管带式输送机进行骨料运输，具有安全、环保、经济和高效的特点，为解决高山峡谷、台地匮乏条件下的施工场地布置问题提供了参考和借鉴。

思 考 题

7-1 为什么要编制施工组织设计？施工组织设计的主要内容有哪些？

7-2 简述施工组织设计各组成部分之间的关系。

7-3 简述施工总进度计划编制的方法和步骤。

7-4 水利水电枢纽工程施工总进度有哪些重要控制环节？它们在进度安排时各起什么控制作用？

7-5 施工进度计划优化调整的方法和途径。

7-6 简述施工总布置的任务及其布置原则。

7-7 施工总布置的主要内容。

7-8 简述施工布置的步骤。

7-9 混凝土坝枢纽和当地材料坝枢纽施工布置的特点。

第八章　施　工　管　理

施工管理对于保证施工安全，提高施工质量，缩短建设工期，降低工程造价至关重要。施工管理工作涉及施工、法规、技术、经济等活动。其管理活动是从制定计划开始，通过计划的制定，进行协调与优化，确定管理目标；然后在实施过程中按计划目标进行指挥、协调与控制；根据实施过程中反馈的信息调整原来的控制目标；通过施工项目的计划、组织、协调与控制，实现施工管理的目标。本章将讨论施工进度控制、施工成本控制、施工质量控制、施工安全管理、施工招投标与合同管理等内容。

第一节　施工进度控制

施工进度的控制是影响工程项目建设目标实现的关键因素之一。其控制的总任务是在满足工程项目建设总进度计划要求的基础上，编制或审核施工进度计划，对其执行情况进行动态控制与调整，以保证工程项目按期实现控制目标。在工程进度控制过程中，必须明确进度控制的目标、实现目标的手段、方法与途径。

一、施工进度计划的控制方法

施工项目进度控制是工程项目进度控制的主要环节，常用的控制方法有横道图控制法、S形曲线控制法、香蕉形曲线比较法等。

1. 横道图控制法

人们常用的、最熟悉的方法是用横道图编制实施性进度计划，指导项目的实施。它简明、形象、直观、编制方法简单、使用方便。

横道图控制法是在项目实施过程中，收集检查实际进度的信息，经整理后直接用横道线表示，并直接与原计划的横道线进行比较。

利用横道控制图检查时，图示清楚明了，可在图中用粗细不同的线条分别表示实际进度与计划进度。在横道图中，完成任务量可以用实物工程量、劳动消耗量和工作量等不同方式表示。

2. S形曲线控制法

S形曲线是一个以横坐标表示时间，纵坐标表示完成工作量的曲线图。工作量的具体内容可以是实物工程量、工时消耗或费用，也可以是相对的百分比。对于大多数工程项目来说，在整个项目实施期内单位时间（以天、周、月、季等为单位）的资源消耗（人、财、物的消耗）通常是中间多而两头少。由于这一特性，资源消耗累加后便形成一条中间陡而两头平缓的形如“S”的曲线。

像横道图一样，S形曲线也能直观反映工程项目的实际进展情况。项目进度控制工程师事先绘制进度计划的S形曲线。在项目施工过程中，每隔一定时间按项目实际进度情况绘制完工进度的S形曲线，并与原计划的S形曲线进行比较，如图 8-1 所示。

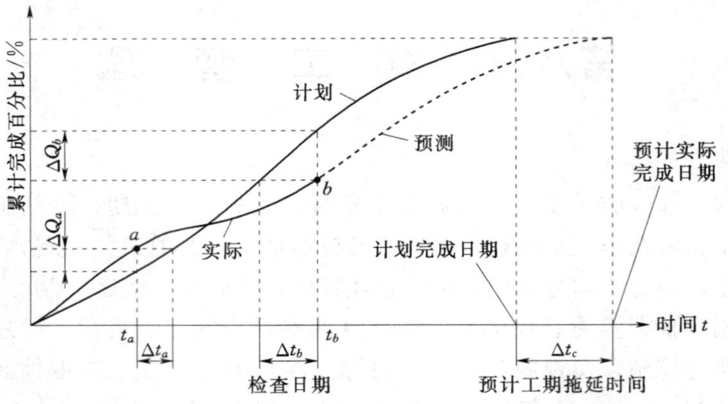

图 8-1　S形曲线比较图

(1) 项目的实际进展速度。如果项目实际进展的累计完成量在原计划的S形曲线左侧，表示此时的实际进度比计划进度超前，如图 8-1 中 a 点；反之，如果项目实际进展的累计完成量在原计划的S形曲线右侧，表示实际进度比计划进度拖后，如图 8-1 中 b 点。

(2) 进度超前或拖延时间。如图 8-1 中，Δt_a 表示 t_a 时刻进度超前时间；Δt_b 表示 t_b 时刻进度拖延时间。

(3) 工程量完成情况。在图 8-1 中，$\Delta y_a'$表示 t_a 时刻超额完成的工程量；y_b'表示 t_b 时刻拖欠的工程量。

(4) 项目后续进度的预测。在图 8-1 中，虚线表示项目后续进度若仍按原计划速度实施，总工期拖延的预测值为 Δt_c。

3. 香蕉形曲线比较法

图 8-2　香蕉形曲线图

香蕉形曲线是由两条以同一开始时间、同一结束时间的S形曲线组合而成。其中，一条S形曲线是按最早开始时间安排进度所绘制的S形曲线，简称ES曲线；而另一条S形曲线是按最迟开始时间安排进度所绘制的S形曲线，简称LS曲线。除了项目的开始和结束点外，ES曲线在LS曲线的上方，同一时刻两条曲线所对应完成的工作量是不同的。在项目实施过程中，理想的状况是任一时刻的实际进度在这两条曲线所包区域内的曲线R，如图 8-2 所示。香蕉形曲线的绘制步骤如下：

(1) 计算时间参数。在项目的网络计划基础上，确定项目数目 n 和检查次数 m，计算项目工作的时间参数 ES_i、LS_i($i=1，2，\cdots，n$)。

(2) 确定在不同时间计划完成工程量。以项目的最早时标网络计划确定工作在各单位时间的计划完成工程量 q_{ij}^{ES}，即第 i 项工作按最早开始时间开工，第 j 时段内计划完成的工程量 ($1\leqslant i\leqslant n$；$0\leqslant j\leqslant m$)；以项目的最迟时标网络计划确定工作在各单位时间的计划完成工程量 q_{ij}^{LS}，即第 i 项工作按最迟开始时间开工，第 j 时段内计划完成的工程量 ($1\leqslant i\leqslant n$；$0\leqslant j\leqslant m$)。

(3) 计算项目总工程量 Q。

$$Q=\sum_{i=1}^{n}\sum_{j=1}^{m}q_{ij}^{ES} \tag{8-1}$$

$$Q=\sum_{i=1}^{n}\sum_{j=1}^{m}q_{ij}^{LS} \tag{8-2}$$

(4) 计算到 j 时段末完成的工程量。按最早时标网络计划计算完成的工程量为

$$Q_j^{ES}=\sum_{i=1}^{n}\sum_{j=1}^{m}q_{ij}^{ES}(1\leqslant i\leqslant n,0\leqslant j\leqslant m) \tag{8-3}$$

按最迟时标网络计划计算完成的工程量 Q_j^{LS} 为

$$Q_j^{LS}=\sum_{i=1}^{n}\sum_{j=1}^{m}q_{ij}^{LS}(1\leqslant i\leqslant n,0\leqslant j\leqslant m) \tag{8-4}$$

(5) 计算到 j 时段末完成项目工程量百分比。按最早时标网络计划计算完成工程量的百分比 μ_j^{ES} 为

$$\mu_j^{ES}=\frac{Q_j^{ES}}{Q}\times 100\% \tag{8-5}$$

按最迟时标网络计划计算完成工程量的百分比 μ_j^{LS} 为

$$\mu_j^{LS}=\frac{Q_j^{LS}}{Q}\times 100\% \tag{8-6}$$

(6) 绘制香蕉形曲线。以 (μ_j^{ES}，j) ($j=0$，1，…，m) 绘制 ES 曲线；以 (μ_j^{LS}，j) ($j=0$，1，…，m) 绘制 LS 曲线，由 ES 曲线和 LS 曲线构成项目的香蕉形曲线。

二、进度计划实施中的调整方法

(一) 分析偏差对后继工作及工期的影响

当进度计划出现偏差时，需要分析偏差对后继工作产生的影响。分析的方法主要是利用网络计划中工作的总时差和自由时差来判断。工作的总时差 (TF) 不影响项目工期，但影响后继工作的最早开始时间，是工作拥有的最大机动时间；而工作的自由时差是指在不影响后继工作的最早开始时间的条件下，工作拥有的最大机动时间。利用时差分析进度计划出现的偏差，可以了解进度偏差对进度计划的局部影响（后继工作）和对进度计划的总体影响（工期）。具体分析步骤如下：

(1) 判断进度计划偏差是否在关键线路上。如果出现进度偏差的工作，则 $TF=0$，说明该工作在关键线路上，无论其偏差有多大，都对其后继工作和工期产生影响，必须采取相应的调整措施；如果 $TF\neq 0$，则说明工作在非关键线路上。偏差的大小对后继工作和工期是否产生影响以及影响的程度，还需要进一步分析判断。

(2) 判断进度偏差是否大于总时差。如果工作的进度偏差大于工作的总时差，说明偏

差必将影响后继工作和总工期；如果偏差小于或等于工作的总时差，说明偏差不会影响项目的总工期。但它是否对后继工作产生影响，还需进一步与自由时差进行比较来判断确定。

（3）判断进度偏差是否大于自由时差。如果工作的进度偏差大于工作的自由时差，说明偏差将对后继工作产生影响，但偏差不会影响项目的总工期；反之，如果偏差小于或等于工作的自由时差，说明偏差不会对后继工作产生影响，原进度计划可不作调整。

采用上述分析方法，进度控制人员可以根据工作的偏差对后继工作的不同影响采取相应的进度调整措施，以指导项目进度计划的实施。具体的判断分析过程如图 8-3 所示。

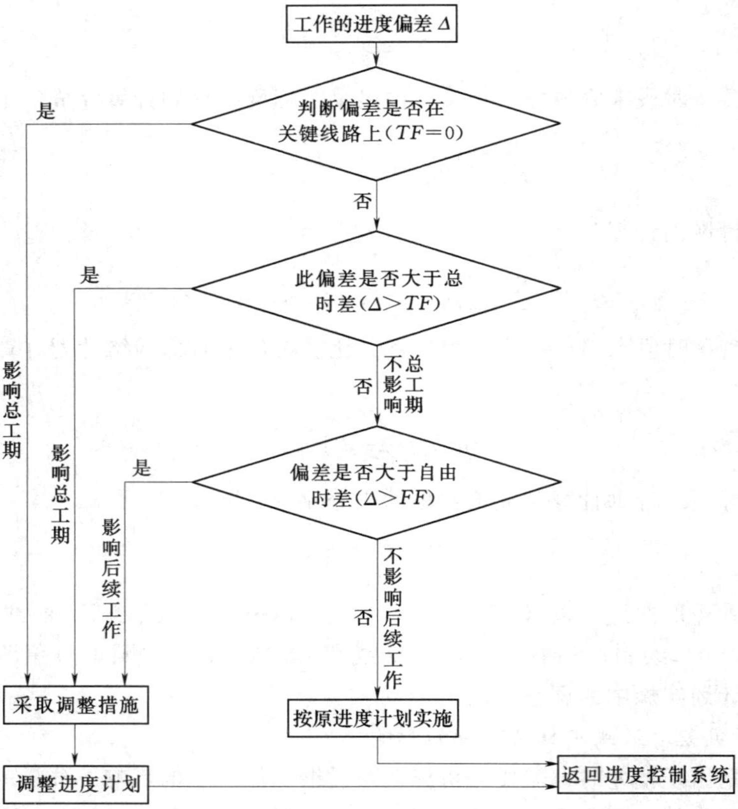

图 8-3 进度偏差对后继工作和工期影响分析过程

（二）进度计划实施中的调整方法

当进度控制人员发现问题后，对实施进度进行调整。为了实现进度计划的控制目标，究竟采取何种调整方法，要在分析的基础上确定。从实现进度的控制目标来看，可行的调整方案可能有多种，存在一个方案优选的问题。一般来说，进度调整的方法主要有以下两种。

1. 改变工作之间的逻辑关系

主要是通过改变关键线路上工作之间的先后顺序、逻辑关系来实现缩短工期的目的。例如，若原进度计划比较保守，各项工作依次实施，即某项工作结束后，另一项工作才开始。通过改变工作之间的逻辑关系，变顺序关系为平行搭接关系，便可达到缩短工期的目的。这样进行调整，由于增加了工作之间的平行搭接时间，进度控制工作就显得更加重要，实施中必须做好协调工作。

2. 改变工作延续时间

主要是对关键线路上的工作进行调整，工作之间的逻辑关系并不发生变化。例如，某一项目的进度拖延后，为了加快进度，可采用压缩关键线路上工作的持续时间，增加相应的资源来达到加快进度的目的。这种调整通常在网络计划图上直接进行，其调整方法与限制条件及对后继工作的影响程度有关，一般可考虑以下三种情况。

（1）在网络图中，某项工作进度拖延，但拖延的时间在该工作的总时差范围内，自由时差以外。若用Δ表示此项工作拖延的时间，即

$$FF<\Delta<TF$$

（2）在网络图中，某项工作进度的拖延时间大于项目工作的总时差，即

$$\Delta>TF$$

这时该项工作可能在关键线路上（$TF=0$）；也可能在非关键线路上，但拖延的时间超过了总时差（$\Delta>TF$）。调整的方法是，以工期的限制时间作为规定工期，对未实施的网络计划进行工期—费用优化。通过压缩网络图中某些工作的持续时间，使总工期满足规定工期的要求。具体步骤如下：

1）化简网络图，去掉已经执行的部分，以进度检查时间作为开始节点的起点时间，将实际数据代入化简网络图中。

2）以简化的网络图和实际数据为基础，计算工作最早开始时间。

3）以总工期允许拖延的极限时间作为计算工期，计算各工作最迟开始时间，形成调整后的计划。

在网络计划中工作进度超前。在计划阶段所确定的工期目标，往往是综合考虑各方面因素优选的合理工期。正因为如此，网络计划中工作进度的任何变化，无论是拖延还是超前，都可能造成其他目标的失控，如造成费用增加等。例如，在一个施工总进度计划中，由于某项工作的超前，致使资源的使用发生变化。这不仅影响原进度计划的继续执行，也影响各项资源的合理安排。特别是施工项目采用多个分包单位进行平行施工时，因进度安排发生了变化，导致协调工作的复杂化。在这种情况下，对进度超前的项目也需要加以控制。

【例8-1】 锦屏一级水电站工程项目进度控制

1. 工程概况

锦屏一级水电站混凝土拱坝最大坝高305m，地下厂房装机6台，共3600MW，总工期约100个月，主要里程碑工期为：2006年11月下旬河床截流，2009年2月基坑混凝土浇筑，2011年11月导流洞下闸封堵，2012年8月初第1台机组发电，2014年3月全部机组投产。

2. 进度控制

锦屏水电工程施工场地狭窄、岸坡地势陡峭、布置困难、地质条件复杂，前期施工项目进度出现不同程度的拖延，导致后续施工项目开工的进度控制困难，进度控制条件复

杂。同时，施工中的不可预见因素多，进度控制协调复杂并且工作量大。

（1）项目的里程碑目标。项目里程碑目标是业主从公司发展的战略角度提出工程建设的总进度目标、重大里程碑目标及年度目标。业主的进度控制在严格控制总进度计划、里程碑进度计划、年度进度计划目标的基础上，将其具体落实到各单位工程、标段工程，对各单位工程、标段工程进度计划管理从招标设计开始，贯穿到招标、设计、施工的全过程。

各标段项目计划的编制是基于工程项目的招投标阶段以及中标授标之后的合同条件，要求承包商编制切实可行的“细化的施工进度计划”，对完成任务所需要的原材料、劳动力、设计和投资进行分析和比较，找出关键线路，对任务做出合理的工期、人力、物力、机械等资源的安排。

（2）进度控制方法。锦屏一级水电工程施工的复杂性、艰巨性和重要性决定了进度管理与控制手段。主要方法如下：

1）强化进度计划审核流程，制定合理的项目进度控制目标，建立进度绩效考核体系，根据项目的重要程度、工期长短设置定期目标奖、阶段目标奖、最终目标奖等进度绩效奖励制度，充分发挥业主在进度控制中的主导作用。

2）定期检查进度计划的执行情况，获取偏差信息，分析原因和趋势，采取纠偏措施，根据纠偏方案，更新进度计划，及时反馈至项目监理及承包商，督促落实进度计划的执行。

3）在进度控制过程中，强调监理工作的重要性。在施工招标前进行监理的招标工作，使监理协助施工招标过程，增加监理的责任感，保证承包商施工方案合理可行，降低业主在施工过程中的进度管理风险。

4）设置承包商的进度目标奖和相应的监理进度控制目标奖，提高项目参与人在进度控制中的积极性和责任感。

第二节 施 工 成 本 控 制

施工成本控制是施工生产过程中以降低工程成本为目标，对成本的形成所进行的预测、计划、控制、核算、分析等一系列管理工作的总称。

施工成本是施工过程工作质量的综合性指标，反映着企业生产经营管理活动各个方面的工作成果。显然，若施工单位按照标价承担一项工程任务后，如果不能将工程成本控制在合同价格以内，就得亏损。所以成本管理是国内外承包企业获得承包工程合同以后所关心的一项极为重要的工作。

一、施工成本控制的基础工作

成本控制的基础工作如下：

（1）定额工作。要有一套平均先进的技术经济定额作为企业编制施工作业计划，降低成本计划，进行经济核算，掌握人工、材料、机械消耗和控制费用开支的依据。

（2）计量检验工作。应设置必要的计量器具，建立出、入库检验制度，以期克服估算、计量产生的误差等现象。

（3）原始记录工作。要有一套简便易行的施工、劳动、料具供应、机械、资金、附属企业生产等方面的原始记录和成本报表制度，包括格式、计算登记、传递方法、报送时间等的规定。

（4）内部价格工作。制定材料、工具的内部计划价格，便于及时计价，进行材料工具的核算。

（5）编制施工预算。作为内部成本核算、作业计划、签订内部责任合同和签发施工任务单的依据。

二、编制成本计划

不断降低工程成本，是工程成本管理的一项重要任务。应按工程预算项目编制工程成本计划，提出降低成本的要求、途径和措施，并层层落实到工区、施工队组，向职工提出奋斗目标，以期完成和超额完成成本计划。

编制工程成本计划要根据施工任务和降低成本目标，由企业的计划、技术和财务部门会同有关部门共同负责。编制程序是首先根据施工任务和降低成本指标，收集、整理所需要的资料，如上年度计划成本、实际成本，本单位历史最好水平及同类企业的先进水平。然后以计划部门为主，财务部门配合，对上述资料进行研究分析，比先进，找差距，挖掘企业潜力，提出降低成本的目标，再由技术生产部门会同有关部门共同研究，提出降低成本的技术组织措施计划，会同行政部门，根据人员定额和费用开支范围，编制管理费用计划。在此基础上，由计划财务部门会同有关部门编出降低成本计划。

制订工程成本计划，要明确降低工程成本的途径，并订出相应降低工程成本的措施。降低工程成本的措施一般如下：

（1）加强施工生产管理。合理组织施工生产，正确选择施工方案，进行现场施工成本控制，降低工程成本。

（2）提高劳动生产率。工程成本的高低取决于生产所消耗的物化劳动与活劳动的数量，取决于技术和组织管理水平。建筑安装工程施工成本中工资支出比重较大，一般建筑工程的工资支出占总成本的8%～12%。减少工资开支，主要是靠提高劳动生产率来实现。劳动生产率的提高有赖于施工机械化程度的提高和技术进步，这是以少量物化劳动取代大量活劳动的结果。所以采用机械化施工和新技术新工艺，可以取得降低工资支出、降低工程成本的效果。此外减少活劳动消耗还可以减少与此有关的劳保费、技术安全费、生活设施费，以及与缩短工期有关的施工管理费等费用。

（3）节约材料物资。在建筑工程中，材料费用所占比重最大，一般达60%～70%。所以节约材料消耗对降低工程成本意义重大。节约材料物资消耗的途径是多方面的，从材料采购、运输、入库、使用以至竣工后部分材料的回收等环节，都要认真对待，加强管理，不断降低材料费用。如在采购中，尽量选择质优价廉的材料，做到就地取材，避免远距离运输；合理选择运输供应方式，合理确定库存，注意内外运输衔接，避免二次搬运；合理使用材料，避免大材小用；控制用料，合理使用代用和质优价廉的新材料。所有这些都是节约材料费用的有效途径。

（4）提高机械设备利用率和降低机械使用费。随着施工机械化程度的提高，管理好施工机械，提高机械完好率和利用率，充分发挥施工机械的能力是降低成本的重要方面。我国的机械利用率相对较低，因此在降低工程成本方面的潜力很大。

(5) 节约施工管理费。施工管理费约为工程成本的14%～16%，所占比重较大，应本着艰苦奋斗，勤俭办企业的方针，精打细算，节约开支，减少非生产人员比例。

加强技术质量管理，积极推行新技术、新结构、新材料、新工艺，不断提高施工技术水平，保证工程质量，避免和减少返工损失。

三、施工成本因素分析

施工企业在生产中，一方面生产出建筑产品，同时又为生产这些产品耗费一定数量的人力、物力和财力，各种生产耗费的货币表现，称为生产费用。工程成本分析，就是通过对施工过程中各项费用的对比与分析，揭露存在问题，寻找降低工程成本的途径。

工程成本作为一个反映企业施工生产活动耗费情况的综合指标，必然同各项技术经济指标之间存在着密切的联系。技术经济指标完成的好坏，最终会直接或间接地影响工程成本的增减。下面就主要工程技术经济指标变动对工程成本的影响作简要分析。

(1) 产量变动对工程成本的影响。工程成本一般可分为变动成本和固定成本两部分。由于固定成本不随产量变化，因此，随着产量的提高，各单位工程所分摊的固定成本将相应减少，单位工程成本也就会随产量的增加而有所减少，即

$$D_Q = R_Q C \tag{8-7}$$

$$R_Q = \left(1 - \frac{1}{1+\Delta Q}\right) W_d \tag{8-8}$$

式中：D_Q 为因产量变动而使工程成本降低的数额，简称成本降低额；C 为原工程总成本；R_Q 为成本降低率；ΔQ 为产量增长百分率；W_d 为固定成本占总成本的比重。

(2) 劳动生产率变动对工程成本的影响。提高劳动生产率，是增加产量、降低成本的重要途径。劳动生产率变动对工程成本的影响体现在两个方面：①通过产量变动影响工程成本中的固定成本（其计算按产量变动对成本影响的公式）；②通过劳动生产率的变动直接影响工程成本中的人工费（即变动成本的一部分）。值得注意的是，随着劳动生产率的提高，工人工资也有所提高。因此，在分析劳动生产率的影响时，还须考虑人工平均工资的增长的影响。其计算公式为

$$R_L = \left(1 - \frac{1+\Delta W}{1+\Delta L}\right) W_\omega \tag{8-9}$$

式中：R_L 为由于劳动生产率（含工资增长）变动而使成本降低的成本降低率；ΔW 为平均工资增长率；ΔL 为劳动生产率增长率；W_ω 为人工费占总成本的比重。

(3) 资源、能源利用程度对工程成本的影响。在建筑工程施工中，总是要耗用一定的资源（如原材料等）和能源。尤其是原材料，其成本在工程成本中占相当大的比重。因此，降低资源、能源的耗用量，对降低工程成本有着十分重要的意义。

影响资源、能源费用的因素主要是用量和价格两个方面。就企业角度而言，降低耗用量（当然包含损耗量）是降低成本的主要方面。其计算公式为

$$R_m = \Delta m W_m \tag{8-10}$$

式中：R_m 为因降低资源、能源耗用量而引起的成本降低率；Δm 为资源、能源耗用量降低率；W_m 为资源、能源费用在工程成本中的比重。

如采用利用率表示，则有

$$R_m=\left(1-\frac{m_0}{m_n}\right)W_m \tag{8-11}$$

式中：m_0、m_n 分别为资源、能源原来和变动后的利用率；其余符号意义同前。

在建筑工程中，有时要根据不同原因，在保证工程质量的前提下，采用一些替代材料，由此引起的工程成本降低额为

$$D_r=Q_0P_0-Q_rP_r \tag{8-12}$$

（4）机械利用率变动对工程成本的影响。机械利用的好坏，并不直接引起成本变动，但会使产量发生变化，通过产量的变动而影响单位成本。因此，机械利用率变动对工程成本的影响，可直接利用式（8－8）和式（8－9）分析。为便于随时测定，亦可用下式计算：

$$R_T=\left(1-\frac{1}{P_T}\right)W_d \tag{8-13}$$

$$R_p=\left(\frac{P_p-1}{P_TP_p}\right)W_d \tag{8-14}$$

式中：R_T、R_p 分别为机械作业时间和生产能力变动引起的单位成本降低率；P_T、P_p 分别为机械作业时间的计划完成率和生产能力计划完成率；W_d 为固定成本占总成本比重。

（5）工程质量变动对工程成本的影响。工程质量的好坏，既是衡量企业技术和管理水平的重要标志，也是影响产量和成本的重要原因。质量提高，返工减少，既能加快施工速度，促进产量增加，又能节约材料、人工、机械和其他费用消耗，从而降低工程成本。水利水电工程虽不设废品等级，但存在返工、修补、加固等要求。返工次数和每次返工所需的人工、机械、材料费等越多，对工程成本的影响越大。因此，一般用返工损失金额来综合反映工程成本的变化。其计算式为

$$R_d=C_d/B \tag{8-15}$$

式中：R_d 为返工损失率，即返工对工程成本的影响程度，一般用千分比表示；C_d 为返工损失金额；B 为施工总产值（亦可用工程总成本）。

（6）技术措施变动对工程成本的影响。在施工过程中，施工企业应尽力发挥潜力，采用先进的技术措施，这不仅是企业发展的需要，也是降低工程成本最有效的手段。其对工程成本的影响程度为

$$R_s=\frac{Q_sS}{C}W_s \tag{8-16}$$

式中：R_s 为采取技术措施引起的成本降低率；Q_s 为措施涉及的工程量；S 为采取措施后单位工程量节约额；W_s 为措施涉及工程原成本占总成本之比重；C 为工程总成本。

（7）施工管理费变动对工程成本的影响。施工管理费在工程成本中占有较大的比重，如能精简机构，提高管理工作质量和效率，节省开支，对降低工程成本也有很大的作用。其成本降低率为

$$R_g=W_g\Delta G \tag{8-17}$$

式中：R_g 为节约管理费引起的成本降低率；ΔG 为管理费节约率；W_g 为管理费占工程成本的比重。

四、工程成本综合分析

工程成本综合分析，就是从总体上对企业成本计划执行的情况进行较为全面概略的分析。

在经济活动分析中，一般把工程成本分为三种：预算成本、计划成本和实际成本。

(1) 预算成本。一般为施工图预算所确定的工程成本；在实行招标承包工程中，一般为工程承包合同价款减去法定利润后的成本。因此又称为承包成本。

(2) 计划成本。是在预算成本的基础上，根据成本降低目标，结合本企业的技术组织措施计划和施工条件等所确定的成本。是企业降低生产消耗费用的奋斗目标，也是企业成本控制的基础。

(3) 实际成本。是指企业在完成建筑安装工程施工中实际发生费用的总和。是反映企业经济活动效果的综合性指标。

计划成本与预算成本之差即为成本计划降低额；实际成本与预算成本之差即为成本实际降低额。将实际成本降低额与计划成本降低额比较，可以考察企业降低成本的执行情况。

工程成本的综合分析，一般可分以下三种情况：

(1) 实际成本与计划成本进行比较，以检查完成降低成本计划情况和各成本项目降低和超支情况。

(2) 对企业内各单位之间进行比较，从而找出差距。

(3) 本期与前期进行比较，以便分析成本管理的发展情况。在进行成本分析时，既要看成本降低额，又要看成本降低率。成本降低率是相对数，便于进行比较，看出成本降低水平。

五、施工成本偏差分析方法

1. 横道图法

用横道图法进行施工成本偏差分析，是用不同的横道标识已完工程计划施工成本、已完工程计划施工成本和已完工程实际施工成本，横道的长度与其金额成正比例。横道图法的优点是形象、直观、一目了然。但是，这种方法反映的信息量少，一般用于项目的决策分析层次。

2. 表格法

表格法是进行偏差分析最常用的一种方法，它具有灵活、适用性强、信息量大、便于计算机辅助施工成本控制等特点，见表 8-1。

表 8-1　　施工成本偏差分析表

项目编码	(1)	041	042	043
项目名称	(2)			
单　位	(3)			
计划单价	(4)			
拟完工程量	(5)			
拟完工程计划成本	(6)＝(4)×(5)			
已完工程量	(7)			

续表

项目编码	(1)	041	042	043
已完工程计划成本	(8)＝(4)×(7)			
实际单价	(9)			
其他款项	(10)			
已完工程实际成本	(11)＝(7)×(9)＋(10)			
施工成本局部偏差	(12)＝(11)－(8)			
施工成本局部偏差程度	(13)＝(11)/(8)			
施工成本累计偏差	(14)＝∑(12)			
施工成本累计偏差程度	(15)＝∑(11)/∑(8)			
进度局部偏差	(16)＝(6)－(8)			
进度局部偏差程度	(17)＝(6)/(8)			
进度累计偏差	(18)＝∑(16)			
进度累计偏差程度	(19)＝∑(6)/∑(8)			

六、施工成本控制的程序

施工成本控制的目的是为了确保施工成本目标的实现，合理地确定施工项目成本控制目标值，包括项目的总目标值、分目标值、各细目标值。如果没有明确的施工成本控制目标，就无法进行项目施工成本实际支出值与目标值的比较，不能进行比较也就不能找出偏差，不知道偏差程度，就会使控制措施缺乏针对性。在确定施工成本控制目标时，应有科学的依据。如果施工成本目标值与人工单价、材料预算价格、设备价格及各项有关费用和各种取费标准不相适应，那么施工成本控制目标便没有实现的可能，则控制也是徒劳的。施工成本控制的程序如下：

（1）对施工方法、施工顺序、作业组织形式、机械设备的选型、技术组织措施等进行认真研究和分析，制定出科学先进、经济合理的施工方案。

（2）根据企业下达的成本目标，以实际工程量或工作量为基础，根据消耗标准（如我国的基础定额、企业的施工定额）和技术组织措施的节约计划，在优化的施工方案的指导下，编制明细而具体的成本计划，将成本责任落实到各职能部门、施工队组。

（3）根据项目施工期的长短和参加工程人数的多少，编制间接费预算，并进行明细分解，落实到有关部门，为成本控制和绩效考评提供依据。

（4）加强施工任务和限额领料的管理。施工任务应与工序结合起来，做好每一个工序的验收（包括实际工程量的验收和工作内容、进度、质量要求等综合验收评价），以及实耗人工、实耗机械台班、实耗材料的数量核对，以保证施工任务和限额领料信息的正确，为成本控制提供真实、可靠的数据。

（5）根据施工任务进行实际与计划的对比，计算工作包的成本差异，分析差异产生的原因，并采取有效的纠偏措施。

（6）做好检查周期内成本原始资料的收集、整理，正确计划各工作包的成本，并做好完成工序实际成本的统计，分析该检查期内实际成本与计划成本的差异。

(7) 在上述工作基础上，实行责任成本核算，并与责任成本进行对比分析成本差异和产生差异的原因，采取措施纠正差异。施工成本控制是所有施工管理人员必须重视的一项工作，必须依赖各部门、各单位的通力合作，对成本控制工作进行有效的组织与分工。施工成本控制体系的模式如图 8-4 所示。

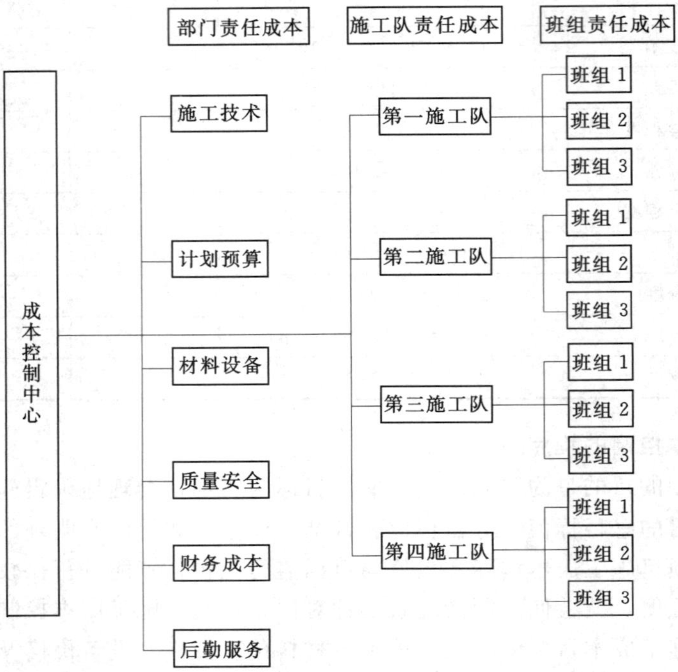

图 8-4 施工成本控制体系图

【例 8-2】 长江三峡工程二期 79 项目成本控制

长江三峡工程二期 79 拌和、运输系统（简称 79 系统）主要承担三峡二期工程泄洪坝段 580 万 m^3 混凝土拌制及水平、垂直运输任务，设备固定资产达 5.6 亿元。对于施工项目来说，实行施工项目成本管理，降低生产成本，对各类消耗进行监督控制，使施正企业获得最大利润是成本控制的最终目的。79 系统采取项目法管理模式，实行一级核算、一级管理的施工成本管理方法。

1. 建立成本管理的规章制度

79 项目经理部对施工成本管理重点就是建立规章制度。如制定了物资采购、设备租赁、用工、“十三必究”、成本管理“六要素”等各种规章制度。

“成本管理六要素”是项目部控制成本重要方法之一，即成本控制点、成本控制方法、成本控制定额、成本控制目标、成本控制责任制、成本控制奖惩激励办法。成本控制方法是：首先找到成本控制点，针对控制点寻求成本控制方法，制订成本控制目标，签定成本控制责任制，用成本控制奖惩激励方法鼓励先进、鞭策落后。

2. 明确成本目标和控制指标

目标成本是根据对企业未来发展规模与管理水平的预测，确定在比较稳定的生产经营条件下，施工企业（或车间、施工队）完成工程施工的成本水平，它标志着在一定时期内工程施工成本应达到的水平。

目标成本管理是通过制定目标成本定额来控制的。79 系统的目标成本定额是按各个工序（车间或队）以投标的直接费为上线，以劳动定额为基础，制定各个工序（车间或队）成本控制定额及经济技术指标。主要有：水、电消耗指标、主材损耗指标、外加剂消耗指标、皮带消耗指标、配件消耗指标等。各指标按季节（主要是气温）进行调整，所制定指标是各车间（队）通过努力能够达到的，并与职工工资挂钩，既调动车间（队）的积极性，也能调动职工的积极性。

（1）合理的劳动定额。79 项目部根据专业特点和施工生产能力，调整劳动组织，按定额合理组合和使用劳动力，降低劳动消耗；合理组织与改善施工生产中的分工与协作关系，内实施“定员”“定机”“定岗”优化人员配置，提高效率，减少人工费开支。

按旧的部颁劳动定额“定机”“定岗”“定员”总人数为 1050 人，项目部根据进口设备要求及技术要求，对设备人数进行科学配备，精简管理人员，使项目部人员总数控制在 837 人。仅人工费一项，每月就节约 21.3 万元。

（2）控制施工成本消耗。在 79 项目部的成本消耗中，施工材料费、水电费的成本占项目成本控制中的很大比例。从项目的移交验收到每月盘存清点，对材料盘存结合成本档案管理系统对每月的实际消耗实施监控，发现系统运行过程中的不足与缺陷，及时反馈回相应的车间、队，并限期整改。

79 项目的设备均为大型机械化设备，耗电量大，每月水费、电费都要 100 多万元。为此项目部派专人管理，制订了各车间、队的每月用水、用电定额指标，指标直接与工资挂钩，使职工人人都有节约意识，从而节约了水、电费的开支。如动力车间就自觉地将项目部下达的月总消耗成本细分为各班组的消耗成本，由各班的班长对每班实施单机成本控制，从根本上降低能源消耗。在气温最高的 7—9 月，通过对耗电量的控制共节约用电 625455kW·h，折合人民币 17.51 万元。如制冷车间，在实行限额指标考核前 5 月份电能消耗为 267.3 万 kW·h，通过调查发现，在骨料一次风冷时，由于骨料没有超过预冷仓覆盖预冷进口风道，使冷风损失较大。实行限额指标考核后，车间在运行时对预冷仓料位高度进行严格控制，避免冷风的浪费，并在仓位需混凝土量小时，关闭一座拌和楼，减少拌和楼和制冷楼的电耗。在相同月份（气温）月电能消耗为 206 万 kW·h，1999 年 6 月至 2000 年 1 月共节电 312 万 kW·h，折合人民币 87.36 万元

（3）配件控制。机械配件的材料费开支是成本控制的难点。采用的方法是在现场不设各车间、队的仓库，材料直接由机电科、主管项目部副经理签字后在现场物资公司仓库领取。这样既减少仓库保管费用，又保障了货物的齐全。对材料及配件实现集中采购和招标采购，最大限度地降低了材料采购价格。

控制配件消耗关键是做好对设备的维护保养工作。维护和保养按保养频度分为日常维护保养和定期维护保养两种。项目部对生产设备，特别是大型设备和关键设备制定了定期保养制度，建立了必要的零件使用时间定额，定期更换，提高设备运转的可靠性和安全性。

（4）合理施工调度。提高生产效率是控制生产成本重要途径之一。混凝土拌制到入仓

是一个连续的施工过程，要求调度人员掌握拌和楼生产情况，合理分解仓位，及时调整拌和楼生产，充分发挥胶带机、汽车运输能力，既满足仓面需要，又提高拌和楼生产效率，降低了生产成本。

（5）奖罚制度。项目部为了加强系统运行管理，落实各级岗位责任制，特制定《79项目部运行管理若干规定》即“十三必究”，按规定要求对责任单位和个人进行奖罚。如：混凝土出机口超温、低温必究；机械空转必究；低产高耗必究；撕皮带、压皮带必究；设备维修不及时必究；执法不严必究等十三种规定。从而减少了人为的机械故障发生率，降低了生产成本。

第三节 施 工 质 量 控 制

施工质量控制是施工管理的中心内容之一。施工技术组织措施的实施与改进，施工规程的制定与贯彻，施工过程的安排与控制，都是以保证工程质量为主要前提，也是最终形成工程产品质量和工程项目使用价值的保证。

一、施工质量控制的任务

施工质量控制的中心任务，是要通过建立健全有效的质量监督工作体系来确保工程质量达到合同规定的标准和等级要求。根据工程质量形成的时间阶段，施工质量控制可分为质量的事前控制、事中控制和事后控制。其中，工作的重点应是质量的事前控制。

1. 质量的事前控制

（1）确定质量标准，明确质量要求。

（2）建立本项目的质量监督控制体系。

（3）施工场地质量检查验收。

（4）建立完善质量保证体系。

（5）检查工程使用的原材料、半成品。

（6）施工机械的质量控制。

（7）审查施工组织设计或施工方案。

2. 质量的事中控制

（1）施工工艺过程质量控制：现场检查、旁站、量测、试验。

（2）工序交接检查：坚持上道工序不经检查验收不准进行下道工序的原则，检验合格后签署认可才能进行下道工序。

（3）隐蔽工程检查验收。

（4）做好设计变更及技术核定的处理工作。

（5）工程质量事故处理：分析质量事故的原因、责任；审核、批准处理工程质量事故的技术措施或方案；检查处理措施的效果。

（6）进行质量、技术鉴定。

（7）建立质量检查日志。

（8）组织现场质量协调会。

3. 质量的事后控制

(1) 组织试车运转。

(2) 组织单位、单项工程竣工验收。

(3) 组织对工程项目进行质量评定。

(4) 审核竣工图及其他技术文件资料，搞好工程竣工验收。

(5) 整理工程技术文件资料、编目建档。

二、质量控制的基本方法

(一) 施工质量控制的工作程序

工程项目施工过程中，为了保证工程施工质量，应对工程建设对象的施工生产进行全过程、全面的质量监督、检查与控制，即包括事前的各项施工准备工作质量控制，施工过程中的控制，以及各单项工程及整个工程项目完成后，对建筑施工及安装产品质量的事后控制。

(二) 施工质量控制的途径

在施工过程中，质量控制主要是通过审核有关文件、报表，以及进行现场检查、试验这两条途径来实现的。

1. 审核有关技术文件、报告或报表

这是对工程质量进行全面监督、检查与控制的重要途径。其具体内容包括以下几方面：

(1) 审查施工单位的资质证明文件。

(2) 审查开工申请书，检查、核实与控制其施工准备工作质量。

(3) 审查施工方案、施工组织设计或施工计划，保证工程施工质量的技术组织措施。

(4) 审查有关材料、半成品和构配件质量证明文件（出厂合格证、质量检验或试验报告等），确保工程质量有可靠的物质基础。

(5) 审核反映工序施工质量的动态统计资料或管理图表。

(6) 审核有关工序产品质量的证明文件（检验记录及试验报告）、工序交接检查（自检）、隐蔽工程检查、分部分项工程质量检查报告等文件、资料，以确保和控制施工过程的质量。

(7) 审查有关设计变更、修改设计图纸等，确保设计及施工图纸的质量。

(8) 审核有关新技术、新工艺、新材料、新结构等的应用申请报告，确保它们的应用质量。

(9) 审查有关工程质量缺陷或质量事故的处理报告，确保质量缺陷或事故处理的质量。

(10) 审查现场有关质量技术签证、文件等。

2. 质量监督与检查

现场监督检查的主要内容有：

(1) 开工前的检查。主要是检查开工前准备工作的质量，能否保证正常施工及工程施工质量。

(2) 工序施工的跟踪监督、检查与控制。主要是监督、检查在工序施工过程中，人员、施工机械设备、材料、施工方法、操作工艺以及施工环境条件等是否均处于良好的状态，是否符合保证工程质量的要求，若发现有问题应及时纠偏并加以控制。

(3) 对于重要的、对工程质量有重大影响的工序，还应在现场进行施工过程的旁站监督与控制，确保使用材料及工艺过程质量。

(4) 工序检查、工序交接检查及隐蔽工程检查。隐蔽工程应在施工单位自检与互检的基础上，经监理人员检查确认其质量后，才允许加以覆盖。

(5) 复工前的检查。当工程因质量问题或其他原因停工后，在复工前应经检查认可后，下达复工指令，方可复工。

(6) 分项、分部工程完成后，应检查认可后，签署中间交工证书。

3. 现场质量检验工作的作用

要保证和提高工程施工质量，质量检验与控制是施工单位保证施工质量的十分重要的、必不可少的手段。质量检验的主要作用如下：

(1) 这是质量保证与质量控制的重要手段。为了保证工程质量，在质量控制中需将工程产品或材料、半成品等的实际质量状况（质量特性等）与规定的标准进行比较，以便判断其质量状况是否符合要求，这就需要通过质量检验手段来进行检测。

(2) 质量检验为质量分析与质量控制提供了所需的技术数据和信息，这是质量分析、质量控制与质量保证的基础。

(3) 通过对进场使用的材料、半成品、构配件及其他器材、物资进行全面的质量检验，保证质量合格的材料与物资，避免因材料、物资的质量问题而导致工程质量事故的发生。

(4) 在施工过程中，通过对施工工序的检验，取得数据，可以及时判断质量，采取措施，防止质量问题的延续与积累。

(5) 在某些工序施工过程中，通过旁站监督，及时检验，依据所显示的数据，可以判断其施工质量。

4. 现场质量控制的方法

施工现场质量控制的有效方法就是采用全面质量管理。所谓全面质量管理，就质量的含义来说，除了一般理解的“产品质量”“施工质量”方面的含义外，还包括工作质量、如期完工交付使用的质量、质量成本以及投入运行的质量等更为广泛的含义。就管理的内容和范围来说，它既要采用各种科学方法，如专业技术、数理统计以及行为科学等，对工作全过程各个环节进行管理和控制，又要发动、鼓励有关人员，实行全员管理，即专业人员管理和非专业人员管理互相结合起来。

全面质量管理的基本方法，可以概括为：四个阶段、八个步骤和七种工具。

(1) 四个阶段。质量管理过程可分成四个阶段，即计划、执行、检查和措施，简称 PDCA 循环。这是管理职能循环在质量管理中的具体体现。PDCA 循环的特点有三个：

1) 各级质量管理都有一个 PDCA 循环，形成一个大环套小环，一环扣一环，互相制约，互为补充的有机整体，如图 8-5 所示。在 PDCA 循环中，一般说，上一级的循环是下一级循环的依据，下一级的循环是上一级循环的落实和具体化。

2）每个 PDCA 循环，都不是在原地周而复始运转，而是像爬楼梯那样，每一循环都有新的目标和内容，这意味着质量管理，经过一次循环，解决了一批问题，质量水平有了新的提高，如图 8－6 所示。

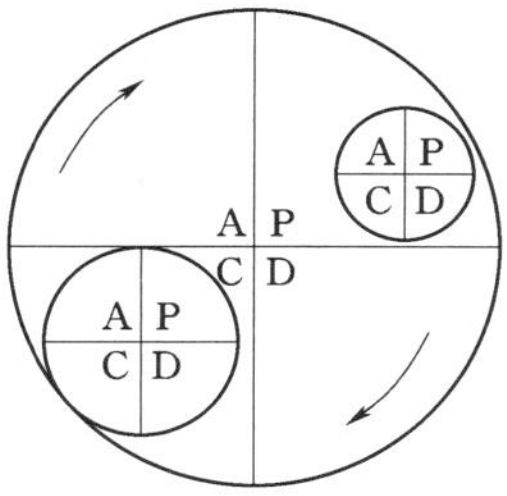

图 8－5 PDCA 循环

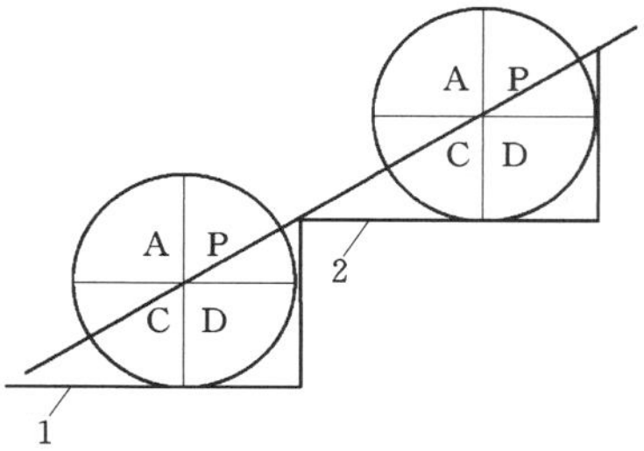

图 8－6 PDCA 循环上升示意图

3）在 PDCA 循环中，A 是一个循环的关键，这是因为在一个循环中，从质量目标计划的制定，质量目标的实施和检查，到找出差距和原因，只有通过采取一定措施，使这些措施形成标准和制度，才能在下一个循环中贯彻落实，质量水平才能步步高升。

（2）八个步骤。为了保证 PDCA 循环有效地运转，有必要把循环的工作进一步具体化，一般细分为以下八个步骤：

1）分析现状，找出存在的质量问题。

2）分析产生质量问题的原因或影响因素。

3）找出影响质量的主要因素。

4）针对影响质量的主要因素，制定措施，提出行动计划，并预计改进的效果。所提出的措施和计划必须明确具体，且能回答下列问题：为什么要制订这一措施和计划？预期能达到什么质量目标？在什么范围内、由哪个部门、由谁去执行？什么时候开始？什么时候完成？如何去执行？等等。

5）质量目标措施或计划的实施，这是“执行”阶段。在执行阶段，应该按上一步所确定的行动计划组织实施，并给以人力、物力、财力等保证。

6）调查采取改进措施以后的效果，这是“检查”阶段。

7）总结经验，把成功和失败的原因系统化、条例化，使之形成标准或制度，纳入到有关质量管理的规定中去。

8）提出尚未解决的问题，转入到下一个循环。

前四个步骤是计划阶段的具体化，最后两个步骤属于措施阶段。

（3）七种工具。在以上八个步骤中，需要调查、分析大量的数据和资料，才能做出科学的分析和判断。为此，要根据数理统计的原理，针对分析研究的目的，灵活运用七种统计分析图表作为工具，使每个阶段各个步骤的工作都有科学的依据。

常用的七种工具是：排列图、直方图、因果分析图、分层法、控制图、散布图、统计分析表等。实际使用的当然不只这七种，还可以根据质量管理工作的需要，依据数理统计或运筹学、系统分析的基本原理，制订一些简便易行的新方法、新工具。现仅结合每个阶段各个步骤中的应用，列于表 8－2 中以供参考。

表 8-2　　质量管理的四个阶段、八个步骤、七种工具关系表

阶段	步骤	工具或方法	说明
P	1	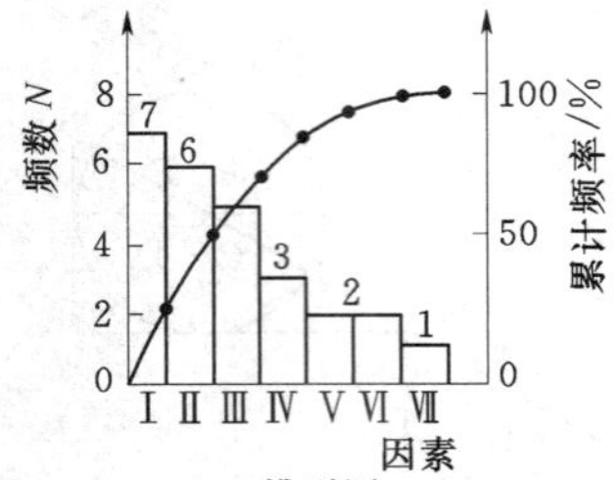 排列图	用来分析各种因素对质量的影响程度。横坐标列出影响质量的各个因素，按影响程度大小排列；纵坐标表示质量问题的频数（如次品件数或次品损失的金额等）和累计频率（%）。按累计频率可将影响因素分类；累计频率0%～80%的因素为主要因素；80%～95%为次要因素；95%～100%为一般因素
		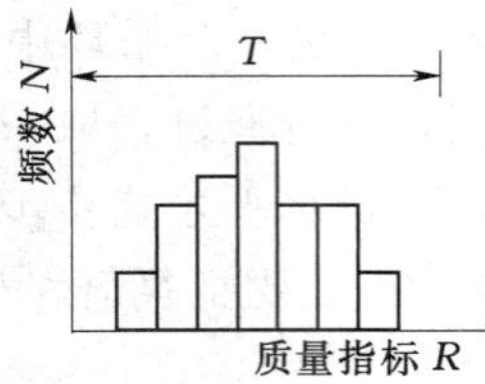 直方图	用来分析质量的稳定程度。通过抽样检查，对一些计量型质量指标如干容量、抗压强度等，作出频数分布直方图。横坐标为质量指标，纵坐标为频数或相对频数。以质量指标均值 $\bar{x}$、标准差 S 和代表质量稳定程度的离差系数或其他指标作为判据，借以判断生产的稳定程度。例如。若以工程能力指数 C_p 作判据，$C_p=\dfrac{T}{6S}$，其中 T 为质量指标的允许范围，则有： $C_p>1.33$，说明质量充分满足要求，但有超标准浪费； $C_p=1.33$，理想状态，生产稳定； $1<C_p<1.33$，较理想，但应加强控制； $C_p<1$，不稳定，应找原因，采取措施
		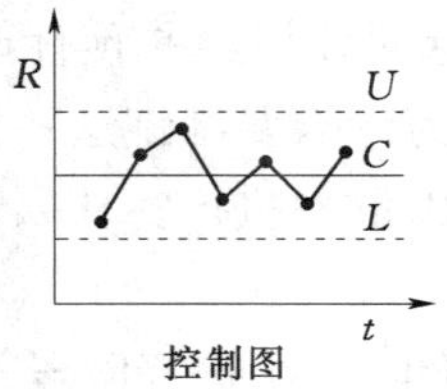 控制图	用以进行适时的生产控制，掌握生产过程的波动状况。控制图的纵坐标是质量指标，有一根中心线 C 代表质量的平均指标，一根上控制线 U 和一根下控制线 L，代表质量控制的允许波动范围。横坐标为质量检查的批次（时间）。将质量检查的结果，按批次（时间）点绘在图上，可以看出生产波动的趋势，以便适时掌握生产动态，采取对策
	2	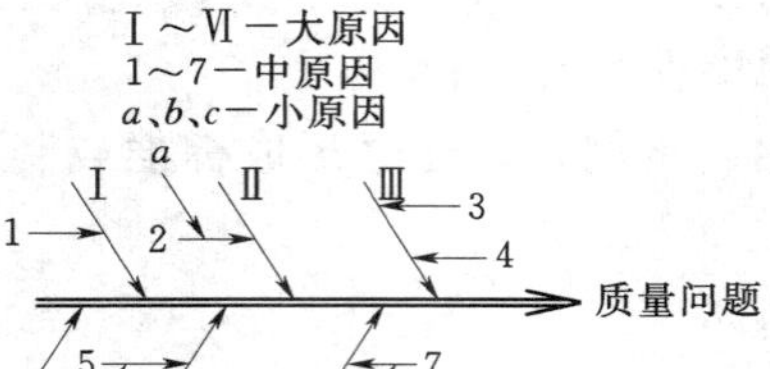 因果分析图	根据排列图找出主要因素（主要问题），用因果分析图探寻问题产生的原因。这些原因，通常不外乎人、机器、材料、方法、环境等五个方面。在一个大原因中，还有中原因、小原因，宜通过集体讨论一一列出，如鱼刺状，并框出主要原因（主要原因不一定是大原因）。根据主要原因，订出相应措施，措施实现后，再通过排列图等，检查其效果
	3	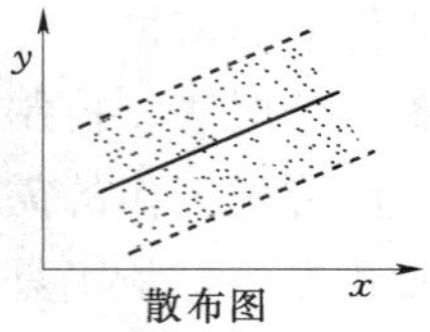 散布图	用来分析影响质量原因之间的相关关系。纵坐标代表某项质量指标，横坐标代表影响质量的某种原因。由于质量指标和原因之间不一定存在确定的关系，故散布图中的点子可能比较分散，但可以通过相关分析，确定指标和原因之间的相关关系

续表

阶段	步骤	工 具 或 方 法	说 明
P	4	措施计划表	措施计划表（又称对策计划表），必须明确回答前文步骤4中所提出的问题，即所谓的五W—H： Why？为什么？ What？干什么？ Where？什么地方？ When？什么时候？ Who？谁来执行？ How？如何执行？
D	5	实施、执行	严格按计划落实措施、付诸实施
C	6	与阶段P步骤1同	
A	7	标准化、制度化，形成标准、规程或制度	一般认为当 $C_p>1$ 时，可以形成标准或制度
	8	反映到下一个循环步骤1	当采取措施后 $C_p<1$ 或效果不大时，应作为本次循环未解决的问题转入下一个循环

必须指出，贯彻全面质量管理，必须形成制度，持之以恒，才能使质量水平不断提高。

5. 施工质量监督控制手段

施工质量监督控制，一般可采用以下几种手段：

(1) 旁站监督。这是驻地质量监督人员经常采用的一种主要的现场检查形式，即是在施工过程中进行现场观察、监督与检查，注意并及时发现质量事故的苗头和影响质量因素的不利发展变化，潜在质量隐患以及出现的质量问题等，以便及时进行控制。对于隐蔽工程类的施工，进行旁站监督更为重要。

(2) 测量。这是建筑安装对象几何尺寸、方位等控制的重要手段。施工前质量人员应对施工放线及高程控制进行检查，严格控制，不合格者不得施工；在施工过程中也应随时注意控制，发现偏差，及时纠正；中间验收时，对于几何尺寸等不合要求者，应指令施工单位处理。

(3) 试验。试验数据是质量工程师判断和确认各种材料和工程部位内在品质的主要依据。每道工序中诸如材料性能、拌和料配合比、成品的强度等物理力学性能以及打桩的承载能力等，常需通过试验手段取得试验数据来判断质量情况。

(4) 指令文件。所谓指令文件是表达质量工程师对施工项目提出指示要求的书面文件，用以指出施工中存在的问题，提出要求或指示其做什么或不做什么等等。质量工程师的各项指令都应是书面的或有文字记载方为有效，并作为技术文件资料存档。如因时间紧迫，来不及作出正式的书面指令，也可以用口头指令方式下达，但随即应补充书面文件对口头指令予以确认。

(5) 规定质量监控程序。按规定的程序进行施工，是进行质量监控的必要手段和依据。例如，未签署质量验收单予以质量确认，不得进行下道工序等。

三、质量事故的原因分析

1. 常见的工程质量事故发生的原因

工程质量事故的表现形式千差万别，类型多种多样，例如结构倒塌、倾斜、错位、不均匀或超量沉陷、变形、开裂、渗漏、破坏、强度不足、尺寸偏差过大等等，但究其原因，归纳起来主要有以下几方面：

（1）违背基本建设规律。基本建设程序是工程项目建设过程及其客观规律的反映，但有些工程不按基建程序办事，例如未做好调查分析就拍板定案；未搞清地质情况就仓促开工；边设计、边施工；无图施工，不经竣工验收就交付使用等，它常是导致重大工程质量事故的重要原因。

（2）地质勘察原因。诸如未认真进行地质勘察或勘探时钻孔深度、间距、范围不符合规定要求，地质勘察报告不详细、不准确、不能全面反映实际的地基情况等，从而使得或地下情况不清，或对基岩起伏分布误判等，它们均会导致采用不恰当或错误的基础方案，造成地基不均匀沉降、失稳使上部结构或墙体开裂、破坏，或引发建筑物倾斜、倒塌等质量事故。

（3）不均匀地基处理不当。对软弱土、杂填土、冲填土、大孔性土或湿陷性黄土、膨胀土、红黏土、岩溶、土洞、岩层出露等不均匀地基，未进行处理或处理不当，也是导致重大事故的原因。必须根据不同地基的特点，从地基处理、结构措施、防水措施、施工措施等方面综合考虑，加以治理。

（4）设计计算问题。诸如盲目套用图纸，采用不正确的结构方案，计算简图与实际受力情况不符，荷载取值过小，内力分析有误，沉降缝或变形缝设置不当，悬挑结构未进行抗倾覆验算，以及计算错误等，都是引发质量事故的隐患。

（5）建筑材料及制品不合格。例如骨料中活性氧化硅会导致碱骨料反应使混凝土产生裂缝；水泥安定性不良会造成混凝土爆裂；水泥受潮、过期、结块，砂石含泥量及有害物含量、外加剂掺量等不符合要求时，会影响混凝土强度、和易性、密实性、抗渗性，从而导致混凝土结构强度不足、裂缝、渗漏等质量事故。

（6）施工管理不当。

（7）自然条件影响。空气温度、湿度、暴雨、风、浪、洪水、雷电、日晒等均可能成为质量事故的诱因，施工中应特别注意并采取有效的预防措施。

2. 质量事故原因分析

由于影响工程质量的因素众多，所以引起质量事故的原因也错综复杂，应对事故的特征表现，以及事故条件进行具体分析。例如，大体积混凝土产生的裂缝大体上有两类：由于基础约束应力引起的贯穿性裂缝和由于内外温差产生的应力引起的表面裂缝。如果某工程大体积混凝土出现的裂缝是表面性的微细裂缝，呈纵横交错无规律分布，而且根据施工记录，在浇筑后水化热温升较高时，天气骤冷寒潮袭击而又未能及时防护，则可初步推断这种裂缝是由于内外温差过大表面收缩受到内部膨胀的约束产生的应力引起的。

工程质量事故原因分析可概括为如下的方法和步骤：

（1）对事故情况进行细致的现场调查研究，充分了解与掌握质量事故或缺陷的现象和特征。

（2）收集资料（如施工记录等），调查研究，摸清质量事故对象在整个施工过程中所处的环境及面临的各种情况。

（3）分析造成质量事故的原因。根据质量事故的现象及特征，结合施工过程中的条件，进行综合分析、比较和判断，找出造成质量事故的主要原因。对于一些特殊、重要的工程质量事故，还可能进行专门的计算、实验验证分析，分析其原因。

四、质量事故的处理

由于工程项目实施的一次性，生产组织特有的流动性、综合性，劳动的密集性及协作关系的复杂性，导致施工过程中质量事故具有复杂性、严重性、可变性及多发性的特点。施工中出现质量事故，一般是很难完全避免的。通过质量控制和质量保证活动，可对事故的产生起到防范作用，控制事故后果的进一步恶化，将危害程度减少到最低限度。

1. 施工质量事故处理的程序

施工质量事故发生后，一般可以按以下程序进行处理（图8－7）：

（1）当出现施工质量缺陷或事故后，应停止质量缺陷部位和其有关部位及下道工序的施工，需要时，还应采取适当的防护措施。同时，要及时上报主管部门。

（2）进行质量事故调查，主要目的是要明确事故的范围、缺陷程度、性质、影响和原因，为事故的分析处理提供依据。调查力求全面、准确、客观。

（3）在事故调查的基础上进行事故原因分析，正确判断事故原因。事故原因分析是确定事故处理措施方案的基础。正确的处理来源于对事故原因的正确判断。只有提供充分的调查资料，进行详细、深入的分析后，才能由表及里、去伪存真，找出造成事故的真正原因。

（4）研究制订事故处理方案。事故处理方案的制订应以事故原因分析为基础。如果某些事故一时认识不清，而且事故一时不致产生严重的恶化，可以继续进行调查、观测，以便掌握更充分的资料数据，作进一步分析，找到原因，以利制定方案。

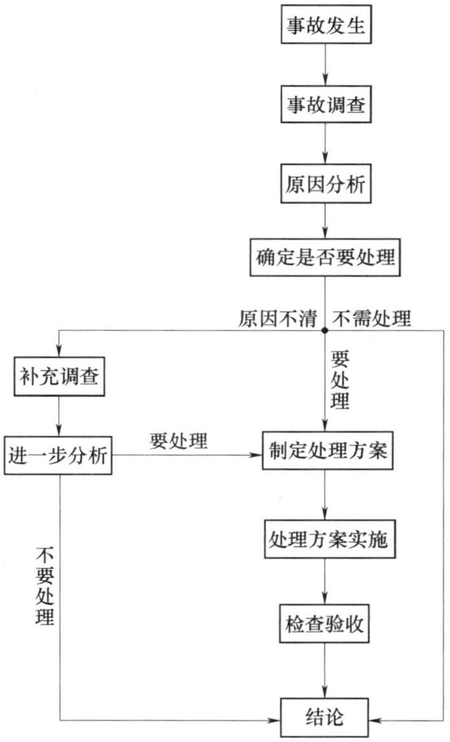

图8－7　质量事故分析处理程序

（5）按确定的处理方案对质量缺陷进行处理。发生的质量事故不论是否由于施工承包单位方面的原因造成，质量缺陷的处理通常都是由施工承包单位负责实施。如果不是施工单位方面的责任原因，则处理质量缺陷所需的费用或延误的工期，应给予施工单位补偿。

（6）在质量缺陷处理完毕后，应组织有关人员对处理结果进行严格的检查、鉴定和验收。

2. 事故处理方案的确定

处理施工质量事故，必须分析原因，作出正确的处理决策，这就要以充分的，准确的有关资料作为决策基础和依据，一般的质量事故处理，必须具备以下资料：

(1) 与施工质量事故有关的施工图。

(2) 与施工有关的资料、记录。例如建筑材料的试验报告，各种中间产品的检验记录和试验报告（如沥青拌和料温度量测记录、混凝土试块强度试验报告等），以及施工记录等。

(3) 事故调查分析报告。

质量事故处理方案，应当在正确分析和判断事故原因的基础上进行。对于工程质量缺陷，通常可以根据质量缺陷的情况，作出以下三类不同性质的处理方案：

(1) 修补处理。这是最常采用一类处理方案。通常当工程的某些部位的质量虽未达到规定的规范标准或设计要求，存在一定的缺陷，但经过修补后还可达到要求的标准，又不影响使用功能或外观要求，在此情况下，可以作出进行修补处理的决定。

(2) 返工处理。当工程质量未达到规定的标准或要求，有明显的严重质量问题，对结构的使用和安全有重大影响，而又无法通过修补的办法纠正所出现的缺陷，可以作出返工处理的决定。例如，某防洪堤坝填筑压实后，其压实密度未达到规定的要求，经核算，影响土体的稳定和抗渗要求，则应进行返工处理，即挖除不合格土，重新填筑。

(3) 不作处理。某些工程质量缺陷虽然不符合规定的要求或标准，但如情况不严重，对工程或结构的使用及安全影响不大，经过分析、论证和慎重考虑后，也可作出不作专门处理的决定。

3. 质量事故处理的鉴定验收

事故处理的质量检查鉴定，应严格按施工验收规范及有关标准的规定进行，必要时还应通过实际量测、试验和仪表检测等方法获取必要的数据，才能对事故的处理结果作出确切的检查和鉴定结论。

五、质量监督与检测

1. 质量监督机构设置及职责

水利工程质量监督机构是受其行政主管部门的委托，代替其行使水利工程质量监督职能的机构，对水利工程质量具体实施监督管理，并对水行政主管部门负责。

目前水利工程质量监督机构是分三级设置，见图 8-8。水利部设国家水利工程建设质量与安全监督总站，水利水电规划设计管理局设置水利工程设计质量监督分站，流域机构设置流域水利工程建设质量与安全监督分站；各省（自治区、直辖市）水利（水电、水务）厅（局），新疆生产建设兵团水利局设置水利工程（建设）质量（与安全）监督中心站；各地（市）水利（水电、水务）局设置水利工程（建设）质量（与安全）监督站。

国家水利工程质量监督总站的主要职责包括：贯彻执行国家和水利部有关工程建设质量管理的方针、政策；制订水利工程质量监督、检测有关规定和办法，并监督实施；归口管理国家水利工程的质量监督工作，指导各分站、中心站的质量监督工作；对部直属重点工程组织实施质量监督。参加工程的阶段验收和竣工验收；监督有争议的重大工程质量事故的处理；掌握国家水利工程质量动态；组织交流国家水利工程质量监督工作经验，组织

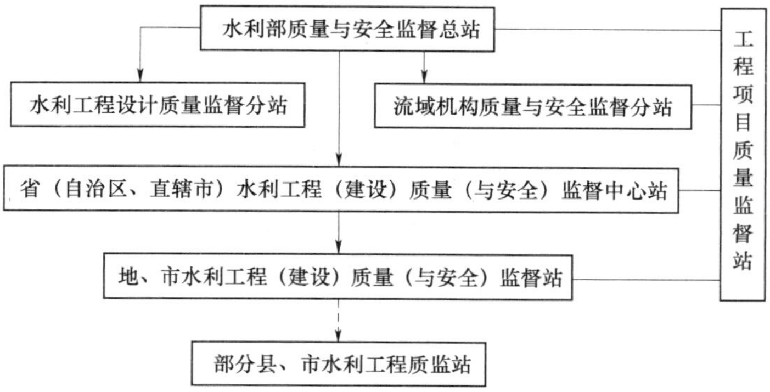

图 8-8　水利工程质量监督体系

培训质量监督人员；开展国家水利工程质量检查活动。

水利工程设计质量监督分站受总站委托承担的主要任务包括：归口管理国家水利工程的设计质量监督工作；负责设计全面质量管理工作；掌握国家水利工程的设计质量动态，定期向总站报告设计质量监督情况。

流域水利工程质量监督分站对本流域内下列工程项目实施质量监督：①总站委托监督的部属水利工程；②中央与地方合资项目，监督方式由分站和中心站协商确定；③省（自治区、直辖市）界及国际边界河流上的水利工程；监督受监督水利工程质量事故的处理；④参加受监督水利工程的阶段验收和竣工验收；⑤掌握本流域内水利工程质量动态，及时上报质量监督工作中发现的重大问题，开展水利工程质量检查活动，组织交流本流域内的质量监督工作经验。

市（地）水利工程质量监督站的职责，由中心站根据本规定制订。

2. 监督程序及主要工作内容

水利建设工程项目的质量监督从办理质量监督手续、施工过程监督、竣工验收监督到质量保修期监督的过程，称为水利工程质量监督程序。

质量监督机构根据受监督工程的规模、重要性等，制订质量监督计划，确定质量监督的组织形式。在工程施工中，根据规定对工程项目实施质量监督。监督的主要内容如下：

（1）对监理、设计、施工和有关产品制作单位的资质进行复核。

（2）对建设、监理单位的质量检查体系和施工单位的质量保证体系以及设计单位现场服务等实施监督检查。

（3）对工程项目的单位工程、分部工程、单元工程的划分进行监督检查。

（4）监督检查技术规程、规范和质量标准的执行情况。

（5）检查施工单位和建设、监理单位对工程质量检验和质量评定情况。

（6）在工程竣工验收前，对工程质量进行等级核定，编制工程质量评定报告，并向工程竣工验收委员会提出工程质量等级的建议。

3. 质量检测机构认证

在监督过程中，质量检测是进行质量监督和质量检查的重要手段。根据需要，质量监督机构可委托经计量认证合格的检测单位，对水利工程有关部位以及所采用的建筑材料和工程设备进行抽样检测。水利工程质量检测单位必须取得省级以上计量认证合格证书，并经水利工程质量监督机构授权，方可从事水利工程质量检测工作，检测人员必须持证上岗。

质量监督机构根据工作需要，可委托水利工程质量检测单位承担以下主要任务：

（1）核查受监督工程参建单位的实验室装备、人员资质、实验方法及成果等。

（2）根据需要对工程质量进行抽样检测，提出检测报告。

（3）参与工程质量事故分析和研究处理方案。

（4）质量监督机构委托的其他任务。

4. 环境与质量管理体系

（1）环境管理体系。ISO14000 环境管理系列标准，是国际标准化组织（ISO）发布的序列号为 14000 的一系列用语规范各类组织的环境管理标准。其中，ISO14001 为各类组织提供了一个标准化的管理模式，即环境管理体系（EMS）。该体系包括制定、实施、实现、评审和维护环境方针所需的组织结构、策划活动、职责、操作惯例、程序、过程和资源。

（2）质量管理体系。ISO9000 族标准是国际标准化组织（ISO）于 1987 年颁布的在全世界范围内通用的关于质量管理和质量保证方面的系列标准。目前，最新版质量管理体系标准为 ISO9000：2005、ISO9001：2008、ISO9004：2009 和 ISO19011：2002 共 4 个国际标准。

其中，ISO9001：2008 质量体系认证对 ISO9001：2000 基础上做了技术性修正，是以设计、生产和安装（服务）过程为基础的质量管理体系，其核心是质量不断持续改进，即对施工生产要建立完整的技术管理、资源方案和实施方案之后投入生产，在生产过程中根据质量方针、目标和产品的要求，对设计、生产和安装（服务）的各阶段过程和产品进行监视和测量，并记录结果。根据反馈上来的信息，管理人员、技术人员分析原因，采取措施，以持续改进各阶段过程业绩。组织和建立质量管理体系的过程也是一个 PDCA 循环的过程。ISO9001：2008 对组织过程的控制规定了一些要求，这些要求适用于各种类型和规模的组织，通过限定质量管理所需的过程，予以有机联系。

5. 环境保护、水土保持及文明施工

（1）施工期环境保护。施工期间，严格遵守国家和地方有关环境保护的法律法规，防止生产废水、生活污水污染水源；做好噪音、粉尘、废气和有毒气体的防治工作；合理利用弃渣，减少对耕地、水道的占用，不得随意倾倒废弃物；工程完工后，做好清理、恢复环境工作。

（2）施工期水土保持。施工期间，应采取一系列工程措施对水土进行保持，如：雨水集蓄、防洪排导、渣场边坡稳定、防风固沙、植被恢复与建设等工程。工程完工后，对水土保持情况进行监测与反馈。

（3）文明施工。施工人员必须严格遵守生产纪律，严格执行操作流程，施工场区道路保持通畅，施工材料有序放置，施工机械定点停放，作业场地工完场清，场区安全标识齐全，保持生活区清洁卫生，遵守当地政府的乡规民约，尊重当地群众的风俗习惯。

【例 8-3】 长江三峡工程施工质量控制

长江三峡工程是功在当代、利及千秋的盛世伟业，实现一流的工程质量目标，是历史赋予的责任。业主和参建各方深感责任重大，通过学习树立了“质量第一”的意识，摆正了质量、进度和投资三者之间的关系，坚持把质量管理放在各项工作的首位，通过建立健全质量保证体系、狠抓各项制度和措施的落实，坚持“高标准、严要求”，依靠严格、科学、规范的管理，保证了工程质量。

1. 开展技术研究及技术咨询

依靠科技进步，提高科技含量，是保障工程质量的有力手段。三峡工程需要解决的重大技术问题，除设计单位进行科学试验外，还委托国内有关科研院所、高等院校施工和设备制造单位进行大量的补充科学研究。在大量科研成果的基础上，最后经专家组审议确定。例如，第二阶段混凝土配合比设计，经过近 10 个单位历时 3 年的试验研究，优选出了各项性能指标均满足设计要求的三峡工程第二阶段混凝土配合比。通过掺 I 级粉煤灰代替部分水泥、掺引气剂和高效减水剂、减小水胶比等技术措施，降低了大体积混凝土的绝热温升和干缩，提高了抗裂性、稳定性和耐久性，并使混凝土具有良好的施工和易性和经济性。经与国内外 161 个大坝混凝土配合比相比，按优选出的配合比生产的大坝混凝土可达国内外先进水平。可取得约 3 亿元的经济效益。

2. 强化施工过程的质量控制

长江三峡工程施工质量控制实行“以单元工程为基础、工序控制为手段”的程序化管理模式。

（1）完善优化设计，加强技术交底。在保证工程安全的前提下，设计单位根据现场条件的变化或出现的问题，及时调整、变更或优化设计方案。如永久船闸输水系统阀门井支座部位钢筋较密集的问题，经仔细研究，采取了改变混凝土级配、钢筋并排布置的方案，提出了阀门井钢筋支座随混凝土上升逐层绑扎的技术建议，既方便了混凝土施工，又保证了结构技术要求，有利于确保施工质量。同时，通过技术交底和交流，加强和施工、监理及项目部人员的沟通，使设计意图得到正确理解和执行。

（2）严格工艺流程，努力消灭“顽症”。施工单位认真编制施工方案、技术措施和作业指导书，做好施工设计和资源组织准备工作；严格按照设计图纸和施工规程精心施工，严格执行模板加工及验收标准，尽量减少混凝土表面的错台、挂帘现象，加强对止水片、止浆片及预埋管道的检查和维护，加强混凝土振捣，做好混凝土的温控养护。按“三检制”（班组初检、施工队复检、指挥部或经理部终检）进行单元工程的自检。

（3）加强监理旁站，严格质量把关。随着工程进展需要，监理单位增加了一批素质高、年龄和职称结构合理的专业监理人员，补充完善了监理工作实施细则。

（4）项目部现场值班，做好组织协调工作。业主项目部人员实行现场值班制，理顺现场生产关系，协调不同标段出现的相互干扰和矛盾，依靠并充分发挥监理工程师的作用，加强对监理工作的监督，对施工质量进行严格控制。业主试验中心、金结检测中心、测量中心对施工过程中的质量进行抽检复测，确保工程质量满足三峡工程质量标准。

3. 对质量问题严格处理，不留隐患

对于施工过程中发现的质量问题，遵循“三不放过”原则进行调查处理，严格按照设计要求进行补救施工，做到不留隐患。此外，通过召开质量问题现场教育会、举行质量问题警示展等多种形式，提高全员的质量意识和责任心。如 1999 年 8 月 17 日左导墙左 1～11 单元拆摸后，上游面出现约 2.0m 长、0.2m 高范围的蜂窝麻面。质管会对此非常重视，及时召集全体委员召开了现场会，剖析了质量体系运作和质量控制过程中的薄弱环节，要求参建各方认真吸取教训，进一步提高质量意识。参建各方作了深刻的自我剖析，并落实了整改措施，有效地促进了三峡工程的质量管理工作。

第四节　施工安全管理

施工安全管理是施工企业全体职工及各部门同心协力，把专业技术、生产管理、数理统计和安全教育结合起来，为达到安全生产目的而采取各种措施的管理。建立施工技术组织全过程的安全保证体系，实现安全生产、文明施工。安全管理的基本要求是预防为主，依靠科学的安全管理理论、程序和方法，使施工生产全过程中潜伏的危险因素处于受控状态，消除事故隐患，确保施工生产安全。

一、安全管理的内容

建立安全生产制度。安全生产制度必须符合国家和地区的有关政策、法规、条例和规程，并结合施工项目的特点，明确各级各类人员安全生产责任制，要求全体人员必须认真贯彻执行。

贯彻安全技术管理。编制施工组织设计时，必须结合工程实际，编制切实可行的安全技术措施，要求全体人员必须认真贯彻执行。执行过程中发现问题，应及时采取妥善的安全防护措施。要不断积累安全技术措施在执行过程中的技术资料，进行研究分析，总结提高，以利于以后工程借鉴。

坚持安全教育和安全技术培训。组织全体人员认真学习国家、地方和本企业的安全生产责任制、安全技术规程、安全操作规程和劳动保护条例等。新工人进入岗位之前要进行安全纪律教育，特种专业作业人员要进行专业安全技术培训，考核合格后方能上岗。要使全体职工经常保持高度的安全生产意识，牢固树立“安全第一”的思想。

组织安全检查。为了确保安全生产，必须严格安全督察，建立健全安全督察制度。安全检查员要经常查看现场，及时排除施工中的不安全因素，纠正违章作业，监督安全技术措施的执行，不断改善劳动条件，防止工伤事故的发生。

进行事故处理。人身伤亡和各种安全事故发生后，应立即进行调查，了解事故产生的原因、过程和后果，提出鉴定意见。在总结经验教训的基础上，有针对性地制订防止事故再次发生的可靠措施。

二、安全生产责任制

1. 安全生产责任制的要求

安全生产责任制，是根据“管生产必须管安全”“安全工作、人人有责”的原则，以制度的形式，明确规定各级领导和各类人员在生产活动中应负的安全职责。它是施工企业岗位责任制的一个重要组成部分，是企业安全管理中最基本的制度，是所有安全规章制度的核心。

（1）施工企业各级领导人员的安全职责。明确规定施工企业各级领导在各自职责范围内做好安全工作，要将安全工作纳入到自己的日常生产管理工作之中，做到在计划、布置、检查、总结、评比生产工作的同时，计划、布置、检查、总结、评比安全工作。

(2) 各有关职能部门的安全生产职责。它包括施工企业中生产部门、技术部门、机械动力部门、材料部门、财务部门、教育部门、劳动工资部门、卫生部门等，各职能机构都应在各自业务范围内，对实现安全生产的要求负责。

(3) 生产工人的安全职责。生产工人做好本岗位的安全工作是搞好企业安全工作的基础，企业中的一切安全生产制度都要通过他们来落实。因此，企业要求它的每一名职工都能自觉地遵守各项安全生产规章制度，不违章作业，并劝阻他人违章操作。

2. 安全生产责任制的制定和考核

施工现场项目经理是项目安全生产第一责任人，对安全生产负全面的领导责任。

施工现场从事与安全有关的管理、执行和检查人员，特别是独立行使权力开展工作的人员，应规定其职责、权限和相互关系，定期考核。

各项经济承包合同中要有明确的安全指标和包括奖惩办法在内的安全保证措施。

承发包或联营各方之间依照有关法规，签订安全生产协议书，做到主体合法、内容合法和程序合法，各自的权利和义务明确。

实行施工总承包的单位，施工现场安全由总承包单位负责，总承包单位要统一领导和管理分包单位的安全生产。分包单位应对其分包工程的施工现场安全向总承包单位负责，认真履行承包合同规定的安全生产职责。

为了使安全生产责任制能够得到严格贯彻执行，就必须与经济责任制挂起钩来。对违章指挥、违章操作造成事故的责任者，必须给予一定的经济制裁，情节严重的还要给予行政纪律处分，触犯刑律的，还要追究法律责任。对一贯遵章守纪、重视安全生产、成绩显著或者在预防事故等方面作出贡献的，要给予奖励，做到奖罚分明，充分调动广大职工的积极性。

3. 安全生产的目标管理

施工现场应实行安全生产目标管理，制定总的安全目标，如伤亡事故控制目标、安全达标、文明施工目标等。制定达标计划，将目标分解到人，责任落实，考核到人。

4. 安全施工技术操作规程

施工现场要建立、健全各种规章制度，除安全生产责任制，还有安全技术交底制度、安全宣传教育制度、安全检查制度、安全设施验收制度、伤亡事故报告制度等。

施工现场应制定与本工地有关的各工序、各工种和各类机械作业的施工安全技术操作规程和施工安全要求，做到人人知晓，熟练掌握。

5. 施工现场安全管理网络

施工现场应该设安全专（兼）职人员或安全机构，主要任务是负责施工现场的安全监督检查。安全员应按建设部的规定，每年集中培训，经考试合格才能上岗。

施工现场要建立以项目经理为组长、由各职能机构和分包单位负责人和安全管理人员参加的安全生产管理小组，组成自上而下覆盖各单位、各部门、各班组的安全生产管理网络。

要建立由工地领导参加的包括施工员、安全员在内的轮流值班制度，检查监督施工现场及班组安全制度的贯彻执行，并做好安全值班记录。

三、安全生产检查

1. 安全检查的内容

施工现场应建立各级安全检查制度，工程项目部在施工过程中应组织定期和不定期的安全检查。主要是查思想、查制度、查教育培训、查机械设备、查安全设施、查操作行为、查劳保用品的作用、查伤亡事故处理等。

2. 安全检查的要求

(1) 各种安全检查都应该根据检查要求配备力量。特别是大范围、全面性安全检查，要明确检查负责人，抽调专业人员参加检查，并进行分工，明确检查内容、标准及要求。

(2) 每种安全检查都应有明确的检查目的和检查项目、内容及标准。重点、关键部位要重点检查。对大面积或数量多内容相同的项目，可采取系统观感和一定数量测点相结合的检查方法。对现场管理人员和操作工人不仅要检查是否有违章作业行为，还应进行应知、应会知识的抽查，以便了解管理人员及操作工人的安全素质。

(3) 检查记录是安全评价的依据，要认真、详细填写。特别是对隐患的记录必须具体，如隐患的部位、危险性程度及处理意见等。采用安全检查评分表的，应记录每项扣分的原因。

(4) 安全检查需要认真地、全面地进行系统分析，定性定量进行安全评价。哪些检查项目已达标，哪些检查项目虽然基本上达标，但还有哪些方面需要进行完善，哪些项目没有达标，存在哪些问题需要整改。受检单位（即使本单位自检也需要安全评价）根据安全评价可以研究对策，进行整改和加强管理。

(5) 整改是安全检查工作重要的组成部分，是检查结果的归宿。整改工作包括隐患登记、整改、复查、销案等。

3. 施工安全文件的编制要求

施工安全管理的有效方法，是按照水利水电工程施工安全管理的相关标准、法规和规章，编制安全管理体系文件。编制的要求有：

(1) 安全管理目标应与企业的安全管理总目标协调一致。

(2) 安全保证计划应围绕安全管理目标，将要素用矩阵图的形式，按职能部门（岗位）进行安全职能各项活动的展开和分解，依据安全生产策划的要求和结果，对各要素在本现场的实施提出具体方案。

(3) 体系文件应经过自上而下，自下而上的多次反复讨论与协调，以提高编制工作的质量，并按标准规定，由上报机构对安全生产责任制、安全保证计划的完整性和可行性、工程项目部满足安全生产的保证能力等进行确认，建立并保存确认记录。

(4) 安全保证计划应送上级主管部门备案。

(5) 配备必要的资源和人员，首先应保证工作需要的人力资源，适宜而充分的设施、设备，以及综合考虑成本、效益和风险的财务预算。

(6) 加强信息管理，日常安全监控和组织协调。通过全面、准确、及时地掌握安全管理信息，对安全活动过程及结果进行连续的监视和验证，对涉及体系的问题与矛盾进行协调，促进安全生产保证体系的正常运行和不断完善，形成体系的良性循环运行机制。

(7) 由企业按规定对施工现场安全生产保证体系运行进行内部审核，验证和确认安全生产保证体系的完整性、有效性和适合性。

为了有效准确及时地掌握安全管理信息，可以根据项目施工的对象特点，编制安全检查表。

4. 检查和处理

(1) 检查中发现隐患应该进行登记，作为整改备查依据，提供安全动态分析信息。根据隐患记录的信息流，可以制定出指导安全管理的决策。

(2) 安全检查中查出的隐患除进行登记外，还应发出隐患整改通知单，引起整改单位重视。凡是有即发性事故危险的隐患，检查人员应责令停工，被查单位必须立即整改。

(3) 对于违章指挥、违章作业行为，检查人员可以当场指出，进行纠正。

(4) 被检查单位领导对查出的隐患，应立即研究整改方案，按照“三定”原则（即定人、定期限、定措施），立即进行整改。

(5) 整改完成后要及时报告有关部门。有关部门要立即派人员进行复查，经复查整改合格后，进行销案。

四、安全生产教育

1. 安全教育的内容

(1) 新工人（包括合同工、临时工、学徒工、实习和代培人员）必须进行公司、工地和班组的三级安全教育。教育内容包括安全生产方针、政策、法规、标准及安全技术知识、设备性能、操作规程、安全制度、严禁事项等。

(2) 电工、焊工、架工、司炉工、爆破工、起重工、打桩机和各种机动车辆司机等特殊工种工人，除进行一般安全教育外，还要经过本工种的专业安全技术教育。

(3) 采用新工艺、新技术、新设备施工和调换工作岗位时，对操作人员要进行新技术、新岗位的安全教育。

2. 安全教育的种类

(1) 安全法制教育。对职工进行安全生产、劳动保护方面的法律、法规的宣传教育，从法制角度认识安全生产的重要性，要通过学法、知法来守法。

(2) 安全思想教育。对职工进行深入细致的思想政治工作，使职工认识到，安全生产是一项关系到国家发展、社会稳定、企业兴旺、家庭幸福的大事。

(3) 安全知识教育。安全知识也是生产知识的重要组成部分，可以结合起来交叉进行教育。教育内容包括企业的生产基本情况、施工流程、施工方法、设备性能、各种不安全因素、预防措施等多方面内容。

(4) 安全技能教育。教育的侧重点是安全操作技术，结合本工种特点、要求，为培养安全操作能力而进行的一种专业安全技术教育。

(5) 事故案例教育。通过对一些典型事故进行原因分析、事故教训及预防事故发生所采取的措施来教育职工。

3. 特种作业人员的培训

根据国家经济贸易委员会《特种作业人员安全技术培训考核管理办法》的规定，特种作业是指容易发生人员伤亡事故，对操作者本人、他人及周围设施的安全有重大危害的作业。从事这些作业的人员必须进行专门培训和考核。与建筑业有关的主要种类有：①电工作业；②金属焊接切割作业；③起重机械（含电梯）作业；④企业内机动车辆驾驶；⑤登高架设作业；⑥压力容器操作；⑦爆破作业。

4. 安全生产的经常性教育

施工企业在做好新工人入场教育、特种作业人员安全生产教育和各级领导干部、安全管理干部的安全生产培训的同时，还必须把经常性的安全教育贯穿于管理工作的全过程，并根据接受教育对象的不同特点，采取多层次、多渠道和多种方法进行。

5. 班前的安全活动

班组长在班前进行上岗交底，上岗教育，做好上岗记录。

（1）上岗交底。对当天的作业环境、气候情况、主要工作内容和各个环节的操作安全要求以及特殊工种的配合等进行交底。

（2）上岗检查。查上岗人员的劳动防护情况，每个岗位周围作业环境是否安全无患，机械设备的安全保险装置是否完好有效，以及各类安全技术措施的落实情况等。

五、职业健康安全管理

1. 实施职业健康管理的必要性

（1）增加组织社会关注力和责任感，有效改善组织的综合素质。

（2）有效消除或降低员工风险和相关方可能遇到的职业安全风险。

（3）提高组织的吸引力和员工归属感。

（4）避免意外损失，保障经营成果。

（5）优化生产作业活动，提高劳动生产率。

2. 职业健康安全管理体系

职业健康管理体系是 80 年代后期在国际上兴起的现代安全生产管理模式，它与 ISO9000 和 ISO14000 等一样被称为工业化时代的管理方法。1999 年英国标准协会、挪威船级社等 13 个组织提出了职业健康安全评价系列（OHSAS）标准，即 OHSAS18001 和 OHSAS18002。

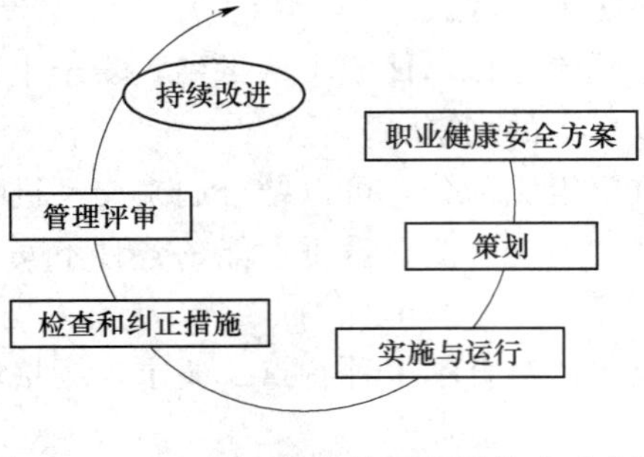

图 8-9 职业健康安全管理体系模式示意图

1999 年 10 月，国家经济贸易委员会颁布了职业安全卫生管理体系（OSHMS）。体系秉承了 ISO9001 质量管理体系及 ISO14001 环境管理体系规范思维及管理（PDCA）模式（见图 8-9）。其标准条款及相应要求也具备许多共同的特点，实际上 PDCA 循环模式是现代管理体制的根本运行方式。

3. 职业健康安全管理体系建立

（1）明确基本要求。主要包括建立该体系的组织要有合法的法律地位和遵守国家有关的法律法规。

（2）进行人员技术培训。有针对性地对有关人员进行技术培训。对管理层的培训看重的是职业健康安全管理方针、高层意识；对特殊层培训的要求是了解岗位基本职业健康安全处理技术；对员工层培训的要求是具有一定基础职业健康安全意识。

（3）进行初始评审。包括对组织现有管理制度、各种职业健康安全影响确定和遵守有关法律法规的情况进行评审。

（4）方针。制定职业健康安全管理体系方针，指出体系建立和保持的总目标和承诺。

（5）策划。主要包括危险源识别、风险评估和风险控制策划，法律法规和其他要求，目标、管理方案。进行策划时，要求具有组织管理特色和反映企业文化。

（6）实施和运行。根据策划结果实施风险控制的活动，实施职业健康安全管理方案并保留各种运行证据。

（7）检查和纠正措施。包括检查日常运行情况、实施内审和管理评审，纠正预防不合格行为。

六、施工安全监测

水利水电施工安全监测是指通过仪器观测和巡视检查水利水电工程的地基基础、主体结构、两岸边坡、相关设施及周围的环境等进行测量和观察，通过合理的数据计算和资料分析，对工程的工作状态进行评估，对未来的运行状态进行合理的预测，从而确保施工及交付运行的安全性。

1. 监测项目

（1）变形监测。对水电工程事故分析看出，安全事故发生的一种重要的表现形式是地基或坝肩的滑动，或地基发生不均匀沉降。这种滑动或沉降是一种渐变的过程，需要对其变形敏感部位布置测点，使用专门的监测仪器和方法，进行持续观测。

（2）渗流监测。建筑物挡水后因水头差发生渗流现象，使一部分水渗入坝体或地基，形成渗流场。由此产生的孔隙水压力和浮托力对建筑物抗滑稳定十分不利，还可以使土坝及基础产生裂缝和不均匀沉降，甚至发生流土、管涌或坍塌。资料显示，水利工程事故（特别是土坝事故）大部分是由于渗流引发。由于渗流规律的不确定性较大，因而现场监测已成为最重要的解决方法。

（3）应力应变监测。为保证水工建筑物安全，设计部门对不同坝型，不同的结构部位都有应力方面的限制要求，以保证其不超过材料强度而发生破坏。应力应变监测项目包括混凝土坝坝内的应力应变状态、钢筋应力、钢板应力应变、钢管应力、预应力锚索、锚杆应力、坝体坝面温度变化及分布规律、土坝土压力分布等。

（4）环境量监测。造成建筑物及其基础性状变化的原因除了自重外，环境的影响是主要的，包括坝区、库区以及整个流域的降水量、大坝上下游水位、气温、水温、地震效应、波浪、冰体压力以及坝前和库区冲淤等。

（5）水力学观测。为防止高速水流对建筑物的冲刷破坏，应对建筑物定期进行水力学观测。观测项目包括坝后及水流通道的流速、流态、动水荷载、空化、空蚀、雾化、通气、掺气等。

除了以上这些监测项目外，还有一些专项监测项目，如结构动力学性状监测、金属结构和机电设备性能监测、坝体混凝土及其他工程材料老化监测、施工期爆破影响监测、施工期水土保持监测、大体积混凝土浇筑温度控制监测等。

2. 监测手段

早在20世纪50年代，安全监测一般采取光学、机械仪器采集数据，手工记录，手绘图形。发展到20世纪70年代，开始采用光电机械化、激光仪器和小型的计算器存储数据，并由程序处理限量的数据及成图。20世纪90年代至今，随着计算机技术的发展和应用，监测仪器自动化采集和资料处理分析技术得到快速发展，如传感器、电子、激光类设备自动化监测系统；地理信息系统（GIS）、遥感系统（RS）、全球卫星定位系统（GPS）和专家系统（ES）集成的"4S"技术等。这些都为水利水电施工安全监测技术的快速发展奠定了基础。随着一批巨型水利水电工程的相继建设，建立面向数字化水利工程施工信息化安全监测系统，建立安全监测体系、技术和标准，将成为水利水电工程施工安全监测技术手段的发展趋势。

第五节　工程招投标与合同管理

工程建设实行招标投标，在建筑行业中引进了竞争机制，有助于施工企业提高经营管理水平、采用先进技术和方法、保证工程质量、提高投资效果。招标投标是确定工程建设承发包关系的一种方式，必须遵循《中华人民共和国招标投标法》。

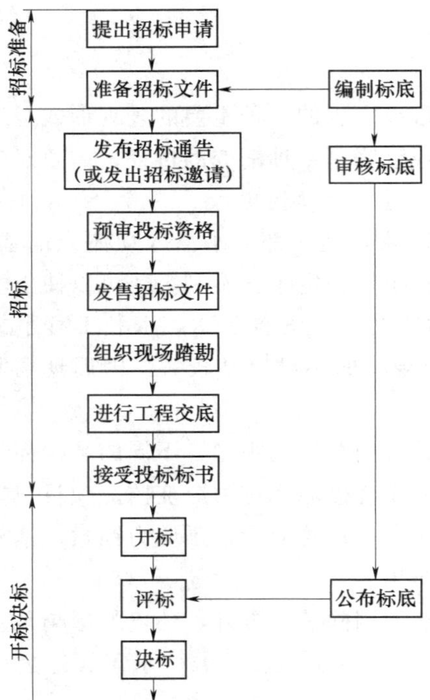

图8-10　施工招标过程

一、施工招标

施工招标由建设单位或由建设单位委托授权的机构主持。建设工程实行施工招标，应具备一定条件，通常要求有以下几个方面：①建设工程项目已经获主管部门批准，并列入年度基本建设投资计划；②有已经批准的设计文件和概（预）算；③包括征地、拆迁、水、电、道路、通信等现场条件已经基本就绪，并已获开工许可；④建设资金、主要材料和设备加工订货已经落实。

施工招标的范围，可以是一个建设项目的全部工程，也可以是单项工程、专项工程乃至分部分项工程；可以是包工包料，也可以是包工、部分包料或包工不包料。

施工招标过程如图8-10所示，大致经历招标准备、招标和开标决标三个阶段。

1. 招标文件

招标文件是发包单位为了选择承包单位对标的所作的说明，是承发包双方建立合同协议的基础。

具备施工条件的工程项目，由建设单位向主管部门提出招标申请，经批准后，就可着手招标文件的准备。建设单位可以自行准备，也可以委托咨询机构或其他单位代办。其主要内容如下：

（1）工程综合说明。介绍工程概况，包括：工程名称、规模、地址、工程内容、建设工期和现有的基本条件，如场地、交通、水电供应、通信设施等，使投标单位对拟建项目有基本了解。

（2）工程设计和技术说明。用图纸和文字说明，介绍工程项目的具体内容和它们的技术质量要求，明确工程适用的规程规范，以便投标单位能够据以拟定工程施工方案和施工进度等技术组织措施。

（3）工程量清单和单价表。工程量清单和单价表是投标单位计算标价、确定报价和招标单位评定标书的重要依据，必须明确列清。通常以单项工程或单位工程为对象，按分部分项列出实物工程量，简要说明其计算方法、技术要点和单价组成。工程量清单由招标单位提出，单价则由投标单位填列。

（4）材料供应方式。明确工程所需各类建筑材料由谁负责供应，如何组织供应，如何计价、调价等问题。

（5）工程价款支付方式。说明工程价款结算程序和支付方式。

（6）投标须知。为了避免由于投标手续不完备而造成废标，招标单位通常在投标须知中告诉投标单位在填写标书和投送标书时应注意的事项，如废标条件，决标优惠条件，现场勘察和解答问题的安排，投标截止日期及开标时间、地点等。

（7）合同主要条件。为了使投标单位明确承包工程以后应承担的义务和责任及应享有的权利，并为合同谈判提供基础，招标文件应列出合同条件，其主要项目有：①合同依据的法律、法规；②合同项目及工作内容；③承包方式；④开工、竣工日期；⑤技术资料供应内容和时间；⑥施工准备工作；⑦材料供应和价款结算办法；⑧工程价款结算办法；⑨工程质量和验收标准；⑩工程变更程序和责任；停工、窝工损失和处理办法；提前竣工和拖延工期的奖罚；竣工验收和最终结算；保修的责任和费用；工程分包等。

2. 标底

标底是招标工程的预期价格，它是上级主管部门核实建设规模，建设单位预计工程造价和衡量投标单位标价的依据。

制定标底是一项重要的招标准备工作，必须严肃认真、按科学方法来编制。

《中华人民共和国招标投标法》要求：“工程施工招标的标底，在批准的概算或修正概算以内，由招标单位确定”。招标单位可以自行组织力量，也可以委托咨询机构或设计机构进行制定。

制定好的标底，经核实后，应报主管部门备案。在开标以前，要严格保密。泄漏标底，应严肃处理，直至追究法律责任。

3. 招标

招标申请经主管部门批准，招标文件准备好以后，就可以开始招标。

招标阶段要进行的工作有：发布招标消息；接受投标单位的投标申请；对投标单位进行资格预审；发售招标文件，组织现场踏勘、工程交底和答疑；接受投标单位递送的标书等。

招标单位在接到投标单位的投标申请和填报的投标单位情况调查表并交验有关证件以

后，应进行资格预审，当确认他们的投标资格以后，才发售招标文件。资格审查的内容一般为：①施工单位的注册证明和技术等级；②主要施工经历；③技术力量；④设备能力；⑤正在施工的承建项目；⑥资金财务状况。资格审查的目的是防止一些不合条件的单位参加投标。

对于邀请投标的单位，一般不进行资格预审，而是在评标时一并审查。

招标单位发出招标文件以后，要邀集投标单位到现场进行踏勘，统一进行工程交底。说明工程的技术质量要求，验收标准，工期要求，供料情况，材料款和工程款结算支付办法以及投标注意事项等。此时，投标单位如有疑问可以用书面或口头方式在交底时提出，招标单位应公开作出答复，并以书面记录印发各投标单位，作为招标文件的补充。为了公平竞争，在开标以前，招标单位与投标单位不应单独接触解答任何问题。

4. 开标

招标单位接到投标单位送来的标书，应密封保管，在投标截止后按规定时间和规定方式开标。

开标由招标单位主持，邀请投标单位、当地公证机关和有关部门代表参加。

经公证人确认标书密封完好，封套书写符合规定，当众由工作人员一一拆封，宣读标书要点，如标价、工期、质量保证、安全措施等，逐项登记，造表成册，经读标人、登记人、公证人签名，作为开标正式记录，由招标单位保存。

逾期送达以及虽已送出但开标时尚未收到的标书，应列开清单，作为开标记录的附件。

投标以后，如果全部投标单位的报价超出标底过多，招标单位可以宣布本次投标无效，另行组织招标。

5. 评标决标

开标以后，首先从投标手续、投标资格等方面排除无效标书，并经公证人员确认，然后由评标小组就标价、工期、质量保证、技术方案、信誉、财务保证等方面进行审查评议。

为了保护竞争，应公布评审原则和标准，对所有有效标书应一视同仁。若有优惠政策，应在招标通告或投标须知中事先说明。

评标以后，通常按标价由低到高列出名单，并写出评价报告，推荐前几名作候选中标单位，供招标单位抉择。

从开标到决标的期限常无定规，一般为5～15天，也有更长的。

决标以后，应立即向中标单位发出中标通知，并通知未中标单位领回标书、投标保证金（投标保函）。

中标通知发出以后，承发包双方应约定时间就施工合同进行磋商，达成协议后，正式签订合同，招标工作即告结束。

二、施工投标

施工单位在获知招标信息或得到招标邀请以后，应根据工程的建设条件、工程质量要求和自身的承包能力等主客观因素，首先要决定是否参加投标，这是把握投标机会、制订投标策略的重要一步。

在决定参加投标以后，为了在竞争的投标环境中取得较好的结果，必须认真做好各项投标工作，主要有：建立或组成投标工作机构；按要求办理投标资格审查；取得招标文件；仔细研究招标文件；弄清投标环境，制订投标策略；编制投标文件；按时报送投标文件；参加开标、决标过程中的有关活动。

1. 投标工作机构

为了适应招标投标工作的需要，施工企业应设立投标工作机构，平时掌握建筑市场动态，积累有关资料；遇有招标项目，可迅速组成投标小组，开展投标活动。其成员应由企业领导以及熟悉招投标业务的技术、计划、合同、预算和供应等方面的专业人员组成。

投标工作班子的成员不宜过多，最终决策的核心人员宜限制在企业经理、总工程师和合同预算部门负责人范围之内，以利投标报价的保密。

2. 研究招标文件

仔细研究招标文件，弄清其内容和要求，以便全面部署投标工作。研究的重点通常放在以下几个方面：

（1）研究工程综合说明，了解工程轮廓全貌。

（2）详细研究设计图纸和技术说明，如工程布置，各建筑物和各部件的尺寸以及对材料品种规格的要求，各种图纸之间的关系和技术要求的说明等。弄清这些问题，有助于合理选择施工方案，正确拟定投标报价。

（3）研究合同条件，明确中标后合同双方的责权利。

（4）熟悉投标须知，明确投标手续和进程，避免造成废标。

（5）分析疑点，提出需要招标单位澄清的问题。

3. 弄清投标环境

投标环境主要是指投标工程的自然、经济、社会条件以及投标合作伙伴、竞争对手和谈判对手的状况。弄清这些情况对于正确估计工程成本和利润，权衡投标风险，制定投标策略，都有重要作用。投标单位除了通过招标文件弄清其中一部分情况外，还应有准备有目的地参加由招标单位组织的现场踏勘和工程交底活动，切实掌握施工条件。此外，还可通过平时收集的情报资料，对可能的合作伙伴、竞争对手和谈判对手作出透彻的分析。

4. 制订投标策略

施工企业为了在竞争的投标活动中，取得满意的结果，必须在弄清内外环境的基础上，制订相应的投标策略，借以指导投标过程中的重要活动。例如，在决定标价时的报价策略，进行谈判时的谈判策略等，这对是否能够中标以及中标以后盈利多少，要承担多大风险等至关重要的问题，常起决定性作用。

5. 编制投标文件

编制投标文件是投标过程中一项重要工作，时间紧，工作量大，要求高，它是能否中标的关键，必须加强领导，组织精干力量，认真编制。若能利用计算机辅助编制投标文件，常可收到事半功倍的效果。

参加文件编制的人员必须明确企业的投标宗旨，掌握工程的技术要求和报价原则，熟悉计费标准，了解本单位的竞争能力和对手的竞争水平，并能做好保密工作。

投标文件的主要内容应包括：施工组织设计纲要，工程报价计算，投标文件说明和附表等部分。

在施工组织设计纲要中，要提出切实可行的施工方案，先进合理的施工进度，紧凑协调的施工布置，以期在施工方法、质量安全、工期进度乃至文明施工等方面，对招标单位具有吸引力。如果在提前竣工、节省投资等方面，准备提出一些夺标的优惠条件，也可在纲要中反映，当然，这些优惠条件也可作为投标策略，在适当时机提出。

在报价计算中，要提出拟向招标单位报送的标价及其计算明细表。报价的高低对于能否中标和企业盈亏，有决定性影响。

三、施工合同

1. 施工合同的概念

施工合同即建筑安装工程承包合同，是建设单位（发包方）和施工单位（承包方）为完成商定的建筑安装工程，明确相互权利、义务关系的合同。

施工合同的当事人是建设单位（业主、发包方）和施工单位（承包方）。承发包双方签订施工合同，必须具备相应资质条件和履行合同的能力。

2. 施工合同的特点

（1）合同标的特殊性。建筑产品是不动产，其基础部分与大地相连，不能移动，决定了每个施工合同的标的都是特殊的，相互间具有不可替代性，即建筑产品是单体性生产，决定了施工合同标的特殊性。

（2）合同履行期限的长期性。建筑物的施工由于结构复杂、体积大、建筑材料类型多、工作量大，一般工期都较长。而合同履行期限肯定要长于施工工期，因为工程建设的施工应当在合同签订后才开始，且需加上合同签订后到正式开工前的施工准备时间和工程全部竣工验收后，办理竣工结算及保修期的时间。在工程的施工过程中，还可能因为不可抗力、工程变更、材料供应不及时等原因而导致工期拖延。所有这些情况，决定了施工合同的履行期限具有长期性。

（3）合同内容的多样性和复杂性。虽然施工合同的当事人只有两方面（这一点与大多数合同相同），但其涉及的主体较多。与大多数经济合同相比较，施工合同的内容多样而复杂，履行期限长，标的额大，涉及的法律关系包括了劳动关系、保险关系、运输关系等。这就要求施工合同的条款应当尽量详尽。施工合同除了应具备经济合同的一般条款外，还应对安全施工、专利技术使用、地下障碍和文物、工程分包、不可抗力、工程变更、材料设备供应、运输、验收等内容作出规定。

（4）合同管理的严格性。施工合同的履行会对国家、社会、公民产生较大和长期的影响，国家对施工合同的管理十分严格。在合同签订、履行管理中应遵循主管工商部门、金融机构、建设行政主管机关对合同履行的监督和管理。

3. 施工合同的作用

（1）明确建设单位和施工企业在施工中的权利和义务。施工合同一经签订，即具有法律效应。施工合同明确了建设单位（发包方）和施工企业（承包方）在工程施工中的权利和义务。这是双方在履行合同中的行为准则。双方应认真履行各自的义务，任何一方无权随意变更或解除施工合同；任何一方违反合同规定的内容，都必须承担相应的法律责任。

（2）有利于对工程施工的管理。合同当事人（发包方和承包方）对工程施工的管理应以合同为依据，这是毫无疑问的。同时，有关的国家机关、金融机构对工程施工的监督和管理，施工合同也是其重要依据。

(3) 有利于建筑市场的培育和发展。在市场经济条件下，合同是维系市场运转的主要因素。因此，培育和发展建筑市场，首先要强化合同（契约）意识，推行建设监理制度、招标投标制等，都以签订施工合同为基础。

(4) 有利于维护合同双方的合法利益。

4. 订立施工合同应遵守的原则

(1) 遵守国家法律、法规和计划的原则。订立施工合同，必须遵守国家的法律、法规，也应遵守国家的建设计划和其他计划（如贷款计划等)。特别需要说明的是，《中华人民共和国招标投标法》规定：签订施工合同，必须按照招标文件和中标人的投标文件，明确约定合同条款。

(2) 平等互利、协商一致的原则。签订施工合同的当事人，都具有平等的法律地位，任何一方都不得强迫对方接受不平等的合同条件。合同的内容应当是互利的，不能单纯损害一方的利益。协商一致则要求施工合同必须是双方协商一致达成的协议，并且应当是当事人双方真实意思的表示。

5. 订立施工合同的程序

施工合同作为经济合同的一种，其订立也应经过要约和承诺两个阶段。如果没有特殊的情况，工程建设的施工都应通过招标投标确定施工企业。

中标的施工企业应当与建设单位及时签订合同。依照《中华人民共和国招标投标法》和招标文件的规定，中标通知书发出后规定的时间内，中标单位应与建设单位依据招标文件、投标书等签订工程承发包合同。签订合同的必须是中标的施工企业，投标书中已确定的合同条款在签订时不得更改，合同价应与中标价相一致。如果中标的施工企业拒绝与建设单位签订合同，则建设单位将不再返还其投标保证金，按照招标文件和中标人的投标文件的相关条款给予一定的处罚。

四、施工合同的履行和管理

1. 施工合同的履行

施工合同的履行是指合同当事人根据合同规定的各项条款，实现各自权利、履行各自义务的行为。施工合同一旦生效，对双方当事人均有法律约束力，双方当事人应当严格履行。

施工合同的履行要求合同当事人必须按合同规定的标的执行。由于工程建设具有不可替代性、较强的计划性、建设标准的强制性，遵循以上原则显得尤为重要。合同当事人不能以支付违约金来替代合同的履行。

施工合同的工程竣工、验收和竣工结算是合同履行的三个基本环节。

(1) 工程竣工必须在施工合同约定的期限条款、数量条款和质量条款相互结合的前提下进行。承包方必须同时严格遵守合同约定的时间、数量、质量等条款。只有同时符合以上条款的要求，才能视为承包方已履行施工合同的规定。

(2) 工程竣工后，则应组织竣工工程验收。竣工工程应当根据施工合同规定的施工及验收规范和质量评定标准，由发包方组织验收。验收合格后由当事人双方签署工程验收证明。

(3) 竣工结算应根据施工合同规定在工程竣工验收后一定期限内，按照经办银行的结算办法进行。在工程价款未全部结算拨付前承包方不能交付工程，即可对工程实施留置。在全部结算并拨付工程款后，根据合同规定的期限，承包方向发包方交付工程，以完成施工合同履行的最后步骤。

2. 施工合同的管理

施工合同的管理，是指各级工商行政管理机关、建设行政主管机关和金融机构，以及工程发包单位、社会监理单位、承包企业等依照法律和行政法规、规章制度，采取法律的、行政的手段，对施工合同关系进行组织、指导、协调及监督，保护施工合同当事人的合法权益，处理施工合同纠纷，防止和制裁违法行为，保证施工合同法规的贯彻实施等一系列活动。

(1) 施工合同的签订管理。承包方中标后，在施工合同正式签订前与发包方进行谈判。当使用“示范文本”时，同样需逐条与发包方谈判，双方达成一致意见后，即可正式签订合同。

(2) 施工合同的履行管理。在合同履行过程中，为确保合同各项要求的顺利实现，承包方需建立一套完整的施工合同管理制度。主要有：

1) 检查制度。承包方应建立施工合同履行的监督检查制度，通过检查发现问题，督促有关部门和人员改进工作。

2) 奖惩制度。奖优罚劣是奖惩制度的基本内容。建立奖惩制度有利于增强有关部门和人员在履行施工合同中的责任心。

3) 统计考核制度。这是运用科学的方法，利用统计数字，反馈施工合同的履行情况。通过对统计数字的分析，总结经验，找出教训，为企业的经营决策提供重要依据。

(3) 施工合同的档案与信息管理。施工企业在生产过程中产生大量的工程管理信息与文档，做好施工合同归档与信息管理工作对指导生产、安排计划，具有重要作用。

五、施工索赔管理

1. 施工索赔的概念

索赔是当事人在合同实施过程中，根据法律、合同规定及惯例，对并非由于自己的过错，而应由对方承担责任的情况所造成的损失，向对方提出给予补偿或赔偿的权利要求。

在工程建设的各个阶段，都有可能发生索赔。但发生索赔最集中、处理难度最复杂的情况常发生在施工阶段，因此我们常说的工程建设索赔主要是指工程施工的索赔。

施工索赔是法律和合同赋予当事人的正当权利。施工企业应当树立起索赔意识，重视索赔、善于索赔。索赔的性质属于经济补偿行为，而不是惩罚。索赔的损失结果与被索赔人的行为并不一定存在法律上的因果关系。索赔工作是承发包双方之间经常发生的管理业务，是双方合作的方式，而不是对立。

2. 索赔与工程变更的关系

有时，变更（设计等的变更）会发生索赔，但变更并不必然带来索赔。索赔与变更是既有联系也有区别的两个概念。

（1）索赔与变更的相同点。对索赔和变更的处理往往都是由于施工企业完成了工程量表中没有约定的工作，或者在施工过程中发生了意外事件，需要施工单位额外处理时，由建设单位或者监理工程师按照合同的有关规定给予施工企业一定的费用补偿或者批准展延工期。

（2）索赔与变更的区别。变更是建设单位或者监理工程师提出变更要求（指令）后，主动与施工企业协商确定一个补偿额付给施工企业；而索赔则是施工企业根据法律和合同的规定，对他认为有权得到的权益，主动向建设单位提出的要求。

3. 施工索赔的起因

索赔起因很多，归结起来主要如下：

（1）建设单位违约。

（2）甲方代表（监理工程师）指令或处置不当。

（3）合同文件的缺陷。合同文件由于在起草时的不慎，可能本身就存在缺陷，这种缺陷也可能存在于技术规范和图纸中。由于此类缺陷给施工企业造成费用增加、工期延长的损失，施工企业有权提出索赔。

（4）合同变更。合同变更的表现形式非常多，如设计变更、追加或取消某些工作、施工方法变更、合同规定的其他变更等。

（5）不可抗力事件。不可抗力事件是指当事人在订立合同时不能预见，对其发生和后果不能避免并不能克服的事件。不可抗力事件的风险承担应当在合同中约定，承担方可以向保险公司投保。在很多情况下，由于不可抗力事件给施工企业造成的损失应由建设单位承担。

4. 施工索赔的程序

（1）陈述索赔理由。发生了上述索赔起因，都有可能成为正当的索赔理由。从施工企业索赔管理的角度看，应当积极寻找索赔机会。要有正当的索赔理由，必须具有索赔发生时的有关证据，靠证据说话。因此，索赔管理必须与工程建设管理有机地结合起来。

（2）发出索赔通知。索赔事件发生后 28 天内，施工企业应向监理单位发出索赔的通知。

施工企业在索赔事件发生后，应立即着手准备索赔通知。索赔通知是合同管理人员在其他管理职能人员配合和协助下起草的。索赔通知应当包括施工企业的索赔要求和支持这个要求的有关证据。证据应当详细和全面。但不能因为证据的收集而影响索赔通知的按时发出，因为通知发出后，施工企业还有补充证据的机会。

（3）批准索赔。监理单位在接到索赔通知后应在规定的时间内予以说明索赔是否成立、索赔的数额是否恰当，或要求施工企业进一步补充索赔理由和证据。

【例 8-4】 黄河小浪底水利水电工程国际招标与施工索赔

小浪底水利枢纽工程是一个以防洪减淤为主，兼顾灌溉、供水和发电的水利枢纽工程，工程投资 347.24 亿元人民币，其中国家拨款 227.74 亿元人民币，使用了 10 亿美元的世界银行贷款（世界银行硬贷款 8.9 亿美元，移民贷款 1.1 亿美元），利用出口信贷和国际商业银行贷款 1.09 亿美元，国内贷款 27.23 亿元人民币，按照世界银行采购指南的要求，主体土建工程采用国际竞争性招标方式选择承包商。经过激烈竞争，Ⅰ标为大坝，由意大利英波吉罗公司（ImpregiloSPA）为责任方的黄河联营体（YRC）中标；Ⅱ标泄洪工程，由德国旭普林公司（Zublin）为责任方的中德意联营体（CGIC）中标；Ⅲ标引水发电工程；由法国杜美兹公司（Dumez）为责任方的小浪底联营体（XJV）中标。通过招标，小浪底工程建设资源得到了较为合理的配置，有效降低了工程造价，合理构建了各标段的合同关系。

本工程采用了国际招标，选择了来自德国、法国、意大利等国家的承包商。由于承包商投标时采用“低报价、高索赔”的策略以及复杂的地质条件、后续法规、工程变更等因素，三个有经验国际承包商工程自始至终通过索赔来规避风险，在合同执行过程中业主正视索赔的发生，通过有效的合同管理，使业主和承包商获得双赢的结果。

1. 索赔产生的原因

小浪底水利枢纽工程按承包商提出的索赔原因和索赔内容，可以将承包商提出的索赔分为以下 6 类。

（1）由于“地质条件改变”引起的索赔。开工初期，导流洞和进出口工程发生了许多地质问题和设计变更，对施工产生了较大影响，二标承包商在 1994 年 12 月就根据合同一般条件 1212 款——不利的外界障碍或条件，以整个左岸的地质条件“不可预见”为由，发出索赔通知。

（2）由工程变更引起的索赔。变更与索赔既是同一体的两个方面，又存在不可割裂的关系，两者之间在一定程度上存在相互转化，工程量变更所涉及的工期、费用调整长期悬而不决，形成索赔争议。在处理变更的初始阶段，监理工程师虽确定了单价，支付了暂时款，但承包商始终不作出最终承诺，在后期以时间和空间上相互交错的变更对单个区域，甚至整个工程的干扰为由，提出索赔。

（3）对于工程延期和因此产生赶工增加资源投入的补偿。为挽回由导流洞地质条件和塌方等引起的延误，保证工程如期截流，承包商通过资源重新配备，提出的补偿要求。

（4）由于“后续法规”而引起的索赔。由于工程正处于国家经济体制变革时期，从 1995 年开始，我国修订了一系列法律、法规，如劳动法、新税法等，承包商据此提出补偿。

（5）业主因素造成的索赔。如：地方干扰、指定材料供应等。

（6）合同条款的不完善和缺陷。如果将小浪底的承包商提出所有索赔按上述方法分类，其中前三项占 90%，后续法规 8%，业主违约和合同缺陷各占 1%。

2. 索赔争端的解决

一旦索赔事件发生后，当事各方为了自身的利益，均进行争辩与调解，有的索赔争端拖了很长时间，马拉松式进行争论，甚至在工程完工后再来处理索赔事件，更是耗时费力。一般解决索赔争端的办法大致有如下 3 种途径。

（1）友好协商解决。

（2）争议调解（评审）小组进行解决。小浪底工程国际承包合同中在仲裁之前增加了“调解”机制，“调解”工作由独立的、权威的 DRB 来承担，形成合同第 67 款。具体规定是：业主和承包商任何一方如对工程师决定不满，可在收到工程师决定 42h 内，将争议提交 DRB，DRB 举行听证会，就争议提出正式建议，如果业主和承包商双方在收到 DRB 建议后 56 天没有表示不接受的意见，那么该建议即成为具有约束力的文件，否则任何一方都可以将争议提交仲裁。

小浪底 1997 年 10 月 31 日成立了 DRB，业主方推荐的为皮特·布恩（Peter Booen），英国人，FIDIC 第五版主要持笔人；小浪底工程三个承包商共同推荐皮埃尔·江彤（Pierre Genton），瑞士人；双方成员共同推荐戈登·杰尼斯（Gordon Jaynes），美国人，经双方同意为小浪底工程 DRB 主席。从 1998 年至 2001 年 2 月共进行听证会 8 次。具体的听证情况是：二标合同中，业主和承包商共提出八项正式争议，其中业主一项，承包商七项；三标合同中，承包商共提出 6 项争议。在听证期间，DRB 专家在掌握资料的基础上，从法律、合同、国际惯例的角度提出解决问题的方法。

（3）法院诉讼。小浪底合同中规定，仲裁地点在瑞典的斯德哥尔摩市。依据斯德哥尔摩商会仲裁院（SCC）的仲裁规则，用英语进行，仲裁是最终的，对双方都有约束力。小浪底在积极做好商务谈判的同时，在仲裁方面也开始精心准备，先后向中国法律方面的律师、瑞典法律方面的律师、英国和中国香港在国际有名的答辩律师进行咨询，2000 年 6 月业主决定在谈判的同时，全面启动仲裁准备工作，并于 2001 年 5 月在深圳召开小浪底项目争议国际律师班子成立大会，出庭律师为英国基庭律师事务所麦瑞大律师和香港国际仲裁中心副主席郑若骅大律师；事务律师由香港孖士律师事务所承担；瑞典斯德哥尔摩仲裁院副主席叶南德律师作为业主的境外法律顾问；北京竞天公诚律师事务所则作为中国法律顾问。

从小浪底争议解决的情况来看，业主的仲裁准备完全达到了“尽量避免仲裁、不惧怕仲裁，先易后难，打破承包商仲裁要挟”的预期目的，不仅对协商谈判带来积极影响，也使业主在谈判中争取了主动。

思　考　题

8-1　影响施工进度的主要因素？

8-2　简述施工进度的检查方式及特点。

8-3　简述施工进度计划的调整方法及途径。

8-4　降低工程成本的途径有哪些？

8-5　控制工程成本的关键是什么？

8-6　试分析影响施工质量的主要因素及其特点。

8-7　施工质量控制的任务和主要内容有哪些？

8-8　找原因和主要原因应用什么工具比较合适？为什么？

8-9　简述施工安全管理的主要内容。

8-10　简述施工安全生产检查的要求与方法。

8-11　简述施工招标、投标过程。

8-12　简述施工招标、投标文件的主要内容。

8-13　简述施工合同与合同管理的主要内容。

8-14　什么是施工索赔？施工索赔的程序是什么？

参 考 文 献

[1] 钟登华，时梦楠，崔博，等. 大坝智能建设研究进展 [J]. 水利学报，2019，50 (1)：38-52，61.

[2] 钟登华，王飞，吴斌平，等. 从数字大坝到智慧大坝 [J]. 水力发电学报，2015，34 (10)：1-13.

[3] 胡志根，刘全，严鹏，等. 基于案例教学的水利水电工程施工课程思政体系构建与实践 [J]. 高教学刊. 2022，34：193-196.

[4] 冯聪聪. 水电高质量发展可期，二〇三〇年将超 5.4 亿千瓦 [N]. 中国电力报/2023 年/9 月/11 日/第 001 版.

[5] 韩冬，赵增海，严秉忠，等. 2021 年中国常规水电发展现状与展望 [J]. 水力发电，2022，48 (6)：1-5，72.

[6] 马洪琪，钟登华，张宗亮，等. 重大水利水电工程施工实时控制关键技术及其工程应用 [J]. 中国工程科学，2011，13 (12)：20-27.

[7] 张庆龙，马睿，胡昱，等. 大体积混凝土结构温度应力智能控制理论 [J]. 水力发电学报，2021，40 (5)：11-21.

[8] 白永年，等. 中国堤坝防渗加固新技术 [M]. 北京：中国水利水电出版社，2001.

[9] 长江三峡大江截流工程编委会. 长江三峡大江截流工程 [M]. 北京：中国水利水电出版社，1999.

[10] 成都科学技术大学. 水利水电工程施工导流图集 [M]. 北京：水利出版社，1982.

[11] 傅志安，凤家骥. 混凝土面板堆石坝工程 [M]. 武汉：湖北科学技术出版社，1997.

[12] 高钟璞. 大坝基础防渗墙 [M]. 北京：中国电力出版社，2000.

[13] 龚召熊. 水工混凝土的温控与防裂 [M]. 北京：中国水利水电出版社，1999.

[14] 胡志根，刘全，贺昌海，等. 水利水电工程施工初期导流标准多目标风险决策研究 [J]. 中国工程科学，2001，08：58-63.

[15] 胡志根，肖焕雄. 水利水电工程施工布置优化 [M]. 北京：科学出版社，1997.

[16] 胡志根，刘全，陈志鼎，等. 施工导流风险分析 [M]. 北京：科学出版社，2010.

[17] 黄达海，陈彦玉，王祥峰，等. 基于分布式光纤测温的特高拱坝温控预报研究 [J]. 水利水电技术，2010，09：42-46.

[18] 黄宗营，吴桂耀，叶晓培. 糯扎渡水电站大坝掺砾土料填筑工艺及方法研究 [J]. 水利水电施工，2013，04：50-53.

[19] 贾金生，袁玉兰，马忠丽. 中国与世界大坝建设 [M]. 中国大坝委员会秘书处，2005.

[20] 李东升. 混凝土冬季施工 [M]. 北京：中国水利水电出版社，2001.

[21] 李忠勇. 施工现场安全标准化管理 [M]. 上海：同济大学出版社，2001.

[22] 梁炯均. 锚固与注浆技术手册 [M]. 北京：中国电力出版社，1999.

[23] 卢文波，赖世骧，朱传云，等. 三峡工程岩石基础开挖爆破震动控制安全标准 [J]. 爆炸与冲击，2001 (1)：67-71.

[24] 马洪琪，周宇，和孙文. 中国水利水电地下工程施工（上、下册）[M]. 北京：中国水利水电出版社，2011.

[25] 毛鹤琴. 工程建设质量控制 [M]. 北京：中国建筑工业出版社，1998.

[26] 潘家铮，何璟. 中国大坝 50 年 [M]. 北京：中国水利水电出版社，2000.

[27] 彭程. 21世纪中国水电工程 [M]. 北京：中国水利水电出版社，2006.
[28] 祁世京. 土石坝碾压式沥青混凝土心墙施工技术 [M]. 北京：中国水利水电出版社，2000.
[29] 钱波，郭宁. 水利水电工程施工组织设计 [M]. 北京：中国水利水电出版社，2012.
[30] 曲江. 水利水电工程项目管理实务全书 [M]. 北京：中国环境科学出版社，2001.
[31] 申明亮，刘少林，陈伟，等. 水利水电工程施工仿真与土石方平衡 [M]. 北京：中国水利水电出版社，2007.
[32] 司兆乐. 水利水电施工技术 [M]. 北京：中国水利水电出版社，2002.
[33] 谭靖夷. 中国水力发电工程，施工卷 [M]. 北京：中国电力出版社，2000.
[34] 汪朝东. 水利水电工程施工典型事故树及安全检查表 [M]. 北京：水利电力出版社，1992.
[35] 汪旭光. 爆破手册 [M]. 北京：冶金工业出版社，2010.
[36] 魏璇. 水利水电工程施工组织设计指南（上、下册）[M]. 北京：中国水利水电出版社，2000.
[37] 吴桂耀，黄宗营，蒋建林. 高混凝土面板堆石坝施工技术 [J]. 水利水电技术，2006，7：11-16.
[38] 肖焕雄. 施工水力学 [M]. 北京：水利电力出版社，1992.
[39] 徐干成，白洪才，郑颖人，刘朝. 地下工厂支护结构 [M]. 北京：中国水利水电出社，2002.
[40] 杨光煦. 截流围堰堤防与施工通航 [M]. 北京：中国水利水电出版社. 1999.
[41] 杨康宁. 碾压混凝土坝施工 [M]. 北京：中国水利水电出版社，1997.
[42] 杨康宁. 水利水电工程施工技术 [M]. 北京：中国水利水电出版社，1997.
[43] 杨泽艳，周建平. 我国特高面板堆石坝的建设与技术展望 [J]. 水力发电，2007，1：64-68.
[44] 杨志雄，陈能平，赵增凯. 天生桥一级水电站土石过水围堰设计 [J]. 水力发电，1997 (11)：36-39，61.
[45] 俞介刚. 严寒地区混凝土大坝设计、施工与运行 [M]. 北京：中国水利水电出版社，2005.
[46] 张国新，刘毅，李松辉，等. 混凝土坝温控防裂智能监控系统及其工程应用 [J]. 水利水电技术，2014 (1)：96-102.
[47] 张景秀. 坝基防渗与灌浆技术 [M]. 北京：中国水利水电出版社，2002.
[48] 张伟. 吹填施工在海洋滩涂围垦工程中的应用 [J]. 施工技术，2009 (S2)：465-466.
[49] 张正宇，卢文波，刘美山，张文煊. 水利水电工程精细爆破概论 [M]. 北京：中国水利水电出版社，2009.
[50] 钟登华，等，高混凝土坝施工仿真与实时控制 [M]. 北京：中国水利水电出版社，2008.
[51] 钟登华. 大型地下洞室群施工系统仿真理论方法与应用 [M]. 北京：中国水利水电出版社，2003.
[52] Zhong Denghua, Cui Bo, Liu Donghai, Tong Dawei. "Theoretical research on construction quality real-time monitoring and system integration of core rockfill dam." Science in China Series E: Technological Sciences 2009, 52 (11): 3406-3412.
[53] 钟登华，刘东海，崔博. 高心墙堆石坝碾压质量实时监控技术及应用 [J]. 中国科学：技术科学，2011 (8)：1027-1034.
[54] 吴晓铭，黄声享. 水布垭水电站大坝填筑碾压施工质量监控系统 [J]. 水力发电，2008 (3)：47-49，68.
[55] 周厚贵. 水布垭面板堆石坝施工技术 [M]. 北京：中国电力出版社，2011.
[56] 周克己. 水利水电工程施工组织与管理 [M]. 北京：中国水利水电出版社，1998.
[57] 朱伯芳. 大体积混凝土温度应力与温度控制 [M]. 北京：中国电力出版社，1999.
[58] 中国建筑学会建筑统筹管理分会. 工程网络进度计划技术规程教程 [M]. 北京：中国建筑工业出版社，2000.
[59] 中国力学学会工程爆破专业委员会. 爆破工程（上、下册） [M]. 北京：冶金工业出版社，1992.

[60] 中华人民共和国水利部. 水利水电工程标准施工招标文件［M］. 北京：中国水利水电出版社，2010.
[61] 《岩土注浆理论与工程实例》协作组. 岩土注浆理论与工程实例［M］. 北京：科学出版社，2001.
[62] 水利电力部水电建设总局. 水利水电工程施工组织设计手册［M］. 北京：中国水利水电出版社，1996.
[63] 刘发全. 水利工程施工经济［M］. 北京：中国水利水电出版社，1996.
[64] Stephenson，David. Rockfill in hydraulic engineering［M］. New York：Elsevier Scientific Pub. Co.，1979.
[65] NB/T 10491—2021 水电工程施工组织设计规范［S］.
[66] SL 303—2017 水利水电工程施工组织设计规范［S］.
[67] SL 623—2013 水利水电工程施工导流设计规范［S］.
[68] NB/T35041—2014 水电工程施工导流设计导则［S］.
[69] DL/T 5148—2021 水工建筑物水泥灌浆施工技术规范［S］.
[70] DL/T 5389—2007 水工建筑物岩石基础开挖工程技术规范［S］.
[71] GF 2000—2008 水利水电工程施工合同和招标文件示范文本［S］.
[72] JGJ/T 291—2012 现浇塑性混凝土防渗心墙施工技术规程［S］.
[73] SL 163—2019 水利水电工程施工导流和截流模型试验规程［S］.
[74] SL 176—2007 水利水电工程施工质量检测与评定规程［S］.
[75] SL 398—2007 水利水电工程施工通用安全技术规程［S］.
[76] SL 399—2007 水利水电工程土建施工安全技术规程［S］.
[77] SL 642—2013 水利水电地下工程施工组织设计规范［S］.
[78] SL/Z 690—2013 水利水电工程施工质量通病防治导则［S］.
[79] DL/T 5099—2011 水工建筑物地下开挖工程施工技术规范［S］.